積極防禦

著＿＿傅泰林
譯＿＿高紫文

Active Defense

China's Military Strategy since 1949

M. Taylor Fravel

獻給我的雙親

目錄

推薦序（一）

深度解析中國的軍事戰略

丁樹範博士
政治大學東亞所名譽教授

任教於美國麻省理工學院（MIT）政治學系的傅泰林教授於二〇一九年出版他的第二本專著《積極防禦：從國際情勢、內部鬥爭，解讀一九四九年以來中國軍事戰略的變與不變》（中文版書名）。原書甫出版，旋即引起國際上有關中國戰略／安全／外交和國際關係研究者的注意。

顧名思義，此書是探討中華人民共和國自一九四九年建政以來軍事戰略的發展和變化。具體而言，傅泰林的研究要回答兩個問題：中國自一九四九年以來的軍事戰略和其演變？及影響軍事戰略轉變的因素是什麼？

然而，他的處理方式和一般研究中國軍事戰略學者有所不同。首先，他著重探討中國軍事戰略的制定過程，透過對過程的分析，使我們更了解中國軍事戰略制定的考慮和複雜性。其次，他澄清了一些以前研究的誤區。例如，一九七八年改革開放開始後的軍事戰略應該是「積極防禦」，而不是「現代條件下人民戰爭」。第三，他強調軍事戰略的轉變和權力結構（political unity/disunity）之間的複雜關係。

值得注意的是，傅泰林的研究其實不只是關注這兩個大問題。在書的最後結論裡，他把中國軍隊（或稱解放軍）軍事戰略的變化放在軍文關係（civil-military，或又稱軍政關係）的架構裡，更進一步討論軍隊創新的源頭，及什麼體制下有利於或不利於創新。

必須強調的是，最後的這個討論具有深遠的意義。因為這涉及中國軍隊創新動力的來源和可持續性，及對未來區域和全球秩序的長遠影響。簡言之，他認為中國軍隊軍事戰略演變／創新有相當高的自主性。

傅泰林的新著值得我們閱讀。而他研究的方法和角度更值得我們借鏡。以下詳細分析傅泰林作品的貢獻。也提出一些他可能未及處理的議題。

一、分析角度和資料

誠如傅泰林指出的，討論中國軍事戰略的文獻其實不少。在台灣的中華民國基於反共大陸，或後來的台澎防衛作戰需求，應該是研究中國軍事戰略的主要源地。只是在冷戰時期礙於解放軍研究在台灣社會是禁區，及英語語言的障礙，台灣對解放軍軍事戰略的研究很少在西方出版界曝光。

西方的研究以美國為大宗。特別是一九九五／九六年台海危機以後，美國基於對台海穩定的高度關切，愈來愈注意解放軍的研究。傅泰林也論及例如高德溫（Paul Godwin）、黎楠（Nan Li），和沈大偉（David Shambaugh）等學者專注於解放軍研究。甚至，新一輩解放軍研究者愈來愈多，使解放軍研究成為顯學。

然而，也正如傅泰林在書中點出，所有既有研究文獻的共同缺點是缺乏歷史縱深，雖然大家都了解歷史縱深的重要性。例如，高德溫在一九九〇年代寫了很多有關中國軍隊軍事戰略調整的研究分析，但是，也只針對一九九〇年代的變化。換言之，幾乎所有的既有文獻都只針對某一軍事戰略的面向做深入探討，但是，缺乏了歷史長時段的分析。

其次，所有的文獻使用的研究材料是以中國官媒的報導為主，配合一九九〇年代大量出版的書刊。因此，呈現出的是靜態分析。傅泰林則運用了一九九〇年代以後出版的許多高階將領的傳記、回憶錄、文選及其他軍事史料，使得分析呈現動態性，使其論述更有力。

二、概念化

傅泰林提出解放軍軍事戰略演變的二大主因。其分別是：因應國際重要戰爭型態發展，及政治領導人的團結（political unity）。對軍事發展落後國家而言，如一九四九年後的中國，追蹤軍事先進國家間的戰爭型態是正常的。為此，他認為一九八五年百萬裁軍，乃是配合一九八〇年軍事戰略轉變的組織調整的結果，因為軍事戰略調整後，組織、訓練以及裝備亦須隨之調整。

他也強調政治領導人團結與否對軍事戰略調整有很大影響。例如，一九七三年中東戰爭是戰爭型態的轉折點。但，當時仍在文化大革命時期，政治領導人忙於鬥爭固權，甚至，把軍隊拉進政治鬥爭的漩渦。毛澤東死後，出現以華國鋒為代表的文革既得利益派，和以鄧小平為代表的老幹部派的鬥爭。即使建政的大將粟裕和上將宋時輪多次呼籲要調整毛澤東擬定的誘敵深入戰略，也無法改變。但，一九七八年末鄧小平再次掌權，老幹部對未來政策方向有共識後，一九八〇年新的軍事戰略順利被採用。

傅泰林認為中共獨特的軍文關係（civil-military）／軍黨關係（party-military）對中國軍隊的軍事創新有重要意義。解放軍高階軍事領導人也是黨的高級幹部，彼此的互信使政治領導人敢放手讓軍事領導人處理軍事事務，這使軍事領導人有很大的自主空間，而得以進行以軍事戰略調整為主的軍事創新。

三、澄清誤區

這特別是指一九八〇年的軍事戰略。絕大部分的既有文獻都說，一九七九／一九八〇年的軍事戰略是「現代條件下人民戰爭」。他的研究指出，這個概念的確曾被提到過，但是，被以鄧小平為首的中央軍事委員會正式核准的是「積極防禦」。

此外，他也指出，毛澤東在一九六四年核准的軍事戰略是「誘敵深入」，而不是許多人說的「人民戰爭」。他特別強調，誘敵深入沒有經過正式討論，而只是毛澤東對諸多將領想法有歧見下推出的個人軍事戰略。為了不侵犯毛澤東做為建政創始者身分，一九七九／八〇年在討論新戰略時，把「誘敵深入」的責任推給林彪。

前述是傅泰林新書對我們研究解放軍的重要貢獻。必須強調，他的著作的確開創了解放軍研究的新視野。

當然，任何著作必有美中不足之處。傅泰林的新著亦然，在此也提出幾點以供討論。首先是書名和解放軍正式用語的差異。書名定為「軍事戰略」，然而，解放軍使用的正式術語是「軍事戰略方針」。中國軍方出版品另有軍事戰略的軍事術語，例如，軍事科學院出版的《中國軍事百科全書》就有軍事戰略此一詞條。傅泰林的書用軍事戰略，但也許可以再更進一步深究，為什麼中國軍方在正式用語稱「軍事戰略方針」而不直接稱「軍事戰略」？

第二，亦關乎書名。本書書名是《積極防禦》，原書副標題是「一九四九年以來中國的軍事戰略」。這似乎認為積極防禦始終是一九四九年以來中國的軍事戰略。然而，作者主要把一九八〇年核准的軍事戰略列為積極防禦，其他時期稱為誘敵深入（一九六四年），高技術條件下局部戰爭（一九九三年），與信息條件下（一九九三年以後）。到底積極防禦和這些軍事戰略／軍事戰略方針之間，更細緻的關聯是什麼？

第三，軍事戰略裡後發制人的概念。解放軍官方宣傳常說中國軍隊秉持後發制人。傅泰林書裡也引用此概念。問題在於，後發是戰略抑或戰術的概念？先和後的標準是什麼？隨著各國採用高科技武器裝備，中國軍隊作戰概念愈來愈強調首戰是決戰，必須對敵人採取先制打擊，要搶占先機以免落於下風。很明顯地，先發是作戰（operation）概念。在此狀況下，後發制人的概念和在中國軍事戰略架構裡的意義何在？

推薦序（二）

變與不變！「中國特色」下的新世紀解放軍戰略研究

林穎佑博士
國立中山大學亞太事務英語學程兼任助理教授
中華戰略前瞻協會研究員

二〇二二年戰爭似乎已經離我們不遠。正當世界各國皆認為兩岸關係緊張，台海戰事即將一觸即發之時，戰火卻在烏克蘭意外爆發。過去在冷戰時期才會看到的對峙，似乎又再次出現在世人面前。值得注意的是在二〇一四年克里米亞「獨立」之後，烏克蘭便陷入長期的紛擾之中，多年來俄軍的演習與動武的傳聞多次出現在媒體，二〇二一年底開始的烏克蘭危機，在俄軍演習集結與後撤的虛實交互之中，逐漸讓各國以及烏克蘭的整備與戒心日益降低，但最終還是在二〇二二年二月爆發戰事，這中間的危機過程值得反思。而在衝突日益延燒之時，許多對於俄羅斯軍事戰略的討論也逐漸增加，無論是從前蘇聯的大縱深戰略或是俄羅斯的地緣戰略分析，都是探討的角度。雖說如此，但對我國而言，更關心的是台灣會不會是下一個烏克蘭？這應是近期我國民眾經常思考的問題之一。在思索答案之前應該關注的是解放軍的實力如何？北京在衡量損失後是否會下達動武的決心？習近平與俄羅斯普丁的政治狀況類似嗎？台海的地緣戰略環境與烏克蘭可以類比嗎？中國發動戰爭能承受得起多少損失？這些都與中國軍事戰略有相當的關係。

中國軍事特色：美皮、俄骨、中思維

對於軍改後的解放軍而言，固然在戰術戰法上有學習美軍作戰模式的傾向，但在組織上依然未能完全跳脫傳統俄軍的影子，且在軍事思想上又有結合中國傳統兵學思想以及經過歷史淬鍊的獨特觀點，讓解放軍軍事思想基本上融合美、俄、中三方。這也讓外界在進行解放軍研究，若只從作戰模式切入，經常會陷入概念上的迷思。主要原因在於中國在建構軍事思想時便融合了各家之言，導致在戰略文化上的差異，造成解放軍的軍事概念與美軍在認知與定義上有相當大的出入。除了語言的不同之外，更大的差異在於兵學傳統上的不同，造成在文字上看似類似的概念，但是在中國的軍事思想中，卻又有不同的詮釋。

如在軍民融合的定義上，Civil-Military Integration（CMI）是其英文原文，但筆者曾在國際會議上與外國軍事研究者討論時，就提到中國當下的軍民融合發展，應稱為Military-Civil Integration（MCI）較為恰當。最大的原因在於對中國而言，軍工產業的發展依然是由軍方主導，即便透過軍轉民以及民參軍的模式強化軍民融合，但在實際的企業運作上，依然未能擺脫軍方的影子，甚至在重要的軍工產業上，透過規則制訂也不會有民間企業出現的可能，在根本制度上就排除了純民間廠商參與的機會。此例子也說明了雖然在名詞上，中國可能會使用與歐美一樣的語彙，但在意義上，往往會因為獨特的背景因素，而出現「具有中國特色」的思維。

黨指揮槍、槍桿子出政權

類似的問題也出現在政軍互動上。有別於其他國家的軍事指揮體系，中國的軍事指揮制度中特別強調黨軍關係。毛澤東曾說：「我們的原則是黨指揮槍，而絕不容許槍指揮黨」。此段說明了黨對於軍隊的絕對控制，更強調了解放軍絕非中華人民共和國的部隊，而是黨的武裝力量。雖說如此，但在共產黨數次的領導人交替之時，都可看到為了掌握中國政權，必先掌控解放軍；雖說黨指揮槍，但更不能忘記槍桿子出政權的硬道理。因此在胡錦濤上任之初，江澤民繼續擔任兩年的軍委主席，並利用此段時間晉升大批年輕將領，做為日後控制胡錦濤的基礎。這也代表軍委主席一職的重要性，也證明無論歷朝歷代，掌握政權的先決條件在於控制軍權。類似的狀況也發生在習近平，從其上任以來對於解放軍高階將領的人事拔擢上，經常打破過去的傳統，但年輕化的背後是將過去徐才厚、郭伯雄的人脈餘毒洗淨；晉升將領擁有特定資歷的原因，應與習近平過去在地方任職的歷練有關。在打造一支「能打勝仗、作風優良」的解放軍時，最重要的便是「聽習指揮」的最高原則。這也讓解放軍在走向現代化時，依然存在許多人治的變數，在大刀闊斧推動軍改的背後依然有對未來不確定的因子。這都是未來解放軍的隱憂。

重要視角：以解放軍研究為主軸

近期坊間出版許多關於中國崛起、南海區域安全、印太戰略等國際情勢分析的大作，但這些作品多半從國際關係或國家安全戰略的角度出發，鮮少有從解放軍研究的觀點切入。作者傅泰林長期耕耘解放軍研究，筆者有幸在國際智庫舉辦的研討會中，與其交流分享彼此觀點、受益良多，當時便對此書（英文版）有深刻的印象。有別於其他歐美學者的研究，作者除了有系統的分析中國軍事戰略發展之外，更是強調黨軍關係與中國特有軍事組織對軍事戰略的影響，本書更從中國戰略思想演進的角度，以時間發展為主軸，配合中國各時代領導人與所經歷的軍事衝突與內部事件作為探討的內容，以當時中國外部刺激與內部因素交叉勾勒出解放軍軍事思想的脈絡。文章中也針對中國各時期的軍事戰略做出詳盡的說明與脈絡分析，並解釋變化的驅力與可能受到的阻力，以及在戰略改變下對於解放軍「打、裝、編、訓」所造成的改變。

值得注意的是，本書充分地使用學理作為探討的基礎，這是普遍討論解放軍研究的著作中缺少的一環。特別是近期許多從事解放軍研究的學者，經常會集中於解放軍兵工科技與裝備發展或是側重政策研究的討論，但在當前學界氛圍中此類重要討論並不一定能得到學術領域的青睞，這也影響許多後續研究者對於此議題的投入。針對此問題，本書做了極佳的示範，書中對於解放軍的軍事戰略思想做出系統並深入的探討，有效結合理論與歷史事件，對後來產生的現象與影響做出精確的解釋與分析。對於同為此領域的研究者而言，除了閱讀本書內容所獲得的知識以及深入思考文中探討議題的價值之外，更能從書中的研究方法與分析邏輯，獲得相當的啟發。

結語

如果你關心台海安全，你需要閱讀此書；如果你是中國軍事議題研究者，此書更是重要的參考資料。筆者有幸在英文版上市之時便已拜讀，如今有機會為此作序推薦倍感榮幸，更希望此書中文版的發行，可以讓國內對於解放軍軍事思想有更多的認識，甚至能藉此打開對解放軍研究的大門，讓國內能有更多高品質的相關研究出現。畢竟，對我國而言，無論兩岸是戰是和，我們都沒有不去了解解放軍的理由。

致謝

當我開始研究所學業時，我希望論文能寫有關中國軍事策略的題目。無論如何，最終我改而轉向關注中國與其鄰居在領土爭議上的協作與衝突。儘管如此，我很慶幸當時我暫先擱置了這個題目。在過去十年裡，有關中國軍事事務資料前所未有的公開。這些資料讓我們得以研究中華人民共和國從一九四九年至今，如何逐步形成過去七十年間的軍事策略。

麻省理工學院政治系與尤其是安全研究學程（Security Studies Program），為研究與撰寫這本書提供了理想的智識歸屬。我在二〇〇四年加入這個系所，作為一位非常年輕的學者，Barry Posen與Richard Samuels與我建立了獨一無二且神奇的關係，結合了指導情誼與友誼。他們不僅幫助我成為一位學者，也成為一個人。Steven Van Evera總是向我拋出最關鍵的提問，催促我與其他人追求重要的學術研究。Owen Cote總是花時間費心解答我所有關於軍事硬體及科技實際運作（或不運作）的基礎問題。二十年前我剛在史丹佛大學認識Vipin Narang，難以想像我們將會是同一個領域裡的同儕，更不用說任職同一個系所。他在這項學術事業中與我並肩共戰。多位麻省理工學院的研究所學生協助我研究這本書裡的眾多環節。我要感謝Fiona Cunningham, Kacie Miura, Miranda Priebe, Joshua Shifrinson, Joseph Torigian與Ketian Zhang等人專業的研究協助。我亦感謝另外兩位——雷伊（Jonathan Ray）與尤其是Trevor Cook協助我進行這項研究計畫。許多同事不吝閱讀全書草稿，並提供許多大有助益的評語、建議、澄清與訂正。我很感謝Fiona Cunningham, David Edelstein, Joseph Fewsmith, Li Chen, Vipin Narang, Barry Posen, Richard Samuels與Joseph Torigian，以及其他匿名審稿人。另外有些同儕也閱讀過部分草稿，在此一併致謝：David Bachman，卜思高（Dennis Blasko），Jasen Castillo, Jonathan Caverley, David Finkelstein, George Gavrilis, Eugene Gholz, Stacie Goddard,Avery Goldstein, Eric Heginbotham, Michael Horowitz, Andrew Kennedy,Kevin Narizny, Robert Ross, Randall Schweller以及Caitlin Talmadge。

我要特別感謝戈迪溫（Steve Goldstein）。他在某些關鍵時刻扮演評論者，閱讀書中數個章節，經過他編輯般的銳眼審視，處處皆深受其惠。作為我的同事，他幫助我更了解中國政治研究與其演變；作為一位導師，他總是提出疑問，能激發出最有助益的指導與建議；作為朋友，我總是期待與他共進午餐的時刻，不僅是討論研究工作，也暢聊一些最新的小玩意兒跟間諜小說。

書中某些初稿篇章曾於數個研討會中發表，眾多與會者也協助讓最後的定稿更加完善。這些工作坊與研討會於下列機構舉辦，包括喬治·華盛頓大學、喬治城大學、哈佛大學、西北大學、普林斯頓大學、俄亥俄州立大學、塔夫茨大學（Tufts University）、杜蘭大學（Tulane University）、史丹佛大學、芝加哥大學與華盛頓大學。我要特別感謝Lone Star論壇的與會者，數個章節在此得到充分批評討論。許多基金會慷慨地提供財務資助，讓我能夠暫時放下教學擔子，專心於研究、寫作以及前往中國旅行。我要感謝美國和平研究院（United States Institute of Peace）與史密斯・理查森基金會（Smith Richardson Foundation）在我學術資歷尚淺之際，支持我開啟這項計畫。感謝卡內基基金會讓我得以完成這本書的寫作。我也非常感謝在哈佛大學費正清中國研究中心擔任訪問學者時得到的款待支持。

如果沒有另外這些人的協助，這本書恐怕無法成形。自從我加入麻省理工學院，Lynne Levine一直給與我必不可少的協助，含括了這個計畫中的所有階段。Philip Schwartzberg of Meridian Mapping製作地圖，描繪出中國所面臨的戰略挑戰的特質。對於普林斯頓大學出版社，我要感謝在我完成書稿期間，Eric Crahan持續的支持與鼓勵（兼備充分地耐心）。我同時也要向這些人致謝，包括Emily Shelton傑出的審稿、Mark Bellis與製作團隊中的其他人，引導直至這項計畫完成。也感謝《國際安全期刊》（*International Security*）編輯同意讓我運用先前已出版作品中的材料。

最後，我想要感謝我的家人。我的妻子安娜（Anna）持續給與我無以回報的愛與支持，她永遠是我的支柱並引領我的方向。這本書就如同其他事物，沒有她就無法完成。我們的女兒拉娜（Lana）在我開始這項計畫不久後誕生，她為我們帶來極大的喜悅並讓我們每天充滿笑容。我們愛妳的程度堪比從地球往返月亮的距離。我很幸運能夠與她們分享我的生活。我的姊姊貝漢（Behan），與她無畏的家人航行SV Totem，永遠提醒著我要追求真正重要的事物。我的雙親馬里斯與茱蒂．弗雷維爾（Maris and Judy Fravel）支持我對於國際衝突的興趣，打從我還是個小男孩，纏著要他們訂閱《時代—生活》（*Time-Life*）有關第二次世界大戰的雜誌開始。之後，在我十六歲時，是他們帶著姊姊與我到台灣生活的勇氣，讓我們大開眼界，看見我們未曾想過竟是如此寬廣的世界。從許多方面來說，這本書緣起於他們所創造的那段生活經驗。這本書獻給他們。

黑龍江
俄羅斯
哈巴羅夫斯克
（伯力）
烏蘭巴托
黑龍江
哈爾濱
長春
夫拉迪沃斯托克
（海參崴）
吉林
古
蒙
內
瀋陽
遼寧
日本海
北韓
北京
平壤
本
東京
河北
首爾
山西
石家莊
南韓
日
濟南
延安
河
黃
山東
黄海
陝西
鄭州
西安
江蘇
河南
南京
湖北
安徽
上海
長
江
武漢
海
浙江
南昌
長沙
東
湖南
江西
太平洋
福州
福建
廣西
台灣
廣東
廣州
南寧
香港
海南
南海
0
500 英里

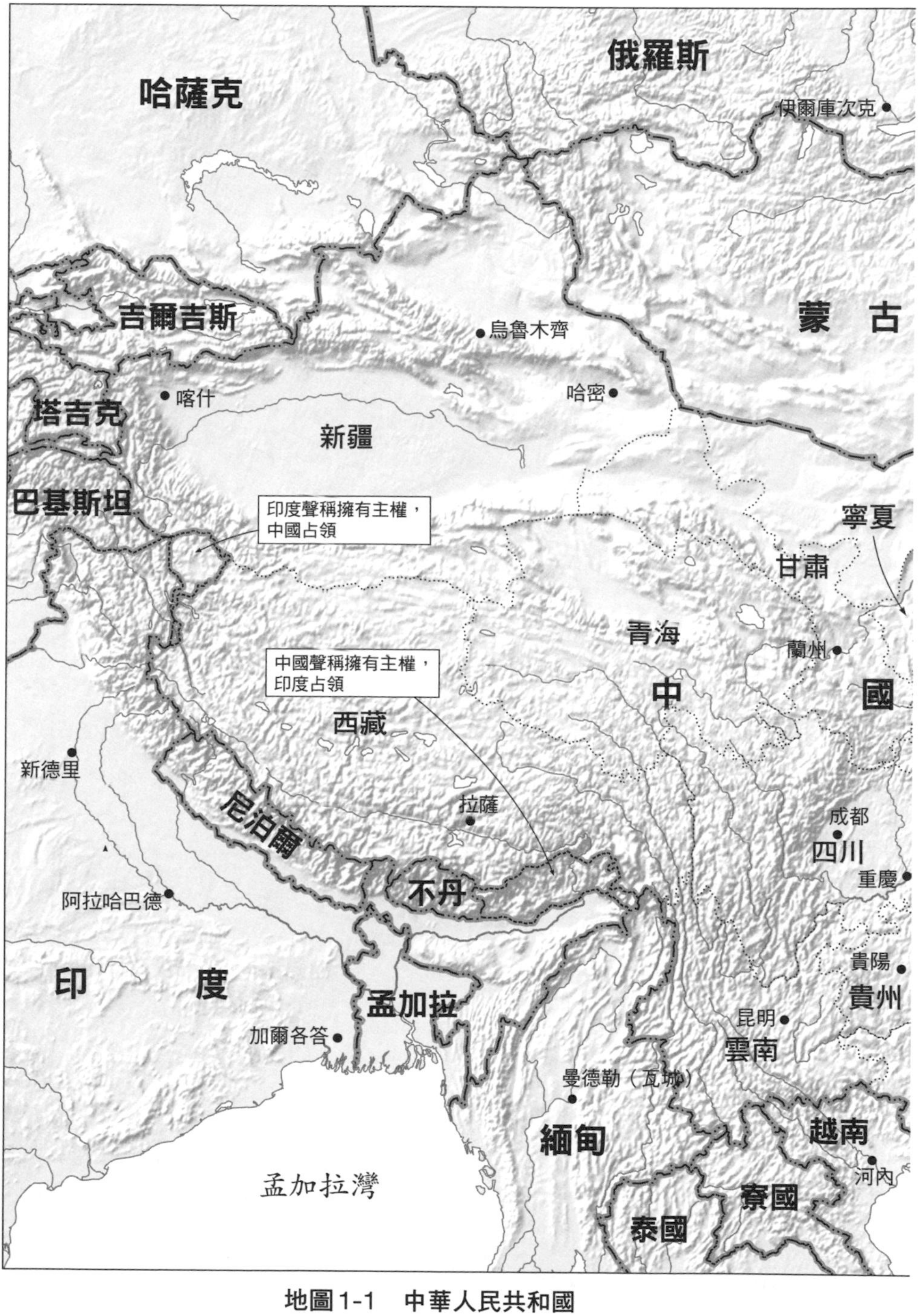

地圖 1-1　中華人民共和國

序言

一九八〇年九月，中國高階軍官召開長達一個月的會議，討論中國的戰略，以抵禦蘇聯可能入侵。當時，蘇聯在中國北境邊界部署約莫五十個師。在會議的最後一天，鄧小平講話了，他用直率的風格說：「我們未來的反侵略戰爭，究竟採取什麼方針？我贊成就是『積極防禦』四個字。」鄧小平用簡短幾句話，不僅認可要改變中國人民解放軍從一九六〇年代中期採用的軍事戰略（立足於深入中國領土打持久戰），也贊同採用新戰略來對抗蘇聯侵略；解放軍最高指揮中心已經在會議中制定了新戰略，刺激中國採取行動，進行軍隊現代化。

自一九四九年起，中國一共採用過九套國家軍事戰略（national military strategies），又稱為「戰略方針」（strategic guideline）。這些方針提供了中共中央軍委所下達的權威指導，包含解放軍的作戰準則、軍隊編組與訓練。一九五六年、一九八〇年與一九九三年採用的方針，則全力改造解放軍，準備以新的作戰方式發動戰爭。中國何時與如何大幅更改軍事戰略？為什麼中國在這三個時刻，而不是其他時間點大幅改變軍事戰略呢？

基於幾個理由，這些問題的答案很重要。第一，理論上，從中國對軍事戰略的各種態度，可以發現豐富的案例，深入了解軍事組織改變的根源。一般來說，目前學術研究檢驗過的案例相對較少，大多局限於民主社會的先進軍隊，尤其是美國和英國。[1]除此之外，大部分的研究聚集於探究兩個時段：第一段是第一次和第二次世界大戰之間，第二段則是冷戰結束後的那段時期。[2]除了兩次世界大戰之間的日本，像中國那樣的非西方國家比較少獲得學術界關注。[3]同樣地，除了蘇聯以外，關於擁有政黨軍隊（party-armies）的社會主義國家的軍事改變，研究仍舊不足。[4]此外，除了美國和蘇聯以外，學者鮮少研究個別國家的軍事戰略改變進程，儘管這樣的研究計畫能在無涉於文化和地理等背景因素的情況下，有益於解釋戰略的變化。

因此，檢討一九四九年起的中國軍事戰略改變，提供了機會，能夠在數個面向上豐富關於軍事準則和創新的現有文獻。第一，這項研究可以用新的重要案例，也就是當代中國，來評估現有的理論。第二，這項研究讓學者能夠廣泛探究諸多潛在變數的影響。中國一九四九年起的諸多特色如下，包括：作為非西方國家，有豐富且與眾不同的文化遺產；是一個社會主義國家，軍隊隸屬政黨而非國家；是革命國家，在激變中創立；跟其他強權相比，屬於軍隊現代化較晚的國家。如果從西方案例推導出來的理論能夠解釋中國的軍事改變，那麼，那些理論應該就能通過一系列困難的重要檢驗。然而，如果現有的理論無法說明中國的戰略改變，那麼學者就應該重新思考那些理論可以應用的範圍。

第二，根據經驗，目前還沒有針對一九四九年起中國軍事戰略改變所進行的全面系統化研究。在研究當代中國的領域，有一小群橫跨幾個世代的活躍學者，曾經檢討解放軍的組織演化，以及解放軍在社會、政治與國防相關政策上的角色。[5]雖然對於理解中國對國防政策的態度，現有的研究貢獻良多，但卻在三個方面有所限制。

首先，現有的中國軍事戰略研究在實證範圍或時間區段上有局限。檢視中國的軍事戰略，一般多從兩個角度出發。第一個作法是研究解放軍的組織發展，同時檢討戰略和其他主題，像是訓練、軍隊編組、編制、政治工作與文武關係（civil-military relations）。[6]第二個作法比較常見，就是利用記錄當代變遷的書籍資料或期刊文章。從一九七〇年代中期起，高德溫（Paul Godwin）、黎楠（Nan Li）與馮德威（David Finkelstein）等學者，對於這個主題有最多的論著。[7]雖然這些作品在出版時是十分前沿的研究，但是這些文獻並沒有全面研究中國對軍事戰略的態度，然而軍事戰略在軍隊發展和現代化的其他大部分面向上，都具有指導性作用。[8]

此外，完成於二〇〇〇年代之前的絕大多數現有中國戰略學術研究，都仰賴於數量有限的中文翻譯原始資料。然而，在過去十年裡，已經可以取得來自中國、有關現行和過去戰略的材料。[9]早期能取得的中文原始資料有限，影響重大，原因有二。第一，許多關於中國軍事戰略的研究，沒有用解放軍本身使用的術語來解釋這個現象。戰略方針的概念反映了中國在不同時期的戰略精髓，近期才吸引了西方學者的關注。[10]儘管戰略方針在解放軍裡很重要，但以往大多數的學術研究都沒有系統化檢討這些戰略方針的採用與內容。[11]第二，過去的一些中國軍事戰略，在無意間被錯誤地描述，例如，許多學者（包括我在內）曾經說解放軍在一九八〇年代初期的戰略，是奉行「現代條件下人民戰爭」，因為有幾位值得關注的將軍使用這套詞彙，表達出希望將解放軍現代化。[12]然而，中央軍委本身卻不曾使用過這句口號來說明中國的軍事戰略。再者，中國高階將領首次使用這套詞彙是在一九五〇年代後期，接著持續使用到一九九〇年代——但中國在這兩個時期都採用了不同的軍事戰略。[13]同樣地，中國在一九八〇年代以前的軍事戰略，經常被說成是「人民戰爭」。[14]然而，在這段時期裡，解放軍採用了四套不同的戰略方針，其中只有兩套說得上接近毛澤東所說的人民戰爭。

最後，現有的解放軍學術研究，與政治科學中討論軍事準則與創新的相關文獻缺乏整合，這很可能反映出取得的原始資料相當不足。無論原因是什麼，整合不足的代價很高，導致阻礙將「中國案例」的發現結果，放在比較廣泛的理論文獻中進行辯論；亦造成無法與涉及世界強權的個案進行比較，並造成新架構無法應用於研究中國政治。

第三個也是最後一個原因，是了解中國的軍事戰略從來沒有像今日這麼重要。經過了四十年經濟快速成長，中國現在是世界上第二大經濟體。現今中國的國防支出僅次於美國，解放軍有兩百萬現役軍人，是世界上數一數二龐大的軍隊。但是，有些關於中國的重大問題，包括中國會如何運用不斷增強的軍事能力，以及使用在什麼樣用途上，這些無法用國內生產毛額或國防支出之類的簡單度量來回答。答案的關鍵在於軍事戰略，若能了解中國過去和現在的戰略態度，就能知道評估未來改變的重要底線，也能洞悉這其中重要的意涵，包括對中國軍力的淨評估（net assessment）、威逼（coercion）在中國的國家治理中扮演的角色、東亞安全競爭（security competition）的強度，以及中美爆發衝突是否可能擴大到高層級。

論述概要

為了解釋中國何時、為何以及如何推動軍事戰略重大改變，我在這本書中提出可分為兩個步驟的論述：中國推動軍事戰略重大改變，是為了因應戰爭指揮的轉變（shifts in the conduct of warfare〔編注：conduct of warfare又常譯為戰爭指導〕），但先決條件是中共的團結穩定。

在我的論證裡，第一個部分聚焦於推動戰略改變的動機。藉由擴大論述，強調外部來源在造成軍事改變中所扮演的角色，包括像立即的威脅，我認為推動戰略改變的一個原因被忽視了：一個強權或其侍從對象（clients）所參與最近期的戰爭，揭露出國際體系的戰爭指揮出現重大改變。如果一個國家當前的能力和預期未來戰爭必要的條件存有落差，這種改變能產生強大的刺激，促成該國採用新的軍事戰略。這些改變對於中國這種正試圖提升能力的開發中國家，或者軍事現代化比較晚的國家，影響應該特別顯著。這些國家已經處於相對劣勢，必須密切注意自己相較與強國之間的能力。

我的第二個部分的論述，改談發生戰略改變的機制，是由文武關係（civil-military relation）的結構形塑而成。在擁有政黨軍隊的社會主義國家，政黨可以充分授權給高階軍官，使其自治管理軍事事務，高階軍官會因應國家安全環境改變，調整軍事戰略。因為這些軍官也是黨員，所以政黨可以託付軍事事務的責任，不用害怕發生政變，或擔心軍隊採用抵觸政黨政治目標的戰略。然而，唯有政黨的政治領導階層團結，對權威結構和基本政策有共識，這類授權才可能會發生。

將這些條件放在一起，當黨內團結的時候，為了因應戰爭指揮的重大轉變，中國的軍事戰略就會出現重大改變。如果黨團結，但是戰爭指揮沒有出現重大改變，那麼高階軍官便較可能只會小幅改變軍事戰略。然而，當黨分裂的時候，戰略改變就不可能會發生。即便外部的戰爭指揮出現了重大轉變，產生推動戰略改變的刺激，然而軍隊可能會捲入政黨內鬥，或者黨最高領導人們可能會對政策意見分歧，不願將處理軍事事務的責任授權給軍隊，或者試圖干預軍事事務——在在都會破壞軍事戰略的制定，更廣泛而言，甚至會損害軍事事務的管理。

本書概要

第一章有三個目標。第一是說明要解釋的主題：一國之軍事戰略的重大改變。第二個目標是，思考有哪些競爭的動機和機制，可以解釋國家的軍事戰略何時與為何進行重大改變。第一章強調有兩個變數，對於理解中國軍事戰略的改變十分重要。第一是國際體系出現戰爭指揮轉變，促使採用新軍事戰略的強烈動機產生。第二個是執政的共產黨是否團結，若是團結的話，將賦權與高階軍官，使其得以制定與採用新的戰略，而不受到文官（civilian）的干預。第一章的最後一個目標是討論這項研究的研究設計，包括推論方法、如何衡量變數以及資料來源。

在開始談論一九四九年起的中國軍事戰略重大改變之前，第二章會先檢討一九二七年到一九四九年內戰期間中共採用的軍事戰略。這些戰略有攻有防，大多強調用正規部隊打運動戰（mobile warfare），只有少數比較重視使用非正規部隊打游擊戰。第二章探討這些戰略，以及「積極防禦」和「人民戰爭」等構成中國戰略詞彙的關鍵術語，還有解放軍在中華人民共和國創立時所面對的挑戰。

第三章檢討一九四九年中華人民共和國建國後，採用的第一套國家軍事戰略。採用一九五六年戰略方針的時機著實令人費解，原因有二。第一，採用這套戰略時，中國並沒有面對立即或迫切的安全威脅，所以是將資源集中用於社會主義現代化，發展經濟。第二，雖然中國與蘇聯結盟，蘇聯提供數千名軍事顧問和專家，以及充足的裝備，供超過六十步兵師使用，但是中國並沒有仿效蘇聯的戰略。反之，中國拒絕採用蘇聯模式的基本元素，包括強調第一擊與先制打擊（first strike and preemption）。

戰爭指揮轉變和政黨團結，最能解釋一九五六年中國為什麼要在這個時候採用第一套軍事戰略。採用這套新戰略的首要動機，就是評估到解放軍必須打的戰爭類型改變了。一九五〇年代初期，中國不只積極從第二次世界大戰與韓戰中汲取教訓，也深思核子武器對常規作戰所帶來的意涵。高階軍官裡頭，尤其是彭德懷，推動了至關重要的軍事改革，並且制定一九五六年戰略方針。能夠推動這種由軍隊所領導的改變，是因為當時的中共內部空前團結，因此解放軍沒有動機捲入政黨內鬥，並且獲得了管理軍事事務的實質自主權（substantial autonomy），其中包括軍事戰略。第三章最後檢視採用一九五六年戰略方針的其他解釋，尤其是關於仿效（emulation）的論點。

第四章檢討中國一九六四年的軍事戰略改變，那次改變著實不尋常，引人玩味，那次中國回頭採用過往戰略，也就是源自中國內戰的「誘敵深入」概念；這也是唯一一次由黨最高領導人發起的戰略改變，而非高階軍官。這套戰略的採用，說明領導階層的分裂所導致的黨內不團結，是如何扭曲對戰略的決策。一九六四年五月，毛澤東愈來愈擔心黨內的修正主義，於是推翻原本聚焦於農業的經濟政策，要求推動中國內地（或稱「第三線」）工業化。毛澤東用來正當化這項政策推翻的理由，在於大型戰爭一旦開打需要清出後方，所以得以備不時之需。要求建設第三線的呼籲，讓毛澤東得以在大躍進之後首次掌控經濟政策，進而攻擊黨內領導人們與黨的中央集權官僚，毛澤東將那些人視為修正主義分子。但是他對於第三線政策的辯解——必須準備應變大規模戰爭——需要一套軍事戰略必須能應對他所主張的威脅。以第三線作為經濟政策，並將誘敵深入列為軍事戰略，是相輔相成的手段，用以削弱黨政的官僚，也預示了毛澤東即將在一九六六年向黨領導階層展開正面攻擊。

第五章檢討中國的國家軍事戰略，在一九八〇年十月發生了第二次重大改變。一九八〇年的戰略方針完全背離誘敵深入的戰略，而是預想著要採取前進防禦（forward defensive）態勢，發展能夠執行合成兵種作戰（編注：有時亦譯為聯合兵種作戰〔combined arms operations〕）的機械化軍隊，以擊敗蘇聯的侵略。然而，這次戰略改變的時機著實令人費解。在一九六〇年代後期，中國就認定蘇聯是潛在的軍事敵人；一九六九年為了珍寶島與蘇聯軍隊爆發衝突，中國面臨的主要國家安全威脅，即是蘇聯可能從北方侵略。儘管如此，解放軍仍舊超過十年沒有調整戰略因應這個威脅，即便是到了一九七〇年代後期，蘇聯已在中國北境邊界部署超過五十個師。

在此，戰爭指揮改變和政黨團結，有助於解釋一九八〇年中國軍事戰略的變化，有關時間點以及為何如此的問題。雖然蘇聯的威脅是重要因素，但採用新戰略的關鍵推動力在於中國評估蘇聯會採用哪些類型的作戰方式，這跟在一九七三年以阿戰爭（Arab-Israeli War）嶄露出戰爭指揮的轉變有關。早在一九七四年，解放軍的資深老將們就察覺這些改變，開始要求採用新戰略。然而因為黨內不團結，拖延了戰略的改變。高階黨員被捲入文化大革命的派系鬥爭，一九七五年鄧小平的短暫復出反映了這一點。此外，在文化大革命期間，解放軍被用於恢復秩序，專注於國內治理而犧牲了戰備（combat readiness）。再者，擔任非戰鬥的行政與政治職務軍官人數擴增，導致解放軍變得臃腫。一九七〇年代後期，黨內逐漸恢復團結，首先是因一九七六年十月四人幫被捕，接著在一九七八年十二月這屆具有重要歷史意義的第三次全體會議（三中全會）上，鄧小平鞏固了權力。一九七九年解放軍軍官再度推動戰略改變，最後也成功了。

第六章檢討中國軍事戰略的第三次重大改變，也就是採用一九九三年戰略方針。根據這套戰略，解放軍必須能夠在中國周邊打贏以「高技術」為特色的局部戰爭。從既有理論來看，採用這套戰略也是令人費解。一九九〇年代初期，中國的黨軍高階領導人們主張，當時中國的區域安全環境是一九四九年以來「最佳的」，主要因為來自蘇聯的威脅消失。但是，儘管當下沒有明顯的國家安全威脅，中國卻採用迄今最野心勃勃的軍事戰略，試圖開發執行聯合作戰的能力，應變周邊的各種意外事故。

戰爭指揮和政黨團結最能解釋中國何時與為何改變軍事戰略。首要的動機是，中國評估一九九〇年到九一年的波斯灣戰爭，揭露了戰爭指揮的徹底轉變。中國戰略專家認為，現代戰爭的特色是使用高技術，包括精確制導彈藥（編注：或譯為精準導引彈藥〔precision-guided munitions〕），以及利用太空基地平台的先進監視與偵察技術。然而，中國到一九九三年才改變戰略，肇因於天安門事件後黨與軍隊都陷入了內鬥。一九九二年年底，鄧小平尋求以他的改革政策重新建立共識，俾使黨內恢復團結。中國共產黨第十四次全國代表大會反映出黨內恢復團結，會議結束不久，解放軍旋即開始擬定新的戰略方針，隨後在一九九三年年初採用。

第七章檢討中國軍事戰略的近期發展，也就是針對一九九三年戰略方針的兩次調整。二〇〇四年，戰略方針修改，聚焦於「打贏信息化條件下的局部戰爭」。二〇一四年，戰略方針再度調整，進一步強調「打贏信息化局部戰爭」中的信息化（編注：即資訊化〔informatization〕）。囿於可以取得的原始資料有限，因此無法詳細分析這兩次改變背後的決策。儘管如此，這兩次應為軍事戰略上的小幅改變，而非大幅改變，因為只是逐次進一步強調以信息化作為高技術戰爭的核心，以及中國必須能夠執行聯合作戰。檢視二〇〇四年戰略，顯示解放軍根據一九九九年科索沃戰爭和二〇〇三年伊拉克戰爭，修改了對於戰爭指揮趨勢的評估。而二〇一四年方針的採用，提供了最高層級的指導（top-level guidance），是為了推動解放軍自一九五〇年代中期以來，規模最大的單一次組織改革。這些改革的首要驅動目標，是提升解放軍執行聯合作戰的能力，而一九九三年戰略即已指出，聯合作戰是未來的作戰形態。縱然二〇一四年方針沒有預想以新的方式發動戰爭，但是其中提出的改革如果成功落實，將對解放軍的軍事效能產生重大的影響。

第八章檢討中國核戰略的演進。中國的核戰略有著令人不解之處，原因有二。第一個原因是，基於根本目標是要透過保證報復（assured retaliation）來達到威懾效果（deterrence），自從一九六四年十月引爆第一個核裝置起，中國的核戰略就不曾大幅度改變。再者，中國並沒有試圖改變戰略來克服弱點，防範美國或蘇聯的第一擊。這與戰略方針中常規作戰的軍事戰略天差地別，常規作戰的軍事戰略有著動態調整的特質。另一個原因是，中國的核戰略和本書所談論的諸多常規戰略缺乏整合，即便在採用一九九三年戰略方針後，依舊如此。

第八章指出，中國的核戰略是不尋常的例外。不同於常規軍事作戰，黨最高領導人們從不授權給解放軍決定核戰略，核戰略被視為國家政策問題，必須由黨領導階層諮詢高階軍官和文職科學專家之後決定。雖然高階軍官主張發展大型核計畫，尤其是在一九五〇年代，但是這些提案始終遭到駁回。因為解放軍從來沒有獲得授權決定核戰略，中國的黨最高領導人對於核子武器的看法深具影響，尤其是毛澤東和鄧小平二人，其巨大的影響力直至今日仍舊存在。因為這些領導人認為核子武器的效用僅限於遏止核脅迫或攻擊，所以核戰略並沒有與常規軍事戰略整合，並依舊聚焦於達成保證報復。

結論一章則是檢討這本書的主要發現結果、這些發現結果對於國際關係理論的意涵，以及預測中國軍事戰略未來的改變。

第一章

解釋軍事戰略的重大改變

所有試圖解釋國家為何在軍事戰略上有重大改變，一定要說明兩個問題。第一，是什麼因素促使（prompt）、刺激（spark）或引發（trigger）一個國家改變戰略？第二，透過什麼機制來採用新戰略？本章先嘗試提出這兩個問題的答案，接著討論如何用這些答案，檢視中國自一九四九年起的軍事戰略改變。

現有的論點強調外部來源如何促成軍事改變，延伸這些論點來看，國家為何進行軍事戰略改變，有一個動機可能被忽視了。這個動機就是，強權或其救助對象最近捲入的戰爭，揭露了國際體系的戰爭指揮出現重大改變。戰爭指揮轉變，如果凸顯出一個國家當前的能力和國家預期未來打仗所需要的能力有落差，應該會對該國產生強大的誘因，採用新的軍事戰略。

藉由何種機制來採用新戰略，則取決於國內文武關係的結構。文武關係結構將決定，比較可能獲得授權發動戰略改變的是文官菁英，還是武官菁英。在社會主義國家，軍隊屬於政黨而非國家，政黨可以充分授權給高階軍官，使其自主管理軍事事務；而高階軍官應該比黨文職領導人們更可能發動戰略改變。然而，唯有黨的政治領導階層團結，對權威結構和基本政策有共識，前述授權給高階軍官的情況才會發生。

本章討論順序如下：第一節說明要解釋的主題為何（軍事戰略），以及要探討的改變類型（軍事戰略的重大改變）。第二節思考有哪些競爭的動機，可以解釋國家何時與為何要進行軍事戰略重大改變，聚焦於戰爭指揮的重大轉變。第三節檢討軍事改變可以透過哪些機制發生，著重於文武關係結構，以及說明在社會主義國家，政黨團結就能授權給與高階軍官推動戰略改變。第四節與最後，討論這項研究的研究設計，包括推論方法、如何測量這些變數，以及這些討論將如何應用於研究中國自一九四九年起的軍事戰略。

軍事戰略的重大改變

國家軍事戰略是軍事組織奉行的一套思想，用於未來的戰事。軍事戰略（military stratege）是國家大戰略（state’s grand strategy）的一部分，但是又有別於大戰略。[1]國家的軍事戰略有時又稱高層軍事準則（high-level military doctrine），解釋或概述將如何運用軍隊來達到軍事目標，用以推進國家的政治目標。戰略連結了手段和目標，說明需要哪些軍隊與運用軍隊的方法。戰略因而形塑軍隊發展的各個方面，包括作戰準則（operational doctrine）、軍隊編組（force structure）

與訓練（training）。[2]

國家軍事戰略是指整體運用國家軍隊的戰略。把分析層級設定在國家層級很重要，原因有幾個。第一，具體指明要探討的改變類型，有助於與其他軍隊的戰略改變過程進行比較。第二，這樣能從有關軍事準則和創新的文獻裡，指認出較相關的解釋和論點。例如，在這類文獻中，相當合理有一大部分在檢討軍事組織內的改變，尤其是戰鬥兵種和武器系統的發展。解釋這些改變，經常會論及同一軍種內部或不同軍種之間的競爭，但檢討一國的國家軍事戰略改變時，這些競爭可能比較不重要。[3]

國家軍事戰略可以從許多層面來分析，包括戰略內容為攻勢（offensive）或守勢（defensive），或者戰略與國家更廣泛的大戰略整合，諸如此類。[4]然而，這份研究試圖解釋國家為何與何時會決定採用必須大幅改變組織的新軍事戰略。雖然戰略的攻防內容會影響國際體系的穩定，但卻不一定能掌握軍事組織裡發生的諸多事務，像是作戰概念改變、作戰準則、軍隊編組、訓練。此外，尤其是在核子革命開始和征服戰爭（wars of conquest）減少之後，許多國家軍事戰略兼具攻防作戰，鎖定有限的目標，要把這些戰略界定為進攻或防禦，著實困難。同樣地，國家可能有多個軍事目標，有些需要防禦能力，有些需要進攻能力。國家可能也會認為需要發展一些進攻能力，來達成防禦目標。一個國家會計劃用不同的軍力來解決各式各樣的意外事故，因此要如何進行歸類，是學者的一大難題。

廣泛而言，軍事戰略跟準則的概念比較相關，然而，本書並非以準則的概念作為中心架構，原因有幾個。第一，學者曾經提出許多定義，意涵一系列的不同概念和應變數。[5]此外，學者使用的準則和軍事專家和實際操作者所認為的準則，存在著許多落差。雖然學者經常用準則來指軍隊或國家進行戰略層級活動的原則，但是許多現代軍隊使用準則一詞，意指管控軍事組織進行任何層級與類型的活動的原則或規則，特別是作戰（operational）與戰術（tactical）活動。[6]最後，準則這個詞本身的意思在每個軍隊中都不盡相同，這會讓比較研究變得更加複雜。準則一詞在美軍的戰術層面廣泛使用，蘇聯更視之為重大的戰略概念，但是中國軍隊卻完全不使用。[7]

採用新的軍事戰略時，若出現重大的改變，會驅使軍事組織改變如何準備執行作戰與發動戰爭的方式。重大改變是指，軍隊必須發展目前本身沒有的能力，以執行當前沒辦法執行的行動。這就是戰略的重大改變有別於小幅改變或遞增修改的地方，後者只是微調或改善現有的戰略，但是不要求大幅改變組織。

我對重大改變的定義借用自軍事改革（military reform）的概念，蘇貞・尼爾森（Suzanne Nielsen）認為，在軍事上，「改革是指改善或制定一項新的重要計畫或政策，目的是要改正發現的缺點」。[8]改革不一定需要組織成功改變執行所有核心任務的方式，然而，倘若改革成功，改善了缺點，組織的表現就會大幅提升。尼爾森指出，和平時期軍事改革的主要元素不只有改變準則，還包括改變訓練實務、人事政策、組織以及設備。[9]使用改革的概念，能夠掌握軍事組織所做的許多事情，尤其是在和平時期。

軍事戰略的重大改變如果包含兩項與軍事改革有關的元素，就可以視為高層次的軍事改革。

第一是，戰略明確提出關於戰爭的新觀點，要求軍隊改變未來備戰的方式。第二是，新戰略必須要求某種程度的組織改變，不同於過去的實務，包括作戰準則、軍隊編組、訓練。重大改變強調追求大幅地組織改革的渴望（desire to pursue），而非只是成功的制度化。一個國家決定採用新軍事戰略的原因，可能不同於解釋軍事組織成功改革的那些原因。儘管如此，重大改變指出了一個國家試圖進行組織改革，而不只是闡明未來戰爭的抽象觀點。

重大改變與創新（innovation）的概念密切相關，然而，在一個重要的層面上卻是不同的。雖然許多學者把創新當成改變的同義詞來使用，但是也有些學者把軍事組織中的創新，定義為史無前例或革命性的改變、大幅背離過去的實務，或是在軍事組織中成功制度化或落實的改變，通常用於提升效力。[10]換句話說，創新就是制度化改變。然而，將創新解釋為制度化改變的概念，對於理解國家軍事戰略，可能比較沒有幫助，因為成功的制度化可能是程度的問題與持續的過程。[11]除此之外，如同前述，激起或引起想要改變戰略的因素，可能不同於解釋特定組織成功制度化的那些因素。

最後必須先澄清兩點，再繼續談下去。首先要說明的是，軍事戰略的重大改變必須有別於另外兩個結果，第一是軍事戰略沒有改變，第二是軍事戰略微幅改變，也就是調整或改善現有的戰略。比方說，有個國家採用新的國家軍事戰略，但是改變的目的只是要把現有戰略裡的觀點補充得更加完備，這就不算重大改變了。

第二點要說明的是，我聚焦於和平時期的軍事戰略改變，目的是為了與戰時改變區分開來。[12]然而，必須一提的是，此處有關和平時期的概念涵蓋各式各樣的國際環境威脅，唯獨排除戰時為了特定衝突而制定的軍事戰略。

軍事戰略重大改變的動機

關於軍事準則和創新的文獻，大致都認同強權進行軍事戰略改變的首要動機來自於外部。這些國家發展軍隊，是為了抵禦外部威脅，或向別人展示軍力，將焦點放在外部因素，實在不足為奇。應該將這些造成改變的既存外部刺激因素，視為是構成軍事改變的外部因素的一般模型。然而，必須提醒各位，各種範圍條件的局限程度不一，有些可能會局限這些刺激因素在特定案例中的影響，而且並非全都適用於中國過去的戰略。

第一個動機是立即或迫切的外部安全威脅。如果一個國家現行的軍事戰略不適合應付該國所面對的威脅，那麼該國就會試圖改變戰略。一個國家的安全環境一旦改變，就可能會出現立即的威脅，像是敵人的能力增強，或是擁有不同能力的新對手出現。一個國家的軍隊如果在最近一場衝突中表現得不如預期，也可能會引發威脅，尤其是在戰場上戰敗，或沒有達成軍事目標。戰敗或失敗表示有弱點或缺點，需要採用新的軍事戰略加以改進；不過戰敗也可能會促使一個國家加強落實現行的戰略。[13]立即和迫切威脅的影響適用於所有國家，而且不受限於許多範圍條件——只受限於現行戰略和新威脅之間有落差。

第二個改變戰略的動機與立即威脅密切相關，亦即敵軍對戰略的評估。一國的軍隊可能會採用新戰略，來因應敵人改變戰爭計畫。在關於蘇聯軍事準則的研究中，金白莉．馬騰．季斯克（Kimberly Marten Zisk）稱這為「反應式創新」（reactive innovation），即便沒有立即的威脅。[14]一個國家已經處於戰略或持久敵對，如果敵人改變戰略，該國就會面對更大的威脅，此時才可能會進行反應式創新。[15]敵對國家必須密切監視對手的戰爭計畫和能力，依情勢需要，改變自己的戰略。例如，季斯克認為，美國改變大戰略和軍事準則後，蘇聯也對應改變準則。例如，美國採用「靈活反應戰略」（Flexible Response）後，加派常規部隊保護西歐，蘇聯也隨之轉變準則，著重於有限戰爭（limited war）和「常規選擇」（conventional option）。[16]

重大改變的第三個動機是，國家為軍隊訂立了新的任務和目標。這項改變來源可以說是跟大環境有關，因為它的出現與任何軍事戰略都無關。[17]新任務出現的原因有很多種，像是保護新獲得的海外利益；盟國的安全需求改變；國家使用武力的政治目標改變，需要新的能力（像是想要收復失土或建立緩衝區）。例如，在二十世紀初期，美西戰爭後，美國取得菲律賓，創造了新的海外利益，因而改變軍事戰略。美國在太平洋取得殖民地後，需要準備在距離本國遙遠的地方進行海戰，因而著重以兩棲作戰攻占海軍基地，支援在該地區的行動。[18]同樣地，由於希特勒的勃勃野心，軍隊必須能夠執行機動攻擊行動（mobile offensive operations）。[19]新的任務可能會需要軍隊執行新的作戰類型，因而需要新的軍事戰略。然而，這樣的改變動力存在於一國之外，即更廣大的國際政治環境。[20]改變源自於新的任務，可能跟權力擴張特別相關，一個國家取得新的利益，就必須增強能力、保護新利益。

對於戰爭基本技術改變的長期影響，產生了軍事戰略改變的第四個外部動機。新技術出現，可能會促成國家思考新技術對戰爭的寓意，進而調整軍事戰略。在這裡，國家並沒有面臨立即或迫切的威脅，只是思考今日的技術進步將如何影響明日的戰爭。例如，史蒂芬·羅森（Stephen Rosen）指出，飛機的發明促成航空母艦的開發，最終取代戰艦，成為海軍火力的主要平台。[21]然而，這項改變動機主要適用於體系中最先進的國家，他們擁有相對豐富的資源來發展軍力，而且工業與技術能力成熟，能夠開發這些技術，並應用於戰爭。[22]

這些動機雖然可以解釋不同情況下的戰略改變，不過仍舊不完整，尤其是無法解釋為什麼缺乏這些動機時，某些國家還是可能改變軍事戰略，例如在沒有面對立即和迫切的威脅時。另一個可能的戰略改變動機，是近期一個或一個以上的強權或其侍從國（client，配備恩庇國〔patron〕的軍備）捲入的戰爭中，揭露了國際體系中戰爭指揮的轉變。[23]從個別軍事創新的角度來看，這類戰爭類似於麥可·霍洛維茨（Michael Horowitz）所說的「示範點」（demostration point）。[24]如果一個國家認為，其發動戰爭的軍事計畫與未來的戰爭所需的條件存在著落差，這項動機應該會格外強大。從一九四五年以來，例如一九七三年的以阿戰爭（Arab-Israeli War）吸引軍事專家熱切關注，因為彰顯出裝甲戰和戰爭作戰層面的重要意涵。[25]同樣地，一九九〇年到九一年的波斯灣戰爭（Gulf War），證明了精確制導彈藥搭配先進的指揮、管制、監視、偵查系統，具有強大的潛能。[26]當然，不是所有國家都會從同一場衝突獲得相同的啟發，因為戰爭產生的影響會因各國的安全環境、軍事能力和資源而異。[27]儘管如此，別人的戰爭或許還是證明了現行實務的重要性或效用，以及部分學者稱之的軍事革命或軍事創新。

這個論點跟仿效（emulation）有何不同呢？在《國際政治理論》（*Theory of International Politics*）中，肯尼士．沃爾茲（Kenneth Waltz）主張，因為國際政治是「競爭領域」（competitive realm），各國會抄襲與仿效體系中最成功的軍事實務。尤其，沃爾茲指出，「競比的國家會模仿（imitate）能力最強與最精明的國家所發明的軍事創新」，其中包括武器和戰略。沃爾茲的論點同時包含潛在的改變動機（競爭）和這種改變發生的機制（仿效，下一節會討論）。然而，針對國家何時與為何進行軍事戰略改變的可能動機，沃爾茲的論點並沒有完整說明。雖然沃爾茲強調競爭是改變戰略的原因，但是在任何一個時間點發生改變的明確動機卻不清楚。如前述討論，現有文獻大多試圖找出國際體系的競爭壓力，造成了哪些不同動機，因而促成戰略改變。雖然在混亂狀態下（anarchy）的競爭會導致一國改變軍事戰略，但更有趣的提問是這類改變何時與為何會發生，唯有尋找沃爾茲所提出的一般性論點以外的論述，才能回答這個問題。

戰爭指揮轉變，就是促成軍事戰略重大改變的其中一項這類動機。戰爭在國際體系裡爆發，各國可能會就戰爭的關鍵特色以及對本國安全的意涵進行評估。各國會視自己的戰略局勢採取行動，可能會試圖仿效或發展其他回應，像是反制措施（countermeasure）。一九九九年科索沃戰爭著實發人省思，不只因其凸顯匿蹤與精確攻擊能力大幅進步，也因為展示簡單的戰術和程序，像是藉由偽裝（camouflage），就能削弱精確制導彈藥潛在的強大破壞力。[28]容易遭到空襲的國家可能聚焦於後者，而非前者。沃爾茲也指出，同台競爭者，或稱「競爭國家」（contending states），最可能會進行仿效。但是從當代衝突學到的教訓，應該跟開發中國家或軍事現代化較晚的國家特別相關，像是中國，因為這些國家還不是同台競爭者，但試圖強化其軍隊，必須謹慎地把稀缺資源分配到國防上。

外部改變動機最受到學術文獻的關注，因為在強權或是想要成為強權的國家中，大部分軍隊的基本任務就是保衛國家，對抗外部威脅。儘管如此，內部動機也可能會引發戰略改變。關於組織偏好和軍事文化的論點，下文會簡短討論，但是這些論點通常用於解釋軍事組織為何停止發展或沒有改變。基於這個原因，這些論點並沒有特別適合解答本書所提出的問題，也就是中國何時與為何改變軍事戰略。

第一個內部改變動機是軍隊對於攻勢作戰（offensive operation）的組織性偏誤或偏好，以增加自主權、聲望或資源。這個動機的解釋邏輯大量援引組織理論，然而，這種偏好要對戰略產生影響，必須在文官（civilian）掌控力虛弱，或當外部環境健全、文官監管受限時，組織性偏好才能影響戰略。[29]

第二個內部動機是非攻擊偏誤的軍隊組織文化。軍隊的組織文化會決定偏好，包括偏好採用的戰略類型。伊莉莎白・齊爾（Elizabeth Kier）檢驗在兩次世界大戰之間，英國和法國軍隊裡組織文化所扮演的角色，發現法國文官政府將徵兵制限縮到一年，軍隊只好採用防禦策略；法國認為徵召來的兵員無法執行攻擊行動，因為執行攻擊行動需要更堅固的防禦。[30]更近期在關於反叛亂行動（counterinsurgency operation）的詳細研究中，奧斯丁・隆（Austin Long）說明了美國陸軍、美國海軍陸戰隊與英國陸軍根深柢固的不同文化，如何塑造他們執行這類行動，無論採用的正式或作戰準則為何。在資訊模糊不清的作戰環境中，組織文化的影響極可能會格外顯著。[31]

軍事戰略重大改變的機制

討論戰略改變，第二個需要解釋的要素絕對是發生改變的機制，也就是制定與採用新軍事戰略的過程。在關於軍事準則和創新的文獻中，有關軍事組織如何發生改變的辯論，大多著重於是否需要文官干預，或者改變是否能夠自動發生，並且由軍官領導。答案取決於文武關係（civil-military relations）的結構，以及因而是否賦權給予軍事領導。在像中國一樣的社會主義國家，軍隊隸屬政黨而非國家，其文武關係的結構會在某些條件下，賦權給高階軍官發起戰略改變——也就是當黨內團結，並把軍事事務的責任授權給軍隊。

文官干預vs軍官帶頭的改變

在軍事組織中，有兩個最常討論的改變機制，檢視了文武菁英的相對角色。有些學者指出，重大改變需要文官干預，有些學者則主張高階軍官可以獨立且自主地領導改變。

若軍事戰略的重大改變機制在於文官干預，最常見於與高威脅環境（high threat environment）

或者國家有修正主義目標（revisionist goals）相關，這兩種情況都重視將國家的大戰略與軍事戰略整合，以確保國家安全，或達成野心勃勃的政治目標。[32]但是，我們亦能推論，文官干預時，不能撇除會出現其他亦能造成戰略改變的動機——或許能除外的只有因基礎技術改變，長期而言造成的軍事影響，然而即便如此，開發新武器系統也需要文官掌控的資金。

文官干預軍事改變可以是直接或間接的，直接干預時，文官政治領導會要求軍隊改變，像是第二次世界大戰前希特勒干預德意志國防軍（Wehrmacht）。[33]間接干預時，文官控制機制的結構與力量會產生強大的刺激，鼓動軍官推動文官想要的改變。在有關反叛亂準則的研究中，黛博拉·亞凡（Deborah Avant）說明，英國軍隊之所以改採政治領導人們想要發動的反叛亂戰役，是因文官在內閣集中監視管理，掌控著武官升遷；美國軍隊相較無法改採這種戰役，因為政府的行政和立法部門共同管控軍隊，這讓武官菁英能夠抗拒部分文官的監督。[34]

另一種可能的戰略改變機制，是由武官帶頭改變，而且沒有文官干預。這種機制強調軍隊自治，假設改變可以從內部發生，由高階軍官領頭，沒有文官施壓。[35]原則上，高階軍官可以要求改變戰略，以因應前述的任何外部動機。有些學者曾經指出，軍官對於戰爭指揮的改變或許比文官更加敏銳，因為軍官必須策劃如何在戰場上直接應對這些改變。

這兩種機制，也就是文官干預和武官自主，通常被認為是水火不容的論點，大部分關於軍事創新的研究，一開始都會將這兩種研究取徑相對立。[36]儘管如此，這兩種機制可能比一般所認為的更加互補，取決於下述兩個具有範圍限制的條件（scope conditions）。第一是國家面對的外部威脅有多緊急和嚴重，一旦威脅愈急迫嚴峻，文官領導就愈有可能監控軍事戰略，並且在軍備匱乏之，無法應付威脅時，出手干預。[37]反之，如果威脅比較不緊急或嚴重，戰略改變就比較可能從軍事組織內部發起，由軍隊考慮未來安全環境的需求。

第二個範圍條件，跟我們試圖解釋的組織改變的層級有關。當改變從戰術與作戰（tactics and operations）層級變成戰略（strategy）層級，文官干預應該比較可能會發生，因為資訊不對稱性減小，而且文官影響軍隊的正式管道增加。反之，當軍事組織內的改變從戰略層級變成作戰與戰術層級時，武官領頭的改變應該比較可能會發生，因為大部分的文官缺乏重要的專門技術知識。

國家軍事戰略所屬的軍事事務層級，或許文武菁英皆適合改變戰略的決定過程。文官必須仰賴武官的專業與技術專長，制定與執行戰略；武官則需仰賴文官提供必要的資源，執行新戰略。若是如此，那麼文武關係的結構以及軍隊獲得授權的程度，對於替哪一方創造出相對多的機會，讓文官或高階軍事領導人得以發起軍事戰略的重大改變，扮演關鍵性的角色。

雖然文武關係的結構能夠決定文官或武官菁英，何者較可能推動改變軍事戰略，但是關於軍事創新和文武關係的學術研究卻整合得十分鬆散。一方面，文武關係的研究很少認為這個主題能夠作為獨立變數，解釋諸如作戰準則、效力或創新等重要的軍事結果。[38]大部分研究都著重於試圖解釋文武關係的動態，以及武官干預文官領域的可能性，包括政變、政變以外的軍事影響政治、文武衝突、武官服從文官命令以及文官授權動態。[39]學者才剛開始把文武關係當成既能夠解釋軍事，也能解釋政治結果的變數來研究，文武關係在軍事事務裡既是中介變數，又是自變數，需要更加注意。[40]

另一方面，鮮少有軍事創新研究，明確地跟文武關係連結在一起。確實，許多案例會討論文官干預，但通常不是放在文武關係的理論層次上討論。像是許多有關第一次世界大戰的研究指出，在衝突即將爆發前，軍隊若表現出攻擊偏誤（offensive bias），文官控制力量虛弱是關鍵的原因。[41]同樣地，雖然亞凡援用制度理論提出她的論點，但主要的解釋邏輯在於民主體制中不同的文官控制機制，產生了軍事改變的誘因，以及這些機制如何形塑武官針對文官偏好的反應性（responsiveness）。[42]類似也包括齊爾研究兩次世界大戰之間英法兩國的軍事準則，結果發現文官菁英對於軍隊該在社會中扮演什麼角色的共識程度，是一個關鍵的變數；如果缺乏共識，政治菁英就會試圖干預更多軍事事務。[43]最後，爭取自主權（autonomy）在季斯克對蘇聯軍事準則的研究中，占據重要的位置；但卻未曾在研究蘇聯的文武關係中被討論，也未見於更廣泛的一般性文武關係理論。[44]這類例子族繁不及備載，但前述案例至少說明了在某些社會中的文武關係結構，創造出機會讓文官或武官菁英能夠發起與帶領戰略改變的過程。

社會主義國家的政黨團結和軍事改變

在像中國這樣的社會主義國家裡，因為具有獨特的文武關係類型，意味著高階軍官能夠獲得授權、發起軍事戰略改變，而文官不會加以干預。任何有關文武關係的討論，幾乎總是以薩謬爾・杭亭頓（Samuel Huntington）在《軍人與國家》（*The Soldier and the State*）裡的論點開始。[45]然而，將他的架構直接套用在社會主義國家卻有點不服貼，因為在社會主義國家，專業軍隊仍舊受到一系列強大的政治控制，經常捲入軍事領域之外的活動，偶爾也會參與黨內鬥爭。簡而言之，就與文官領域的關係而言，政黨軍隊與國家軍隊有著根本性的差異。在社會主義國家，比較適切的研究主題不是文武關係，而是「黨軍關係」。[46]杭亭頓起手式的假定前提是，國家與軍隊之間本來就存在衝突，最大的危險是軍隊干預政治，尤其是政變。然而，在大部分的社會主義國家，軍隊隸屬於政黨，這個問題並不存在：共產國家很少發生軍隊帶頭的政變，幾乎沒有發生過，尤其是透過暴力革命創立的共產國家，更不可能發生這種事。[47]軍隊一旦干預政治，就會是設法維護共產黨執政的霸權，而非奪權。

文武關係會影響像中國這種社會主義國家改變戰略的時機與過程，反映出這些社會的政治威權結構。艾莫斯・波爾穆特（Amos Perlmutter）和威廉・列奧格蘭德（William LeoGrande）將蘇聯的文武關係概念化，試圖從中發展出一套社會主義國家文武關係的整合性理論。[48]根據他們的解釋，社會主義國家的特色就是由一個「先鋒」（vanguard）黨掌控政治霸權，這個霸權要求所有非政黨機關，包括軍隊，都必須服從政黨，而非國家（國家亦由政黨掌控）。有一些不同的機制用於促成與維持非政黨機關的服從，包括任命雙重角色菁英，又稱「互兼主管」（interlocking directorate），同時在政黨與軍隊中擔任最高職務；以及在軍隊裡建立政治委員和黨委員會的政黨結構。然而，軍隊服從政黨並不表示軍隊沒有自主權，特別是在軍事事務領域。政黨必須給與軍隊足夠的自由，去執行政黨所要求的任務。例如，戰爭技術日趨複雜，社會主義國家的軍隊可能在軍事事務上擁有更大的自主權，以執行政黨要求的任務。[49]

波爾穆特和列奧格蘭德分析後得到幾個結論，說明社會主義國家的文武關係。第一，有關國家政策的衝突會在政黨內解決，而不是在政黨和其他如政府或軍隊的組織之間解決。第二，由於這種制度性安排，軍隊參與政治是常態，不像在非共產國家是例外。政黨軍隊會被捲入政治裡，因為軍官有黨籍，誠如威廉・歐登（William Odom）所述，是「政黨的代理人」。第三，軍隊斷然干預政治領域時，是為了保護與捍衛政黨及其掌控著政府的霸權，而非為了奪權；就算軍隊干預，支持政黨裡的任何一個派系，目的也是如此。軍隊干預並非是因為爭奪權力的欲望，而是因黨內的不團結，威脅到政黨的霸權地位。波爾穆特和列奧格蘭德沒有討論到的最後一個意涵是，軍隊可能會被要求保護政黨，不只是對抗國家的外部威脅，還要對抗危害政黨延續霸權的內部威脅。因此，我們應該預設，社會主義國家的軍隊可能需要執行黨認為必要的任務，協助政黨持續執政，包括鎮壓異議或反對運動。

波爾穆特和列奧格蘭德不認為黨軍關係會影響軍事或戰略結果；儘管如此，在社會主義國家中，黨軍關係的結構，極可能影響政黨菁英或軍事菁英是否與何時會推動改變軍事戰略。社會主義國家的軍隊享有極大的自主權，處於有辦法啟動戰略改變程序。不過因為軍隊領導人也是黨員，他們所制定的新戰略會與黨的宏遠政治目標和優先順序相符合。歐登指出，社會主義國家的軍隊如同其他的國家機關，是政黨的「行政部門」（administrative arm），「而不是斷然隔開和與之競爭」。[50]

如果此一對黨軍關係的觀點是正確的，那麼社會主義國家的戰略改變時機和過程，都將取決於政黨的團結——這個條件讓政黨能夠大幅授權給高階軍官處理軍務。政黨團結意味著黨內最高領導人們對基本政策問題（也就是眾所周知的「黨的路線」或總體方針），以及黨內的權力結構這兩者有共識。政黨團結時，就會授權給軍隊處理軍務，盡量減少監管。因此，高階軍官可能扮演決定性的角色，因應國家外部安全環境需要，發起與制定軍事戰略的重大改變。政黨團結時，軍隊仍舊只效力於一個對象，那就是黨，政黨則維持在軍事領域的自主權，追求戰略改變。政黨的各種控制機制，會確保軍隊採取符合黨的遠大政治目標的政策。當然，有關軍事政策和戰略辯論會進行，不過是在政黨內部辯論。如此，政黨團結創造出來的環境，就類似於杭亭頓理想中的客觀文官統制，能培養軍事專業主義（professionalism），即便政黨軍隊是政治化的(politicized)軍力。借用杭亭頓的話，這或許可以稱之為「主觀地客觀統制」（subjective objective control）。[51]

為什麼政黨團結讓社會主義國家能夠推動戰略改變，原因可以用麗莎・布魯克斯（Risa Brooks）談論戰略評估的論點來說明。布魯克斯指出，當文武菁英對於戰略評估問題的偏好分歧程度低，而且政治支配軍隊程度高時，國家最可能提出「最佳」評估。[52]黨軍關係在許多方面都反映出這樣的關係，政黨最高領導人和高階軍官都是同一個霸權的社會主義政黨黨員，彼此間的偏好分歧理應很低。同時，一個政黨軍隊的特質，就是接受共產黨的政治支配。[53]

反之，政黨最高層不團結，可能會阻礙戰略進行重大改變，即便國家面對強大的外部改變刺激。不團結會癱瘓政黨軍隊的戰略決策，原因有幾個：第一，軍隊可能會被要求執行有關治理或維持法律和秩序的非軍事任務。[54]如果政治不團結造成國內動盪不安（反之亦然），那麼軍隊可能會被託付新的首要任務，負責恢復或維持法律和秩序。第二，軍隊可能會變成政黨頂層政治鬥爭的目標或焦點，因為軍隊是政黨獨霸統治的最後保證，鬥爭的團體或派系可能會設法加強影響軍隊，以求在黨內鬥爭中獲勝。黨內派系鬥爭也可能會擴散到軍隊，造成軍隊無法專注於軍事事務。第三，由於是政黨軍隊，軍隊也必須執行政黨的政策，尤其是意識形態政策，包含像是群眾運動。這類運動可能會阻礙軍事訓練，並且將改變戰略之類的重大政策決定政治化。第四，即便政黨不團結時，軍隊維持團結，不受政治影響，政黨還是可能會不願意考慮改變戰略的提議；或是政黨分裂時，可能無法對軍事改變與任何重大政策決定達成共識。第五，軍隊最高領導人們可能也會捲入黨內政治——同樣會危害戰略之類的軍事事務。

由此推論，在政黨不團結的時期，軍隊可能會取得機會支持其中一個政黨派系或團體，以換取該派系在政黨恢復團結後，協助爭取軍隊的利益。例如，軍隊可能要求增加預算或批准新的軍事戰略為交換條件，協助終結黨內的不團結。儘管如此，政黨軍隊較無法或不願進行這類的交易，因為政黨軍隊的干預不僅或許無法恢復團結，實際可能反而讓黨內局勢更加緊繃，進一步對軍隊和黨造成傷害。軍隊被視為一股明確公開的政治勢力（actor），同時也是獨立的權力來源，因而長期來看可能會導致不團結和不穩定更加嚴重。此外，如果政黨不團結造成軍隊內部出現派系鬥爭，軍隊在黨內鬥爭中可能會無法統一行動。所以軍隊或軍隊派系的干預，應盡可能用於恢復政黨團結，而非追求組織本位的利益。

最後要思考的問題是，政黨團結是否受到外部改變刺激因素影響。例如，立即或迫切的外部威脅出現時，可能會增進政黨團結，因而政黨團結會受到外部環境所影響。在民主政體，外部威脅可能會加強菁英的凝聚力，因為領導人最終要對人民負責，而且在面對威脅時，較可能拋開黨派分歧。然而，在社會主義國家中，外部威脅較不可能讓分裂的列寧主義政黨變得團結，因為政黨領導階層不用對人民負責；造成不團結的爭議若非因黨內的權力分配，就是攸關政黨基本或根本的政策問題。外部威脅不太可能迫使領導人們解決這些分歧，例如，在中國的案例中，一九六九年之後，中國與蘇聯關係漸趨緊張，但是在文化大革命期間分裂的中國黨領導階層，卻沒有因此而團結起來。

仿效或擴散？

在關於文官干預的辯論之中，另一套替代的主要解釋機制是仿效（emulation）和擴散（diffusion）的過程。根據前述論點，會發生軍事戰略改變，乃是因為一個國家試圖模仿或仿效另一個國家的戰略。至於文武領導人的相對角色並沒有太大的關係，因為仿效和擴散都假定菁英對於喜好的行動程序有共識。

仿效提供了一個戰略改變可能會發生的解釋機制，這引用肯尼士．沃爾茲的著作，他主張「軍隊的技術和裝備競比……導致競爭者往彼此相似發展」。沃爾茲進一步主張，各國應該採用軍力最強大的國家的實務：「全球競爭強國之間的武器，甚至是他們的戰略，會漸漸看起來大同小異。」[55]競爭會促成複製（copying）和趨於相同（convergence），[56]對於像中國這種開發中國家或軍事現代化比較晚的國家，仿效是格外重要具潛力的機制，這類國家不只想要增加軍事能力，而且也趨於引入樣板或典範，協助啟動現代化的動力。[57]

雖然國際體系的競爭壓力無疑會導致國家採用新的軍事戰略，但是以仿效作為機制進行戰略重大改變有幾項限制（必須一提的是，沃爾茲只有用兩段來談論這個主題）。[58]第一項限制是，其中的邏輯暗示，因為模仿那些領先實務，這些國家也一定也面對著相同的戰略環境，並且打算打同樣類型的戰爭（極可能是與同等或接近同等的強權競爭者打工業化征服戰）。當然，面對各種不同戰略環境的國家，提升安全的最佳方法可能是反制措施或對抗創新，或者直接採用不同的戰略，而不一定要仿效和模仿別人。[59]

第二項限制是，即便軍隊之間出現一些制度性或組織上的相似點，對於闡明國家如何選擇軍事戰略，可能沒有太多助益。一九一八年起，大部分的國家都改採史蒂芬・畢竇（Stephen Biddle）稱為「現代系統」（modern system）的元素，根據定義，這是一套執行軍事作戰的方法，用於「面對極端火力」。[60]更早之前，現代系統還沒出現，許多國家採用的是大規模軍隊（mass army）制度。[61]就這點而言，仿效或許能解釋國家在最高層制度設計上所做的選擇，像是在現代國家的形成與戰爭工業化期間，或許關係特別重大。但在此時，比方說，這並無法解釋一個國家準備如何在戰場上落實配置現代系統。[62]沃爾茲認為軍事戰略會趨於相同，不過應該恰恰是在這裡軍事戰略應該會分歧相異，因為各國的目標、環境與能力都不同。或許是這個原因，若奧・何山吉—桑托斯（João Resende-Santos）在一個針對仿效的長期研究時，明確排除軍事戰略。[63]

最後，在制度和組織形式上，各國最普遍的作法似乎是選擇性採用他國所發展的軍事實務（或創新）。事實上，如果是因為特定的環境威脅、資源稟賦和動員資源的能力、軍事現代化程度或工業化程度，各國才進行這種選擇性採用，那就不是仿效了。如果會傾家蕩產，國家就不會進行全面仿效。此外，仿效不一定總是可行，因為從他國輸入創新的前置時間很長，這個時候，國家就會找最有效率的方法來解決安全問題，所以即便戰爭形式與現代系統相似，國家戰略仍舊會決定戰爭該如何進行與其目的。

與軍事創新擴散更相關的文獻，試圖詳加解釋仿效和模仿的過程何時與如何發生。雖然相似，但是擴散其實在幾個方面不同於沃爾茲的仿效論點。第一，擴散會檢討軍事創新的採用差異程度，尤其是技術創新，像是新武器系統的開發，以了解軍事技術的擴散如何在更大程度上，對體系中的權力分配產生了影響。第二，擴散一貫會檢討個別創新，像是航空母艦或核子武器。第三，擴散不只檢驗結構性因素，還會檢討可能會影響個別國家選擇的變數，包括促成一國採用外國實務的因素，以及抑制採用的因素，尤其是文化上的原因。潛在因素的範圍包括地理、財務資源、能否取得採用新作戰準則或軟體所需要的軍事硬體、社會環境、國情文化、組織資本、組織文化與官僚政治。[64]

如同仿效，關於擴散的論點有著目的論特性，認為軍事創新的採用是必然的，尤其是技術創新，在限制很少、資源充足時就會發生。期望會發生的底線是，如果國家有方法與能力，就會複製創新。若輸入時出現阻礙，諸如因為文化、缺乏資源或國內政治的因素，採用就不會發生。例如，在最近一份有關擴散的研究中，麥可·霍洛維茨主張，國家如果擁有可以投入技術開發的財務資源，以及可以在本國內研發技術的組織資本，就比較可能採用「重大的軍事創新」。然而，許多關於擴散的解釋沒有考慮到國家對其安全環境和戰略目標的評估，這些評估能找出保衛國家所需要的能力，以及採用軍事創新的偏好。面對不同敵人與追求不同目標的，各國可能會做出不同的選擇，不僅是如何建構軍隊，也包括要採用哪些外國的實務和創新。

論述總結

總而言之，中國進行軍事戰略重大改變的變與不變，取決於是否遭遇強烈的外部改變刺激，以及黨內政治是否得以讓高階軍官應對這些改變，在必要時制定新的軍事戰略。外部刺激，即戰爭指揮轉變，是重大改變的必要條件，政黨團結則是充分條件，讓軍隊得以應變外部刺激。

如圖1-1所示，可能的結果有四條路徑。如果中國面對戰爭指揮轉變，而且政黨團結，高階軍官就會推動軍事戰略重大改變；如果中國面對戰爭指揮大幅改變，但是政黨不團結，那麼戰略就不會發生改變（不論是重大或微小），因為政黨不團結阻礙了軍隊回應外部刺激；反之，如果中國沒有面對戰爭指揮大幅改變，但是政黨團結，那麼高階軍官就會在因應外部環境之需，微幅改變國家的軍事戰略；而假使中國沒有面臨戰爭指揮大幅轉變，而且政黨不團結，那麼政黨的不團結甚至會阻礙軍隊推動微幅的戰略改變。

這個架構適用於能夠促成軍事戰略改變的所有外部刺激，本書主張中國過去的戰略改變會發生，是因應於評估戰爭指揮出現轉變。然而，望向未來，中國可能會因應其他的外部因素而進行戰略重大改變，像是因應海外利益擴張而交付軍隊新的任務。如果這些利益的強度

圖 1-1 戰略改變中的戰爭指揮和政黨團結

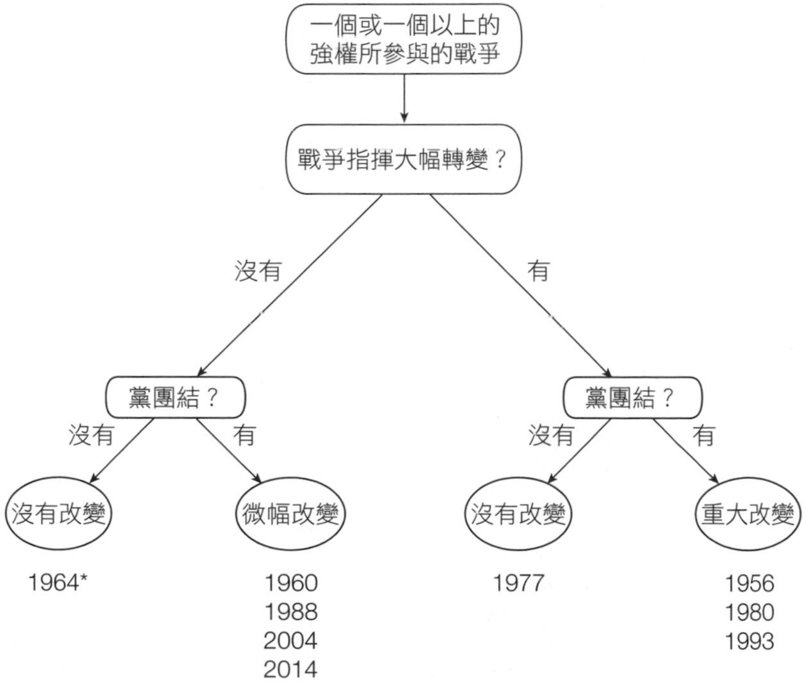

注：每個節點下列年分是指我論述中所推論的每一次中國戰略方針；星號（＊）表示採用方針不符合我的論述預測。

夠大，加上政黨維持團結，這個過程就可能會促成中國軍事戰略的重大改變。然而，自一九四九年起，最能解釋為什麼中國高階軍官會推動國家軍事戰略重大改變的，是戰爭指揮大幅轉變。

研究設計

任何關於軍事戰略重大改變的解釋，都必須達到兩項經驗性任務。第一是找出可以視為「重大」、並且明確不同於過去戰略的軍事戰略改變。第二項任務是解釋為何在某些特定的時機做出關鍵決定，而非別的時間點。接下來我會在本書中討論我如何完成這兩項任務。

方法

本書使用兩種推論方法。第一，將中國軍事戰略的三次重大改變，一一與小幅戰略改變和戰略沒有改變的時期比較，判斷哪些動機和機制最能解釋重大改變。這樣的比較是另一種「結構、焦點比較」研究法（structured,focused comparison）。[65]我藉由檢討重大改變、小幅改變和不變時期，來探討中國軍事戰略的完整變化，而不只是出現重大改變的時候（只探討重大改變可能會造成研究結果偏誤）。

第二，我檢討改變發生的過程，來判定哪種機制最能解釋軍事戰略改變。查閱有關軍事事務的首要和次級資料，包括官方文件和領導階層談話，有助於判定，採用新戰略的決定是否符合採用新戰略的動機，以及改變是否由高階軍官發動。這樣的追查過程能夠評估戰略改變是透過哪種機制發生。[66]

縱貫研究（The longitudinal study）一個國家超過七十年的軍事戰略改變，有幾項優點。第一，能控制許多潛在干擾因素，像是政體類型、文化、地理，同時容許一個國家的安全挑戰、環境威脅、資源出現大範圍的變異。第二，能夠完整檢驗戰略改變過程，只詳盡聚焦於一個國家，並且讓學者能夠檢驗七十年間沒有進行改變的時期和預期可能會進行改變的時期。

這個方法在兩個方面優於現有的戰略縱貫研究。第一，把分析限制在同一種改變——採用新的軍事戰略。檢驗的改變類型和應該發生改變的軍事組織層級都維持不變，能確保單位同質性。例如，季斯克研究蘇聯的準則改變時，同時比較大戰略的改變（回應靈活反應〔Flexible Response〕）和作戰準則的改變（回應空陸戰〔AirLand Battle〕）。[67]第二，分辨重大、小幅和沒有改變戰略，能進行比較，減少單純檢驗重大改變時期所造成的選擇偏誤。這個研究取徑能獨立出與戰略重大改變有關的因素，而非小幅調整。

中國擁有豐富的經驗環境，存在許多不同的潛在動機，極適合研究軍事戰略改變。第一，中國自一九四九年起面對的威脅強度變化很大，有幾個時期威脅極強，中國甚至擔心敵人即將發動攻擊，包括一九六二年春天台灣動員軍隊；一九六九年與蘇聯為了珍寶島爆發衝突之後；以及一九七〇年代蘇聯在中國北境部署數十萬兵力。還有一些時期，中國的安全持續受到威脅，像是冷戰期間，中國準備迎戰美蘇兩大超級強權，而美蘇改變了自身的軍事戰略，可能因此激發他國的反應性創新。同樣地，中國的安全環境在過去七十年大幅改變，雖然中共指派給解放軍的主要任務是國土安全與捍衛領土主張，但是這些任務在過去二十年來，隨著中國經濟成長而開始擴展。至於可能會影響戰爭指揮的基礎技術發展，中國的首次軍事現代化便是在軍火革命（**revolution in firepower**）的背景下展開，包括第二次世界大戰期間和核子革命的降臨。解放軍最近三十年的現代化，資訊技術日益重要，據說促成了「軍事事務革命」。最後，從第二次世界大戰到二〇〇三年伊拉克戰爭這段期間，爆發了許多重要戰爭，產生了有關戰爭指揮的示範效應。

中國的軍事戰略

在中國，戰略方針是中國國家軍事戰略的基礎，中國領導人鄧小平在一九七七年說：「沒有明確的戰略方針，好多事情都不好辦。」[68] 一九八八年以後，「戰略方針」被稱為「軍事戰略方針」，[69] 為了保持一致，我從頭到尾都簡潔地用「戰略方針」這個詞。

一般而言，戰略方針與戰略的概念密切相連，根據中國對軍事科學的態度，軍事戰略的定義仍舊受到毛澤東的著作影響。解放軍的二〇一一年版軍事術語詞庫把戰略定義為「籌畫和指導戰爭全域的方略」，同時包括進攻和防禦戰略。[70] 雖然語言不同，但是本質同於美軍在戰略的定義中強調戰爭的「方法」（**"how" of warfare**）。[71]

然而，解放軍對於軍事戰略的定義依舊抽象，要先清楚說明與全面宣導軍隊規劃、訓練、作戰的一系列原則，才能夠落實戰略，中國的戰略方針就包含這些原則。根據解放軍的定義，戰略方針是「軍事戰略的核心與集中體現」。[72]同樣地，中國軍事學者認為戰略方針是「戰略的首要核心」。[73]形式上，方針被定義為包含「籌畫指導軍事鬥爭全局與武裝力量建設的綱領和原則」。方針涵蓋整個軍事作戰過程的總原則，以及某些作戰類型的具體或明確原則。[74]簡而言之，戰略方針概述中國如何策劃發動下一次戰爭。

權威性的中國原始資料指出，方針有幾個要素。第一是根據中國的安全環境戰略評估和中國所察覺的國家利益威脅，確定「戰略敵人」和「作戰目標」。[75]第二是「首要戰略方向」，指明確形成整體衝突、軍事部署、戰爭準備的地理重心。核心要素大概是「軍事鬥爭準備基點」，指戰爭和作戰的「型態」或「樣式」，概述將如何發動戰爭。戰略方針的最後一個要素是「基本指導思想」，指導在衝突中如何運用整體軍隊與總作戰原則。

戰略方針著重於常規軍事作戰，可取得的原始資料指出，一九四九年起的九項戰略方針都沒有明確指示要如何使用核子武器，不過中國制定的核戰略整體而言符合戰略方針。方針也沒有提出非戰鬥行動的指導，像是災難救援或人道救援行動。有時候，這類的非戰鬥任務會被指派給解放軍，在二〇〇四年正式規範於解放軍「新的歷史使命」中。

有關戰略方針的正式制定與落實，應該透過中共制定政策的方式詳加檢視，而非西方軍事規劃的視角。有一點例外，中國的戰略方針乃是由中央軍委擬定與採用，中央軍委不屬於解放軍，而是黨的一個委員會，隸屬於中共的中央委員會，負責指導所有方面的軍事事務。雖然中央軍委是黨的委員會，總是由黨的最高領導人擔任這個組織的主席，但是其餘的大部分委員（通常是所有委員）都由解放軍的領導階層代表，代理黨管理軍事事務。新的方針由中央軍委辦公廳或總參謀部的領導階層擬定，總參謀部經常被稱為中央軍委的參謀處，簡稱「參謀」。不同於美國擬定《國防戰略》（*National Defense Strategy*），中國文官（或政黨）會盡量避免直接干預，黨領導人通常只會回應高階軍官所提議的軍事戰略改變，並通常只負責批准新戰略方針的概略綱要。

新的戰略方針擬定好後，中央軍委就會在擴大會議中採用，參加這些擴大會議的不只有中央軍委委員，還有許多單位的領導階層，包括各個總部、軍種、兵種、軍區以及解放軍裡直屬於中央軍委的其他上層單位。典型而言，主席在擴大會議中發表演說或報告，向與會者介紹新的戰略方針，這種演說就像中共全國代表大會（簡稱中共黨代會）的工作報告一樣重要，內容具有權威性。然而，在本書指出的九項戰略中，只有一九七七年和一九九三年採用的戰略能夠公開取得介紹新方針的完整演說文稿，除此之外，例如一九五六年戰略方針記載於彭德懷擔任中央軍委副主席與國防部長時所呈交的一份報告裡，但是沒有公開出版。

然而，把準則公開出版，也就是讓所有官兵都能閱讀戰略層級的文件，這並非解放軍的傳統。因此，介紹新戰略方針——也就是新戰略——的演說內容，是透過「傳達文件」的程序在解放軍內部流傳，較低層的單位通常會召開領導階層會議，分發演說的摘錄、關鍵語句或摘要。舉例來說，在一九八〇年，軍事科學院院長宋時輪就抱怨，說「根本沒有毛澤東同志的完整書面指示，解答戰略方針的問題。只有與政黨和軍事領導人們的一些會議演說和談話有提到」。[76]

戰略方針（strategic guidelines）其實就是方針（guidelines）。如同中共高層決定政策，採用新戰略方針只代表新戰略的開始，戰略方針包含要達成的主要目標，以及達成這些目標的指導原則。新方針通常沒有詳述應該如何落實新戰略，也沒有明確完整列出必須執行哪些任務，以完成解放軍原始資料所說的「國防和軍隊建設」。細節必須等待之後才會補充，說明方針中細部的目標和原則，在許多例子中，綱要細節經常是在發展軍隊的下一個「五年計劃」時決定。

關於方針的資訊，很少公開提供給非解放軍人士，這讓分析戰略決策變得更加困難。通常，軍隊或政黨的報紙不會報導中央軍委的擴大會議，這表示這些會議的內容也不會被刊出，因此，採用新戰略方針的時候，並不會對解放軍外部宣布。例如，解放軍的主要報紙《解放軍報》或中共中央委員會的機關報《人民日報》，都不曾報導彭德懷所主導的一九五六年方針。同樣地，二○○四年修訂一九九三年戰略方針，也是後來才被首次提及——出現在江澤民的《文選》最後一篇文章的一個注腳，而二○○四年國防白皮書只有間接提及。[77]

儘管有這些挑戰，但是有關制定與宣傳新戰略方針的過程，在幾個面向上很適合用來解釋中國的軍事戰略改變。第一，因為方針只對內發布，不公開宣布，分析者可以確定，採用方針不是為了傳達訊息給外國敵人或國內聽眾。第二，不同於一些其他軍隊，中國的新戰略並非依據時間表而採用，例如，美國的《四年期國防總檢討報告》（*Quadrennial Defense Review*）和日本的《防衛計畫大綱》（防衛計画の大綱）就是依照半永久性的時程表所發布，分別是每四年和每十年的頻率。然而，解放軍的領導階層推斷需要改變戰略時（而且獲得黨最高領導人贊同），中國才會制定戰略方針。因此，這應該比較容易確析促成採用新方針的因素。最後，能夠採用新戰略的速度，也有助於找出促成制定新方針的因素，因為兩者在時間上應該會有密切關聯。

找出中國軍事戰略的重大改變

可以用三個指標來判定一個國家的國家軍事戰略改變是大或小，戰略重大改變的本質是，軍隊必須改變準備未來打仗的方式。具體而言，就是軍隊必須改變作戰準則、軍隊編組與訓練。

作戰準則。作戰準則是指說明軍隊如何規劃執行作戰的原則和概念，作戰準則通常編纂在野戰教範或條令裡，接著透過組織分發。依據兩項不同的標準，改變作戰準則通常被認為是重大改變。第一是新準則的內容，以及是否改變現有的準則。例如，一九八二年，美軍頒布新版的野戰教範《FM100-5》，裡頭記載基本作戰準則，相較於同一份文件的一九七六年版，這一版反映出美國如何準備防衛西歐，產生了劇烈改變，也就是採用比較偏好攻擊與機動導向的方式。[78]第二是，新準則是否傳播到所有相關單位。如果新準則撰寫了，卻沒有傳播，那可能就影響不了部隊訓練或軍隊裝備的方式。例如，一九九〇年代初期，英軍撰寫了新的反叛亂行動準則，但是這份文件卻只有印製兩百份，而且直到英軍到伊拉克與阿富汗戰爭時，才採用這套準則。[79]在中國，作戰準則寫在作戰條令裡，作戰條令又包含戰鬥條令和戰役綱要。

軍隊編組。軍隊編組是指軍隊的組成，包括不同軍種之間（像是陸軍和海軍）以及某一軍種裡各兵種或戰鬥兵種（像是步兵和裝甲兵）之間的相對角色。軍種內部與軍種之間的軍隊編組改變，是戰略改變的重要指標，因為涉及組織內珍貴的資源分配，以及不同軍種執行具體行動的相對能力。這類變化也能反映出指揮結構的根本改變。

軍事戰略的重大改變會以不同方式反映在軍隊編組上。第一，戰略改變可能會改變資源分配，以及不同軍種兵種的相對重要性，例如，削弱陸軍，減少陸軍的預算，把資源挪動到海軍，以強化海軍。第二，新戰略可能需要創設新的戰鬥兵種或其他部隊，才能完成新任務。第三，新戰略可能會改變部隊的武器裝備，例如，一個步兵師可能是使用輕兵器的摩托化（motorized）或機械化部隊，取決於該部隊是搭乘車輛進入戰場，或者徒步打仗。同樣地，海軍可以只配備潛艦，也可以只配備水面戰艦，或者兩者搭配使用。第四，戰略改變可能會變更某一軍種的組織方式，例如，陸軍可能會採用一個師作為基本的部隊編制，也可能會用比較小的旅。最後，軍隊提供給部隊的武器裝備類型，以及軍隊是自行投資研發這些武器、抑或是向外國購買，也是組織改變的重要指標。

訓練。在任何軍事組織裡，訓練都是耗費極高且複雜的活動。軍隊訓練部隊的方法和頻率是判斷軍事戰略重大改變的另一項指標。訓練的第一項要素是專業軍事教育制度的課程，以及這套制度是否提供官兵執行新戰略所需要的技能。如果課程與戰略內容不一致，這表示組織沒有試圖推動重大改變。訓練的第二項要素是軍事演訓的頻率、範圍、內容，以及訓練是否符合課堂上所教的內容與戰略所需要的能力。

在中國，自一九四九年起，解放軍舉辦過十四次關於軍事教育的全軍會議，許多這類會議是在一九五〇年代舉辦，當時中國正在建立專業軍事教育制度。這些會議的目的是要為中國的專業軍事教育提供指導，因此，這些會議提供了衡量重大軍事改變的潛在資料來源。[80]就訓練而言，解放軍頒布了八套訓練大綱，提供全軍指導，以達成軍事訓練目標，特別是有關每年應該如何執行軍事演訓。藉由這些訓練大綱的頒布，以及為了落實訓練大綱的演訓內容，皆能用以判定軍事戰略的改變是大或小。

表1-1列出中國的九套戰略方針，均依據前述標準進行了統整。如該表所示，解放軍分別在一九五六年、一九八〇年、一九九三年進行了軍事戰略的重大改變。

戰爭指揮轉變

促成軍事戰略重大改變的一項外部刺激因素，是作戰戰爭指揮出現重大轉變。當國際體系爆發戰爭，而且參戰的至少有一個強權或一個使用強權資助之武器裝備的國家，此時最有可能出現對於戰爭指揮轉變的評估。改變的關鍵要素包括執行軍事作戰的方式，像是如何使用新裝備、如何用新的方式運用現有裝備，以及從更廣泛的層面而言，包括如何執行作戰與運用軍隊。檢視關於一九四五年以後的戰爭的二手文獻，就能夠找出與總結可能會對一個國家造成刺激、促成修改或改變軍事戰略的關鍵特色。

然而，這些關鍵特色不等同於個別國家從這些衝突中學到的教訓，換句話說，即便學者一致認同某一場衝突深具某些主要特色，各個國家卻可能依據自身的戰略環境和能力而獲得不同的領悟。中國從特定衝突中獲得的教訓，不一定和別國獲得的領悟相同。各國獲得的領悟應該差異很

表1-1　中國自一九四九年起的軍事戰略方針

		方針要素				重大改變指標		
年分	名稱	作戰目標	首要方向	軍事鬥爭的準備基準	主要作戰形式	作戰準則	軍隊編組	訓練
1956	保衛祖國	美國	東北	美國兩棲攻擊	陣地防禦與運動進攻	開始擬定作戰條令（一九五八年）	創設新兵種與戰鬥兵種、裁減三百五十萬兵員、制定總參謀系統、創設軍區	頒布訓練大綱草案（一九五七年）
1960	北頂南放	美國	東北	美國兩棲攻擊	陣地防禦與運動進攻（象山港以北）	頒布作戰條令（一九六一年）	—	—
1964	誘敵深入	美國	—	美國兩棲攻擊	運動與游擊戰	開始擬定作戰條令（一九七〇年）	創設第二炮兵；擴張到六百三十萬兵員	—
1977	積極防禦，誘敵深入	蘇聯	北部與中部	蘇聯裝甲與空降攻擊	運動與游擊戰	頒布作戰條令（一九七九年）	—	頒布訓練大綱（一九七八年）
1980	積極防禦	蘇聯	北部與中部	蘇聯裝甲與空降突擊	固定防禦陣地戰	擬定與頒布作戰條令（一九八二年至八七年）	從軍團改編成合成兵種集團軍、裁減三百萬兵員（一九八〇年、一九八二年、一九八五年）	頒布訓練大綱（一九八〇年）
1988	應付局部戰爭與武裝衝突	—	—	—	—	—	—	頒布訓練大綱（一九八九年）
1993	打贏高技術條件下的局部戰爭	台灣	東南	高技術條件下的戰爭	聯合作戰	擬定與頒布作戰條令與戰役綱要（一九九五年到九九年）	改成旅、創立總裝備部、裁減七十萬兵員（一九九七年與二〇〇三年）	頒布訓練大綱（一九九五年與二〇〇一年）
2004	打贏信息化條件下的局部戰爭	台灣（美國）	東南	信息化條件下的戰爭	一體化聯合作戰	開始擬定作戰條令（二〇〇四年）	進一步改成旅	頒布訓練大綱（二〇〇八年）
2014	打贏信息化局部戰爭	台灣（美國）	東南與海上	信息化戰爭	一體化聯合作戰	?	改組指揮和管理結構（二〇一六年）；設立戰略支援部隊；裁減三十萬兵員（二〇一七年）	頒布訓練大綱（二〇一八年至一九年）

大，例如，一份有關對於波斯灣戰爭的反應的研究顯示，各國在那場戰爭後不久所得到的推論，卻是大相逕庭。[81]

這份研究只檢討一九四九年以後的這段時間，但是所有作戰戰爭指揮出現潛在改變，繼而影響軍事戰略，背景需追溯始於第二次世界大戰。雖然這次衝突的關鍵特色無法只用一個段落來總結，但有幾點必須稍加敘述。[82]第一，戰爭持續機械化，以第一次世界大戰期間首次開發和部署的武器為基礎，尤其是戰車和飛機，加上火炮的進步，在在都增加了殺傷力和破壞力。第二是由於戰爭機械化，而且各國有能力用工業化經濟來生產大量武器裝備，消耗了巨量的軍火和補給。第三是聯合兵種作戰的發展，也就是結合不同種類的部隊，像是步兵和炮兵，在戰場上造成更大的殺傷力。第四是戰爭在作戰層面上（operational level of war）所引起的注目，尤其是德軍在衝突剛爆發那幾年的表現。

自一九四九年起，有十場國際戰爭的參與者包括了一個強權或侍從國，後者使用強權給與的裝備與準則。這些戰爭分別是一九五〇年到五三年的韓戰、一九六七年的以阿戰爭、一九七一年的印巴戰爭、一九七三年的以阿戰爭、一九八〇年到八八年的兩伊戰爭、一九八二年的黎巴嫩戰爭、一九八二年的福克蘭戰爭、一九九〇年到九一年的波斯灣戰爭、一九九九年的科索沃戰爭，以及二〇〇三年的伊拉克戰爭。反叛亂戰爭之所以沒有被計入，包括美國參與的越戰或蘇聯參與的阿富汗戰爭，是因為這些戰爭對於常規戰爭而言較不具重大意涵，而強權的軍事戰略便是以常規戰爭為焦點。[83]研究軍事歷史和作戰的學者認為，一九七三年的以阿戰爭和一九九〇年到九一年的波斯灣戰爭具有極大的影響力，影響了各國對戰爭指揮的看法。[84]中國改變軍事戰略，極可能就是因應這些衝突。

政黨團結

共產黨內部的團結和穩定，是指政黨領導人們對於政策的接受度和支持度，以及最高領導人們之間對於黨內權力分配的共識。當然，政黨團結很難觀察出來，尤其是在討厭公開表現出不和或不團結的列寧主義政黨。此外，理想上，政黨團結應該藉由能觀察到的領導階層衝突事件來獨立衡量，像是肅清最高領導人，但是實際上不太可行。儘管如此，團結程度還是能夠用數個不同的方式來衡量。

衡量不團結的其中一項指標是變更領導政黨的指定繼任者，更改領導政黨的繼任者可能是黨內派系政治的結果，而黨內的派系政治更加難以觀察。[85]在毛澤東時代與大部分的鄧小平時代，這種更改比較常見，江澤民、胡錦濤或習近平執政時就比較少見。劉少奇是毛澤東在一九六六年以前選定的繼任者，後來，林彪被指定為繼任者，但是卻在一九七一年的墜機事件中神祕身亡。於是毛澤東在一九七六年去世的幾個月前，選定華國鋒作為接班人，這引發了與鄧小平之間的權力鬥爭。一九八〇年代局勢仍舊動盪不安，胡耀邦（一九八〇年到一九八七年）和趙紫陽（一九八七年到一九八九年）兩人先後擔任中共的總書記，但是他們被免職都是黨最高領導階層所支持的。江澤民執政時（一九八九年到二〇〇二年），政局比較穩定，後來胡錦濤被鄧小平選為江澤民的接班人，在二〇〇二年成為總書記。習近平被選定為胡錦濤的接班人，在二〇〇七年中國共產黨第十七次全國代表大會中，被放進政治局常務委員會。[86]無論如何，習近平尚未提名下一任接班人。

黨內團結的另一項衡量指標，在於黨內領導體制的成員身分是否延續。中共最高領導體制是中央委員會，其成員由中共黨代會遴選。然而，權力實則由比較小的團體所掌控，包括中央政治局，尤其是中央政治局常務委員會。政治局的成員一貫是首要官僚機構和省分的領導人，政治局常務委員會的成員組成，乃是一小群直接負責不同層面的政黨和國家事務領導人。[87]改變這些組織的成員，是黨內不團結和不穩定的指標，尤其是當現任成員明明符合續任資格，卻沒有獲選連任、或是新成員突然加入；抑或多名現任成員遭到免職。同樣地，這些組織的成員續任或許也是團結的重要指標。另一個相關的可能指標，是在政黨現有的結構之外創設新的領導組織。例如，在文化大革命的最初幾年，中央文化革命小組取得了中央委員會和政治局的某些權力。

團結的最後一項衡量指標，是對於政黨核心政策和方針的共識；一旦政策引發的爭論愈激烈，愈有可能不團結。一九八九年天安門廣場屠殺後，鄧小平試圖維持黨內支持他廣大的改革議程，或許就是個典範。一直到一九九二年中旬鄧小平「南巡」以前，對於是否繼續推動改革和開放，以及用何種速度推動，領導人們始終意見分歧，無法達成共識。然而，到了一九九二年十月第十四次中國共產黨全國代表大會，鄧小平終於在中央委員會和其他領導機構裡重建共識，支持他的政策。[88]

資料來源

隨著可以取得的解放軍相關中文資料愈來愈多，本書對此善加利用。許多不管是在過去十年內才出版，或者在更早以前付梓的資料，中國以外的學者都是近來才較能夠取得。最重要的中文資料，或許是軍隊和政黨出版社所出的黨史原始資料。這些現在可以取得的資料，由政黨歷史學者小組所彙編而成，含括了數種不同類型。第一種是官方年譜，記載軍隊與政黨最高領導人的日常活動，也會摘錄其他資料不一定找得到的關鍵演說和報告，以及記述重要的會議和事件。第二種黨史原始資料是文選、選編、文稿、論述的彙整，包括演說、報告與其他文件，其中許多是首次出版。

本研究採用的另一種比較普遍的中文資料類型，是軍事領導的傳記（傳）和回憶錄。這些書目大部分是官方出版，通常由總參謀部或總政治部指導彙編，由解放軍的軍事出版社所出版。撰寫這些傳記的是由政黨與軍隊的歷史學者所組成的彙編小組，以及領導人的個人幕僚成員。雖然傳記通常於領導人過世後才會出版，但是許多自一九四九年起的數位關鍵性軍隊領導人，亦出版了他們的回憶錄。個人回憶也出現在其他原始資料裡，包括口述歷史、關於特定領導人的回憶選集，以及歷史彙整等。

有關軍事事務的官方歷史，是本研究所採用的第三種原始資料。這類歷史由隸屬於政黨或解放軍的歷史學者所撰寫，涵蓋的主題相當廣泛，包括解放軍的全面歷史（包含革命期間和一九四九年以後）、特定戰爭和衝突的歷史（像是韓戰）、解放軍內部特定機構或特定工作領域的歷史。

現在可以取得的中國軍事戰略相關原始資料裡，最新且成長最快的可能是專業軍事出版品，雖然解放軍在一九八〇年代初期才開始出版專業軍事書籍，但是材料的數量從一九九〇年代中期大幅增加，主題含括了戰略（strategy）、戰役（campaigns）、作戰（operations）、戰術（tactics）、政治工作（political work）、組織編制（organization）、軍隊建設（army building）與外國軍事歷史等等。

這些原始資料提供豐富的文件和數據，可以檢討中國軍事戰略改變的根源，但也不是沒有限制，解放軍（和中共）的檔案仍舊不提供給外國學者。雖然一些文件、演說、文稿在許多原始資料中找得到，但官方卻始終不出版。決定哪些文件被收錄、哪些被排除，其動機也不總是清楚，因此，學者不只必須謹慎看待每份出版文件，同時也必須謹記自己看到的只是一小部分，而非完整的文件全貌。其他的官方原始資料，包括傳記和官方年譜，也有這個普遍的問題。當然，作者的記憶和議程考量也會對回憶錄加油添醋，因此，在原始資料取得受限的狀況下，選擇原始資料的方式可能會造成我的結論有所偏誤。儘管如此，現在可取得的資料數量眾多，尤其是毛澤東和鄧小平時期的材料，因為不同組織採用不同的標準決定發行，在許多議題上比較不可能出現系統性偏誤。學者可以拿其他的原始資料，對任何一份文件裡的資料進行三角驗證；而特定議題缺乏相關的文件或資訊，也能透露端倪。

結論

本書接下來會應用本章所闡述的論述，一一檢討中國自一九四九年起採用的九套戰略方針或國家軍事戰略。接下來幾章會逐一說明一九五六年、一九八〇年、一九九三年這三次重大改變，以及跟這些重大改變有關的戰略微調。此外，本書也檢討一次特例，當時黨內領導階層開始出現分裂，於是黨最高領導人毛澤東出手干預，改變中國的軍事戰略。最後，本書檢討中國核戰略的延續性，中國的黨領導階層從來沒有把將這個領域的防禦政策授權由高階軍官決定。

第二章
中共在一九四九年以前的軍事戰略

一九四九年中華人民共和國創建之前，中國共產黨的領導階層和黨的軍事高層指揮官，已經累積了超過二十年的戰場經驗。一九二七年時黨所掌控的軍隊只有區區幾千，到大陸內戰結束時，增加到超過五百萬；這樣的戰場經驗將影響人民解放軍一九四九年之後如何發展與制定軍事戰略。在這段期間，中共採用過各式各樣的軍事戰略，有防禦，有進攻，大多著重利用正規部隊，執行常規作戰，尤其是運動戰（mobile warfare）；但是也有些戰略比較著重於運用非正規軍打游擊戰。

本章將探討這些戰略，以及構成中國戰略詞庫的關鍵術語。一九四九年之後，這些戰場經驗界定了戰略思維的範圍，影響了高階軍官為中華人民共和國制定新的戰略，以及如何構思與討論戰略議題。而遺留下來的產物也很複雜，有許多不同的戰略在內戰期間遭到質疑，一九四九年之後，包括一九六〇年代中期和一九七〇年代末期，有關戰略的相關爭論再度出現。本章最後會概略說明，中華人民共和國即將建國之際，當時解放軍面臨什麼樣的挑戰，以及高階軍官開始討論新中國應該採取什麼樣的國家軍事戰略。

內戰期間共產黨的軍事戰略

要了解中共在一九四九年之前所採取的軍事戰略，最好的辦法就是檢視中國內戰的不同階段。在第一階段，也就是一九二〇年代末期，始於一九二七年八月的南昌起義，中共企圖籌謀城市起義與叛亂，奪取幾個省分的地方權力中心。這些起義失敗之後，進入第二階段，中共改弦易轍，到鄉村建立根據地，作為避難之處，發展名為紅軍的軍隊。第三階段始於一九三〇年夏天，中共再度企圖攻奪城市。對此，國民黨對這些根據地發動一系列攻擊，稱為「圍剿」行動，消滅紅軍，這引發內戰的第一次大規模常規戰鬥。這個階段持續到一九三四年，結束於紅軍在第五次圍剿行動中戰敗，展開長征。中共迂迴逃離江西省與其他根據地，一年後落腳於陝西省。第四階段涵蓋抗日戰爭時期，除了一九四〇年的「百團大戰」之外，中共通常避免與日軍直接爆發常規戰鬥，以保留實力，並且擴建根據地，企圖在日本戰敗之後，從根據地掌控中國。一九四五年日本投降之後，國共重新開始爭奪中國的統治權，此為內戰的第五階段，也是最後階段，始於一九四六年六月國民黨對中共發動全面攻擊。

背景與概要

一直到一九四五年日本投降，中共軍隊主要都是由輕步兵部隊所組成，這些部隊配備步槍、手榴彈和輕機槍，但是諸如重機槍、迫擊炮或野戰炮等重型兵器，卻是寥寥無幾。一般而言，中共把軍隊編組成三種。第一種是常規或正規軍，結構跟許多其他軍隊十分相似，著重當代的常規軍事訓練。中共的常規軍起初稱作紅軍，一九四六年改稱為「人民解放軍」，亦被稱為主力部隊，或在某些編制中被稱為野戰軍。中共計劃對國民黨（國民黨的軍隊稱為「國民革命軍」）發動重要的軍事作戰時，就會動用常規軍。第二種是地方軍，編組也跟常規部隊一樣，但是軍備和訓練都略遜一籌，只聚焦於某個特定區域的常規防禦。第三種包括民兵（militia）和自衛隊（self-defense corps），由公民兵（citizen soldiers）組成，不論在中共掌控的地區，還是國民黨或日本掌控的地區，均有編組，負責執行游擊戰和支援行動，尤其是情報、後勤和補給。

在一九四九年之前，由於只有輕步兵，有三種戰爭形式，或稱作戰方式最為重要。運動戰運用常規部隊在流動戰線作戰，派兵部署，在能夠取得局部軍力優勢，或發動戰術奇襲時，襲擊敵部隊。從一九三〇年代初期一直到內戰結束，中共的軍隊主要都是使用這種戰爭形式，包括攻擊和防禦行動，無論是在戰術和作戰層面。陣地戰係指運用常規部隊，防禦或攻擊固定陣地，且在固定戰線作戰，而非流動戰線。陣地戰可能是內戰期間最少見的戰鬥形式，但是一九四六年國民黨和共產黨重新交戰之後，就變得稍微比較常見。游擊戰係指在敵防線後方的小規模騷擾和破壞行動。[1]在這段時期為了稍微混淆情勢分析，中共會依情況，選擇使用主力部隊以及民兵或自衛隊，執行游擊行動。中共在一九四九年之前所採取的軍事戰略，結合了這三種戰爭形式，但是最常見的形式是運動戰。

一九四九年以前的大部分時間，不論是與國民黨或日本的敵軍相比，中共的軍隊都是數量寡少，技術落後，因此，一直到一九四〇年代末期，中共都遭遇類似的戰略問題：如何抵禦優勢軍力，確保存活，直至最終逆轉軍力平衡，打敗國民黨。這樣的情況迫使中共不得不著重於戰略防禦。一直到一九四八年底，中共才首次在數量上勝過國民黨；然而，即便在當時，中共仍舊沒有裝備優勢，尤其是火炮、裝甲、空軍和運輸。不過，依據廣泛的戰略防禦方針，中共採取幾項不同的戰略，保存軍力，逐漸擴展自己所掌控的領土、人民和資源，下文將說明這些方法。

紅軍處於劣勢，而且必須求存，由這兩點可以發現幾個重要的意涵，能了解紅軍在這段時期如何作戰。第一，中共軍有時會設法完全避免交戰，撤退到偏遠地區，等待時機，擴建軍力。第二，中共動用正規部隊時，會設法「速戰速決」，巧妙部署部隊，取得當地優勢，發動攻擊，接著撤退，目的在於打敗或「殲滅」敵部隊，從戰敗的部隊獲取武器、補給和兵員，藉以慢慢改變軍力平衡。第三，透過殲滅行動削弱敵軍的有效戰力，往往比攻占領土更加重要。紅軍倘若認為守不住攻克下來的領土，就會撤離該地區，或者採取以退為進的計謀，來擊敗國民黨部隊。最後，從軍力不對等就可以推知，每一場衝突都將曠日持久，因為中共必須花很長的時間，才能取得對等的軍力，得以從戰略防禦轉變成戰略攻擊。

簡而言之，由這些不同形式的軍事行動就可以知道，如果以為這段時期主要都是打游擊戰，那可就錯了，哪怕「人民戰爭」這個概念總是引起那樣的聯想。紅軍，也就是解放軍的主力部隊，負責執行重要的軍事作戰；而民兵和自衛隊負責提供支援。群眾支援和大規模動員不可或缺，不只為紅軍提供人力，亦提供補給、後勤和情報。而在中共取得控制權或影響力的地區，國民黨經常比較難奪回。中共作為比較弱的一方，因此人民的支持至關重要；不過，在民眾的支援下，關鍵軍事行動還是由紅軍的常規部隊執行。

城市起義和鄉村根據地

國民黨和共產黨的武裝衝突始於一九二七年八月一日的南昌起義，許多曾參與這場起義的在一九四九年之後都聲名大噪，成為解放軍的最高層領導。南昌起義是中共第一次嘗試動用軍隊來達成政治目標，[2]中共創黨於一九二一年，在一九二四年跟國民黨建立統一戰線，志在打倒當時掌控中國各個地區的軍閥，統一中國。然而，一九二七年四月，蔣介石卻突然襲擊共產黨，在上海殺害或監禁數千名中共黨員。中共因而決定動武，首次發動軍事行動，企圖奪取江西省的南昌市。[3]

南昌起義只持續幾個月。然而，中共在中國東南各個地區繼續發動武裝起義，例如，一九二七年九月，毛澤東在湖南和江西領導一系列起義，稱為「秋收起義」。中國其他地區也爆發起義，包括廣州市，根據官方歷史記載，從一九二七年七月到一九二九年底，總共爆發超過一百次起義。[4]由此可知，中共的戰略乃必須掌控要地，通常是城市，好讓革命能夠從那些地方傳遍勞工階級和農民，接著逐漸擴展權力到全國各地。

這些早期的奪權行動全都失敗了。有些黨員仍舊堅信必須掌控城市地區，認為城市是最適合發動奠基於動員勞工階級的共產革命；有些黨員，包括毛澤東，則決定在鄉村地區建立基地，「從農村包圍城市」，並且同時了解到當前亟需採取比較務實的作法，避免大規模衝突，以擴增中共軍隊的規模與力量。雖然在這段時期，中共動員農民支援革命的想法尚未發展完備，但是鄉村根據地為共產黨提供某種程度的庇護，使其能夠發展與組織軍隊，逐漸擴展其所掌控的領土與人民。

一九二七年到一九三〇年之間，中共又建立了十個根據地，位於中國中南方省分的邊境偏遠地區，例如江西、福建、湖南、河南、湖北、安徽和四川。[5]在這段期間所建立的根據地中，最有名的應該是毛澤東於一九二七年底在江西省井岡山建立的根據地。然而，如地圖2-1所示，毛澤東與朱德後來南下，在江西、福建交界又建立了一處根據地。[6]還有其他重要的根據地建於湖南、湖北交界以及湖北、河南、安徽交界處。根據官方歷史所指出，擴建這些鄉村根據地用於打游擊戰，非常因應於紅軍的弱點，能夠達成目標，消滅這些地區的當地掌權者。[7]然而，游擊戰只是權宜之計，共產黨志在取得充足的人力、武器和補給，並發展與訓練正規軍，執行常規作戰行動。因為當時許多指揮官，例如朱德，曾在軍閥的軍隊裡服役，接受過現代軍事訓練，因而想要建立類似的常規軍隊，打敗國民黨。[8]再者，多數的紅軍領導階層都認同著重於正規軍的傳

地圖2-1　中共根據地與長征（1934-1936）

統軍事觀點，這樣的觀念來自於接觸俄國或軍閥的軍隊。相對之下，只有少數領導階層像是毛澤東，崇尚游擊理念。[9]

圍剿戰爭（一九三〇年至一九三四年）

到了一九三〇年夏天，建立鄉村根據地與避免跟國民黨部隊交鋒的戰略，似乎開花結果了。中共軍兵力約莫十萬，其中有七萬紅軍，三萬地方軍，[10]最大的根據地在江西與福建交界，又稱為「中央蘇區」，兵力約莫四萬。一九三〇年夏天，中共領導階層決定動員這支軍隊，再度嘗試攻占江西省和湖南省的幾座城市，包括南昌和長沙。然而，這波起義和一九二七年的南昌起義一樣失敗了，不過這次共產黨軍隊展示出軍力已有所增長，這表示，在蔣介石北伐表面上統一中國之後，實際上再度面臨到新一波挑戰。一九三〇年十一月，蔣介石發動「圍剿」戰爭，繼續進攻，追擊藏匿於根據地的中共軍。

一九三〇年十月到一九三四年十月之間，國民黨對中共發動了五次攻擊，其中最有名的就是攻擊中央蘇區，也就是共產黨的最大根據地。國民黨也攻擊了其他根據地，包括在湖南、湖北交界和湖北、河南、安徽交界的根據地。*這些戰爭（中共稱之為反圍剿戰爭）提供了許多重要的範例，說明中共的軍事戰略如何發展。在每一場戰爭，紅軍兵力都遠不及對手，因而採取守勢，全力求存。儘管如此，中共還是採用不同的戰略來抵禦國民黨的攻擊，包括混合了防禦和攻擊作戰行動。毛澤東時任中央蘇區的政府首領，在前三次圍剿戰爭中，密切參與發展紅軍的軍事戰略，而這套戰略後來發展成為毛澤東的「軍事思想」。

根據官方歷史記載，紅軍在這些戰爭時的作戰行動，著重於運動戰。在這些戰爭中，紅軍動用主力部隊，直接或間接動員根據地的居民，提供支援、補給與情報。[11]紅軍一方面等待適當的時機，攻擊與消滅鎖定的國民黨部隊，一方面部署部隊，發動伏擊，或損耗在陌生地形行動的國民黨軍。一旦能夠發動突襲，或取得局部軍力優勢，紅軍就展開攻擊。

第一次圍剿戰爭，從一九三〇年十二月到一九三一年一月，焦點在於「誘敵深入」的運用。國民黨派十萬兵力攻擊紅軍，紅軍只有約莫四萬兵力，在毛澤東的指揮下，基本作戰概念就是把國民黨引誘到山區的根據地，發動伏擊。紅軍成功發動戰術奇襲，殲滅國民黨的一個師，重創另一個師，令其鎩羽而歸，終結圍剿。[12]

在第二次圍剿戰爭中，從一九三一年四月到五月，中共的戰略與第一次相似，但是這次並沒有主動誘騙國民黨軍進入根據地，這一回，國民黨派二十萬軍隊圍剿約莫三萬紅軍[13]。中共軍鎖定國民黨其中一支比較弱的部隊，第五師，在其進入根據地時，發動伏擊。中共軍接著追擊撤退的國民黨部隊，將掌控地區擴大為三倍。[14]國民黨的四支部隊協調不佳，導致紅軍大勝。[15]

* 賀龍所統領的湖南、湖北根據地稱為「湘鄂西蘇區」，賀龍負責指揮此區的第二方面軍。張國燾統領的湖北、河南、安徽根據地稱為「鄂豫皖蘇區」，張國燾負責指揮第四方面軍。中央蘇區的紅軍部隊稱為第一方面軍。這三支部隊是共產黨在一九三〇年代初期的主力部隊。

第三次圍剿戰爭從一九三一年七月持續到九月，官方歷史記載，國民黨動員三十萬兵力，但是實際數量可能只有接近十三萬，因為國民黨的許多部隊都兵力不足。中共則派遣三萬到五萬五千兵力。[16]中共的戰略是在根據地裡迂迴躲藏一個月，不跟國民黨交戰，藉此耗損國民黨軍；國民黨軍在陌生的領土行動，而且中共刻意將居民撤空，斷絕了國民黨的補給。紅軍避開國民黨兵強將勇的部隊，在八月的第二個星期攻擊並且殲滅了幾個比較弱的師。壯了膽的紅軍接著攻擊之前刻意迴避的一支國民黨強力部隊，第十九路軍。然而，最終中共軍戰敗，折損了大約百分之二十的兵力。

第三次圍剿之後，國民黨暫停攻擊中央蘇區。一九三一年夏天，蔣介石必須先調兵平亂，因為政敵與幾個軍閥勾結、在廣州成立國民政府。接著，一九三一年九月九一八事變之後，日本入侵滿洲。[17]由於紅軍並沒有摧毀參與了第三次圍剿的兩支國民黨大軍，因此國民黨軍這次的分兵，很可能讓中共免於進一步遭受損失。[18]無論如何，由於國民黨聚焦他處，中央蘇區得以擴張，擴增到五萬平方公里，擁有兩百五十萬人口。[19]

第三次圍剿戰爭之後，中共的最高領導階層重新思考軍事戰略，因為雖然前三次圍剿戰爭的行動在軍事上算是成功，但是卻具有爭議。有些人認為不應該讓根據地遭到戰火破壞，因為中共不只從根據地動員民眾，更以根據地為根基，建立新國家，推動土地改革等社會主義政策。毛澤東的誘敵深入戰略被視為破壞了共產黨在人民心中的形象和地位，畢竟共產黨需要動員人民的支援。日本入侵滿洲後，加上在第三次圍剿戰爭中明顯獲勝，中共決定轉守為攻。一九三二年一月，上海共產黨領導階層發布指示，「為占領幾個中心城市以開始革命在一省數省首先勝利而爭鬥」，[20]目標在於擴大中共所掌控的領土，連結孤立的根據地，著重於湖南省、河北省和江西省。依據這個新政策所採取的初次行動是圍攻江西的贛州市，從一九三二年二月底持續到三月底。雖然這次攻擊落敗了，但是共產黨仍舊繼續採用這個新方針，到了一九三二年夏天，共產黨文件稱這個新戰略為「積極進攻」。[21]

毛澤東反對共產黨如此改變軍事戰略。一九三二年一月，攻占一兩座關鍵城市的指示下達之後，他便告病請假。圍攻贛州失敗後，他被召回工作。中央蘇區的共產黨領導人們不顧毛澤東反對，決定攻擊江西北部的國民黨占領區。然而毛澤東公然抗命，在這次分兩路進攻中，率領麾下軍隊前往福建西部。雖然毛澤東成功突襲漳州市，但是中央蘇區的領導階層，當時包括來自上海的國家黨領導階層，例如周恩來，在一九三二年十月的寧都會議中，決定奪除他的軍務職責。[22]毛澤東被控違抗黨令，因為他主張「單純防禦路線」，不肯在中央蘇區外與國民黨交戰，而且逕自等待敵人進攻犯下「右傾機會主義」（這直接批評誘敵深入）。[23]因此，黨領導階層駁斥毛澤東在前三次圍剿戰爭中所採用的戰略。

第四次圍剿戰爭從一九三三年一月持續到四月，寧都會議遵循「積極進攻」的原則，也決定讓紅軍先發制人，襲擊準備再度攻擊中央蘇區的國民黨軍，鎖定國民黨外圍防線的弱點，這次不打算誘敵深入根據地了。毛澤東後來稱這樣做是「禦敵於國門之外」。[24]這場戰爭還有一項特色，後來變成了中共常用的戰術，那就是鎖定前來解救受困敵軍部隊的援軍。這場戰爭開始之時，國民黨集結十五萬四千兵力，另外還有二十四萬兵力占領根據地周圍的阻擊陣地（blocking positions），圍剿六萬五千紅軍部隊。[25]在第一階段，紅軍部隊沿著根據地北側和西側的邊緣攻擊，驅退國民黨軍。第二階段，紅軍在南豐包圍國民黨，接著攻擊兩個前來救援的師，殲滅其中一個師，削弱另一個師。這場戰役結束時未有澈底勝負，國民黨的軍隊主力大都完好無損。[26]

第五次圍剿戰爭就有明確的結果了，從一九三三年十月持續到一九三四年十月。這次，國民黨改變戰略。以前，國民黨軍會深入中央蘇區，這次，他們決定建立互相連結的碉堡封鎖線，逐漸收緊包圍根據地的網，圍困與殲滅裡頭的紅軍。[27]這個作法「就戰略而言是攻擊（攻勢），就戰術而言是防禦（守勢）」。[28]國民黨打算逐漸縮減中共掌控的領土，縮限紅軍的資源，更重要的是，讓中共無法調動部隊（在上次圍剿戰爭中，中共打敗國民黨，調動部隊的能力扮演著關鍵角色），以獲取優勢。由於蔣介石十分重視這次圍剿，國民黨部署了約莫一百萬兵力，其中五十萬用於入侵根據地，圍剿十二萬共產黨軍隊，這是雙方兵力差距最大的一次，因此紅軍的處境也是截至目前最艱難的一次。[29]

蔣介石的新戰略效果驚人，紅軍無法攻破國民黨在中央蘇區北側建立的東西線，逼得紅軍落居被動位置。後來被稱為「短促突擊」的戰術無法突破這些固定陣地突圍，只能被迫交戰，損失慘重。紅軍建造「紅」碉堡，但是面對優勢火力，還是擋不住國民黨推進。愛德華．左艾（Edward Dryer）評論道：「很難想像當時共產黨還能使用什麼戰略，才能在多重不利的因素下獲勝。」[30]這次圍剿證明，紅軍無法從極度劣勢的位置發動戰地防禦戰（positional defensive warfare）。[31]

一九三四年夏天，當包圍網逐漸收攏，中共領導階層開始討論撤離根據地，他們稱此舉為「戰略轉移」。一九三四年十月，謀劃數月之後，他們展開後來被稱為長征的行動（如地圖2-1所示）。一九三五年三月，原本在四川的張國燾軍隊，開始西行；賀龍的軍隊原在湖南，也緊跟在後。部分紅軍部隊留在江西，掩護軍隊撤退，並且發動游擊作戰，襲擊國民黨軍。[32]長征的戰略目標是建立新的根據地，重新整編與建立中共軍隊，長征的戰略與終點經常改變。然而，長征造成損失慘重，一九三四年十月有約莫十萬兵力撤離中央蘇區，跋涉超過三千英里之後，一九三五年十月，只有一萬人抵達陝西北部。張國燾和賀龍的殘部從其他根據地展開長征，大約又過了一年後才抵達陝西。

毛澤東對於圍剿戰爭的評價

一九三四年底和一九三五年初，中共領導階層在長征期間舉行了一系列的會議，除了討論戰略，也檢討紅軍在第五次圍剿戰爭中戰敗的原因，其中最廣為人知的一次會議在貴州省遵義市舉行。這些會議為毛澤東提供了幸運的政治契機，由於他在一九三二年十月被澈底剝奪軍務職權，因此第五次圍剿戰爭的紅軍戰敗，完全沒辦法怪到他頭上。不只如此，他還可以利用黨的戰敗來怪罪別人採用錯誤的戰略，藉以拉抬自己在黨裡的地位。隨著時間過去，毛澤東在遵義主張的軍事戰略評論，最後成為正統毛派軍事思想的一部分。

有人把紅軍戰敗歸咎於「客觀」因素，例如敵軍軍力強大或是中共軍力虛弱，但毛澤東在自己的演說以及最終在政治局的決議中，質疑這樣的看法。毛澤東無疑是在抨擊一九三三年十月在寧都會議批評他的軍事戰略的那些人，他譴責黨採用「單純防禦」，也就是運用陣地戰和碉堡戰進行「專守防禦」；毛認為黨應該採用「決戰防禦」，他亦把這種防禦稱為「攻勢防禦」，即集中優勢軍力發動運動戰，攻擊敵軍弱點。[33]換句話說，黨應該採用毛澤東在前三次圍剿戰爭中的戰略。

一九三六年十二月，毛澤東發表演說，詳細闡述這些想法。這番關於軍事事務的著述極具影響力，題為〈中國革命戰爭的戰略問題〉，檢討五次圍剿戰爭的成敗原因，旨在找出革命當中「正確的」中共軍事戰略。[34]文中從許多他的早期論點延伸，毛澤東也藉此達成政治目的，提升有關軍事務的權威，好爭取黨的領導權。最後，這番演說被列入毛澤東的軍事思想，並在一九四五年有關共產黨史的決議中獲得肯定，也成為一九四九年後制定軍事戰略的參考點。

毛澤東在這場演說中一開頭先討論軍力平衡。他說國民黨是「強大的敵人」，紅軍「弱小」。[35]在這些極度劣勢的條件下如何戰勝，是首要的戰略挑戰。毛澤東認為戰略防禦「首先而且嚴重的問題」在於「如何保存力量，待機破敵」。[36]整體而言，毛澤東主張在戰略層面打持久戰，在作戰層面上「速戰速決」。運動戰應該是主要的戰爭形式，也就是「打得贏就打，打不贏就走」。[37]作戰應該彈性結合攻擊和防禦，堅守運動戰原則。他提出以下總結：「為了進攻而防禦，為了前進而後退，為了向正面而向側面，為了走直路而走彎路。」[38]

毛澤東強調他所提出的戰略退卻（strategic retreat）至關重要，儘管這概念經常被使用在戰術或作戰層面上。戰略退卻的目的在於避免交戰，以防大軍戰敗。退卻能夠找出戰力弱的敵軍部隊、創造局部軍力優勢，或者引誘過度擴張的敵軍犯錯，藉此創造有利的局勢。毛澤東接著批評黨在一九三二年所採用的戰略，像是採用「禦敵於國門之外」，而非誘敵深入；採用「全線出擊」，而非集中全力攻擊單一方向；採用「奪取中心城市」，而非擴大根據地；採用「先發制人」，而非後發制人；最後，黨採用「處處設防」，而非機動作戰。[39]雖然毛澤東直接將第五次反圍剿戰爭的戰敗歸咎於別人，但是他自己在這部著述中的想法，例如引誘國民黨深入中央蘇區，或運用運動戰滲透到敵後，最後也一敗塗地。儘管如此，毛澤東對第五次圍剿戰爭戰敗的評論，將成為中國共產黨對於軍事事務的正統信條，一九四九年後，也被當成批判不同軍事戰略的修辭工具。

抗日戰爭期間中共的戰略（一九三七年至一九四五年）

一九三五年底，毛澤東統帥的紅軍部隊抵達陝西，獲得相對程度的庇護。在此同時，日本人對於中國的威脅，尤其是華北地區，變得更加嚴重。一九三五年十二月，政治局在瓦窯堡鎮開會，催生了獲得中央委員會贊同的新戰略，以因應即將到來的局勢。而這套新戰略也預示了中共接下來幾年將採用的方針。[40]

這套戰略的第一個、也是最重要的元素，就是使用全國抗日的口號，鞏固中共在國共內戰中的地位。在這場會議中通過的決議稱之為「把國內戰爭同民族戰爭結合起來」。[41]中共打算高喊「紅軍是中國人民抗日的先鋒隊」之類的口號，聲稱自己所有的行為都是在抗日，同時從國民黨與軍閥的軍隊中吸收支持者。[42]這套戰略的立即目標是襲擊勾結日本的中國軍隊，同時準備直接攻擊日軍。第二個目標是大規模擴展紅軍。[43]第三目標是建造連結蘇聯的陸橋，好讓中共能夠直接獲得莫斯科提供的補給與支援。第四目標則是運用游擊戰，擴展中共在中國主要省分的掌控區。

一九三七年七月盧溝橋事變之後，日本意圖鯨吞整個中國，此時中共重新思考軍事戰略。此時，張國燾和賀龍所統領的其他紅軍已經抵達陝西，中共把總部遷到延安，一直延續到一九四五年日本投降之後。此時，中共正在與國民黨商議第二次組成統一戰線，合作抗日。

一九三七年八月，政治局在陝西洛川召開擴大會議，商討如何因應局勢改變。首先決定的議題是中共軍隊在這個新階段的組織與戰略。紅軍根據計畫，與國民黨組成統一戰線，將主力部隊重新編成兩支軍隊，名義上加入由國民黨領導的國民革命軍。第八路軍由從中央蘇區和其他根據地逃出來的部隊所組成，在華北作戰，盤據日軍防線後方或非日本掌控的地區；新四軍由中共游擊部隊組成，長征之後就一直待在南方，預計在華南作戰。

第二個議題則是中共的總體軍事戰略，以及第八路軍在華北作戰的軍事戰略。在這場會議中，毛澤東在一份軍事事務報告中討論這些議題，也獲得政治局贊同。紅軍將會進行戰略轉型，改跟日本打持久戰。毛澤東擔心蔣介石利用日本入侵的機會消滅中共，由於這個考量，加上日本入侵，所以中共不得不進行這樣的轉變。執行運動戰的正規軍改組為游擊軍，執行游擊戰，用意是要分散作戰，而不是改組成非正規軍。[44]紅軍的目標是要在華北建立根據地，牽制與殲滅日軍，跟華北「友好」的軍閥合作，保存與擴大紅軍的有效戰力，並爭取抗日領導權。[45]新軍事戰略的口號是「獨立自主的山地游擊戰」。[46]北方紅軍部隊會帶頭在最容易找到庇護的山區，建立根據地，藉此分散軍隊並動員當地居民，只有在機會出現時，才會集結攻擊日軍。這個戰略體現了一九二〇年代末期，毛澤東建立井岡山根據地當時經驗的精神，他認為這個樣板同樣適用於當前局勢。

然而，到了一九三七年十二月，政治局更改中共的軍事戰略。紅軍許多軍事指揮官，像是朱德和彭德懷，希望不只是建立新根據地，也要發動運動戰，攻擊日軍。[47]他們認為若不攻擊日軍，會損壞中共的聲望，因此要求把戰略改成「運動游擊戰」，或「游擊運動戰」——這些修辭只是為了要合理化現行戰略內的作戰形式。

洛川會議後，毛澤東在九月發了數封電報，向第八路軍政治委員彭德懷解釋新戰略，這八成是在回應彭德懷，因為彭德懷不滿新戰略與其著重採用游擊戰。[48]一九三七年十二月，政治局調整軍事戰略，准許在「有利的情況下」使用運動戰。[49]到了一九三八年五月，毛澤東說中共的軍事戰略「基本上……採用游擊戰，但是有機會的話，也會在有利的情況下採用運動戰」。[50]

一九三八年，毛澤東發表一系列關於中國抗日戰略的演說，談及數個主題再度呼應他對於圍剿戰爭的多項論點。毛澤東強調，由於雙方軍力不平等，對日抗戰將會是一場持久戰，分為三個階段：第一階段日本進攻時，中共採取「戰略防禦」；第二階段日本企圖鞏固戰利時，採取戰略相持（strategic stalemate）；第三階段採取戰略進攻，展開逆襲（counterattacks）打敗日軍。毛澤東認為常規作戰，尤其是運動戰，是最終打敗日本的關鍵。同時，在戰略相持階段，也就是敵人擴展戰利、企圖加以鞏固之後，就以游擊戰為優先。待游擊戰削弱敵人，紅軍規模擴大到能夠與日本進行常規作戰，才能轉採用運動戰。[51]

接下來幾年，紅軍主要著重於擴大控制區，絕大部分在華北，像是山西和陝西等省分，包含了日本占領區與非日本占領區。中共擴大正規軍與民兵規模，但也避免與日軍大規模交戰，以免危及軍隊。事實上中共就是採用這種拖延戰略，可以說是相當成功，因為國民黨正忙於防守南京和武漢等主要城市。到一九三八年底，北方的第八路軍增加到約莫十五萬六千人，南方的新四軍增加到超過兩萬五千人。[52]除了這些主力部隊之外，還有多達五十萬的地方自衛隊和十六萬游擊隊。[53]到了一九四〇年，中共根據地的人口增加到四千四百萬，[54]第八路軍增加到四十萬兵力，新四軍增加到十萬。[55]這些部隊建立與擴展根據地時，主要採用的是運動戰，而非游擊戰。[56]

紅軍只有在一九四〇年八月的「百團大戰」偏離戰略。彭德懷渴望擦亮中共的抗日招牌，削弱日本在華北的綏靖勢力，於是運用這些新戰力，在一九四〇年七月命令第八路軍，對河北和山西部分地區的日軍發動攻擊，重點是從石家莊到太原的正太鐵路。[57]目標是要切斷這條鐵路線，阻斷日軍在這個地區的交通通訊。攻擊在一九四〇年八月二十日發動，紅軍在九月初之前獲得幾次大捷。[58]然而，日本援軍抵達後，攻擊行動在十月初宣告失敗。中國官方歷史記載，第八路軍傷亡一萬七千人，破壞了四百七十四公里鐵路和一千五百公里公路。[59]相同資料也記錄日軍傷亡兩萬零六百四十五人，但是日本的文獻所記載數字卻低了許多，大約四千人戰死，受傷與失蹤人數則不明。[60]雖然黨領導階層，包括毛澤東，都贊同這次進攻，但是這並不表示中共改變了戰略，毋寧是發現機會，臨機進攻。

然而，這次進攻促使日本顯著地改變戰略。日軍華北方面軍司令官岡村寧次將軍發起懲罰性的「三光」政策（殺光、燒光、搶光），以消滅中共。因此，中共過去幾年建立的根據地縮小，掌控的人口幾乎銳減一半，剩下兩千五百萬人。[61]中共的主力部隊也被打散，主要採取小規模游擊戰，全面避免與日軍交戰。第八路軍的規模減小百分之二十五，剩下三十萬人左右。[62]

一直到一九四五年日本投降，紅軍都把重點放在重建根據地以及少數的游擊戰作戰。讓他們得以採取這項策略的原因，在於日軍轉向發動「一號作戰」（一号作戰，也就是「豫湘桂會戰」），計劃打通一條由日本占領、連接韓國和印度支那的廊道，以利太平洋戰區其他地區的作戰。結果導致日本留下大量的駐防部隊在中國華北地區，目的是為了保護日軍的管控陣地，這也讓中共和紅軍得以重建與成長。到了一九四五年四月，中共在華北的第八路軍增加到超過六十萬兵力，新四軍增加到二十九萬六千，不過部分增加的兵力來自地方軍改編入主力部隊。[63]

內戰（一九四五年至一九四九年）

一九四五年八月日本投降時，國民黨與共產黨之間的軍力平衡已經顯著改變。雖然國民黨有數百萬兵力，但紅軍也從長征的殘軍增長到約莫九十一萬兵力，外加兩百萬民兵。[64]共產黨掌控十九處根據地，擁有一億兩千五百萬人口，大約是中國人口的百分之二十。[65]不過，儘管中共和紅軍成長驚人，仍舊處於劣勢，勢單力薄。中共在這個時期所選擇的軍事戰略，反映出了對於求存的憂慮，如同其他內戰初期所做策略決定的重點。最後，中共在內戰獲得軍事勝利，勝利來得實在太快，遠遠出乎共產黨領導階層的預料。

雖然國民黨和共產黨沒有在日本投降之後立刻開始交戰，但是雙方都馬上爭奪起地面優勢。中共在一九四五年九月制定了內戰此階段的第一個戰略，當時毛澤東和周恩來正在重慶跟國民黨進行和談。劉少奇領導的中央委員會制定了「向北發展，向南防禦」的戰略，[66]目標是要奪取東北或滿洲的控制權。史帝分．樂凡（Steven Levine）稱中國東北為「勝利之鐵砧」（anvil of victory），東北是中國工業化程度最高的地區，而且在日據時期遭受破壞的程度最小。[67]掌控滿洲的人，不只能取得這些資源，還能夠占有地利之便，威脅整個華北，包括北京。

劉少奇的戰略打算在東北建立一個大型根據地，類似於一九二〇年代末期和一九三〇年代初期的那些根據地，而共產黨的軍隊將部署在華北其他地方，守住通往東北的要道。相較之下，在南方，共產黨的軍隊獲令縮小陣地，防禦預料中的國民黨攻擊，有些部隊獲令北移，有些南下山東，防守通往北部的入口。[68]一九四五年秋天，國民黨和共產黨爭奪掌控滿洲，爆發了數次衝突和戰鬥，但是整體而言，雙方都繼續在會談中爭權奪利，迴避大型軍事衝突。雖然共產黨率先抵達滿洲，但是國民黨隨後趕到的兵馬更多。一九四五年底到一九四六年，紅軍放棄幾個月前奪取的大部分城市，往北撤退，渡過松花江，進入滿洲的鄉村地區。

一九四六年六月，國民黨對中共發動全國總攻，局勢驟變。國民黨軍有四百三十萬兵力，對上一百二十萬中共軍，中共掌控大約百分之二十五的中國。[69]大約就在此時，紅軍改名為人民解放軍。在這波攻擊中，蔣介石下令奪取中國的統治權，欲一勞永逸打敗共產黨。蔣介石的戰略企圖奪取長江以北的重要大城與交通網絡，或許有點諷刺，這竟然與日本攻占中國的戰略如出一轍。如此一來，國民黨就能建立要塞和運輸走廊，發動攻擊與提供支援，直搗中共據守的地區。

中共採取運動戰的戰略應對，但是規模遠大於一九三〇年代初的圍剿戰爭。為了緊急應變，中共棄守占據的城市與其他領土，一九四六年七月毛澤東說這樣做「不只是不可避免，也是必須的」。[70]這麼一來，中共的戰略就等於回到固守根據地和抗日戰爭時期，即避免大規模決戰，把軍隊撤回內線作戰。這套戰略後來被認為「是用於消滅國民黨有效戰力，而非保守領土」。[71]概念在於交戰時必須集中優勢力量，取得戰術勝利，漸漸削弱國民黨的有效戰力。[72]在戰略和作戰層面上，解放軍都回到一九二〇年代末期和一九三〇年代初期指揮官相當熟悉的戰爭模式，聚焦於內線防禦（defense of interior lines）。

在這波攻擊中，國民黨用計謀取得許多領土，一九四七年三月甚至攻下具有象徵意義的中共首都延安（其實是中共決定撤退，只有裝裝樣子防守）。然而，國民黨卻無法消滅中共的任何一支大型部隊，或澈底平定與掌控任何地區。尤其是國民黨一九四七年上半年在山東和陝西的攻擊行動，完全沒有消滅中共軍的任何一支大型部隊。[73]這次行動也將國民黨軍隊拉離滿洲，讓此處的根據地能進一步發展。到了一九四七年七月，國民黨軍規模縮小到三百七十萬，解放軍卻增加到一百九十五萬。[74]此外，雖然國民黨軍取得了土地，但是卻因此拉得太長，因為要防守城市與城市間的交通網絡，必須派許多部隊戍守，導致能用兵攻擊中共據點的野戰部隊減少。[75]

一九四七年夏天，中共決定改變軍事戰略。七月初，毛澤東判定，國民黨在除了山東以外的各地攻勢都已停止，中共現在可以反擊，轉守為攻。毛澤東估計，因為民眾厭戰，國民黨正失去民眾的支持而日漸孤立無援。可以看出毛澤東對局勢改變過度樂觀，他認為，解放軍在接下來的十二個月，可以殲滅一百個旅。[76]一九四七年九月一日，中共提出來年軍事戰略的輪廓，[77]有文件指出毛澤東在夏天提出了結論：中共將轉守為攻，運用主力部隊在外線作戰，或進攻國民黨據守的地區；部分部隊仍舊防守中共據駐的地區，部分部隊現在則向國民黨進攻。

然而，在新戰略正式發布之前，中共就發動了第一波大型攻擊行動，目標是中國的中部平原，尤其是位於湖南、河北與安徽交界處的大別山，中共在一九四六年棄守此處。這次攻擊的目的是為了在中部平原地帶建立新根據地，如此便能威脅位處南方的國民黨，並且從滿洲分散軍力。劉伯承和鄧小平率領了這次攻擊，出動三個軍，大膽橫渡黃河。[78]北方另外爆發其他場戰鬥，包括一九四七年十一月攻占關鍵交通樞紐河北石家莊，以及在東北的一系列行動，包括攻擊滿洲遼東到瀋陽（稱為遼西走廊）的國民黨軍。然而，中共在這段時期的戰略仍舊有些投機取巧，著重於收復一九四六年起被國民黨奪走的領土，而非重創國民黨軍力。

一九四八年九月，中共領導人們在河北省西柏坡開會，商議來年的軍事作戰計畫，他們預料戰爭會再持續三年，等打到一九五一年，解放軍應該就會擴展到五百萬員，一年能夠消滅國民黨的一百個旅。[79]中共只有策劃長江以北的作戰行動，包括華北和滿洲；中央軍事委員會擬定了計畫，打算消滅國民黨的一百二十八個旅，並初步將員額分配到解放軍的作戰區域。東北獲得的員額最多，林彪率領的軍隊正在東北，準備再度攻擊滿洲的遼西走廊。從這些計畫得以看出這場戰爭將曠日持久，儘管中共已經轉守為攻，但取勝之道並非速戰速決，而是在數年間慢慢削弱國民黨的有效戰力。

然而，戰爭很快就結束，連中共的領導階層都跌破眼鏡。如地圖2-2所示，一九四八年秋季爆發三場大戰，每場都意外獲勝，提升了氣勢，扭轉了戰潮。從九月到十一月，林彪在滿洲的軍隊發動遼西會戰（又稱遼瀋戰役），一開始焦點是攻占錦州這座小城市，但後來成功占領國民黨據守的領土，從長春到瀋陽，進而掌控整個滿洲。這是內戰至今最大的一場戰役，五十五萬國民黨軍打七十萬共產黨軍，大多數的國民黨軍不是逃跑，就是被俘，軍力平衡因而大幅改變。[80]

一九四八年十一月和十二月，中部爆發第二場大戰，被稱為徐蚌會戰（又稱淮海戰役），標的是長江以北的中央交通樞紐，徐州市。這加速了中共取得內戰勝利。雖然這場戰役一開始的目標相當簡單，單純是要打敗國民黨的第七兵團（約七萬兵力），但是戰局很快擴大，爭奪起中部平原區域，雙方都投入約莫六十萬兵力。[81]徐蚌會戰結束時，國民黨折損超過五十五萬兵力，其中三十二萬零三百三十五人被俘，六萬三千五百九十三人逃跑。[82]

最後，在一九四八年十一月底到一九四九年一月底的平津會戰，林彪的軍隊攻占北京市和天津市，五十萬國民黨軍戰敗，大多被俘或潰逃。加上遼西會戰，中共此刻已掌控大部分的華北；因此，短短六個月之後，在一九四九年初，國民黨就損失一百五十萬兵力，以及長江以北的大部分領土，內戰到此算是結束了。[83]

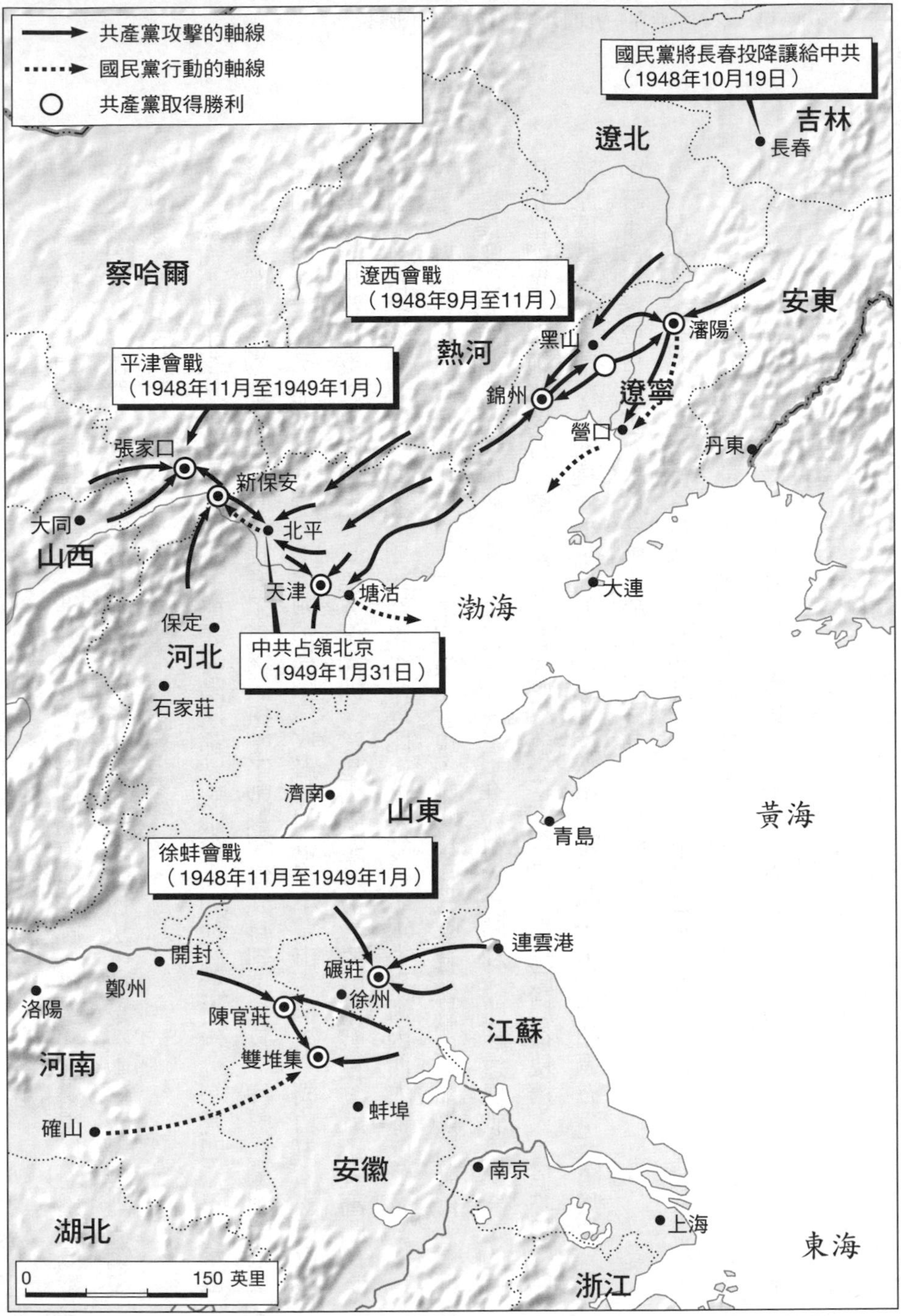
共產黨攻擊的軸線
國民黨行動的軸線
共產黨取得勝利
國民黨將長春投降讓給中共
（1948年10月19日）
吉林
長春
遼北
遼西會戰
（1948年9月至11月）
安東
瀋陽
察哈爾
熱河
黑山
平津會戰
（1948年11月至1949年1月）
錦州
遼寧
營口
丹東
張家口
新保安
大同
北平
山西
天津
塘沽
大連
渤海
保定
中共占領北京
（1949年1月31日）
河北
石家莊
濟南
山東
青島
黃海
徐蚌會戰
（1948年11月至1949年1月）
連雲港
開封
碾莊
鄭州
徐州
洛陽
陳官莊
江蘇
雙堆集
河南
蚌埠
確山
安徽
南京
湖北
上海
東海
0
150 英里
浙江

地圖2-2　國共內戰的決戰（1948-1949）

這三場戰役是大規模會戰，是至今解放軍所進行過的最大作戰行動，戰勝的原因是在內戰各個階段內都彈性運用作戰行動與運動戰，加上中共在某些地區能夠動員當地居民支援，再加上反觀國民黨指揮決策糟糕，尤其是在徐蚌會戰。原本只是連串的大規模秋季攻勢，卻演變為一系列決戰，成為內戰即將結束的起點。雖然大型作戰行動一直持續到一九五〇年五月，直到從國民黨守軍手中攻下海南島（還有一九五一年占領西藏），但在這三大會戰之後，國民黨再也無法展開任何有意義的抵抗。

中國戰略術語

一九四九年後，高階軍官制定軍事戰略時所使用的術語，皆傳承自解放軍在內戰中的經驗與戰略；當時傳承下來的不只有戰場經驗，還有一些討論戰略用的重要概念，包括戰略方針、積極防禦、誘敵深入以及人民戰爭。這一節要探討這些概念，深究它們與內戰的關聯，以及討論本書出現的其他解放軍軍事術語。

戰略方針

一九四九年後，解放軍曾經使用戰略方針這個概念來制定與說明軍事戰略。無論如何，戰略方針的概念必須溯源自中共是如何在內戰期間發展戰略，隨著內戰依照前述幾個階段的演進，戰略方針此概念漸漸變成了中共整體軍事戰略的同義詞。

中共在什麼時候第一次使用「戰略方針」一詞，我們不得而知。但根據可以取得的共產黨檔案，第一次使用這個詞可能是在一九三三年夏天，在第五次圍剿戰爭之前，而長征期間使用得更加廣泛。[84]比方說，一九三四年十二月，長征期間中央政治局在貴州黎平開會，商議「紅軍的戰略方針」。[85]那次會議做的主要決定是，放棄原本的計畫，取消在湖南西部建立根據地，改建在川、黔交界處。[86]一九三五年一月，共產黨在遵義開會，討論第五次圍剿戰爭的戰略，檢討黨採用的戰略方針是否正確。在遵義通過的決議認定，「唯採用正確的戰略方針，才能正確領導作戰行動」。[87]

遵義會議之後，中共進行戰略決策時，使用「戰略方針」一詞變得常見許多。一九三五年六月，紅軍展開長征的兩大主要隊伍在四川的兩河口會合後，中共領導階層發布新的戰略方針，指示往北進發，在川、甘、陝交界處建立根據地。一九三五年八月，中央政治局修改此方針，將重點放在繼續往北至陝、甘交界處，建立根據地。一九三五年十二月，毛澤東率領的紅軍部隊抵達陝西後，共產黨領導階層又發布新的戰略方針，指示結合對付國民黨的內戰和對抗日本的國家戰爭。政治局在瓦窯堡會議通過的軍事戰略決議，該文件的第一節標題就是「戰略方針」。[88]其後，關於內戰軍事戰略的所有重要決策，都被稱為戰略方針，包括一九三七年八月在洛川會議制定的華北抗日戰略；劉少奇一九四五年提出的「向北發展，向南防禦」戰略；中共一九四六年六月因應國民黨全國總攻；中共一九四七年九月決定發起進攻；以及中共一九四八年九月制定的內戰第三年戰略。官方歷史也使用「戰略方針」一詞來指稱內戰期間做的其他重要決策，包括一九三〇年代的圍剿戰爭戰略、一九三九年新四軍在中國中南部進行游擊戰的辦法[89]，以及中共在一九四〇年初的內戰總體戰略。[90]

因此，中華人民共和國創建時，戰略方針這個概念提供了構思軍事戰略的基本架構。誠如彭德懷元帥在一九五七年所言：「戰略方針影響軍隊建立、部隊訓練和戰爭準備。」[91]如同第一章所述，戰略方針概略說明了中國將如何進行下一場仗。

一九四九年之後，西方學者所稱的高層次軍事準則大多成為戰略方針的構成要素。中國官方原始資料指出，方針有四個構成要素[92]，第一個是根據對手造成的具體軍事威脅，來確認「戰略對手」（strategic opponent）與「作戰對象」（operational target）。藉由確認戰略對手和作戰對象，能夠反映出共產黨如何評估國家的總體安全環境與國家所面對的威脅。因此，只有這項戰略方針的構成要素，主要並非由高階軍官所決定。凡是與戰略對手「鬥爭」，均需動員國家力量的所有元素而不單只有軍隊，因此必須由黨來決定。軍方則負責評估具體作戰對象，以及發展軍事計畫，對抗敵人。

戰略方針的第二個主要構成要素是主要戰略方向（primary strategic direction），指的就是可能會爆發衝突的地理焦點，以及會明確塑造整體衝突的動武重心，無論是軍隊部署以及提升或維持戰備。在內戰中，由於紅軍處於弱勢，經常必須找出重心，或焦點的中心區，才能使相較弱勢的軍隊發揮最大的戰力。紅軍也會設法防止軍隊在戰場上分散，分散的話，就更容易被殲滅。

第三個也許能稱得上是戰略方針的核心構成要素，軍事鬥爭準備基點（basis of preparions of military struggle），指的就是戰爭型態（form of warfare）和作戰型態或樣式（form or pattern of operation），兩者都用於說明未來應該如何發動戰爭。在內戰期間以及進入到一九八〇年代初期，關於「戰爭型態」，主要的辯論在於如何結合運動戰、陣地戰與游擊戰，還有該優先採用或著重哪種戰爭型態。後來，焦點變成戰鬥兵種的合成作戰（combined operation），像是陸軍的步兵和裝甲兵；而後又再聚焦於提出聯合作戰（joint operation）的各種概念，含括了陸軍、空軍和海軍的結合。

戰略方針的第四個構成要素是動用軍隊的基本指導思想（basic guiding thought），指的就是應用於衝突的一般性作戰原則。根據主要作戰型態，這類原則用於說明如何執行作戰行動，因此應該被視為提供戰爭作戰層面（operational level of war）的指導綱要。比方說，內戰期間，運動戰經常搭配強調速戰速決。當從抵禦全面入侵戰爭，轉變成一九八〇年代末期和平時期的現代化以及地方戰爭之際，戰略指導思想（strategic guiding thought）全面為軍隊所用，尤其是在尚未爆發戰爭的局勢，像是危機（crisis），在除了作戰基本指導思想之外，變成戰略方針中比較重要的一環。

內戰期間和一九四九年以後的戰略方針有些不同之處，值得一提。內戰期間制定的方針，反映出的是戰爭時期的戰略改變，而非和平時期。因此，一九二七年到一九四九年，在這二十幾年的內戰期間，共產黨發布或調整過數次方針。相較之下，從一九四九年起，中華人民共和國只發布過九個戰略方針，大約每八年一個，頻率比內戰期間還要少。除此之外，內戰期間發展的方針通常由黨的最高領導人們決定，尤其是政治局或其他領導團體的最高領導人。一九四九年之後，方針由任職於中央軍委的高階軍官所制定，再經由黨內最高領袖批准或同意。

積極防禦

中國在一九四九年以後的九個戰略方針，都被指稱體現了積極防禦的原則。面對具有數量或技術優勢的敵人，積極防禦這種戰略概念能夠指引如何執行作戰，繼而何時該採戰略防禦。這些條件下的主要挑戰是如何保存軍力，接著逐漸取得主動權。因此，積極防禦是給予克服弱點的視野，而非在戰略進攻或是在與對手交戰擁有全面優勢時，該如何發動作戰行動。

一九三五年十二月瓦窯堡會議中，共產黨首次在文件中使用「積極防禦」一詞。獲得通過的決議主要是由毛澤東所提出，也被納入他個人的官方文件輯錄。[93]決議中聲明，紅軍不該採取「單純防禦」和「先發制敵」（preemptive）行動。由於紅軍處於劣勢，消極防禦或先發制敵攻擊，都可能會折損大量的中共軍隊，尤其是在內線或中共掌控區內作戰之際。反之，紅軍應該採用「積極防禦」與「後發制人」（gain control by striking afterwards）*。[94]如此一來，面對比較強

* 「後發制人」一般翻譯為「gaining mastery after the enemy has struck」，施拉姆高明地把這句成語翻譯為「gaining control by striking last」，我稍加修改。請見斯圖爾特．施拉姆（Stuart R. Schram）所編撰的《毛澤東的權力之路》（*Mao's Road to Power*）第五卷（Toward the Second United Front, January 1935-July 1937）（Armonk, NY: M. E. Sharpe, 1997），頁八十。

大的對手時，積極防禦——定義就是等敵人先攻，才展開反擊——構成了面對強壯且具威力的敵人時，「內線作戰的正確原則」。而這乃是紅軍在內戰大部分時間所面對的條件；一九四九年以後，中國也是面對這些條件，當時美國和蘇聯是中國的主要對手。

然而，瓦窯堡會議之前就出現了鞏固積極防禦的想法，毛澤東和朱德在井岡山根據地發想的初步游擊戰作戰原則，在許多方面都蘊含相同的理念，「敵進我退，敵駐我擾，敵疲我打，敵退我追」，[95]這句口訣道盡了當時紅軍的戰略。還有，一九三〇年代圍剿戰爭期間（尤其是前三次），紅軍等國民黨先發動攻擊，才展開反攻。在一九三五年一月的遵義會議，毛澤東認為，在第五次圍剿戰爭中，紅軍當時應該採用以運動戰為基礎的「攻勢防禦」（offensive defense）來反制國民黨，才是上上之策。

毛澤東一九三六年十二月在主題為〈中國革命戰爭的戰略問題〉的演說中，對積極防禦提出更完整的定義。如前述已提過，這場演說是在探討戰略防禦，以及紅軍處於數量與技術劣勢時應該採用的戰略，毛澤東的答案是「積極防禦」，他把積極防禦定義為「攻勢防禦或決戰時的防禦」。他重新檢討關於第五次圍剿戰爭戰略的討論，以及在遵義會議的辯論，對照比較積極防禦和「消極防禦」或「專守防禦」。在戰役與戰術層面的攻擊行動，可以從反而是消極的位置奪取主動權，以達成戰略防禦的目標，最後轉為反攻。然而，戰略防禦時，毛澤東要求的主要作戰行動是機動移動與撤退（消耗對手），以及速戰速決，目標是為了消滅敵軍，而非攻占領土。而運動戰是主要的戰爭形式，因為運動戰有助於撤退和大規模機動移動，能在特定時間與地點集結優勢軍力，贏得戰鬥。但是整體概念就是要如何採用攻擊行動，達成防禦目標——這裡指的就是防守中共的根據地，擋下國民黨的攻擊。

一九四九年以後，中國的九個戰略方針皆被認為根源於積極防禦。解放軍今日把積極防禦定義為，「用先發制人的攻擊行動，抵禦發動攻勢的敵人」。[96]解放軍的定義進一步指出，積極防禦通常會結合外線攻擊作戰行動，作為持久防禦內線的一環。後面的章節會談到，積極防禦的意義在中華人民共和國所採用的每個戰略方針裡都不盡相同，然而，等敵人先攻再反攻這個主要原則，始終是共同的思路，這個思路也跟正義戰爭（just war）的概念有關。什麼要素可能構成會引發反攻的「先攻」（first strike），到二〇〇〇年代初期，才出現比較多的相關討論。軍事科學院的戰略專家認為，根據積極防禦的指示，「政治面」的「先攻」，以及入侵或攻擊行動，就會引發反擊，特別是來自「民族分離主義者」的挑戰。[97]然而，即便在這樣的背景中，重點仍舊是反擊敵人傷害中國核心利益的舉動，尤其像是台灣可能會追求法理上獨立。

持續強調積極防禦其實暗示著幾件事，可以從中了解中國對軍事戰略的態度。第一是，相信中國準備動武的目標是用於防禦，像是保衛國土，防止遭到入侵，或是捍衛中國長久以來與鄰國間充滿爭議的領土宣稱。跟積極防禦概念有關的寓意是，中國追求的目標是防禦，哪怕並不明確。第二是隱晦地認為中國是比較弱的一方，比較容易受到攻擊（vulnerable），因此重視採用攻擊行動來達成防禦目標。第三是，中國不會先發動攻擊，但是會聚焦於遭到攻擊後展開反擊。毛澤東在一九三九年提出這個想法，當時他說「除非遭到攻擊，否則我們不會發動攻擊」。[98]雖然這些想法描繪出了一九四九年起中國的大部分軍事戰略，但是過去十年中國物質力量的改變，積極防禦在未來的意義，已形成嚴重的問題，因為中國不再處於物質或技術劣勢。

誘敵深入

誘敵深入跟內戰期間積極防禦的形成初期關係密切，其實，在積極防禦出現之前，誘敵深入這個軍事概念就已被明確提出，不過在一九三〇年代兩者交錯在一起。

一九三〇年十月第一次圍剿戰爭中，誘敵深入首次被採用於戰略中，反制國民黨。這個概念是毛澤東所提出的，他說「方面軍的首要任務是，引誘敵人深入紅區，使國民黨軍疲憊後，加以殲滅」。[99]後來分析時，毛澤東認為第二與第三次圍剿戰爭能夠獲勝，也應該歸功於誘敵深入。然而，如同前述，誘敵深入在這些戰役中比較不重要，即便紅軍是在中央蘇區的領土內攻擊國民黨。第二次圍剿中，國民黨軍一個師在攻擊蘇區時，紅軍設下了埋伏襲擊；在第三次圍剿中，紅軍運用持續機動移動（continuous maneuver），不交戰，消耗國民黨軍。

一九三五年十二月首次提出積極防禦時，誘敵深入在說明這個概念中，扮演著主角。運用誘敵深入，在整體處於弱勢的情況下，創造適合發動攻擊的有利條件，是一九三五年積極防禦的核心。然而，儘管誘敵深入在圍剿戰爭中扮演要角，但是在長征之後，使用頻率就大幅減少了。到一九三〇年代後期，中共所建立的根據地，已不用引誘敵部隊深入腹地就能防禦了。紅軍被攻擊時，會盡量避免交戰，哪怕會造成根據地腹地縮減。除此之外，如同前述，這個概念在一九三〇年採用時就已遭到質疑，一九三二年寧都會議決定撤除毛澤東有關軍事事務的職權，原因之一就是有人反對誘敵深入的策略所造成的結果。

人民戰爭

內戰期間，與中國軍事戰略最密切相關的概念，或許莫過於人民戰爭了。這個詞擁有許多不同涵義，只有一些與軍事戰略直接相關。[100] 最普遍的說法是，人民戰爭是指為了「人民」的利益，發動武裝衝突，追求正義或公平的目標。在中國，這個目標就是社會主義革命（對抗國民黨）和民族解放（對抗日本人）。除此之外，人民戰爭亦指一種整體政治軍事戰略（general political-military strategy），藉由動員與組織「群眾」（the masses），增加武裝軍隊的人力與物質支援，提升共產黨目標的政治支持度，以克服在這類衝突中的弱點。在中國，農民是這類動員的目標。第三，人民戰爭意指這類衝突的軍事面向，包括欲發展的軍隊種類，以及運用軍隊的方法。人民戰爭經常被視為游擊戰的同義詞，尤其是在中國之外。雖然民兵部隊和游擊戰術確實是中國內戰的一部分，但只是其中一部分而已。誠如中共的內戰軍事戰略所顯示，主要的軍隊是正規主力部隊，而不是民兵部隊，而且主要的作戰方式是運動戰，並非游擊戰。

中共使用「人民戰爭」這個詞的歷史，使得情況變得更加複雜。諷刺的是，即便是在內戰期間，中共領導人們其實並沒有廣泛或經常使用這個術語。事實上，雖然人民戰爭跟毛澤東的軍事思想密切相關，但他只有一九四五年四月在第七屆中國共產黨代表大會報告時，才第一次提到這個詞。[101]再者，後來在一九四〇年代後期，他也沒有經常使用這個詞，而且這個術語鮮少出現在共產黨的主要報紙《人民日報》。然而，現在很多跟人民戰爭有關的概念，尤其是動員與組織民眾的這個中心思想，都在更早於差不多二十年前第一次出現，即便當時沒有被標示為人民戰爭概念的一部分。例如，一九二七年毛澤東在湖南提出關於農民處境的報告，指出了農民具有政治動員的潛力。[102]一九三六年毛澤東發表關於中國革命戰爭戰略的論文，文中包含了大部分與人民戰爭的相關概念，但是卻完全沒有使用人民戰爭一詞。[103]

人民戰爭的基本概念如下——革命或民族解放戰爭是公平或正義的衝突，由弱勢的一方對抗強大許多的一方；而弱方要贏得這樣的戰爭，必須能夠「動員、組織、指揮與武裝」人民，遂能逐漸克服弱勢，在戰場上贏得勝利，以及達成最終的政治目標。[104]一九三八年毛澤東寫道：「軍隊與人民是勝利的根基。」[105]現代化軍隊能「把日本人趕回鴨綠江對岸」。同時，「戰爭中最豐富的力量來源是廣大的民眾」。[106]同樣地，毛澤東主張，政治動員人民「能創造出能淹死敵人的大海，能創造出能彌補缺乏武器等弱點的條件，能創造克服各種戰爭艱難的先決條件」。[107]

動員人民，中共就能獲得原本無法取得的人力、物資和財務資源，有助於逐漸轉變革命或民族解放運動的軍力平衡。動員群眾也可以在軍事事務以外的領域進行「鬥爭」，協助取得勝利。[108]在軍事面上，農民不只能為紅軍正規部隊提供兵源，也能組織成民兵部隊與自衛隊，分配到特定地區後，能負責地方防禦、小規模游擊作戰，以及支援和後勤活動。[109]在內戰的最後階段，由於解放軍的成長規模，民兵部隊和自衛隊的作用變得更加重要，可以協助與支援正規作戰部隊。

在一九三〇年代的演說中，毛澤東認為革命或解放戰爭是持久的對抗，他認為這類衝突會經歷三個階段：第一是敵人攻擊時的戰略防禦階段，第二是敵人設法鞏固戰利時的戰略相持階段，第三是中國反擊時的戰略進攻階段。這些戰爭會曠日持久，原因有二，一是中國虛弱，二是需要時間動員群眾，在人民之間建立廣大的支持基礎，並組織人民協助達成黨的目標、消耗敵人軍力，然後逐漸扭轉局勢，最後發動攻擊軍事作戰。對於革命或民族解放而言，長期戰的勝算比短期戰高了許多，因為必須獲得民眾支持，才能取得優勢，而要獲得民眾支持，必須花時間耕耘栽培。

儘管游擊戰經常被視為是人民戰爭的同義詞，其實這樣的推論或觀點是錯誤的。在毛澤東的著作中，以及在中國內戰的各個階段中，只有在敵人的占領區裡才會發動游擊戰，像是一九三〇年代中期的國民黨占領區。若是在其他地方，則著重正規軍的運動作戰。在中國內戰的各個階段中，最著重游擊戰的時期，是一九二〇年代後期在中部地區剛開始建立根據地，以及一九三七年以後在日軍防線後方作戰。在其他階段，像是一九三〇年代初期的圍剿戰爭、一九三〇年代後期在中國北部期建立根據地，以及一九四五年以後對抗國民黨的作戰，常規部隊執行運動戰是首要的戰爭形式。換句話說，在持久戰的三個標準階段中，游擊戰只有在第二階段「戰略相持」中比較重要。敵人在這個階段已經把守得住的領土擴張到最大，因此有比較多機會可以運用游擊戰，消耗敵軍，同時在非敵人掌控的根據地和敵防線後方，動員與組織群眾。相較之下，在戰略防禦和戰略進攻階段，主要的軍事作戰形式是運動戰；而運動戰由於著重流動戰線（fluid fronts）和運動性（mobility），有時候會被認為具備游擊元素。然而，運動戰的基礎是運用常規軍隊直接與敵交戰，而不是非正規軍隊。

有關人民戰爭的概念，以及把必須動員農民支援黨放在首位，是軍隊發展的重要必然結果。其中的核心概念是，軍隊屬於人民，存在的目的是要解放人民。而提高「政治意識」（political consciousness），能提高士氣，提升效力。為了動員更廣大的民眾，軍隊不只必須讓人民看到，並且軍隊本身也必須認知到要與人民團結一心，不能跟當時強取豪奪的軍閥軍隊一樣，行剝削人民之實。[110]在一九二九年的古田會議中，首次確立了黨掌控軍隊這項中心原則；另外，有關行為與紀律的規範也在一九三〇年代初期發布。[111]除此之外，軍隊也肩負作戰以外的職責，協助黨對人民擴大政治動員。軍隊直接執行政治工作，協助黨動員群眾，以及從事農業與其他形式的生產，減輕農民的經濟負擔。欲建立與擴大根據地，同時避免與強敵直接交戰時，軍隊的這些作用格外重要。

一九四九年以後，人民戰爭的意義改變了。在中國國內，人民戰爭一詞在一九五八年大躍進期間，以及反對在軍事事務上過度依賴蘇維埃思想的「反教條主義」運動中（下一章會討論），才被廣泛使用。一九六五年，中共發表由林彪所署名的一篇文章，題為〈人民戰爭萬歲！〉，內容談論日本投降二十週年，在中國內外進一步宣傳有關人民戰爭的概念。[112]而關於人民戰爭的討論，在文化大革命激進化期間達到高峰，人民戰爭被指稱是中國固有的作法，由此反映出毛澤東的軍事天賦並且是別人效法的典範，尤其是在越南。在中國之外，人民戰爭一詞跟大陸防禦的戰略有關，在大陸防禦戰略中，中國用時間換取空間，利用地廣人多，在持久戰中打敗入侵或來襲的敵人。[113]在一九八〇年代，外國分析者描述中國的戰略是「現代條件下的人民戰爭」。[114]本書後面的章節將會說明，這樣的人民戰爭觀點也是不精確的，誇大了非正規軍、游擊戰和社會性動員（societal mobilization）的作用，低估了常規軍隊和作戰的中心地位，也小覷動員能夠為解放軍提供人力，直接支援軍事作戰的作用。

更普遍的是，一九四九年以後，人民戰爭有了其他的意義，都反映出解放軍在內戰期間的經歷。實際上，人民戰爭的概念意味著中國身為新獨立但物質條件虛弱的國家，必須持續動員人民與資源，才能在大型衝突中戰勝，尤其是遭到攻擊的時候。即便在冷戰結束之後，中國持續宣揚人民戰爭的概念，強調焦點在於社會動員，以提升中國國力。[115]例如，今日解放軍把人民戰爭定義為「組織與武裝廣大的民眾，發動戰爭，反抗階級壓迫，或對抗外國敵人入侵」。[116]近期的例子像是強調「軍民融合」（military-civil integration），目的是要利用民間專業，發展新的作戰技術。[117]人民戰爭也有清楚的政治意義或寓意——那就是，解放軍絕對不能忘記自己是黨的軍隊，完全掌控在中共之下。

軍隊建設

軍隊建設係指跟軍隊現代化與發展有關的一切行動，在中文裡，「建設」的意思是

construction、building或development。因此，「軍隊建設」通常翻譯成「army building」或「army construction」，也可以翻譯成「military building」或「military construction」。

由於「建設」沒有對等的英文詞彙，因此需要簡短說明一下。「建設」一詞最早在一九五〇年代中期廣泛使用，當時共產黨的目標是「社會主義現代化」，需要打造或建造政黨國家的各個部分，其中的軍事方面的要素就是「軍隊建設」。而像是經濟發展，有時候又稱為「經濟建設」。今日，解放軍把軍隊建設定義為「凡用於組建軍隊、維持與提升軍力系統、增加戰鬥力的一切活動」。[118]

軍事鬥爭、軍事鬥爭準備與戰備

其他常用的詞彙跟軍事鬥爭和戰備有關，而跟內戰經驗沒有那麼密切地聯結，只有在討論到中共與國民黨爭奪掌控中國時的一般性涵義除外。今日，解放軍把軍事鬥爭定義為「主要用軍事手段所進行的鬥爭」，指國與國為了達成政治或經濟目標所展開的競爭。[119]然而，軍事鬥爭不一定僅指實際戰鬥或軍事行動，其實也包含軍隊一般威嚇與引人注目的作用。因此解放軍在定義中指出，「戰爭是最高形式的軍事鬥爭」。

因此，軍事鬥爭準備（preparation for military struggle）是指讓武裝部隊準備作戰的一切行動。解放軍把軍事鬥爭準備定義為「為滿足軍事鬥爭必要條件所做的準備」。[120]核心是「戰備」，比較好的英文翻譯可能是「combat readiness」。解放軍把戰備定義為「武裝部隊在和平時期進行準備與保持警覺，以即時應對戰爭或突發事故」，[121]又被稱為「武裝部隊在和平時期的定期基本工作」。[122]

一九四九年的解放軍及其挑戰

在一九四九年中華人民共和國創立前的超過二十年以來，紅軍以及後來的解放軍把焦點放在中共求存，以及打敗國民黨，奪取權力，建立新的社會主義國家。然而，一九四九年以後，解放軍面對一連串令人生畏的新任務，那些任務將與中國的第一個國家軍事戰略的發展糾纏在一起。

第一個重要任務是，如何把原以奪權為焦點的革命軍隊，變成能夠捍衛新建立的民族國家的主權與領土完整性。以往，解放軍強調生存，維持有效戰力與避免與敵交戰，甚至不惜割讓領土，以求日後再戰。這樣的策略適用於內戰期間，因為當時中共的軍隊經常遠弱於國民黨，但是不適宜用於保衛民族國家（nation-state）。

中華人民共和國的安全環境在許多方面，都讓保衛這個新民族國家的任務變得極度複雜。第一，中華人民共和國面對的是艱難的地理政治局勢。中國幅員遼闊，國內與邊境的地形與氣候多元，軍隊必須能夠在不同的環境作戰。[123]新中國創立之時，中共雖然自稱統轄全國領土，但是其實並沒有完整的統治權。從一九四九年到一九五二年，解放軍持續鞏固中共對中國的統治權，發動「剿匪」戰爭，圍剿殘餘的國民黨部隊和地方軍閥，並且在一九五一年發兵攻占與併吞西藏。解放軍必須防守的海岸線很長，陸地邊境更長。中國在陸地與海上都與每個鄰國有著領土爭議，這些一系列持續存在的爭議，極有可能會爆發武裝衝突，有時甚至使中國無暇兼顧其他安全議題。[124]

第二，儘管中共建立了新國家，但卻還沒完全打敗內戰中的敵人——大批國民黨軍隊，包括蔣介石領導的政府，在一九四九年底撤退到台灣。[125]要在台灣島上打敗國民黨，就必須入侵台灣，發動兩棲攻擊——這對任何一支軍隊而言都是艱鉅的軍事任務，對解放軍那樣的軍隊更是難上加難，因為解放軍當時尚未成立空軍或海軍，主要仍舊由步兵部隊組成。解放軍在一九四九年攻占金門失利，金門島離福建省海岸只有一英里，由此可見這項挑戰多麼困難。[126]

第三，不到一年，中華人民共和國就陷入衝突，對抗當時世界上最強大的國家，美國。中共以前就對抗過實力強大許多的國民黨，只能全力求存；跟強敵對抗，似乎熟悉的挑戰。然而，現在身陷危境的不再只是共產黨，而是中國這個民族國家。再者，中國絕對沒辦法在短時間內趕上美國，因為中國經濟依舊以農業為主，才剛開始在某些地區推動工業化，像是東北部。到了一九五〇年秋天，宣布建立中華人民共和國的一年後，中國干預朝鮮半島，在戰場上跟美國交戰，協助北韓防衛東北部邊境。[127]

所以第二個重要任務是，如何建立能夠克服這種新環境挑戰的軍隊——確保新國家的主權和領土完整性，攻克台灣並打敗國民黨，防衛中國對抗強大許多的敵人。解放軍如何在內戰中發展成軍隊勁旅的方式，遺留下一些問題尚待解決。

第一個問題是作戰、指揮、管理三者分權。在一九三〇年代，紅軍編組成三支主要的方面軍，僅由全國黨領導階層鬆散地指揮，不過通常在各自的根據地內獨立作戰。第八路軍的部隊在華北各地建立根據地時，又出現了類似的模式。在內戰中，解放軍依作戰地區編成區域部隊；內戰結束之際，有四支大型野戰軍，在中國的不同地區作戰。黨中央總部把許多決策權授予地方指揮官，尤其是在作戰和戰役層面，由此可見，各部隊在中國的不同地區作戰，彼此距離遙遠，中央無法詳細知道地方情勢，而且難以維持通訊。雖然主要由中央提出總指導方針，供各個地方遵循，以達成目標，但是對於這些目標的評估與討論，也大多由地方指揮官進行。一九四九年以後，如同本書的論述，共產黨把軍事事務的許多職責交付予最高軍事領導人們，黨領導階層願意把這樣的軍事責任授權出去，其根源來自於內戰。[128]

第二個密切相關的問題與遺留下的影響，在於部隊的訓練、編組與裝備天差地別。組成解放軍的部隊建立於不同時間以及不同地區，解放軍沒有針對所有部隊通用的標準裝備和編組表。通常，解放軍的官兵會配備在戰場上取得的武器，不是來自戰敗或投降的國民黨軍或日軍，就是來自攻占下來的敵軍械庫。內戰結束時，解放軍步兵部隊使用的步槍就有超過十種不同的口徑。

從一九四五年開始，解放軍的規模大幅擴增，作戰的規模和範圍也擴大，從出動大約幾萬兵力到幾十萬。這影響到軍隊發展的所有層面，包括作戰準則、訓練、編組、後勤、補給和指揮。最重要的擴軍行動應該是在東北，林彪在東北發展出一支大型軍隊，最後被稱為第四野戰軍。中共在內戰的最後階段，開始探究發展大型常備軍及其管理；在中華人民共和國建立後，領導階層接手這個重要的任務。[129]建立一支統一的軍隊，必須有標準化的編組、裝備、訓練和程序，可以應付各種挑戰，保衛新國家，這是一九五〇年代高階官員需要完成的一項主要任務。

第三個問題是解放軍的技術低弱，反映了中國的經濟衰弱。一九四九年，除了軍火和輕兵器，解放軍在本國的防禦工業少之又少，中國沒有能力生產現代軍隊所需要的武器，像是裝甲車和飛機。

結論

一九四九年中華人民共和國建立時，新的領導階層面對令人望之生畏的任務，包括必須在跟國民黨打了超過二十年的內戰，還有一九三一年起經歷日本占領之後，建立一個新國家。中國的最高領導人們著手執行這項任務，設計出中國的第一個國家軍事戰略，並在一九五六年採用。在戰場那幾年中累積的經驗，以及解放軍的主要作戰方式——如何結合運動戰、陣地戰和游擊戰——深刻地影響了往後如何制定戰略，直到一九九三年的戰略採用。這段時期所開發出來的戰略相關的概念——包括戰略方針、積極防禦和人民戰爭——依舊是今日中國構思軍事戰略的框架。

第三章

一九五六年的戰略：「保衛祖國」

一九五六年三月，中國共產黨中央軍事委員會舉行擴大會議，高階軍官齊聚一堂。會議結束時，中央軍委發布中國的第一個國家軍事戰略，概述如何利用前進防禦（forward defense）戰略，對抗美國侵略。這項戰略打算把主要由輕武裝步兵部隊組成的軍隊，轉變成部分機械化，能夠執行聯合兵種作戰，且擁有空軍與海軍支援的軍隊，以打敗來犯的敵人。

採用一九五六年的戰略方針著實令人費解，原因有幾個。首先，這個新戰略是在中國領導人們認為安全環境相對穩定時發布的，雖然中國仍舊在東亞陷入跟美國的對峙，中國卻預料至少十年以上不會爆發戰爭，基於這樣的見解，國家的國防經費預算在這個時期穩定減少。

除此之外，儘管中國與蘇聯結盟，中國卻不打算模仿這位資深安全夥伴的軍事戰略。採用一九五六年的戰略方針時，正值中蘇軍事合作的巔峰，當時有數千名蘇聯的軍事顧問和技術專家協助解放軍推動現代化。蘇聯不只提供足夠的武器和裝備，武裝超過一半的解放軍步兵師，還提供了藍圖、技術與工廠，協助中國新興的防禦工業。因此，中國理當是「最可能」符合根據模仿機制進行重大軍事改革的理論案例，然而，中國卻沒有模仿蘇聯戰略，反而拒絕採用蘇聯戰略的基本元素，包括著重第一擊與先制打擊。到了一九五八年，中央軍委決定淡化蘇聯模式，只選擇採用跟武器技術和合成兵種戰術有關的部分。

一九五六年的戰略方針是一九四九年後所採用的第一個軍事戰略，象徵解放軍歷史的一座分水嶺，這個新戰略證明了中國更早就投入建造現代化軍隊，比大多數解放軍研究普遍認定的時間還要早許多，大部分研究都以毛澤東的「人民戰爭」觀點看待這個時期。[1] 中共對於合成兵種作戰的重視，斷斷續續的持續一直到文化大革命，乃至於廢除軍銜制，以及毛澤東開始把中國的軍事戰略改回內戰時的「誘敵深入」之後。一九七〇年代後期，解放軍開始思考該如何對抗北方蘇聯的威脅，此時一九五六年戰略的一些核心思想重新出現；同樣地，張震將軍擬定中國一九九三年的戰略時，也參考了一九五六年的戰略。[2] 因此，要完整了解中國制定軍事戰略的方式，就必須從一九五六年的戰略方針開始。

一九五六年戰略是中華人民共和國的第一個軍事戰略，促成制定這個戰略的外部刺激因素可能沒有一般認為的那麼多。一九四九年以後，中國遲早必須採用新的軍事戰略，再說，當時中國與美國陷入敵對。然而在那樣的時代背景下，主要的刺激因素是發現戰爭的作戰指揮（operational conduct of warfare）出現重大改變。在一九五〇年代初期，中國不只要吸收第二次世界大戰和韓戰的教訓，還要思考核子革命對常規作戰的寓意。高階軍官也負責領頭制定一九五六年的戰略，黨的最高領導人很少、甚至沒有參與。這種由軍人領導的改變之所以能成功，是因為一九五〇年代初期到中期，中共前所未見地團結，並把軍隊隔離於黨政之外，讓軍隊擁有實質的自主權，管理軍事事務。

本章各節內容如下：第一節說明一九五六年採用的戰略，反映出中國軍事戰略方針出現重大改變，若對比上一章所討論的內戰各個階段所採用的方針，差異尤其明顯。接下來兩節著重於說明採用一九五六年戰略方針的因素：發現戰爭指揮的改變，以及黨團結。第四節回顧一九五〇年代初期開始推動改革，重新編組解放軍。第五節檢視一九五六年採用新的戰略。第六節檢討主要的替代解釋：中國想要複製或模仿蘇聯的戰略。最後一節論證林彪統領軍事事務之後，在一九六〇年採用的新戰略方針，其實只是小幅修改自一九五六年的戰略；在廬山會議肅清彭德懷之後，林彪便統領了軍務。

「保衛祖國」

一九四九年以後，中國的軍事戰略有三次重要改變，一九五六年的戰略方針便是第一次，稱為「保衛祖國戰略方針」，主旨是美國來犯後的最初六個月，在海岸地區執行前進防禦戰略。這套戰略著重於陣地戰，淡化在內戰時期重要許多的運動戰與游擊戰。要對抗美國來犯，解放軍必須執行合成兵種作戰，協調駐守部隊和機動部隊的行動，再搭配空軍和海軍支援，而且全都處於核子武器的條件下。

一九五六年戰略概要

在一九五六年戰略方針，「軍事鬥爭準備基點」是遭到技術和物資都具有優勢的敵人偷襲，也就是美國。一九五〇年韓戰爆發後，美國變成中國的主要敵人；隨著朝鮮半島陷入僵局，中國開始認為美國可能會對中國本土發動兩棲突擊，最可能的地方是東北的遼東半島或山東半島。然而，高階軍官和黨最高領導人們都不相信美國會在近期發動攻擊。這套防禦計畫劇本，首先在一九五二年韓戰期間獲得確認，並於一九五五年三月再度受到重視，依據毛澤東評估，一九五四年美國建立了同盟網絡，並且宣布「大舉報復」（massive retaliation）政策之後，美國在此地區的實力增強。因為一九五六年戰略方針認定美國是中國的「戰略對手」，所以這套新戰略聚焦於如何對抗擁有技術優勢的敵人。這套方針也著重如何「在核子武器條件下」的作戰防護問題，因為幾乎普世都認為，美國只要發動攻擊，一定會先動用核子武器。[3]

一九五六年戰略是戰略防禦（strategic defense）的戰略，指明當美國引發衝突、攻擊中國領土時，中國應該如何應對。一九五六年戰略的核心是中國海岸地區的前進防禦，包括北部可能會遭到入侵的路線，以及防禦中國在上海與其附近的工業區和經濟區。這套戰略指出，解放軍如果遭到攻擊，「必須能夠立即反應，展開強力反擊，在預先決定的布防地區阻止敵人的攻勢」。彭德懷總結說，「我軍積極防禦戰略方針的基本原則」就是「穩定前線，破壞敵人快速取勝的計畫，逼迫敵人與我軍打持久戰，如此一來，我軍便能逐漸奪取敵人的戰略主動權，逐漸將之轉移到我軍——也就是從戰略防禦轉變成戰略進攻」。[4]

作戰準則

任何戰略方針的關鍵要素，在於確認解放軍未來準備採取的「作戰方式」。一九五六年方針有別於解放軍過去著重輕武裝步兵部隊，在流動戰線進行運動戰（mobile warfare）；相反的，根據彭德懷所述，這套戰略「融合了陣地戰和運動戰，精確來說就是運動攻擊戰結合陣地防禦戰」。[5]這種作戰形式大幅淡化了在中國內戰中相當重要的運動戰和游擊戰，成了解放軍作戰策略的一座分水嶺。

「作戰基本指導思想」就是結合陣地戰與運動戰的方法。駐防部隊防守沿岸和近海島嶼的固定防禦工事，據守陣地，藉此拖慢美軍的攻勢、牽制美軍。接著，部署機動部隊（maneuver units），目標消滅美軍。[6]在遭到攻擊之初就失守的領土，解放軍才會採用游擊作戰。目標是要擋下攻勢三到六個月，甚至更長，防止美國快速獲勝，讓美軍把補給線拖得太長，爭取時間發動全面動員，消滅與驅退美軍。[7]

採用一九五六年戰略方針之後，解放軍擬定戰鬥條令（combat regulations），說明如何執行合成兵種作戰。解放軍從一九五〇年開始，就採用蘇聯的軍隊野戰教範（Soviet army field manuals）譯本在軍事院校教授，然而，中國採用這套新戰略，必須發展自己的軍事科學。一九五八年，中央軍委決定根據解放軍自己的戰鬥經驗和外國軍隊的實務，擬定戰鬥條令。相關草稿從一九五八年年底開始擬定。一九六一年五月，中央軍委頒布了最初兩套條令：《合成軍隊戰鬥條令概則》和《步兵戰鬥條令》。到了一九六五年，各軍種與兵種皆頒布了自身包括空軍、海軍以及火炮、通訊、防化兵、工程與鐵路等部隊的條令。[8]這段時期頒布的條令後來被稱為「第一代」戰鬥條令。[9]

軍隊編組

一九五六年戰略方針預計打造結合各個軍種與兵種的合成軍隊，這套戰略強調陸軍與空軍的發展，勝於海軍。陸軍被視為中國防禦的堡壘，空軍能防守美國一開始的轟炸行動，保護陸軍。這套戰略想要在陸軍中增加火炮、裝甲、反戰車與防空等部隊的比例，並且提升機械化程度。海軍雖然位居次要，但是仍舊重要，藉由開發魚雷艇和潛艦，將重點置於近岸防禦。[10]

為了執行新戰略，解放軍的軍隊編組在一九五〇年到一九五八年之間大幅改變，空軍和海軍人數增加，分別占解放軍的百分之十二點二和五點八。同樣地，中央軍委統帥的火炮和裝甲部隊分別占軍隊的百分之四點八和二點三。在同一段時間裡，步兵師也配合合成兵種，改變編組，步兵部隊人數的比例在一九五〇年是百分之六十一點一，一九五八年減少為百分之四十二點三，火炮部隊人數則從百分之二十點四增加到三十一點九，工兵部隊從百分之一點六增加到四點四。一九五八年，一九五〇年還沒有的裝甲和防化學部隊分別占百分之四點七和一點二。[11]

一九五六年方針重申早先的決策，把軍隊總人數從韓戰高峰時超過六百萬人減到三百五十萬。中國開始推動「第二個五年計劃」，必須減少軍隊人數，以減輕國防經費的負擔，並且強調軍隊本身重質不重量。一九五六年到一九五八年之間，軍隊再度減少到大約兩百四十萬人，國家的國防預算比例從百分之三十四點二，縮減為略高於百分之十二。[12]

訓練

解放軍配合著重合成兵種作戰，調整訓練方法。解放軍在一九五七年首次擬定訓練大綱，並於一九五八年一月頒發草案。《解放軍報》說這項計畫的目的是「學會現代條件下的作戰本領……隨時應付可能的突然事變……」。配合一九五六年戰略，這項新計畫總結了中國當時對於現代戰爭的觀點，指出未來訓練應該「繼續提高現代軍事技術，學會在原子、化學、導彈等現代條件及其他複雜情況下的諸兵種合同作戰，以便隨時應付可能的突然事變。」[13]

採用一九五六年方針前後，解放軍建立了一套專業軍事教育制度。彭德懷的戰略裡有一項規定，要求熟習統御的軍官必須能夠統領與指揮合成兵種作戰，戰技純熟的士兵必須會操作個別部隊所使用的新式武器和裝備。一九五七年，解放軍設立「高等軍事學院」，向高階軍官教授有關現代（modern）指揮的原則與技術，以及戰爭的作戰層面。這個時期還有設立其他學院，包括軍事學院、政治學院和後勤學院。[14]一九五八年三月，軍事科學院創立，葉劍英元帥擔任第一任院長，葉劍英名列革命戰爭十大元帥之一，任命他擔任院長，凸顯中國重視發展軍事科學。

中國也開始進行大規模軍事演習，動員不同軍種與戰鬥兵種，大部分都是示範演習，著重於中國應該能執行的現代戰爭與作戰的各個面向。在一九五六年方針制定之前，第一次這種演習是在遼東半島舉行，模擬反兩棲突襲作戰，這次演習動員各個軍種的部隊，總共六萬八千名軍人參加。[15]之後總參謀部每年都會組辦合成兵種演習，包括一九五七年跟蘇聯與北韓軍隊共同舉行的聯合演習，以及一九五九年五月的一場大規模模擬兩棲登陸演習。[16]

第二次世界大戰與韓戰

一九五〇年代初期到中期，有三件事形成了中國對於作戰戰爭指揮改變的看法，分別是第二次世界大戰、韓戰以及核子革命。中國很晚才開始軍隊現代化，中國對這三個事件的看法，取決於中國在內戰結束時的軍隊構成。一九四九年中華人民共和國創立之時，解放軍有超過五百萬兵力，幾乎全是輕步兵。解放軍沒有海軍與空軍等軍種，陸軍中的戰鬥兵種像是火炮或裝甲部隊的比例也很低。陸軍沒有合成兵種作戰的傳統，合成兵種作戰需要協同不同戰鬥兵種的行動。在內戰中，如第二章所討論，指揮權也是分散授權，各個野戰軍的指揮官在各自的作戰區域內，不論是規劃與執行作戰，或是徵募、組織與訓練軍隊，都獲得很大的自主權。

解放軍能力有限，卻肩負重責大任，必須防衛新建立的國家，因此，軍事領導人思考如何守衛新國家時，研究盛行的戰爭指揮，或許不令人意外。在一九五〇年十一月二日的演說中，內戰期間的知名指揮官、身為副總參謀長的粟裕，大量援引第二次世界大戰，強調現代戰爭的四個特色。*重點是，粟裕的演說反映了對於戰爭指揮的觀點；但那是中美在朝鮮半島爆發軍事衝突之前，幾個星期後韓戰便爆發。粟裕強調戰爭的多向維度，包括海上、海底、陸上、地底、前線，以及當下脆弱的後方。戰爭是戰場上「競比高技術」，敵人在戰場上會設法使用最先進的武器。粟裕強調的另一個關鍵特色是，機械化導致現代戰爭步調很快，作戰與消耗補給的速度均增加。最後，作戰速度也強調戰鬥兵種協同作戰的重要性，[17]如同粟裕告訴聽眾的：「根據這些特色，我們必須掌握與精熟現代化。」[18]

中國高階軍官在朝鮮半島跟世界上最先進的軍隊打過仗，因此額外獲得了對於現代戰爭的洞見。中國在韓戰期間的經驗，證實了戰爭指揮已經改變的評斷是對的，其實這在第二次世界大戰就已經顯露出來了。根據中國官方的韓戰史料，這場衝突「讓中國在一九五〇年代大幅推進軍事科學發展，強力加速軍事轉變」。[19]研究強調，受到韓戰影響的轉變包括：從只有步兵的作戰、變成動員多種軍種與兵種的聯合作戰；從地面作戰變成立體作戰（也就是陸海空）；從運動戰變成運動戰結合陣地戰；從前線作戰變成前線與後方全面作戰；以及包括其他數項轉變。[20]

然而，中國從朝鮮半島的經驗中學習到的更多過於此。雖然韓戰在北緯三十八度線陷入僵

---

* 粟裕參與了一九二七年的南昌起義，並在一九三〇年代中國中南部統領新四軍裡戰力最強的師。他在內戰中運籌帷幄，取得許多場戰役的勝利（最有名的就是徐蚌會戰〔淮海戰役〕）。

局，但卻揭露了當代戰爭的破壞力有多強大，對弱方的破壞尤其可怕。中國傷亡數字只是概略估算，但是中美軍隊的死亡比率大概是十比一，受傷比率也是十比一。[21]除了現代戰爭的破壞力，解放軍也了解到，後勤和補給的問題局限了軍隊執行攻擊作戰的範圍，由於中國軍隊沒有機械化，大多徒步行軍，因此即便戰場上有所突破，也難以趁機追擊。同樣地，儘管鐵路與防空部隊努力建立、維持與防守補給線，運輸與補給問題卻局限了解放軍維持攻擊作戰的能力，因為補給很快就耗盡了。[22]彭德懷在一九五三年十二月指出：「朝鮮戰爭的經驗證明，現代戰爭如果沒有後方充分的物資保證，是不能進行戰爭的……」[23]同樣地，中國軍隊所面臨的最大挑戰，大概是缺乏充足的空中戰力，連局部的空中優勢都無法維持，但空中戰力扮演了關鍵要角，能造成大量人員傷亡，以及截斷補給線。[24]

然而，中國在韓戰期間發展出了克服技術劣勢的方法。第一，雖然美國比較強大，但是解放軍只要找出並且攻擊美軍無法解決的弱點，還是能夠打贏個別戰役。美軍的弱點包括夜間空中戰力效用受限，以及試圖跟後方地區（rear area）保持實際接觸。因此，解放軍採取夜間作戰，打近戰，並且設法將大部隊打散成小部隊。[25]第二，韓戰進入談判階段後，解放軍固守掌控的領土，在北緯三十八度線附近的崎嶇山地，廣建地道與防禦工事，稍微減少了空中戰力和火炮的破壞力。[26]一九五〇年代中國準備反制美國侵犯時，再度採用這些防禦系統。

一九五四年美國國務卿約翰．福斯特．杜勒斯（John Foster Dulles）明確提出大舉報復的政策之後，中國就更加注意核子革命。中國大部分的將領都認為，美國會在戰爭之初使用核子武器進行戰略轟炸。加上噴射推進系統問世，一九五五年粟裕說未來的戰爭會以「原子閃擊」揭開序幕，出動飛機轟炸工業中心、城市和軍事日標。[27]核子武器也讓後方地區變得更容易遭到攻擊，然而，高階軍官，諸如粟裕和葉劍英，依舊主張步兵部隊仍將是核心，因為核子武器沒辦法用於占領土地。[28]核子武器問世也凸顯了空中戰力和機械化的重要性——空中戰力能夠防衛核子攻擊；機械化能提升快速反應能力，在核子戰場上為軍隊提供更多保護。[29]

革命勝利後的政黨團結

一九五〇年代中共內部十分團結，大概是空前絕後，為軍隊領導的改變創造了有利條件。泰偉斯（Frederick Teiwes）曾說明，這次團結的其中一項指標，就是中共中央委員會的委員續任，一九四五年獲選的委員全部在一九五六年再度獲選（再加上一些新委員）。同樣地，政治局的成員也只有微幅改變。[30]這兩大領導組織不論是哪一個的成員大幅改變，都表示黨內存在著巨大的衝突。另一個團結與否的指標是，相較於史達林統治的蘇聯制度和中國文化大革命期間，這段時期被肅清的人相對較少，在一九五九年廬山會議之前，只有兩名高階黨領導人被肅清：高崗和饒漱石在一九五四年被肅清。此外，他們被肅清並沒有威脅到黨內團結，高崗和饒漱石企圖除去劉少奇的黨最高領導職與周恩來的國家官職，眾人認為這違反黨規範，因此領導階層贊同將他們開除。[31]

這段期間的黨內團結源自幾個因素。革命勝利促成了全國統一，鞏固了革命領導人們的威信。以及黨最高領導人們都信奉馬克思主義，推崇學習蘇聯的典範，進行社會主義現代化。一九四九年後鞏固期間一開始取得的成功，還有一九五三年開啟推動「第一個五年計劃」，在在都進一步加強了團結。最後，黨高階領導階層承認毛澤東從一九四二年起所建立的威信是無可置疑的。[32]不同於後來，此時毛澤東奉行集體領導的原則，不講私交，授權給最有才幹的黨領導人，並且鼓勵黨內針對關鍵議題進行辯論。[33]

黨內團結創造了高階軍官推動戰略改變的條件，因為黨團結，黨最高領導人們自然不會想把解放軍拖進黨內政治鬥爭；同樣地，由於黨團結，解放軍自然不會想插手菁英政治。因此，高階軍官就能專注於軍事事務，甚至還獲得中國的黨最高領導人們的鼓勵。毛澤東在一九四九年九月說：「我們的人民武裝力量必須保存和發展起來。我們將不但有一個強大的陸軍，而且有一個強大的空軍和一個強大的海軍。」[34]

的確，解放軍在這段時期仍舊扮演許多政治角色，然而是扮演黨的代理人。從一九四九年到一九五三年，許多解放軍部隊負責管理他們在內戰中攻占的地區。由於革命勝利來得遠快於中共最高領導人們所預期，黨沒有足夠的政治幹部（文官）來治理國家，因此得仰賴軍隊執行這項任務。[35]此外，解放軍也展開軍事行動，消滅反對中共統治的所有殘餘武裝力量，包括國民黨的殘餘部隊和地方軍閥。這項行動被稱為「剿匪」行動，在全國各地展開，但在西南部和西北部的掃蕩格外強烈。[36]到了一九五四年，這個政黨國家在鄉村地區暴力推動土地改革，在城市發起群眾運動，因此解放軍大幅退出治理工作，但是繼續扮演維護國內安全的角色，在這個時期，公安部隊依舊隸屬於軍隊統轄。[37]

根據這次團結，黨最高領導人把軍事事務的重責大任交付給解放軍的最高指揮中心，這個過程從一九五二年中旬開始，當時正在擬定「第一個五年計劃」。時任駐韓中國軍隊司令的彭德懷，代表黨接下軍事事務職責。周恩來從一九四七年起肩負此任務，但是他現在想要把注意力轉移到政府行政與經濟發展。一九五二年四月彭德懷回到北京，治療慢性病，政治局決定讓彭德懷留在北京，執掌中央軍委的日常事務，主管中央軍委辦公廳。[38]休養幾個月後，一九五二年七月十九日，彭德懷正式接任新職務。中央軍委發公告到軍隊各單位，聲明「從即日起，凡有關下列問題之文件、電報，均抄呈彭副主席」。[39]

一九五四年九月舉辦第一屆全國人民代表大會之後，新的中央軍委成立，重新確認軍事事務的授權。毛澤東擔綱新中央軍委的主席，委員中包括鄧小平，以及十位內戰老將，隔年他們獲頒元帥軍銜。[40]在第一次會議，中央軍委確認一九五二年的決議，由彭德懷負責軍事委員會的日常工作——實際上是督管一切軍事事務。[41]黃克誠當時擔任副總參謀長，直接聽命於彭德懷，黃後來回憶說，毛澤東「正式把部隊的一切事務都交給彭德懷管理」，[42]同時，「重要議題由中央軍委來決定」。

有兩個例子，反映出這個時期軍務皆交由彭德懷和其他指揮老將處理。第一是，一直到一九五八年六月，毛澤東都不曾出席中央軍委的擴大會議，黨的原始官方史料完全沒有記載毛澤東曾經出席中央軍委的會議。[43]彭德懷會向毛澤東請益，但是經常是在舉行會議之後。第二是毛澤東自己說的話。例如，一九五八年六月，毛澤東承認把職責委託給高階軍官，聲明「我已經四年沒有管軍事，一切推給彭德懷同志了」。[44]彭德懷經常向毛澤東與黨的其他最高領導人請益，商議重要決策，不過改革主要是由彭德懷及其軍官同袍主動提出的。

初步改革與發展新戰略

一九五六年之前，高階軍官就對解放軍的整個組織進行基礎改革，雖然這些改革先於中國幾年後才頒布且正式採用的第一套軍事戰略，但推動改革的理由是相同的：想讓解放軍能夠發動現代戰爭。有些基礎改革的戰略要素決議，後來被正式納入一九五六年頒布的戰略方針。展開這些改革的過程也證明，黨最高領導階層把軍事事務職責委託給了高階軍官，雖然毛澤東以中央軍委主席的身分批准這些改革，但是在決定改革的過程中，他並沒有干預。

軍事發展五年計劃

一九五二年中旬，總參謀部擬定了解放軍的第一個五年計劃，這份文件題為《五年軍事建設計劃綱要》，記載關於中國軍事戰略的決策，後來納入變成一九五六年戰略方針，其中包括確認中國的主要敵人、未來戰爭的「首要戰略方向」或重心，以及在這種衝突中保衛中國所需要的軍隊編組。這項計劃也包含一位高階將領言明的中國解放軍現代化「藍圖」。[45]

一九五二年初，黨最高領導階層開始擬定用於發展中國經濟的第一個五年計劃，因為經濟發展必須跟國家防禦的必要條件調和，周恩來指示總參謀部擬定一套軍隊發展五年計劃。[46]一九五二年四月初，副總參謀長粟裕提議中央軍委應該先決定中國的戰略方針，再擬定任何發展計畫。粟裕的提議寫在一份呈交中央軍委的報告中，這是史上第一次高階軍官提議制定中華人民共和國的國家軍事戰略。[47]粟裕呼籲，「我們必須先決定我國的總體戰略方針」，這樣「才能根據總體戰略方針，制定整體國家防禦計畫」。[48]粟裕擔心，若是缺乏戰略，發展計畫就沒有清楚的方向，造成協調混亂，最終導致效果不彰。粟裕強調，必須確定敵人的首要和次要攻擊方向，以及解放軍反制攻擊的作戰計畫。[49]雖然中央軍委沒有在此時制定戰略方針，但是粟裕的報告釐清了一些「緊急的戰略議題」，後來這些議題都被納入解放軍的五年計劃。[50]

一九五二年五月，總參謀部要求所有軍種、兵種與部門繳交五年計劃，周恩來的軍事秘書雷英夫剛被任命為總參謀部作戰部副部長，開始擬定五年計劃，最後在六月初完成。計畫草案包含評估敵人、計畫目標、計畫必要條件、防禦部署、授權兵力與裝備。[51]六月二十四日總參謀部將計畫草案呈交給毛澤東與黨的其他最高領導人，七月中旬獲得批准。

雖然五年計劃始終沒有採納粟裕的想法，藉由制定戰略來引導軍事規劃，但是五年計劃中倒是包含了一九五六年戰略的幾個要素。五年計劃的第一部分是，評估中國的外部安全環境，果不其然，朝鮮半島戰火持續延燒，中國認定美國就是主要敵人。五年計劃注明，「敵國」可能會動員四百五十萬到六百萬兵力襲擊中國，美國與國民黨可能會聯手攻擊。[52]五年計劃認定中國北部是首要戰略方向，說「必須死守北部，發動決戰」。[53]華北是指隴海鐵路以北的地區（隴海鐵路的終點站是江蘇省沿岸的連雲港），包括山東半島和遼東半島。華東是第二重要的戰略方向，被認為是「堅守的地區」，尤其是南京、上海、徐州和寧波等城市。[54]第三個重要地區是華南，重點在於海南島。

如表3-1所示，計畫中所提議的中國軍隊部署，反映出了威脅評估，這些部署意味中國不會採用「誘敵深入」的戰略，根據計畫，必須維持戰力，目的在主戰場上成功消滅敵對部隊——也就是解放軍所說的殲滅行動。[55]然而，五年計劃並沒有討論遭到入侵時，要如何反擊的議題，而這會在一九五六年戰略方針中加以論述。

關於軍隊編組，五年計劃著重發展陸軍與空軍，勝過海軍，並建議在和平時期維持一百個師的陸軍，約莫一百五十七萬兵力，編組成二十八個軍部。[56]在戰爭時期，五年計劃預定把陸軍擴增到三百個師，編成八十個軍部。五年

表3-1　一九五二年各類軍隊在各地區之部署規劃（總百分比）

戰區	步兵師	火炮部隊	裝甲部隊	空軍部隊
北部	54%	83%	90%	60%
東部	16%	10%	10%	17.3%
中南部	16%	3.3%	0%	16%
西南部	8%	3.3%	0%	4%
西北部	6%	0%	0%	2.7%

備注：在戰時，北部戰區的步兵師數量會增加到總步兵師的百分之七十。

資料來源：《中國人民解放軍軍史》，壽曉松主編，第三卷，頁二九九至三〇〇。

計劃也訂定，空軍到一九五七年將增加一百五十個中隊，擁有超過六千兩百架飛機，四十五萬名軍力。中國從韓戰經驗中學到重要的一課，那就是中國未來在戰爭中，若無法取得局部空中優勢，就將永遠處於被動。[57]然而，海軍發展就只限制於近岸防禦與近岸固防設施。儘管如此，五年計劃還是明訂擴張海軍，從兩百九十八艘船艦增加到七百八十五艘，總噸位從一千一百五十萬噸增加到兩千五百萬噸。五年計劃也明訂要增加各兵種規模，包括火炮、裝甲、工程與防空等部隊。[58]

五年計劃要求建立國內的國防工業，生產武裝這支新中國軍隊所需的武器與裝備，以及向蘇聯購買補充裝備。五年計劃預定中國要購買或生產足以供一百個師使用的武器、火炮和戰車，以及供額外兩百個師使用的輕兵器。[59]雖然中國持續向蘇聯購買武器，但是五年計劃清楚載明，偏向促使國內生產滿足需求。五年計劃也建議，發展民用工業應該考慮到生產戰時軍用武器與軍火的需求。[60]

韓戰持續延燒之際，中國推動五年計劃的第一年，僅限於在近岸地區發展固定防禦設施和防禦工事系統。需要這類固防設施是彭德懷從第二次世界大戰學到的一課，尤其是芬蘭抵禦蘇聯入侵的堅固防禦。[61]一九五二年八月二十五日，中央軍委決定在五個地區構築固防設施。如地圖3-1所示，前三個在被認定為首要戰略方向的東北部：第一是遼東半島；第二是從秦皇島到塘沽的沿岸地區，就在天津東北附近；第三是膠東半島（指的就是山東半島的主要地區）。另外兩個焦點地區是上海附近的舟山群島，以及海南島。[62]一九五三年一月，中央軍委批准一項計畫，要在一

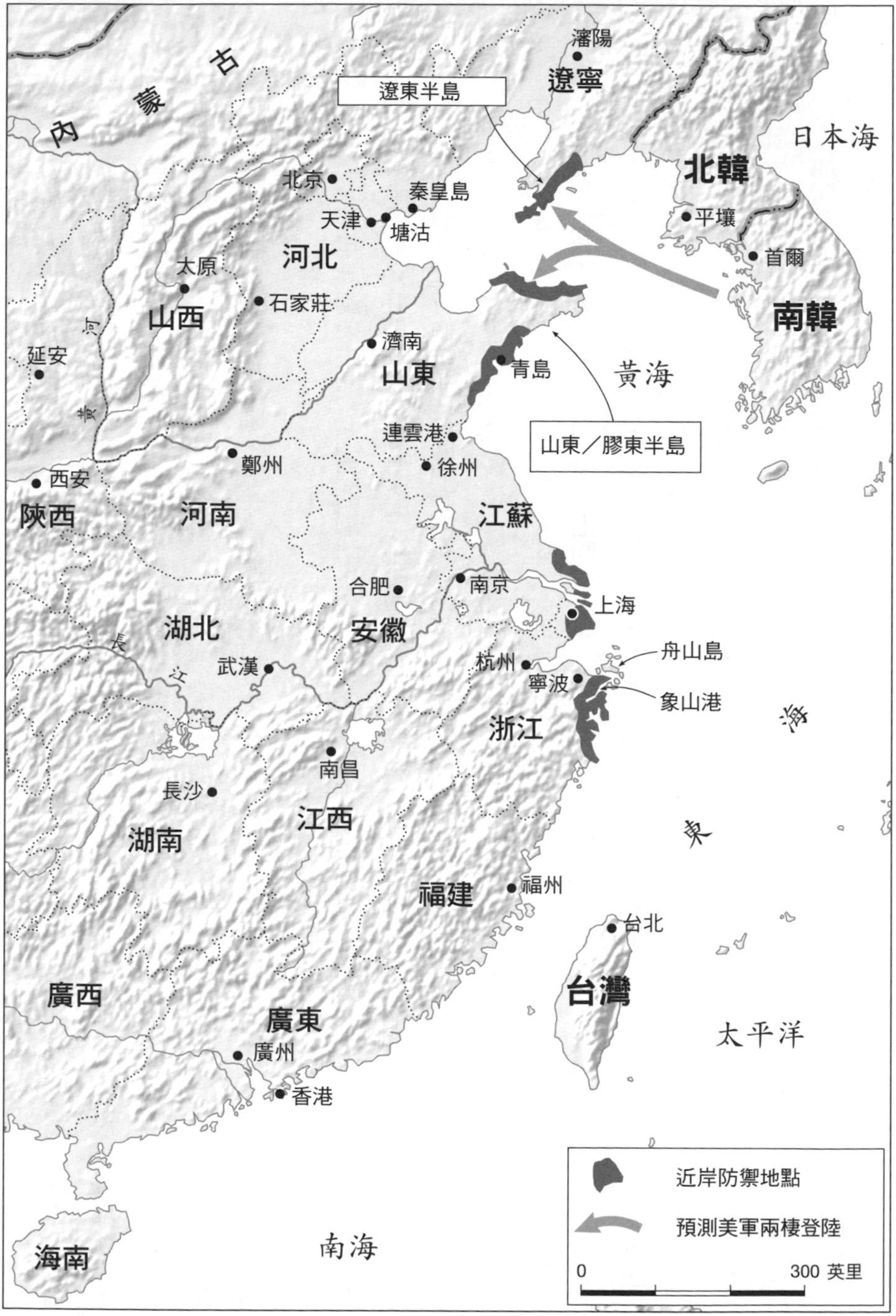

地圖3-1　一九五六年戰略中的東北戰略方向

九五六年以前建立一百八十四處防禦陣地，後來延長到一九五七年。[63]從一九五二年秋天開始，彭德懷開始巡視探察海岸地區，找出美軍攻擊可能會登陸的地區後，下令修築固防設施。一開始他先在一九五二年十月視察遼東半島，擔心美軍可能會從那裡發動攻擊，從側翼包抄在韓國的中國軍隊。

一九五三年至一九五四年高階軍事幹部會議

五年計劃獲准後，一九五三年十二月與一九五四年一月舉辦了一場全國軍事系統黨的高級幹部會議，初步改革的第二階段展開了。彭德懷利用這場會議，讓解放軍領導階層對於現代化的重要性以及如何達成現代化，建立共識。

觸發這場會議的是一九五三年七月的一項緊急指令，要求降低國防經費。國家面臨預算危機，赤字超過百分之十二，為了消除赤字，政府與軍事機關的花費必須大幅減少。解放軍獲令，一九五三年的花費不得超過一九五二年，這嚴重局限了五年計劃的目標。五年計劃必須修改，因為中國再也沒有經費輸入得以擴張與武裝空軍、海軍以及戰鬥兵種所需的新武器。

如何在這些條件下繼續推動解放軍現代化，變成中國高階軍官所面臨的主要挑戰。一九五三年八月和九月，彭德懷召集數次中央軍委會議討論對策，與會委員商議該如何縮減軍隊以及各軍種與兵種的任務。中央軍委最後拍板定案一套現代化的整體框架。第一，軍隊應該在兩年內減少一百三十萬人，縮減成為三百五十萬人（包括公安部隊）。[64]這再次呼應了之前的決議（宣布預算上限之前所採用的決議），解編的主要都是步兵部隊。第二，接下來五年內各軍種與兵種將凍結成長。第三，擴張得「太大」的總部與軍區將進行精簡與重組。第四，中央軍委將研究各種制度，諸如徵兵制度、階級制度與薪餉制度，希望增加指揮效率與效力，以利執行複雜的現代作戰。[65]

由於中央軍委的提議將會澈底影響軍隊建設的組織層面，因此彭德懷提議召集軍隊所有的高階軍官來開會。彭德懷必須讓更多的解放軍領導階層認同他的見解，而非只是中央軍委與總參謀部在一九五二年擬定五年計劃的那些少數人。彭德懷把這次會議的目標定為總結過去四年的軍事工作，並且「討論和解決今後的建軍方針問題」。[66]彭德懷的目標雄心勃勃——志在將解放軍變成「世界上優秀的現代化革命軍」。[67]

會議在十二月七日開始，持續將近兩個月，超過一百二十名來自各個總部、軍區、軍種、兵種與軍事院校的領導人參加，主席團包括中央軍委全體委員（鄧小平除外，他當時不參與軍務），以及其他領導人，反映出這場會議的重要性。[68]大部分的中央軍委委員都有發言，彭德懷在報告中指出現代化有幾個障礙「不容忽視」。[69]第一個障礙是，由於對現代戰爭缺乏了解，無法明確找出改造解放軍所需要推動的改革。彭德懷批評「有些同志」以為現代化單純只是增添戰車或飛機等新裝備，不需大幅變更組織。其實不然，彭德懷認為改變是「從只動用步兵，變成協同各兵種與軍種；從落後的武器與裝備，變成現代裝備；從分散作戰，變成集中現代標準化作戰」。彭德懷強調，這些改變是「向前躍一大步，是本質改變，不單只是數量增加」。[70]

第二個障礙關係到解放軍的組織缺點，彭德懷指出，解放軍的「組織、人員與制度……都不符合打造現代軍隊的需求」。有個核心問題在於內戰期間指揮分權，各個部隊使用不同類型的武器，而且在推動訓練與紀律等事務上都沿用自己組織內的習慣，不同地區的部隊間很少協調一致。此外，彭德懷還批評，「有些同志仍舊不夠了解，軍隊愈是現代化，就愈需要中央集權與密切協調」。[71]組織人員過多，冗員過剩，也會不利於提升軍隊協調與正規化。

一九五四年一月會議結束，解放軍領導階層對於如何推動現代化，達成共識。會議總結，建立「現代化革命軍」的「總方針和總任務」，就是要保護中國的社會主義發展，抵禦「帝國主義侵略」。[72]如同彭德懷所說，一支「現代化的軍隊必須擁有現代化的武器和裝備」，以及運輸基礎設施，支援軍隊。[73]中國不應該仰賴從外國輸入達成這些目標，必須發展自己的工業基地，尤其是重工業。減少國防花費，以及把軍隊縮減到三百五十萬人，就能夠把資源撥用於國家工業發展。這場會議也贊同停止擴大各軍種與戰鬥兵種的決議，改把焦點放在提升現有軍隊的品質。

除了解放軍現代化的這些總目標之外，這場會議也決定了許多政策議題。其中一項可說是很明顯的決議，是強調正式訓練以及尤其是訓練官。訓練官被認為是「建造現代化軍隊的核心中的核心」。[74]到了一九五七年，解放軍設立了一百零六所綜合專業軍事院校。[75]

另一個決議是優先推動彭德懷經常說的「正規化」，意思就是使用「正規標準來管理軍隊的所有層面」，矯正內戰遺留下來的指揮分權與組織混亂。[76]最重要的應該是軍隊必須正規化，才能「符合需求，在現代戰爭中統一指揮，協調作戰」，這是解放軍未來必須採用的作戰方式。[77]

正規化的其他要素還包括統一的制度、組織、訓練與紀律。[78]隔年，中央軍委發展一九五五年頒布的徵兵、軍銜與軍餉「三大制度」，取代內戰期間採用的自願役、配給與非正式軍銜等制度。[79]這場會議也確定了大軍區、小軍區與軍分區的責任與組織，以及各軍種與兵種的領導組織和作戰部隊的核定兵力。[80]

第四個決議是強化司令部與其他指揮單位的作用。司令部被視為組織現代戰爭以及指揮戰役與戰鬥的機構，指揮統合各軍種與兵種的軍隊。[81]成功的指揮必須「有健全、有能力、有效力的指揮機關」，[82]為了改善指揮，一九五四年底，中央軍委決定建立十二個大軍區，取代內戰流傳下來的繁雜管理指揮系統。大軍區由中央軍委總領導，負責指揮主力部隊（當時稱為國防軍），省軍區與縣軍分區只指揮地方軍。[83]此舉的目的是要減少指揮層級，而根據作戰目標與方向、地理條件、運輸等因素，來組織中國軍隊。例如，在華北的首要戰略方向中，設置瀋陽軍區、北京軍區與濟南軍區，聚焦於防守首都和關鍵入侵路線。

從一九五四年二月到一九五五年底，軍隊減少到三百五十萬人，減少了超過百分之二十一，被削減的大多是步兵部隊，軍隊中其他軍種與兵種的比例反而增加。[84]軍隊也增設了新兵種，包括鐵道、通信與化防等部隊，加上裝甲、火炮與工程等部隊，解放軍現在有七個兵種。另一項值得注意的發展是裝甲部隊的擴張。然而，跟一九五二年採用的五年計劃一樣，這次高階幹部會議並沒有提出清楚的戰略，說明要如何使用這些部隊，焦點反而放在打造基礎，組織與發展現代軍隊，以期在採用戰略後，能立即有效運用軍隊。

一九五五年遼東半島演習

一九五五年十一月，解放軍在遼寧省的遼東半島舉辦演習，規模是自一九四九年以來最大的。舉辦這次演習的依據是，中國認為自己正面臨主要威脅——美國對東北發動兩棲攻擊——中國應該如何反制。這次演習強調高階幹部會議所提出的組織改革，提升解放軍執行現代形式作戰的能力。換句話說，這次演習證明了解放軍領導階層如何看待建構新戰略的戰爭指揮。這套新戰略再短短幾個月後就被採用。[85]

一九五五年七月，中央軍委決定在遼東半島舉辦大規模演習，中央軍委副主席兼代理訓練總監部部長葉劍英擔任「導演」，[86]這次演習是抗登陸戰役的「示範性演習」，示範如何應變使用核子和化學武器的兩棲與空降攻擊。葉劍英說這場演習的目的是要訓練高級指揮員及其司令部「學會組織指揮現代條件下的複雜的戰役、戰鬥」[87]

在一九八一年的「八〇二」會議之前，遼東演習是解放軍規模最大的演習。演習中的敵軍代表著中國在一九五二年所認定的主要威脅，企圖在渤海灣建立灘頭堡，攻占港口，接著進攻北京和瀋陽。[88]中國軍隊將演練如何運用近岸防禦作戰反制，出動一支諸兵種集團軍。有超過六萬八千來自三軍的部隊參加，包括三十二個團的官兵，加上兩百六十二架飛機和十八艘船艦。[89]大部分的中央軍委委員和黨最高領導人，包括劉少奇、周恩來和鄧小平，還有蘇聯、北韓、越南和蒙古的代表，都有前往觀賞演習。[90]

討論這場演習時，高階軍官強調研究現代戰爭的重要性，幾個月後採用的戰略就是以現代戰爭作為依據。葉劍英評價這場演習時指出，原子武器、氫武器、導彈、化學武器和大量摩托化的快速裝備投入戰場，不僅「現代戰爭的突然性和破壞性增大了」，也擴大了戰爭規模，將戰爭變得「更加艱巨、殘酷」。對葉劍英而言，這些改變的結果就是，「戰爭的組織與指揮變得更複雜困難」。[91]

彭德懷也指出，這場演習展示了現代戰爭的特色，在閉幕典禮上，彭德懷批評「有些同志」只仰賴過去的戰場經驗，不重視訓練。彭德懷警告說，「仰賴過去經驗，不學習現代戰爭的知識，是沒辦法指揮現代部隊打勝仗的」。[92]彭德懷強調，各軍種與兵種的協調動作是首要核心。「在現代戰爭中，」他說，「沒有一個兵種能夠單獨執行戰略與作戰任務，沒有一個兵種可以取代別的兵種」。[93]對彭德懷而言，「各兵種的協調動作是現代戰爭中最重要的議題」。[94]在戰爭中使用新技術，增加了現代軍隊的速度與機動性，因此，在現代戰爭的戰鬥與戰役中，「局勢變化快速又複雜」。[95]沒有密切協調作戰行動，彭德懷主張，「很難在戰鬥或戰役中獲勝」。[96]

在戰術和作戰層面，要提升協調度，就必須精通新技術，遼東演習就是想要證明這一點。彭德懷強調，「在現代戰爭中，軍隊……必須精熟各種武器的戰術與技術性能」。[97]這些技能構成了戰術的基礎，對於執行以戰術性能為基礎的作戰計畫，是不可或缺的。彭德懷呼應以正規化為焦點，也要求施行軍事條令，聲明「施行共同遵守的條令，是我軍邁向正規化的關鍵」。[98]他強調，所有兵種都必須有戰鬥條令，指導和平時期的訓練，並且作為戰爭時期組織與指揮戰鬥的依據。[99]

採用一九五六年戰略方針

一九五五年春天，中國決定制定第一套戰略方針，中央軍委於是在一九五六年三月制定新戰略，採用新戰略的決定，證明了高階軍官主導戰略改變的過程。

決定採用戰略方針

彭德懷在高階幹部會議建立共識，決定現代化，推動改革，加強軍隊正規化，接著便著手制定中國的第一套戰略方針。蘇聯顧問早在一九五二年七月就力勸彭德懷，請他擬定大型戰爭的全軍作戰計畫，然而，當時彭德懷認為，必須先初步推動軍隊現代化，包括精熟那些向蘇聯購買的新裝備，並且發展新的軍種與兵種。唯有等到軍隊加強裝備有所進展之後，彭德懷認為，才能夠擬定與執行有效的作戰計畫。

在一九五五年三月的中共全國代表大會中，毛澤東評估中國的安全環境時，為彭德懷提供了機會。[100]從頭到尾，毛澤東都很樂觀，認為「國際條件」有利於中國的社會主義發展，尤其是社會主義集團的力量。然而，還是不能排除跟美國爆發衝突的可能性，中國依舊「被帝國主義的軍隊包圍」，因此「必須準備應變突然事變」。[101]毛澤東沒有說戰爭可能會發生，更沒說戰爭迫在眉睫，但是他相信，如果「帝國主義者」真的攻擊，一開始會「突然地襲擊」，中國應該「避免被逮到般毫無防備」。[102]雖然這場會議的焦點幾乎全部都是內政議題，像是第一個五年計劃，但是從毛澤東的評論仍舊可以看出來，他是在呼籲大家保持警覺，畢竟一九五四年才爆發台灣海峽危機，而且美國不斷在這個地區擴張同盟。

彭德懷也認為，擬定全國軍隊作戰計畫的時機到來了。然而，要制定全國軍隊作戰計畫，也必須決定中國的戰略方針。彭德懷在四月初主持戰備工作會議時，提出應該擬定大型戰爭的作戰計畫。彭德懷闡述己見，解釋陣地戰與運動戰之間的關係，以及作戰指導原則。四月時，總參謀部擬定了計畫綱要，彭德懷在四月二十九日在中央書記處的會議中呈交，[103]他在呈報時說，「必須先解決戰略方針的問題」，提出作戰計畫的架構。[104]毛澤東的回應，重申了「我們的戰略方針始終是積極防禦，我們的作戰將會是反擊，我們不會主動開啟戰端」。[105]彭德懷也準備在下個月拜訪蘇聯，毛澤東建議他和蘇聯的盟友討論中國的戰略和作戰協同。

六月初，彭德懷從莫斯科返國後，戰略方針的發展持續進展，彭德懷向黨領導階層報告訪俄之旅時，要求上級准許他「撰寫文件，提出中國的戰略方針」。他說這份文件會在中央軍委擴大會議中發下去討論，好「統一全軍與全黨的想法」。[106]彭德懷還根據這次出訪，提出另外兩個建議。第一，中國必須發展自己的軍事科學，這樣就不用依賴蘇聯以及蘇聯的方法。第二，中國應該擬定兩個版本的作戰計畫：一個版本跟蘇聯顧問合作撰寫，列出總原則，作為戰時協同的依據；另一個版本由中國自己寫，以中國的戰略方針和實際情況作為依據。[107]八月十六日，在一場討論作戰計畫的會議中，彭德懷指出，跟蘇聯的諸多差異已經消除了，因為「我們的立場與方法才適用於我們落後的情況，不是因為我們特別聰明」。[108]

一九五五年十一月遼東抗登陸演習結束之後，一九五五年十二月初，中國踏出採用新戰略的最後一步。十二月一日，中央軍委將報告呈交給毛澤東，建議在一九五六年初舉辦擴大會議，討論戰略方針，作為全軍討論戰略的一環。根據這份報告，「每個人對這套方針的了解與認識，仍舊不一致」。然而必須一致，「每個人才能根據統一的作戰指導，通盤規劃所有工作」。鑑於中國積極發展國防工業，以及設立新軍種與兵種，這份報告結論道，「現在條件相對成熟，能夠解決這個重要議題」。[109]。毛澤東相當認同，於是大家便著手擬定，參與擬定的人包括彭德懷的秘書粟裕（時任總參謀長）和雷英夫（作戰部副部長）。[110]

彭德懷的新戰略報告

一九五六年三月，中央軍委召開擴大會議，採用中國的第一套軍事戰略。與會者不只有中央軍委委員，還有各個總部、軍種、兵種與軍區的領導人——以及蘇聯軍事顧問及其副手。國務院、財政部與交通運輸部等關鍵部會的領導幹部也有參加，反映了這項任務至關重要，而且軍事戰略對經濟的影響甚廣。[111]

三月六日會議開始，彭德懷提出題為《關於保衛祖國的戰略方針和國防建設問題》的報告，代表中央軍委介紹新戰略。報告第一部分是〈關於戰略方針〉，說明新戰略的內容；第二部分是〈關於國防建設〉，討論如何推動國防建設。[112]中央軍委還有其他委員在會議上發言，包括葉劍英、聶榮臻、粟裕和黃克誠。三月十五日會議結束，與會者同意採用彭德懷在報告中所說明的戰略。雖然毛澤東沒有參加會議，但是他在四月初審閱並且核准了彭德懷的報告，這反映出黨最高領導人們高度授權，讓高階軍官管理軍事事務。[113]

新戰略聚焦於單一一個可能會發生的變故，那就是與美國爆發大型戰爭，誠如彭德懷在會議中所討論，他的報告聚焦於「敵人未來大規模直接攻擊我國時，我軍應該採取的戰略方針」。具體而言，這套戰略涵蓋「戰爭的初始或第一階段」，[114]在這段持續大約六個月的時間，解放軍的防禦將阻止美國快速獲勝，拖延時間，動員全國，發動持久戰。

戰略核心是積極防禦的概念，誠如彭德懷後來所述，「我國應該有戰略防禦的方針」。[115]然而，「這種防禦不應該是消極防禦，應該是積極防禦的戰略方針」。[116]彭德懷試圖修改毛澤東自一九三〇年代中期的概念——當時紅軍為了生存而戰，對抗強大許多的國民黨——以保護主權、領土完整性和新國家的安全。

首先，也是最明顯的一點，就是彭德懷提出來的戰略是防禦戰略。簡單說，中國對比美國，處於物資劣勢，因此必須採取守勢。中國別無選擇，只能試著反擊來犯的敵人——中國無力先攻，更別說要主動攻擊敵人了。再者，採取守勢不僅符合中國身為社會主義國家的身分（社會主義國家不會侵略他國），也符合中國所認同的正義戰爭傳統，認為唯有出於「正義的」理由，像是保衛國家，動用武力才算師出有名。[117]在一九五〇年代中期，中國也渴望和平的環境，追求社會主義現代化，試圖加強與無結盟國家的關係，尤其是在一九五五年萬隆會議（Bandung Conference）之後，中國開始強調和平共處等五項原則。[118]中國如果採用攻擊戰略，不只會破壞這些目標，中國拚命把美國和帝國主義描繪成深具侵略性的一切心血，也會付諸流水。

第二，儘管採取守勢，但是保衛中華人民共和國的戰略是積極防禦，而不是消極防禦。雖然這呼應了毛澤東自己的定義，但是強調積極，而非消極，是有新的意義的。鑑於中國的物質和技術都處於劣勢，因此將戰略的目標設定為造成敵軍大量傷亡，創造轉變戰略層面的條件，易守為攻。一旦遭受攻擊，中國必須「能夠立即反應，發動強力反擊」。[119]因此，在戰略上，防禦會跟積極攻擊結合，發動戰役與戰術，這些攻擊行動的目的在於削弱敵人，讓中國在初受到攻擊時，就能立即從消極的立場轉為積極。

第三點，可能是跟一九三〇年代差異最大的一點，新戰略要求充分準備，「積極採取措施，防止或拖延戰爭爆發」。[120]彭德懷說這些措施指的就是，「持續強化我國軍力，以及拓展我國在國際統一戰線的活動」。[121]換句話說，這套戰略不只著重止戰，同樣著重勝利。中國與蘇聯同盟，而且極力在不結盟運動中爭取支持，雖然這些也有助於遏止衝突，但是一九五六年戰略強調中國自身努力的作用，持續提升軍力和戰備。誠如彭德懷告訴同僚，「我們必須積極落實所有準備」，[122]包括在重要的沿岸地區建立防禦工事網絡，制定戰役計畫，確實分散基礎工業，避免過度集中，教育都市居民了解核子和化學防禦的知識，以及提升偵察與防空能力，以偵察攻擊或使用大規模毀滅性武器的徵兆。[123]這能確保「我軍在前線與縱深的軍隊都能立即進入戰場，全國都能迅速從平時狀態進入戰時狀態」。[124]

總而言之，彭德懷對於積極防禦的詮釋，為中國提供一套勝利的理論，一旦敵人展開侵略，中國就會奮力「抵抗敵人的幾波連續攻勢，限制敵人只能進入預定的地區」。[125]雖然這套戰略假定無法防止敵人入侵，美國將會攻占部分沿岸領土，但是中國會全力阻止美國快速取勝，逼美國打持久戰。

一九五六年戰略有一項重要的創新，那就是採用首要的作戰形式，也就是「守備部隊執行陣地防禦作戰，結合機動部隊執行運動攻擊戰」。[126]著重陣地戰，明顯不同於解放軍從內戰到一九五一年朝鮮半島陷入僵局期間的主要作戰方式，彭德懷曾說過，陣地戰「在我國軍事史上相當罕見」。[127]一九五六年戰略現在肩負保衛國土的任務，聲明「我們必須竭盡所能，固守沿岸關鍵地區、島嶼和重要城市」。[128]否則，倘若解放軍讓敵人「長驅直入」，中國就必須回頭採用內戰時所用的運動戰，屆時中國「將陷入巨大的困境」。因此，「完全仰賴運動戰殲滅敵人，是大錯特錯的」。[129]游擊戰不再有「戰略重要性」，只用於暫時被敵人占領的地區。[130]

在新戰略中，作戰概念或「作戰基本指導思想」說明如何結合陣地戰與運動戰，來達成戰略的防禦目標。這套戰略預定「使用陸軍作為主力部隊，輔以空軍和海軍協同作戰，在我國領土沿岸地區，殲滅敵軍攻擊主力部隊」。[131]不超過四分之一的陸軍擔任駐防部隊，防守選定的沿岸地區，構築層層防禦工事，建立貫興防禦。[132]守備部隊儲備大量彈藥，「固守」陣地，「竭盡全力死守陣地，適時發動反擊行動，制住敵軍」。[133]如此，守備部隊就能「幫機動部隊創造條件，殲滅敵軍」。[134]這些地區的近岸島嶼也會加強固防，拖慢敵軍攻擊速度。倘若防禦準備萬全，部隊訓練有素，守備部隊就能夠「擋住幾波偷襲」。[135]

剩下四分之三的陸軍擔任機動部隊，分層分散部署於各個深度，才不會在敵人入侵前的戰略轟炸中輕易被消滅。如果守備部隊能擋住或拖慢攻勢，機動部隊接著就會出動，前去殲滅敵軍。然而，部署的時機至關重要，「必須小心慎選」，[136]如果機動部隊出動太快或太倉促，可能容易受到攻擊，或無法消滅美軍。為了提升成功機率，機動部隊應該盡量「隱蔽地發動突襲，澈底消滅敵軍」。[137]因此，這套戰略必須由守備部隊與機動部隊，以及參與防禦的各軍種與兵種，協同作戰。

這份報告的第二個部分討論軍事現代化、動員與軍事科學研究等目標，在軍隊建設方面，這份報告支持先前的決議，將軍隊規模限制在三百五十萬人以下，預定在一九五七年底以前把軍隊縮減到兩百四十萬人。這份報告要求「特別注意」空軍與防空部隊的發展。次要的任務則著重於海軍的潛艦和魚雷艇，以及增加火炮、戰車、化學防禦和通信等部隊在陸軍中的比例，還有提升整體軍隊的現代化程度。[138]軍隊編組的這一切改變，將藉由減少步兵部隊的數量來達成，雖然這套戰略事後看來非常不切實際，但是當時確實是希望能夠在十年後，也就是一九六七年，「提升技術精密程度，趕上先進國家」。[139]這份報告比較合乎實際的是，要求建立近岸防禦設施以及運輸網路，在一九六二年以前聯結近岸和內陸。[140]重點放在近岸地區的島嶼、港口、運輸樞紐以及政治經濟中心，建立周邊防禦。[141]中國將繼續推動一九五二年展開的政策，本章前面有談到，構築這類防禦設施。

關於動員，這份報告強調提升中國的準備。這套戰略是以爭取時間發動全國動員為前提，因此，如何動員是必須探討的重要議題。關鍵任務包括在一九五七年以前設立動員辦公室，制定總動員計畫。總動員計畫有一個重要環節，那就是確保有足夠的人力與物資，以擴張軍隊，以及在戰爭的最初六個月補充部隊兵員。這包含戰時擴軍的各種計畫，確保儲備充足的武器和物資等必需品。[142]

最後討論的主題是，發展中國自己的軍事科學研究能力，對彭德懷而言，「未來的戰爭將不同於過去的內戰和對日抗戰」。[143]彭德懷指出，「最先進的科學和技術廣泛應用於軍事事務，以及大規模毀滅性武器大量出現」，導致「未來戰爭的方法與形式出現許多新的特色」。[144]根據這些改變，彭德懷要求「積極發展」中國自己的軍事科學研究機構，研究戰略、戰役、戰術、軍事歷史和軍事技術。[145]根據彭德懷的官方傳記，在會議中討論這個主題，「是軍事科學全軍發展的第一項工作」。[146]

在這段期間，中國確定了海軍戰略的元素，這後來被稱為「近岸防禦」，諷刺的是，當時解放軍並沒有使用這個用語。[147]除了戰略方針所含的一般決定因素，在六月九日到六月十九日的第一次海軍黨代表會議中，進一步詳細地討論了海軍戰略。與會者贊同的決議包含「三個服從」：海軍必須遵從國家經濟發展方針，限制軍隊規模；必須推動海軍自身發展，以空軍和防空部隊為優先；必須重視發展海軍航空部隊、潛艦和魚雷艇。[148]在這些決定因素當中，海軍肩負兩項任務。第一項是阻斷兩棲攻擊，支援所有行動，反制兩棲攻擊。第二項是巡視中國海岸，尤其是防範國民黨的騷擾與滲透行動，保護中國漁民與船運。[149]這套戰略將持續到一九八六年，屆時中國將明訂以「近海防禦」作為海軍戰略的戰略概念。

中國是否模仿蘇聯的模型？

一九五〇年代初期到中期的初步改革，以及採用一九五六年戰略方針，應該是討論中國是否仿效蘇聯的「簡單」案例。中國軍事現代化很晚起步，跟國際體系中數一數二強大的一支軍隊結盟，不只能取得蘇聯的硬體，諸如武器、裝備與相關技術，還能取得蘇聯的軟體，像是作戰準則、訓練方法與組織實務。中國和蘇聯也共有一些類似的戰略特色，可能會影響戰略選擇——比方說戰略深度，以及身為陸上霸權的悠久歷史。若要說中國哪段時期的軍事戰略改變算是模仿蘇聯，那應該就是一九五〇年代。

無可否認，蘇聯對解放軍的影響不能抹滅。誠如彭德懷的傳記作者指出（其他原始文獻就不一定寫得這麼坦白了），「蘇聯的軍事和戰略思想影響了中國的軍隊」。[150]在武器和裝備方面，蘇聯販賣六十個步兵師的裝備給中國，還包括計畫、機器和技術，協助中國開始發展國防工業。在蘇聯提供給中國的一百五十六間工廠之中，有四十四間——超過百分之三十——屬於國防工業，中國官兵穿著俄式軍服，配發俄式裝飾。在一九五〇年代的大部分時間，中國把關鍵的蘇聯野戰條令翻譯成中文，作為中國軍事院校的教材。蘇聯顧問直接訓練中國軍事人員，尤其是海軍和空軍，以及各兵種和戰鬥兵種。一九五〇年代，那時總共有差不多六百名軍事顧問，至少有七千名技術專家來到中國。[151]

一九五〇年代初期，中國顯然以蘇聯為載體，進行現代戰爭內容與實務的相關研究。然而，關鍵問題是，中國是否試圖模仿蘇聯模型來發動現代戰爭，尤其是在戰略方面。以下我分析戰略與作戰層面，探討中國是否試圖模仿蘇聯，結果發現，支持模仿的論述著實有限。儘管一九五〇年代初期，中國向蘇聯學習得不亦樂乎，但是到了五〇年代中期，中國戰略家更聚焦於該「如何」學習。會出現這樣的改變，主要是因為中國發現，國家條件與戰爭歷史不同，因此，蘇聯的所有東西並不一定都適用於中國。中國領導人們也清楚發現，中國缺乏工業基礎，無法打造蘇聯所擁有的那種機械化軍隊。

繼續談下去之前，還有兩點應該先提出來討論。首先，中國試著向幾個國家學習現代戰爭，不是只有蘇聯，中國不只翻譯蘇聯的野戰教範，也翻譯了美國的版本。這意味著中國相較於去模仿（imitation）或複製（copying），倒比較有興趣了解以後可能必須打的戰爭類型有什麼特色。比方說，一九五七年一月，彭德懷說，解放軍的條令「應當是根據我們的建軍傳統和作戰經驗，參考蘇軍的經驗，吸收資本主義國家對我們有用的東西」。[152]一九五七年四月，彭德懷力勸高等軍事學院的參謀，也要研究「資本主義」國家。彭德懷說，「資本主義國家難道沒有任何先進的東西嗎？我不相信。那麼希特勒的軍隊是怎麼打到莫斯科郊區的呢？美國軍隊又是怎麼打到鴨綠江岸的呢？」[153]

再者，雖然蘇聯和中國是條約盟國，但是兩國的關係卻不平等。中國是小老弟，仰賴莫斯科願意分享的東西，這樣的互動過了一段時間之後，中國不禁懷疑仰賴蘇聯有什麼好處。比方說，雖然蘇聯提供裝備與專業技術，但是中國全部都需要付錢。蘇聯提供的武器大多是第二次世界大戰時期的，不是蘇聯兵工廠的最新款式。[154]彭德懷自己明白這一點，因為他發現，在一九五四年的一系列演習中，蘇聯使用的武器比賣給中國的武器更新、更好。[155]蘇聯把過剩的武器賣給中國打造現代化軍隊，即便中國施壓，蘇聯仍舊不願意出售最新的款式。[156]

戰略模仿

分析戰略層面，就可以找到有力的證據，證明中國沒有模仿蘇聯。如前述討論，一九五六年戰略以戰略防禦為根基——也就是先承受第一波攻勢，再展開報復。然而，中國構思與採用這套戰略時，蘇聯的戰略思想愈來愈著重先發制人，中國十分清楚蘇聯的思想改變了，因此拒絕仿效。[157]

中國與蘇聯的戰略差異最明顯的時候，出現在一九五五年五月彭德懷拜訪莫斯科，參加波蘭華沙公約組織（Warsaw Pact）的開幕會議之後。五月二十二日，他和國防部長朱可夫（Georgy Zhukov）會面，討論軍事戰略，說明中國反擊潛在入侵的計畫。[158]彭德懷告訴朱可夫，說中國的戰略將奠基於「積極防禦」與「後發制人」的原則。[159]朱可夫反對中國的作法，他告訴彭德懷，說明核子攻擊將決定勝負，而且，在現代戰爭中，短短幾分鐘就已決定勝敗。[160]對於朱可夫而言，核子武器的出現，代表常規戰爭已經與過去發生了明顯轉變，就算是之前的二戰或韓戰。核子武器先發制人創造的優勢，朱可夫相信，沒有國家被攻擊之後還能夠恢復。

彭德懷不贊同朱可夫的觀點。他說中國和蘇聯之流的強國，只要做足準備，就能夠抵擋核子攻擊。再者，彭德懷認為，先攻所取得的優勢，只是暫時的，而且無法抵銷使用核子武器所造成的政治代價。彭德懷指出，德國和日本儘管在第二次世界大戰中先攻，但最後依舊戰敗，並且主張，中國就是因為著重戰略防禦，才能贏得過去的戰爭，像是對日抗戰和中國內戰。[161]儘管彭德懷對於核子武器的看法不一定正確，但是中國還是拒絕仿效蘇聯的作法制定軍事戰略，哪怕蘇聯是世界上數一數二的軍事強權。

根據彭德懷的軍事秘書王亞志所言，朱可夫產生了重大的影響，幫忙釐清了彭德懷對於中國軍事戰略的態度。這凸顯了戰略態度的差異，進而影響作戰準則、軍隊編組和訓練。彭德懷質疑蘇聯軍事科學的實用性與權威性，當時中國領導人大多欣然採信，鮮少批評。彭德懷也指出，蘇聯傾向著重藉由技術裝備優勢來獲勝，然而，解放軍卻著重想辦法利用劣勢的裝備打敗優勢的敵人。鑑於中國與美國相比，技術與工業都處於劣勢，蘇聯的戰略並沒有格外吸引人（或實用）。[162]因此，彭德懷會見朱可夫，申明了戰略防禦的重要性以及積極防禦的概念，彭德懷認為積極防禦十分適合中國的處境。他也在這場會面中重申了出訪前所表達的渴望，包括希望中央軍委採用正式的戰略方針，以及如一九五六年的報告所述，希望中國能發展自己的軍事科學。

或許令人意外的是，在找得到的原始文獻中，都沒有記載彭德懷擬定一九五六年戰略方針報告時，曾經請益蘇聯顧問。首席軍事顧問佩卓夏夫斯基（Petroshevskii）將軍倒是有參加一九五六年三月的中央軍委會議，會後彭德懷把報告副本給每位顧問。然而，他們不贊同這份報告，這意味中國的戰略不打算模仿蘇聯的戰爭策略。確實，他們公開嘲笑一九五六年方針的積極防禦概念，蘇聯顧問堅持主張，「攻擊是取勝的唯一軍事手段」，[163]蘇聯駐南京軍事學院的首席顧問甚至說，積極防禦是「形而上學」。[164]

作戰和組織模仿

確實，一九五五年的遼東半島演習反映出蘇聯對於防禦戰的態度，根據彭德懷的秘書所言，「在某種程度上，這場演習是在研究蘇聯軍隊的野戰作戰條令」。[165]部隊參照蘇聯的軍隊編組，編組成方面軍和合成集團軍。這次演習的目標，是要利用分梯軍隊與後備部隊，阻擋敵軍從海灘入侵。[166]然而，一九五六年方針的作戰原則中，並不包含設想中國必須用這種方法抵禦兩棲攻擊；反倒是認同唯有美軍登陸中國，中國才能與美軍交戰，而且要一方面防守固定陣地，一方面出動機動部隊，進攻敵軍的主要攻擊方向。這樣的話，就跟蘇聯的戰略截然不同。其實，在這場演習中學習到的主要收穫之一，很可能是中國不適合仿效蘇聯的範例，來對付中國眼中的主要安全威脅。跟蘇聯在這方面的意見分歧，可能其來有自。一九五二年八月，彭德懷決定建造固定式海岸固防系統，蘇聯顧問就反對該計畫，然而，彭德懷「無法理解」蘇聯為什麼反對，自顧自繼續建造固防設施。[167]

同樣地，甚至在一九四九年以前，當然還有中國軍隊參與韓戰之後，解放軍曾經使用蘇聯軍隊野戰條令的譯本。例如，在韓國，解放軍使用蘇聯炮兵條令，增加火炮部隊在步兵部隊中的比例；[168]劉伯承親自督導翻譯一九五四年的蘇聯軍隊野戰條令。[169]然而，到了一九五六年中旬，彭德懷認定，中國必須在三到五年內擬定自己的作戰條令。[170]一九五七年一月，他指出，「如果我們仿效別人，那麼我們將一直繞圈子」。[171]一九五八年初，他把這項任務交給新創辦的軍事科學院。一九五八年五月底中央軍委舉辦擴大會議，持續到七月中旬，在關於「教條主義」和「盲目模仿」蘇聯制度的一場辯論中，起草中國自己的條令這項行動，勢頭大增。在會議中，被認為曾經是「教條主義者」的高階官員遭到降貶，包括時任南京軍事學院院長的劉伯承元帥，以及總參謀部訓練總監部部長蕭克等人。[172]會議決議中國應該擬定自己的戰鬥條令，「以我為主」且「以蘇為鑑」。反對以蘇聯戰略馬首是瞻的理由有幾項，其中最重要的理由是，蘇聯的戰略不適用於中國的實際地理、經濟與工業條件。簡而言之，中國不能模仿蘇聯的範例，因為無法增進中國的安全。

若欲證明中國模仿蘇聯，最強有力的證據可能是一九五四年決議採用蘇聯的總參謀結構。一九五四年和一九五五年，在原有的總參謀部、總政治部、總後方勤務部和總幹部部之外，新增了總軍械部、訓練總監部、武裝力量監察部和總財務部，完成這樣的重新編組之後，中國的總參謀就跟蘇聯的一模一樣。但是兩年後，在一九五七年，這樣的蘇聯式體制瓦解，八個總部合併成三個（總參謀部、總政治部和總後方勤務部），這個結構之後延續了四十年不曾改變。[173]根據官方歷史，這個蘇聯式的體制瓦解，是因為「勞動分部過於繁瑣，或許對於解放軍這樣的軍事組織而言，太過僵硬，相較於軍區和野戰軍，解放軍的總參謀結構相對精簡」。[174]

同樣地，中國在考慮過後，最後拒絕採用蘇聯在一九五四年採用的新指揮結構。在中國內戰中，解放軍發展出雙長制（編注：即「黨委制」）的傳統，部隊指揮官和最高政治領導人都擁有決策權力。然而，一九五三年，思索著該如何修訂政治工作條令時，彭德懷考慮制定「一長制」，如同蘇聯的所有營級和連級單位。[175]這個提議立即引發爭議，因為威脅到政治委員的職位，而且被認為不符合解放軍的「優良傳統」。因而一九五四年中央軍委頒布新的政治工作條令，沒有採用蘇聯的指揮制度，保留雙長制。[176]

最後，中國不再採用蘇聯的規章與條令，來管理日常事務與其他活動。在解放軍中，這些規章包含在一般的服役、演習與紀律條令裡，雖然在一九四九年以前，解放軍自己就有許多版本的條令，但是一九五三年改版時曾大量借用蘇聯的條令。[177]然而，一年後，高階軍官承認，施行這些條令，尤其是有關紀律的部分，並不符合解放軍的草根傳統與「內部民主」，因而被視為破壞解放軍在內戰期間所特有的官兵團結。這或許不令人意外，因為蘇聯的軍隊比解放軍更加階級嚴謹，而且仰賴嚴格的懲處，像是禁閉，來加強部隊紀律。到一九五六年底，彭德懷讀完總政治部的紀律條令施行報告後，認為條令有缺陷，因此確立了那年稍早的決策，如同前述，彭德懷認為中國應該擬定自己的條令。[178]一九五七年八月，中央軍委頒布新的紀律條令，減輕懲處且廢除禁閉的作法。一九五七年十月二十四日，關於日常事務的新條令也頒布了。[179]

一九六〇年戰略：「北頂南放」

一九六〇年二月，中央軍委採用新的戰略方針，雖然改了新口號——「北頂南放」——中國軍事戰略的內容卻大同小異。一九六〇年方針只有稍微修改自一九五六年戰略，小幅調整中國軍隊部署，但是沒有改變作戰準則、軍隊編組或訓練。

一九六〇年戰略的背景

一九五九年七月廬山會議的政治動盪之後，中國才採用一九六〇年戰略方針，廬山會議以肅清彭德懷收尾。廬山會議原本的召開目的，是要檢討大躍進的經濟政策，因為大躍進開始遇到許多困難。[180]彭德懷私下寫了一封信向毛澤東表達擔憂；而由於彭德懷已在會議中提出那些批評，毛澤東遂決定將彭德懷的信流傳出去，使其成為會議的焦點來攻擊彭德懷、鎮壓所有的反對勢力。接下來的幾個星期，彭德懷被指控犯下「反黨罪行」，崇尚「資產階級軍事路線」，結果被革除所有黨職和軍職。雖然亦有其他高階黨員對大躍進存疑，但是彭德懷遭到肅清並沒有造成黨分裂，毛澤東在會議中讓黨領導階層對此舉達成共識，鮮少人公開反對此舉。

林彪當時擔任政治局常務委員會的委員，頂替彭德懷，擔任中央軍委第一副主席與國防部長。中國內戰期間，林彪指揮第四野戰軍，該部隊在滿洲的關鍵戰役中扮演決勝角色。在廬山，林彪批判彭德懷，支持毛澤東，因而脫穎而出。其他跟彭德懷同夥的高階官員，不是被調職，就是被降職，一九五九年九月，新的中央軍委成立。林彪負責處理中央軍委的日常事務。此外，時任公安部部長的羅瑞卿頂替黃克誠，擔任總參謀長。之後不久，中央軍委設置兩個新組織，第一個是「軍委辦公會議」。[181]但由於林彪身體虛弱，這個組織負責代表林彪督導中央軍委的日常事務。無論如何，重要的是這反映出林彪將行政權力實質授權給屬下，並賦權與軍委辦公會議秘書長羅瑞卿。第二個組織是「軍委戰略研究小組」，由劉伯承擔任組長，徐向前和羅瑞卿擔任副組長。[182]

一九六〇年戰略概要

一九六〇年一月二十二日，新一任的中央軍委在廣州舉辦擴大會議，討論解放軍的戰略方針與國防發展，會議持續一個月。舉辦這場會議的其中一個理由，在於中央軍委戰略研究小組研究關於如何防止美國偷襲。這似乎沒有反映出中國的安全環境有任何改變，因為毛澤東在一九五五年三月，就首次提出美國可能會偷襲，不過倒可能凸顯出中國憂心於美國核子武器和彈道飛彈計畫的進展。[183]然而，舉行會議的另一個理由是，在於確認整合軍隊建設和整體國家經濟發展的基本原則，這極大可能出自於大躍進所造成的經濟危機。[184]最後一個理由則關乎政治。彭德懷的傳記作者指出，彭德懷被肅清時，他的一九五六年戰略方針報告「被否定」，[185]解放軍無法繼續使用遭罷黜的領導人所制定的戰略，因此，必須採用新的戰略。再者，林彪是解放軍的新領導人，也可能制定一套自己掛名的戰略，因此，在會議中，中央軍委就根據「新的精神」，制定新的戰略方針。[186]

要評價一九六〇年戰略方針困難重重，原因有幾個。首先，沒有任何記載林彪提出這套新戰略的發言紀錄留存下來；儘管所有資料都指出，這套戰略方針是在這場會議中調整的。[187]此外，也沒有存留紀錄，記載林彪曾經向毛澤東請益戰略方針的內容，或甚至論及毛澤東批准新方針。[188]不過，根據可及的原始文獻，一九六〇年方針和一九五六年方針只有在幾個方面稍微不同。

第一，最重要的改變是，中國打陣地戰的地區有所轉移。在中央軍委會議中，林彪聲明，「（我們）應以長江為界」。在北方，中國「要頂住，要死守，寸土不讓」。然而，在南方，「可以考慮放進來切斷退路，圍而殲之」。[189]特別是寧波南方附近的浙江省象山港，中國會繼續採取陣地防禦。[190]在這條線以南，解放軍採用「誘敵深入」的原則，因此，一九六〇年方針被稱為「北頂南放」。[191]一九六〇年八月，中央軍委澄清，說「堅決不讓敵人從中國的北方打進來」，「死守」東北和山東半島，重申一九五六年戰略的用語。一九六一年一月的中央軍委擴大會議進一步限制中國能「放」敵人進入的區域，這場會議確定了要「死守」北方，「固守」長江以南的地區，解放軍只有廣東和廣西這兩廣地區能「放」。[192]

從林彪的新口號聽來，中國現行的軍事戰略並沒有大幅改變，林彪命令解放軍抗敵的區域包括北部和東部戰區，這兩個戰區在一九五二年被認定為首要與次要的戰略方向。林彪附和一九五二年的計畫，形容北部地區是中國應該「死守」的地區。[193]例如，一九六〇年五月，林彪視察濟南軍區，包括山東半島，下令採取陣地戰，「不計一切代價」死守該區。[194]彭德懷以前也認為南方的戰略重要性比北方低許多，已在林彪認為應防守的地區，部署了超過百分之七十的陸軍。[195]不過，一九五四年九月，彭德懷視察福建、廣東和海南期間，指示當地司令員，在關鍵地區構築防禦工事，防止美國攻擊「長驅直入」。[196]彭德懷的秘書們推測，就是這些指令構成了彭德懷與林彪意見分歧的基礎。[197]無論如何，林彪提議把稍微多一點軍隊調往北方，[198]命令第十二軍從浙江省的金華（上海南邊），調到江蘇省的蘇北（上海北邊）。他也把第一二七師從海南島調回大陸，[199]不過，這些重新部署的部隊總共只有大約四個師，當時現役部隊有大約一百個師。新戰略雖然換了新口號，但是林彪的動作其實是肯定彭德懷的戰略，遠多於質疑。

就作戰形式而言，相較於一九五六年戰略方針，一九六〇年戰略稍微增加了運動戰與游擊戰的相對重要性。一九六〇年戰略闡明，中國不應該在長江以南打陣地戰（後來改為只在廣東或廣西打），強調更加重視運動戰與游擊戰的作用，因為美國攻擊南方初期，中國可能會有更大片的領土失陷。不過，首要戰略方向，也就是中國預料美國會攻擊的地方，依舊是北方，不是南方。既然南方比北方難守得多，乾脆就放膽誘敵深入。

第二，林彪統率的解放軍，相對更加重視訓練中的政治工作，在一九六〇年十月的中央軍委擴大會議，林彪抨擊總政治部主任譚政，因為林彪加強重視把毛澤東的思想融入政治工作，但是譚政卻不支持。[200]但是林彪仍舊全力把訓練的軍事要素擺第一，聲明「訓練時間的百分之六十到七十，甚至是八十，應該花在軍事訓練上」——這個百分比跟彭德懷統領時大同小異。[201]同樣地，或許這些舉動的最佳解讀就是，林彪試圖區別自己領導的中央軍委與彭德懷有所不同，縱使本質依舊維持不變。根據一位軍事科學院的知名戰略家認為，一九六〇年戰略只是一九五六年戰略的「局部調整和補充」。[202] 包括首要戰略方向、軍事鬥爭準備基點與主要作戰形式，均維持不變。[203]

戰略改變的指標

所有關於戰略改變的指標均顯示，一九六〇年採用的戰略方針只有微幅修改自一九五六年方針，一九六〇年方針應該被視為繼續施行一九五六年戰略。

一九六一年對全軍作戰計畫的討論，證明了在林彪統率下，中國的作戰準則改變微乎其微。這項計畫反映出，廬山會議結束超過兩年之後，中國仍繼續沿用彭德懷的戰略，並且若根據最壞的假定，也就是一旦爆發大戰，敵人會全力速戰速決。此外，決定勝負的反擊會在中國領土上發動；戰略儲備（strategic reserves）與迅速動員則將扮演關鍵角色。[204] 有一組作戰計畫研究小組在一九六〇年十二月成立，從一九六一年七月初旬到中旬，討論研擬全軍作戰計畫，接著將報告呈交給中央委員會和中央軍委。[205]

另一個顯示出延續一九五六年方針的指標，是擬定中國的第一代戰鬥條令。雖然一九六一年頒布了最初的兩套條令，距離林彪取代彭德懷已超過一年，但條令內容的框架仍舊沒有改變。[206] 沒有資料能夠指出，不管是彭德懷被革職或採用一九六〇年戰略方針，曾經大幅改變了條令的內容或擬定過程。一九六一年到一九六五年之間頒布的十八套條令，內容著重如何執行合成兵種作戰，就跟彭德懷自己所預想的一樣。[207]

一九六〇年戰略方針對於解放軍的軍隊編組與部隊裝備都沒有要求大幅改變，在一九六〇年十月的擴大會議中，中央軍委針對解放軍的組織與裝備，擬定了八年計劃，這項計畫亦反映出延續一九五六年戰略——一九五六年戰略預想在一九六七年以前，讓軍隊配備現代化的武器。[208]八年計劃要求強化中國的國防工業基礎，優先發展空軍，海軍次之；在陸軍方面，優先發展戰鬥兵種，輕步兵部隊次之。[209]本著這樣的精神，一九六三年二月聶榮臻進一步提出極具野心的計畫，要將解放軍的過時裝備現代化，並規劃在一九七〇年以前，用完備的現代常規武器武裝解放軍。他希望讓軍隊配備充足的火炮和戰車，並且在核子與飛彈技術上有所突破。[210]而各個軍種之間的資源分配也維持不變。根據一九六〇年方針，現代化的成果聚焦於增加解放軍的空軍與海軍，從一九五八年到一九六五年，海軍的編制（authorized personnel）增加百分之五十一點六，空軍增加百分之四十一點八。[211]

採用一九六〇年戰略方針之後，並沒有頒布新的訓練計畫，位於北京的高等軍事學院課程是訓練延續的另一個指標。在這段期間，大部分的課程都在檢討戰略與作戰的問題，雖然課程裡也包含政治教育，但焦點仍舊是訓練任職於師級和軍區總部的指揮官，指揮各軍種與戰鬥兵種。[212]例如，一九六三年的課程內容包括研究戰略、戰役、軍種和戰鬥兵種、想定（scenarios）、戰役分析和外國軍事研究。著重於專業軍事訓練持續到一九六四年底，那時毛澤東開始干預，要改變中國的軍事戰略。[213]

關於訓練的唯一重大改變是增加政治訓練的比例，大部分是關於研究毛澤東的思想，尤其是他的軍事著作。雖然一開始的轉變很小，但是到一九六四年之後就變得相較明顯。一九六一年，中央軍委指示師級以上幹部，要花三分之一到二的訓練時間，研究毛澤東的著作。[214]同時，一九六二年，為了因應日趨嚴重的種種威脅，中央軍委根據戰鬥需求，重新調整訓練內容，下一章將詳細討論。[215]

結論

一九五六年採用的戰略方針，代表了中國軍事戰略的第一個重大改變。這套新戰略之前的初步改革以及這套戰略本身，內容在在都顯示出，採用這套新方針的目的，是要將解放軍現代化，讓解放軍能夠面對高階官員相信將來會爆發的那種戰爭——而這受到了第二次世界大戰，以及少部分來自韓戰的教訓所影響。驚人的黨內團結，避免解放軍捲入黨內政治，促成推動初步改革，以及採用一九五六年戰略。高階軍事領導人，尤其是彭德懷，不受干預而能全權規劃中國的防禦計畫，試圖建設一支能夠進行機械化現代戰爭的軍隊，以對抗當代世界最強大的軍隊。

第四章
一九六四年戰略：「誘敵深入」

一九六四年六月，毛澤東直接干預軍事事務，改變了中國的軍事戰略。他不認為東北是中國的首要戰略方向、不認同美國可能會入侵東北，也不認為中國應該採用前進防禦，來反制美國的攻擊。在接下來的十二個月，毛澤東重新修改中國的軍事戰略，以「誘敵深入」為中心概念，打算把領土讓給入侵的敵人，在持久戰中利用運動戰和游擊戰，轉而打敗敵人。

採用一九六四年戰略方針是違反常態的作法，這是唯一一次由黨最高領導人發起軍事戰略改變，一九四九年起其他經採用的八個戰略方針，都是由高階軍官所發起的。這也是軍事戰略逆行或倒退改變的例子，也就是用舊的戰略取代現行戰略。一九六四年戰略並不是根據新的戰爭洞見，進行重大改變；也不是微幅改變，調整現有戰略的元素。其實，如同第二章所述，誘敵深入是一九三〇年代圍剿戰爭期間所發展出來的作戰概念，當時紅軍試圖抵禦比自己強大許多的國民黨軍。毛澤東此時則試圖使用這個概念，作為反制美國攻擊的組織原則。

毛澤東會出手干預，改變中國的軍事戰略，著實令人摸不著頭腦，因為中國並沒有面臨立即或緊迫的外部威脅，沒有必要如此戲劇化地逆轉中國的防禦戰略。一九六二年，中國的安全環境確實惡化了，造成六月進行大規模動員，擊退讓中國畏懼的國民黨入侵行動，接著十月和十一月又在邊境與印度交火。但是這些威脅到一九六三年就減弱了，至一九六四年更是澈底消失。雖然美國在南越不斷增加軍事顧問的人數，但是到一九六四年中旬，仍舊沒有跡象指出越戰會擴大到超過北緯十七度線，燒向中國邊境。中國儘管和蘇聯因為意識形態分歧而關係緊張，但是直到一九六五年底，中國北部邊境才開始軍事化。最後，就在毛澤東改變戰略的幾個月後，中國成功試爆第一顆原子彈，這件事應該大幅提升了中國的安全，而且讓中國更有信心能夠防止敵人入侵。

採用一九六四年戰略，證明了黨內不團結與領導階層的分裂，是如何造成戰略決策得以被扭曲與政治化。在一九六〇年代初，毛澤東愈來愈擔心中國共產黨裡修正主義的威脅，認為修正主義會阻礙中國革命繼續延續與深化。毛澤東要求採用誘敵深入的戰略，不是為了增進中國的安全，而是要擴大攻擊他視為修正主義者的黨領導人，所以他決定推動「三線建設」，將中國內地軍事化。種種舉措在兩年後以發動文化大革命，達到最高潮。

了解一九六四年戰略方針的緣由很重要，原因有幾個。第一個原因是，誘敵深入這個戰略形塑了中國的軍事戰略超過十年，要一直到一九八〇年九月才會棄用，當時中國的軍事戰略出現了第二次重大改變。一九六九年三月，中國在珍寶島與蘇聯爆發衝突後，就繼續採用這個戰略退卻的戰略。再者，當時中共領導階層分裂，解放軍扮演維持法律秩序的主角，可能也因此阻礙了新戰略的制定。另一個原因是，一九六四年方針的緣由凸顯了毛澤東在這段時期（或者在一九六九年之前）從未親口說中國必須準備「早打、大打、打核戰爭」。[1] 雖然中國承認，若跟美國打仗可能會動用核子武器，但是直到一九六九年中國面臨蘇聯的威脅之後，這句話才頻繁地出現。最後，修正主義者把那句話解讀成毛澤東自己的動機。這個時期的中國與西方歷史，大多把毛澤東對於三線與軍事戰略的態度，描述成是因應不斷增加的外部威脅。本章認為，內部威脅，也就是修正主義，才是毛澤東算計的決定性要素。

本章簡介如下：第一節探討一九六二年，當時中國面臨的威脅與日俱增，同時來自四面八方。中國的因應之策就是，實施現行的前進防禦戰略，動員軍隊，對抗國民黨入侵沿岸，接著又在有爭議的邊界上與印度軍隊交戰。第二節說明一九六四年開始施行的戰略方針內容，證明中國改變現行的戰略，倒退回頭採用舊戰略。第三節概述毛澤東干預的政治邏輯，以及他因為擔心中共內部的修正主義，假借呼籲全體備戰，實則是要求建設第三線，以及經濟政策分權。第四節檢討一九六四年戰略更改的過程，強調毛澤東擔憂修正主義，而且渴望將內地工業化，也因此必須搭配軍事戰略分權，執行誘敵深入的概念。最後一節簡略檢討這套戰略在一九六九年後的延續——一九六九年蘇聯入侵變成最緊迫的威脅，危及中國的安全。

一九六二年的新威脅與戰略延續

一九六〇年一月初，中央軍委評估中國面對的外部安全環境相對穩定；毛澤東自己則判斷大戰和核子戰爭都不太可能會發生。同樣地，一九六〇年二月，粟裕則指出了美國相較於社會主義集團的缺點與弱點。[2]不過，毛澤東的想法與以前一九五〇年代中期的評估一致，認為「只要帝國主義存在，戰爭的威脅仍舊存在」。[3]葉劍英元帥觀察到中國應該繼續準備於應變最糟的情況，「重點放在最完危險的方面」。[4]因此，中國的軍事戰略維持跟以前一樣，採取前進防禦的態勢，防止敵人「突然襲擊」。[5]

然而，到一九六二年中旬，中國的外部安全環境惡化，六月，中國面臨同時來自四面八方的威脅，包括台灣海峽對岸、有爭議的中印邊界，以及與新疆毗鄰的蘇聯。但是，面對這些威脅，中國並沒有改變軍事戰略；反之，北京開始提升戰備，包括重新編組軍隊——一九六一年官兵人數大約三百萬，一九六五年初增加到四百四十七萬。[6]當時最立即與嚴重的威脅是國民黨可能會發動攻擊，中國也採取因應措施，動員軍隊，採取前進防禦立場，驅退入侵行動——這些舉措符合當時的軍事戰略。新出現的威脅其實並不需要新的軍事戰略，然而一九六四年六月，毛澤東拒絕繼續採用現行的戰略，他那樣做，不是為了對抗外部威脅、提升中國的安全，而是為了達成他的國內政治目的。

「來自四面八方的威脅」

中國安全環境惡化，肇因於甘迺迪當選美國總統，改採「靈活反應戰略」以及擴張美國軍隊。一九六二年二月，周恩來指出，「敵人正在擴軍備戰」。[7]中國特別擔心的是「兩個半戰爭」準則（two-and-a-half doctrine），意味美國正同時準備在亞洲與歐洲發動戰爭。一九六二年六月，周恩來強調美國成長茁壯所造成的威脅，說「東南亞是戰略地區，是美國帝國主義長期競爭的地方」。[8]美國設立軍事援助越南司令部（US Military Assistance Command），並且在一九六二年底以前增加派往越南的顧問人數，中國把這些舉動視為包圍中國，但其實這只是反映出中美兩國從一九五〇年代起的敵意持續延燒，並不是具體的威脅。[9]

對中國最直接的威脅是國民黨的入侵，尤其是獲得美國支援。蔣介石察覺大躍進之後，大陸虛弱，發現展開攻擊的良機。蔣介石在一九六二年的農曆新年演說中，發表火藥味十足的聲明，說國民黨即將重返大陸。[10]三月，國民黨政府頒布徵兵動員令，以增加人力；通過戰時動員工作特別預算；以及徵收「重返大陸」稅，籌措資金。[11]到五月底，中國領導人認定國民黨可能會發動攻擊。根據中央軍委內的戰略研究小組研判，國民黨「絕對會利用我國陷入經濟困境的機會來搞我們」，因為這可是「千載難逢的好機會」。研究小組推斷，「東南沿岸最有可能爆發戰爭」。[12]六月初，周恩來推估，最可能發生的情況是，敵人攻占福建和浙江沿岸的幾個灘頭堡，作為基地，集結大軍，對大陸發動更大規模的攻擊。[13]

台灣海峽對岸局勢日益緊張之際，中國在西側與蘇聯毗鄰的中亞，面臨第二個比較小的威脅，從一九六二年四月底到五月底，超過六萬哈薩克族人從新疆逃到蘇聯，期間，一九六二年五月二十九日伊犁市（Kulja）爆發大型暴動。中國指控蘇聯鼓動這次群體叛逃，發假的公民證件給伊犁市和塔城市（Qoqek）的新疆居民，散播印刷品和廣播宣傳，藉此宣揚到蘇聯發展的機會，並且打開邊境圍欄的入口，協助遷移。就中國看來，蘇聯企圖擾亂中國中央政府管轄權虛弱的地區，同時也暴露出中國在該地區缺乏邊境防禦與邊境控管。雖然「伊塔事件」不可能引發戰爭，連軍事衝突都不可能，但卻凸顯出中國在一九六二年感到岌岌可危。[14]

最後，在西南方，印度開始推行「前進政策」（forward policy），占領中印邊境具有爭議的領土。前進政策一九六二年二月開始在東部的達旺（Tawang）附近施行，同年三月在西部的奇普恰普河谷（Chip Chap Valley）開始施行。四月中旬，中國宣布將重新開始巡邏西部，總參謀部命令新疆的部隊加強邊境防禦。到了五月底，總參謀部公布邊境加強戰備報告，並且下達指令，部署軍隊，儲備補給，鞏固防禦工事，加強戰備訓練。不過，毛澤東和周恩來兩人都表明，主要的威脅是國民黨的攻擊，嚴令只有印度先攻擊，中國才能反擊。[15]

中國回應外部威脅

中國使用幾種不同的方法應對這些外部威脅，然而，整體來看，中國並沒有因此而重新評估現存軍事戰略的效用，反倒繼續施行既有戰略。[16]中國開始動員軍隊，對抗國民黨入侵，準備在可能會遭到攻擊的地區執行前進防禦。

一九六二年新威脅出現之前，解放軍正在推行一九六〇年十月通過的八年組織編制計劃，八年計劃符合現行的戰略，推動解放軍從輕步兵部隊繼續轉型成為合成軍隊，由多種軍種與兵種共組而成。八年計劃聚焦於適度擴展作戰與戰鬥部隊的規模；生產新裝備，強化空軍、海軍和特種部隊；強化邊境地區的部隊；以及設立工程與研究單位。到一九六一年九月，解放軍增加約莫三十萬人，達到三百萬人。[17]在這個過程中，許多缺點被指出，軍隊被認為需要進一步重新編組。發現到未來需要改革的地方包括大而無當的機關、軍官過剩、步兵部隊戰力不足（尤其是戍守邊境與沿岸的部隊），以及師級以下的部隊機動性有限。[18]

一九六二年二月，中國安全環境惡化的程度變得明顯之前，中央軍委召開全軍會議，討論組織編制，試圖解決這些缺點。這場會議持續了好幾個月。二月底，周恩來參加這場會議，說軍事工作應該著重「整軍備戰」。[19]這場會議決定以「四輕四重」為整軍原則，這個口號所要求的是，把重型武器集中在北方與軍級以上的部隊；南方與層級較低的部隊，武裝比較輕。非戰鬥機關應該減少，作戰連隊應該增加。[20]八年計劃也設法幫北方和沿岸島嶼的部隊提升機械化程度，因為那些部隊是抵禦入侵的第一道防線；南方的部隊仍舊編制為輕步兵部隊，因為地處熱帶地形，摩托化車輛移動受限。[21]由於要使用新武器來武裝陸軍困難重重，只有百分之五十五的步兵師編成滿編戰鬥師，配備頂尖裝備。相較之下，百分之二十七的步兵師編成普通師，一年中花一半時間投入經濟生產；剩下百分之十八的步兵師則編成「小型」師，專注於訓練。[22]

中國為了因應海峽對岸的威脅，發起了自韓戰以來規模最大的軍隊動員。[23]反制國民黨攻擊的作戰方針，符合前進防禦的戰略，就是「頂，別讓敵人來」。[24]五月底，山東省、浙江省、福建省、江西省和廣東省，接獲指示備戰。東南沿岸部署了三十三個步兵師、十個炮兵師、三個戰車團，以及其他部隊，高度戒備。[25]另外，還動員了十萬名後備軍人，支援這些部隊，同時開始動員十萬名民兵。[26]一九六二年六月十日，中央軍委頒布《中共中央關於準備粉碎蔣匪幫進犯東南沿海地區的指示》，在沿海省分廣泛展開國內動員。[27]六月和七月，有七個戰鬥師、兩個鐵道兵師，以及來自遼寧、河北、河南和廣州的其他特種部隊，部署到福建，另外空軍也配置差不多七百架飛機強加戒備。[28]加總起來，解放軍動員約莫四十萬軍人和一千架飛機，準備擊退來襲的敵人。[29]

這波威脅在六月二十三日中美大使在華沙會面之後，開始消退。因為美國表明，華盛頓並沒有慫恿蔣介石當前的舉動，倘若國民黨發動攻擊，美國不會提供台灣軍事援助。[30]儘管如此，解放軍在策劃接下來幾年的戰略時，主要關注的都是中國沿海地區的安全。一九六二年十月，為了加強鞏固沿海防禦，鄰近台灣的福州軍區籌辦大規模實彈反登陸演習，出動大約三萬六千五百名官兵。[31]在一九六三年和一九六四年，沿岸島嶼防禦變成解放軍的作戰計畫焦點，因為沿岸島嶼是中國抵擋敵人攻擊最外圍的堡壘，構成第一道防線。[32]

一九六二年夏天，海峽兩岸的緊張局勢漸趨和緩之際，中印邊境的情況卻惡化了。九月，雙方在東部的朱羅（Chola，又稱多拉〔Dohla〕）陷入僵局，導致緊張局勢升溫。十月中旬，中國決定攻擊印度根據「前進政策」所部署的部隊，十月二十日同時攻擊兩個區域內的印度軍隊。中國短暫停火逼迫印度談判之後，在十一月再度發動攻擊，摧毀爭議地區的剩餘印度軍隊，接著宣布單方停戰，在發生衝突之前退回實際控制線。[33]

到了一九六二年底，中國的安全環境已趨穩定，國民黨沒有入侵，解放軍也迅速擊敗印度軍隊。儘管如此，解放軍的規模在一九六三年與一九六四年仍大幅成長，雖然一九六二年的重新編組計畫要求軍隊維持現有的規模，但是擴張規模是為了因應威脅日漸增強，必須增加戰鬥部隊，同時解決諸多威脅。一九六一年底，軍隊規模約莫三百萬人，一九六三年開始增長，一九六五年初增加至四百四十七萬人。[34]軍隊中有超過百分之七十九為戰鬥部隊，這反映出中國聚焦於應變外部威脅，而一九六九年文化大革命之後，雖然軍隊再度擴張，但是這個比例下降到略超百分之五十。[35]

「誘敵深入」

一九六四年六月，毛澤東在北京外郊的明十三陵發表演說，反對繼續採用現有的前進防禦軍事戰略；毛澤東打算採用誘敵深入的戰略，讓敵人占領國土，接著利用持久戰，發揮中國地大人多的優勢，打敗敵人。

中國一九四九年起的所有軍事戰略中，一九六四年戰略方針是個異常的案例。第一，回頭採取熟悉的作戰方式，並非新的戰爭洞見，因此解放軍不需要進行重大的組織改革。第二，這套新戰略並沒有經由高階軍官擬定、討論與批准，繼而編寫成報告，而是以毛澤東接下來一年的各種談話作為根據。一九八〇年，軍事科學院院長宋時輪感嘆，說毛澤東當時對於戰略的論述只有「片段」存留。[36]

一九六四年軍事戰略仍舊以反制美國入侵為假定前提，儘管如此，毛澤東更改了一九六〇年修改版本戰略方針的核心要素。首先改變的是「首要戰略方向」。彼時中國的既定戰略假定美國會攻擊山東半島，但是，毛澤東相信，敵人的攻擊方向不明，可能會攻擊天津往南到上海的任何一處沿岸。因此，中國不能再仰賴「北頂南放」，因為「北頂南放」假定要在北部地區採取前進防禦，尤其是山東半島。比較廣泛的弦外之音就是，中國沒有首要戰略方向，因而無從引導軍事戰略，必須防備來自四面八方的攻擊。

繼缺乏首要戰略方針的影響，還有第二個改變，攸關「作戰基本指導思想」。誘敵深入這個作戰概念來自內戰，取代著重於防禦固定陣地。誘敵深入是一種戰略退卻形式，容許敵人在中國領土上取得據點，好讓解放軍能夠拖住敵人打持久消耗戰。如此一來，運動戰和游擊戰便取代了陣地戰，成為解放軍應該能夠採用的主要作戰形式。

一九六四年戰略仍舊是戰略防禦的戰略，一九六四年戰略的主要目標是，利用在中國領土打持久戰來擊敗敵人。在毛澤東的設想中，把包括主要城市的領土讓給入侵者，讓敵人拉長補給線，在持久戰中削弱敵人的力量，中國反而能夠在持久戰中動員軍隊與民眾。[37]換句話說，毛澤東預想解放軍的主力部隊繼續擔任核心作戰部隊，但是以當地的武裝部隊和民兵作為輔助，因為當地的部隊與民兵能夠在中國各地執行獨立作戰。在讓給了敵人的地方打游擊戰，主力部隊則在中國內部的流動戰線打運動戰。

然而隨著一九六六年文化大革命發動，動亂四起，根本無法觀察一九六四年戰略的執行成效，因此，本章檢討的主要改變是，毛澤東反對採用現行戰略，採用修改過的舊戰略，而非施行新戰略。整體而言，回過頭來採用運動戰與誘敵深入，解放軍不需要發展新的作戰準則，只需要恢復內戰的「優良傳統」，因此沒有著手擬定新的作戰準則。軍隊規模在這階段大幅成長，一九六五年初有四百四十七萬人，隨著戰略改變，一九六九年增加到六百三十一萬，大多是一九六九年三月在珍寶島與蘇聯爆發衝突之後所增加的，儘管有十九個師是在一九六六年和一九六八年之間編成或重新編制的。[38]解放軍沒有擬定新的訓練計畫，不過實施的訓練倒是愈來愈著重研究政治，而非軍事事務。

毛澤東再三要求改變戰略，只是要解決美國對中國的潛在威脅，儘管如此，一九六九年蘇聯的威脅取代美國的威脅之後，中國仍舊繼續遵循一九六四年戰略方針，不論這套戰略是否適合對付地面入侵，都不能修改，因為文化大革命造成了黨與軍隊的領導階層嚴重分裂。

毛澤東干預的政治邏輯

毛澤東在一九六四年更改中國的軍事戰略，是為了對抗修正主義和國內對他的革命的威脅，而非對抗外國對中國安全的威脅。在大躍進的餘波中，毛澤東愈來愈擔心中共裡的修正主義可能會造成危害，因為黨的領導權改回由中央規劃的傳統作法，強化了黨中央官僚的作用。毛澤東發起大躍進，目的就是想要規避這些作法。為了對抗這些潮流，再次將決策分權，他要求「建設第三線」，也就是大規模工業化中國西南內地，這會消耗掉「第三個五年計劃」超過一半的總資本投資。[39]這項改變極度激進，毛澤東只能拿必須備戰這項解釋來合理化，因此，他必須插手干預，更改中國的軍事戰略與經濟政策。

毛澤東所倡導的這套論述——建設第三線，並改變中國一九六四年的軍事戰略，是為了對抗內部威脅，而非外部威脅——本身即為一種對於這個時期的修正主義式詮釋。在中國內外，幾乎所有學術研究和歷史都強調，中國安全環境惡化，是毛澤東要求建設第三線的原因。[40]唯一的例外是黨歷史學家李向前的一篇文章，他懷疑毛澤東決定建設第三線的決策，可能並非是受到越戰惡化的影響，他推測毛澤東亦可能心懷國內的動機。[41]

日益擔憂修正主義

修正主義是指無法容忍的、背離了正統馬克思列寧主義的思想，且終將導致社會主義衰敗。

大躍進之後，毛澤東認定，危及中國革命最嚴重的威脅，不是外國的攻擊，其實，主要威脅是在國內——中共裡頭的「修正主義分子」帶頭「復辟資本主義」。毛澤東對抗修正主義的行動，在兩年後發動了無產階級文化大革命達到最高點。[42]毛澤東鎖定中共的高階領導階層（大多在一九六六年遭到肅清），以及他們建立來管理國家的巨大中央集權官僚體系（毛澤東希望從底層發起「大規模暴動」來矯正官僚體系）。[43]當然，毛澤東的動機並不單純，他想要同時保住自己在中共裡的權力與中國革命的遺產，不過是依照他自己的定義，他透過意識形態的鏡片，看待對於他個人權力的威脅，他所看到的自然是意識形態威脅。

毛澤東畏懼中共裡的修正主義，始於大躍進的餘波。毛澤東發動大躍進，目的是想應用熟練的大規模動員技巧，促成經濟快速成長，不想用中國在「第一個五年計劃」中模仿蘇聯的作法。[44]實際上，大躍進的政策削弱了中央官僚對經濟的控制權，授權給黨的地方領導人，由地方領導負責達成野心勃勃的生產目標。農民被編組成在鄉村的大型公社，目的是希望能大幅增加穀物的剩餘量，剩餘的穀物可以用於協助投資重工業。誠如魏昂德（Andrew Walder）所寫的，大躍進是「根據政治忠誠度來打造經濟政策的政治運動，根本就是階級鬥爭」。[45]

然而，大躍進徹底失敗，穀物生產量在一九五八年為兩億噸，一九六一年減少到只剩一億四千三百萬噸，只有一九六六年穀物生產量再次超過兩億噸。[46]同樣地，從一九六〇年到一九六二年，工業生產量降低了百分之五十，只有一九六五年超過一九五八年的生產量。[47]全國各地有數千萬中國百姓死於饑荒，估計有三千萬到四千五百萬人死亡。[48]

一九六〇年底，災情嚴重萬分，黨開始採取措施，遏止危機，重建經濟。整體而言，這些措施試圖恢復官僚對經濟的控制權，從黨手中取回權力。實際上，補救措施包括降低生產目標，終止大規模動員，解散公社，根據「調整、鞏固、充實、提高」這個口號（一九六一年一月批准的），增加給與農民物質獎勵，並以農業先於工業。目標是要讓鄉村經濟回復到大躍進開始之前的組織方式。[49]

大躍進破壞了經濟，害苦了百姓，引發大家質疑毛澤東的領導能力；到了一九六二年初，黨最高領導人們開始把這場災禍歸咎於黨的政策，而罪魁禍首自然就是毛澤東本人。為了鼓勵大家支持復原措施，並且「統一思想」，黨中央在一九六二年一月召開一場史無前例的會議，從黨中央到縣和工廠層級，共有超過七千名幹部參加。[50]黨最高領導人們批判黨在這次危機中的角色，劉少奇時任副黨主席，當時是毛澤東的接班人，他甚至暗示，這場饑荒是「三分天災，七分人禍」。[51]毛澤東認定這席話是直接對他的批評。[52]一九五九年和一九六〇年，毛澤東反覆申明，大躍進是九個指頭「成就」，一個指頭「問題」。[53]劉少奇公然翻轉了這句評價，在一九四九年以來規模最大的黨幹部會議中批判毛澤東。

毛澤東在會議中罕見地提出自我批判，模糊帶過。儘管如此，批評政策釀成災禍，不只歸咎於天災，也怪罪於黨，在在都令毛澤東不僅懷疑負責日常決策的領導人們是否忠誠，像是劉少奇和鄧小平（中央書記處總書記），也懷疑他們是否會繼續推動毛澤東的革命。一九五八年底，毛澤東開始把日常黨務的責任委託給劉少奇和鄧小平，決定退居「第二線」，不再固定參加政治局的會議。但是毛澤東馬上就開始後悔做出這個決定。

一九六二年初，劉少奇和鄧小平加強拯救經濟的力道，恢復中央的控制權。包括推行經濟復甦措施，恢復農村與工業經濟之間的平衡，主要藉由減少工業投資，加強扶植農業。這些措施包含了許多政策，像是減少都市人口、降低資本計畫投資、繼續進行家戶農業辦法實驗（像是家庭聯產承包責任制，即「包產到戶」），設立物質獎勵，鼓勵增加生產。劉少奇和鄧小平也開始重新審查有些幹部在一九五八年反右運動中遭到迫害的案子，這個議題在七千人大會中被提出來時，毛澤東就提出反對。[54]劉少奇和鄧小平的政策逆轉了毛澤東強調的權力下放與授權給地方，回歸中央集權，由官僚與技術專家來決定經濟政策，這正是毛澤東發動大躍進時所反對的作法。

到了一九六二年夏天，毛澤東驚惶了起來，尤其擔心家庭聯產承包責任制，因為這個制度訂定了生產額度，而且准許農民保留所有多餘的產量。同時，黨開始鬆綁對知識分子的限制，試圖利用他們的專業來協助復甦經濟。[55]七月，在一次跟劉少奇的緊張交鋒中，毛澤東譴責劉少奇背棄革命，問他「我死之後會發生什麼情況？」[56]一九六二年八月，在北戴河年度領導幹部暑休中，毛澤東向更多人揭露藏在心裡的話。他批評有些人評估局勢過度悲觀，並且申明家戶農業很危險，可能會加強階級兩極化。他也強調必須繼續施行農業集體化，而且不能幫被判定為右派分子的那些人翻案，尤其是彭德懷。[57]

一九六二年九月，第八屆中央委員會第十次全體會議的主要議題是毛澤東對修正主義的擔憂，以及繼續進行階級鬥爭的重要性。他在他編輯的全體會議公報中清楚申明，「階級鬥爭是不可避免的」，因為有些人「企圖離開社會主義道路，走資本主義道路。」此外，「這種階級鬥爭，不可避免地要反映到黨內來」。因此，公報告誡，「在對國內外階級敵人進行鬥爭的同時，我們必須及時警惕和堅決反對黨內各種機會主義的思想傾向。」[58]如同黨裡的歷史學者後來觀察到，毛澤東在會議中概述了「基本戰略」，要在國內外「反修防修」。[59]毛澤東認為必須繼續進行階級鬥爭，防止「資本主義復辟」，導致在四年後決定發動文化大革命。[60]

儘管提出了階級鬥爭的問題，然而經濟依舊虛弱，全體會議同意繼續推行復甦措施。雖然毛澤東強調階級鬥爭，但是他卻無法罔顧經濟繼續鬥爭。一九六三年四月，政治局常務委員會的擴大會議決定，「反修」將聚焦於因為全球共產主義運動方向而與蘇聯日趨緊繃的關係。一九六三年九月到一九六四年七月之間，黨公布了九封公開信或評論文，譴責蘇聯在國內外政策上的修正主義，抨擊蘇聯領導階層不具正當性。然而，對於蘇聯的諸多批判，都反映出毛澤東擔憂中共自己的軌道。政治局常務委員會也決定，國內「防修」要從推動社會主義教育運動開始，[61]從農村「四清」城市「五反」開始，一直持續到開啟文化大革命。[62]

到了一九六四年，潮流已然存在，即將把毛澤東推向攻擊中共的領導階層，發動文化大革命。黨最高領導階層支持實用主義更勝意識形態，中央官僚重新取得大躍進期間失去的權力，再度掌控絕大多數的企業和物資分配權。[63]國務院恢復到一九五六年的規模，也就是大躍進開始之前。[64]就連社會主義教育運動都著重加強黨的組織，反行賄，而非根除修正主義，發動階級鬥爭。[65]誠如華德（Walder）所寫，一九六四年七月公布的第九篇批判蘇聯的評論，「陳述了對文化大革命的意識形態辯解是什麼」。[66]這篇評論抨擊「赫魯雪夫修正主義集團」的國內外政策，接著再問黨和國家的領導能不能繼續掌握在「無產階級革命家」手中。挑選無產階級革命事業的接班人，這封信結論道，「關係我們黨和國家命運的生死存亡」。[67]

毛澤東攻擊經濟策劃

一九六四年三月中旬，毛澤東決定此時必須聚焦對付中國國內的修正主義，政治局常務委員會召開會議，討論即將舉辦的中央工作會議，他在會議中宣布這項決定。他告訴同仁，「去年，我主要把心力花在跟赫魯雪夫鬥，現在我應該回歸國內議題，聯繫內部反修防修」。[68]毛澤東決定聚焦國內修正主義，為經濟政策衝突搭設了舞台，一個他曾在一九五八年底他退出的舞台。

中央工作會議的其中一個主要議題是第三個五年計劃的草案架構，國家計劃委員會在一九六二年底開始擬定計畫，著重經濟復甦，國家計劃委員會主任李富春提議，這項計畫聚焦於農業產出以及「吃、穿、用」的生產，[69]基礎工業和國防為次要。一九六三年夏天，毛澤東贊同李富春的建議，延後推動第三個五年計劃，給經濟復甦更多時間。一九六三年到一九六五年這段期間，是第二個和第三個五年計劃之間的「過渡時期」，焦點同樣在農業。[70]李富春在國家計劃委員會的副手薄一波回憶道，在這段過渡期，「農業第一，基礎工業第二，國防第三」。[71]

一九六四年初，李富春擬定的第三個五年計劃仍舊以這些目標為焦點，一九六四年四月流傳的草案架構包含完成三項主要任務。第一項任務是「強力發展農業，根本解決人民吃、穿、用的問題」。第二和第三項任務是「適度發展國防，努力突破尖端技術」，以及加強基礎工業。[72]換句話說，國防和基礎工業發展的優先順序仍舊排在農業後面，發展國防和基礎工業，絕對不能危害到以農業為本的經濟復甦。[73]根據薄一波的說法，農業是「規劃」的「根基」。[74]

然而，在中央工作會議前夕，毛澤東卻抨擊自己之前贊同的經濟政策方針。他不支持重視農業，反倒要求將中國內地工業化，[75]也就是「建設第三線」。* 五月初李富春向毛澤東簡報，毛澤東回應說應該更加注重國防和重工業，因此否定計畫草案架構的優先順序。他說如果（四川省）攀枝花和（甘肅省）酒泉的鋼鐵工廠沒蓋好，他「不放心」，問「打起仗來怎麼辦」，中國缺乏這樣的工業工廠。[76]這些計畫在一九五八年就開始推動了，但後來因為經濟危機而推遲。[77]毛澤東還說，「國防工業」應該成為經濟和農業的一個「拳頭」，意味著他認為國防工業和農業在經濟裡應該扮演同等重要的角色。[78]誠如李富春的傳記作者所言，毛澤東此時「更加認為第三個五年計劃的起點，關鍵在於備戰」。[79]

中央工作會議展開時，毛澤東在黨最高領導階層面前抨擊第三個五年計劃的架構；五月二十七日，在政治局常務委員會的會議中，他爭論說計畫不夠注重發展中國的「屁股」（基礎工業）和後方，也就是第三線。毛澤東說「在原子彈時期，沒有後方不行」。[80]他進一步建議，接下來六年，「應該在西南奠定根基」，打造冶金、國防、石油、鐵路、煤和機械的工業基地。[81]建設第三線的主要原因是「防備敵人的入侵」。[82]

毛澤東的強硬干預，李富春和其他最高領導人肯定都感到驚訝。目前找得到的文獻資料都沒有記載，毛澤東在這場會議之前曾經提過第三線。[83]他的干預立即產生影響，改變了這場會議的焦點。翌日，五月二十八日，劉少奇向工作會議的領導小組報告毛澤東指示建設第三線，會議的方向因而改變，與會者在會議開始時，都沒料到會出現這樣的轉折。[84]雖然毛澤東自從大躍進之後，就避免干涉經濟政策，但是此時他決定再度插手，他的干預不容忽視。

六月八日，毛澤東第一次參加中央工作會議，主持政治局常務委員會的擴大會議，在這次會議中，他多次發言，每每談到憂心於修正主義，總會批評第三個五年計劃，並且強調必須建設第三線。[85]他批判中國的規劃辦法，「根本就是學蘇聯」，而且只「搖計算機」。[86]毛澤東這是在暗示中國的規劃者還有執行者，都是修正主義分子。這個辦法，他抨擊「不切實際」，因為無法應付可能發生的意外事故，像是天災或戰爭。毛澤東揭露心中的不滿，申明「我們必須改變規劃辦法」。他說這樣的任務是「革命」，因為一旦採用蘇聯的辦法，就很難再改了。他不只批評第三個五年計劃的架構內容，還批評發展計畫的過程，罵的自然就是制定與核准計畫的黨最高領導人們。[87]

接著，毛澤東強調應該如何以備戰需求為中心來規劃，這番論述是要棒打黨內他認為存在的

---

* 第三線本書翻譯為「third line」，有些人翻譯為「third front」，指中國內地的兩個部分，西南（雲南、貴州、四川，以及湖南和湖北的西半部）和西北（陝西、甘肅、青海，以及河南和山西的西半部）。「第一線」指沿海省分，「第二線」指中央地區。

修正主義，包括中央規劃的缺點與地方幹部的自滿。[88]毛澤東提醒同仁，「只要帝國主義存在，就有戰爭的危險」。[89]他說每個沿海省分都應該有兵工廠，因為一旦戰爭開打，沿海省分沒辦法等第二與第三線提供補給。毛澤東還說，每個省分都應該有自己的第一、第二與第三線，要求「每個省分都應該有一些軍事工業，生產自己的步槍、衝鋒槍、輕型和重型機槍、迫擊炮、子彈和炸藥。只要我們有這些，我們就能放心」。[90]

同時，毛澤東認為地方幹部過於自滿，沒有興趣準備應變最糟的情況。他抱怨「現在地方不參與軍事事務了」，因此要求第一和第二線省分建設地方部隊。[91]否則，「一旦出事，你就會沒有準備」。毛澤東進一步斥責聽眾，指出地方幹部準備得比正在南越打游擊戰的越共還不足。他問：「打起仗來怎麼辦？敵人打進我國領土怎麼辦？我敢說絕對不會跟南越一樣。」對毛澤東而言，問題的核心是，「各個地方的黨委員會不能只關心民政事務，不關心軍事事務；不能只關心錢，不關心槍」。[92]毛澤東聲明，「一旦仗打起來，準備把敵人碎屍萬段，準備棄守城市，每個省分都必須有解決方案」，[93]這預示著他所強調的誘敵深入。

毛澤東是因為擔憂中共裡的修正主義，才批評規劃辦法和地方幹部。劉少奇提出中國出現修正主義這個議題時，毛澤東說「早就出現了」。[94]更強烈的不祥之兆是，毛澤東再度把矛頭指向地方幹部，警告說，「國家的權力有三分之一不在我們手上，在敵人的手上」。[95]他接著提出薄一波所說的嚴正呼籲：「把這些話往下一直傳到縣級：要是出現像赫魯雪夫的人怎麼辦？要是中國中央有修正主義該怎麼辦？縣級黨委員會必須反抗被修正主義把持的中央。」[96]毛澤東暗示，地方不只必須準備對付入侵，還必須準備反抗修正主義領導的中央。

鄧小平後來論斷，毛澤東的決定推翻了一九六四年的經濟政策，成了文化大革命的起點。鄧小平記得，大躍進「失敗」後，毛澤東「就很少過問經濟」，專注於階級鬥爭。但是在一九六四年，毛澤東「斥責」李富春、李先念和薄一波，問他們「為什麼中國不建設第三線」。鄧小平說，「中國接著進入高潮，瘋狂建設大小第三線，我認為文化大革命的源頭就是在那個時候」。[97]

採用一九六四年戰略方針

中央工作會議結束後，毛澤東與政治局常務委員會以及中共地區黨部的第一書記，在北京外郊的明十三陵開會。羅瑞卿回憶道，毛澤東在談話中「否定」現存的「北頂南放」戰略方針。[98]毛澤東要求改變戰略，準備抵禦來自任何方向的攻擊，停止採用前進防禦，支持採取誘敵深入。這樣的戰略能讓地方黨委員會更加重視軍事事務，成就了毛澤東的計畫，既能將經濟規劃分權給地方，又能打擊黨官僚裡的修正主義。

毛澤東拒絕採用現行的軍事戰略

毛澤東的談話中有幾項特點，凸顯了他的動機與國內政治有關。第一，他沒有在中國的高階軍官會議中提起對於現行軍事戰略的擔憂，像是中央軍委會議，甚至跟林彪和羅瑞卿等高階將領非正式聚會時也沒講過，統率解放軍的最高階黨員林彪是在幾個星期後才獲知毛澤東的談話。[99]毛澤東反而選擇對著鮮少或沒有直接涉及高層軍事事務的中央和地方黨領導人，反對中國的現行軍事戰略。光是從他挑選的場合，就能看出他批評戰略，是為了達成自己的政治目標，而非為了增進中國的安全。此外，毛澤東的談話並非單獨或主要聚焦於軍事戰略，其實，他的談話中包含了兩個主題，一個是地方黨委員會必須「掌握」軍事事務，第二個是黨內領導接班的問題——這兩個主題都是跟他擔心修正主義最休戚相關的。

毛澤東在第一部分的談話再度強調，地方黨委員會必須著重推動軍事事務；毛澤東採用的手法是，質疑一九六〇年方針的首要戰略方向。根據前述，他認為地方幹部散漫自滿，幫黨的地方領導人找出必須解決的總體問題，就能防止他們自滿，這裡指的就是缺乏備戰，萬一中國遭到攻擊，他們無法在自己主管的地區，執行獨立的軍事作戰行動。如果中國沒有首要戰略方向，而且任何地方都可能會遭到攻擊，那麼軍事事務與備戰就是全體地方領導人的責任，不單只由可能會遭到美國攻擊的北方的領導人負責。強調獨立作戰也喚起了內戰時期的革命精神，這再度反映出毛澤東對修正主義的擔憂。

毛澤東一開始說，「地方黨委員會必須推動軍事事務」。對毛澤東而言，「光是看演習是不夠的」。接著他論及所有地區和省分「必須擬定計畫，包括強化民兵部隊、修復機械與軍需工廠」。他把擔子交給省級黨委員會，說他們必須「關心省裡的軍隊和民兵」，並且進一步訓斥身兼政治委員的省級第一書記們，說他們逃避責任，是「冒牌的人民委員」。

接著毛澤東轉談戰略方針，他說他「想了很久」。他先質疑一九六〇年戰略的首要戰略方向，六〇年戰略以敵人攻擊東北為假定前提，尤其是山東半島。毛澤東一開始就說，「過去，我們討論過北頂南放，我的看法是，不必然」。[100]毛澤東接著問，敵人「是否一定得從東北來犯」。他先說明敵人不可能從西南的廣西進攻，再提出可以替代的攻擊方向。如地圖4-1所示，可能的攻擊方向包括在渤海灣的塘沽登陸，攻占天津和北京；在青島登陸，占領天津或徐州；在連雲港登陸，進攻徐州、開封和鄭州；或者在上海登陸，攻占南京和武漢。他所強調的最大重點是，聚焦於單一個戰略方向很危險，因為「這些地方敵人都可能會入侵」。

毛澤東接著質疑一九六〇年戰略的第二項要素，也就是基本指導思想，採用了防守固定陣地，「頂」住入侵。毛澤東再度提起革命時期，說「我們還是可以使用舊的方法來打仗」，也就是以結合打帶跑為核心的運動戰。他重提一九三六年在革命軍事戰略演講中所說的話，說：「打得贏就打，打不贏就走。」更廣泛來說，他申明無法接受「完全根據能夠抵抗敵人，來思考作戰行動」。也就是說，毛澤東認為，「思考戰略必須以無法抵抗敵人為依據。如果你抵擋不了敵人，走為上策！」全體聽眾都聽明白了，毛澤東言下之意就是他偏向採取誘敵深入和運動戰。

毛澤東利用這些對於現存戰略的批判，來論辯每個省、縣和地都應該發展自己的民兵部隊和地方軍，方能在大型戰爭中執行獨立作戰行動。萬一戰爭爆發，他囑咐，「別靠中央政府；別靠區區幾百萬人民解放軍。在這麼大的國家，戰線這麼長，只靠人民解放軍是不夠的」。他再次強調必須靠自己，地方官員必須負責守衛自己的領土。毛澤東再次申斥他們，說「必須做好準備。

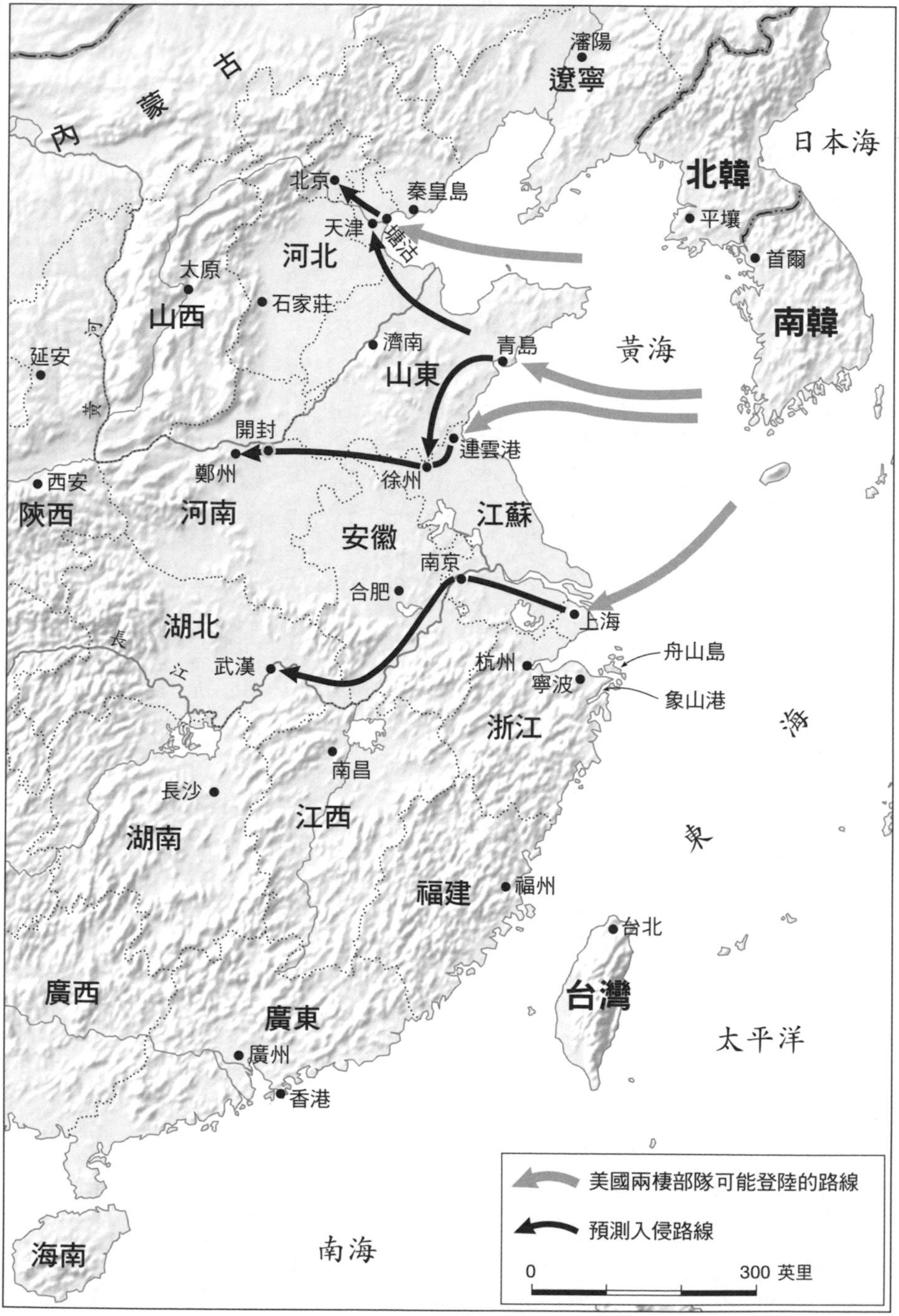

地圖4-1　毛澤東認為敵人可能入侵的路線（1964年6月）

你們這些人只想要錢，不要槍」。他也要求各省建造軍事工廠。毛澤東認為，「等到仗打起來，你們被切斷了，要蓋軍事工廠就來不及了」。

毛澤東談話的第二部分則聚焦於必須挑選接班人，預示七月要公布的第九封批判蘇聯的公開信。毛澤東把「防修」和黨內「挑選接班人」的問題扯在一起，要求各級都必須挑選接班人，包括中央、省、地和縣——他也將這項任務指派給黨委書記。他接著說明幾個辦法，避免下一代領導出現修正主義，諸如：實踐馬克思列寧主義；把焦點放在服務多數人，而非少數人；聯合多數人；採用民主工作方式；犯錯時要自我批判。[101]

之後，毛澤東繼續強調六月十六日演說中談論過的主題。七月二日，他擔心的範圍擴大了，也納入了蘇聯，不過接下來幾年，主要還是聚焦於美國。毛澤東指出，「不能只注意東方，卻不關心北方；不能只注意帝國主義，卻不關心修正主義」。他接著又強調，所有省分都必須建造自己的軍需工廠。此外，「一旦發生問題」，像是戰爭，「各省必須負責自我防衛」，「不能仰賴中央和中央軍委」，因為「中央處理不了」。最後，毛澤東也強調：「如果一切準備充足，敵人可能就不會來；但是如果準備不充足，敵人可能就會來。」[102]這似乎至少是他利用軍事準備，反制修正主義的其中一部分動機。

七月十五日，毛澤東再度暗示想要以誘敵深入作為作戰基本指導思想，他告訴周恩來：「我們的打法，『我』能吃下『你』時，就吃你，吃不下你時，也不讓你吃了我，時機不成熟時我主力不同你硬拚，與你脫離接觸，等我能吃了你的時候，就把你吃掉，一口一口地吃，最後把你吃掉。」[103]毛澤東還說：「如果北京丟了，不要緊」，黨領導人們「就到北京和太原之間的山洞裡，在那裡跟敵人鬥」。[104]他再度強調要發展地方軍，以及必須能夠執行獨立作戰，建議派十一、二個師到沿海和邊境省分，發展與訓練民兵執行這些作戰行動。[105]毛澤東認為，在即將到來的戰爭中，「這些師將成為所有抗敵行動的骨幹」。[106]

利用第三線攻擊中央規劃

毛澤東反對現行軍事戰略，繼續攻擊中國的中央規劃機構。一九六四年五月毛澤東初次出手干預之後，李富春便開始研究如何執行毛澤東的指令，建設第三線。六月中旬，國家計劃委員會派數組人馬視察要作為第三線的各個地點。然而，實行毛澤東野心勃勃的計畫困難重重，比方說，規劃過程中，要把攀枝花鋼鐵工廠蓋在哪裡，引發了爭論，西南局的地方官員和四川黨委員會認為，中央提議的地點太過偏僻荒涼，反駁了設法幫助毛澤東實現心願的國家計劃委員會官員。[107]

到了八月中旬，毛澤東變得「非常不滿意」推動建設第三線計畫的速度，他問李富春，「第三線建設為什麼這麼慢？」[108]李富春回答說攀枝花附近的情況很複雜，中國缺乏資金，擬定投資計畫必須另外再開會分析。他的回答有人可能料到了，標準的經濟規劃者都會這樣回答。雖然李富春的回答很有道理，但是毛澤東卻仍怪罪國家計劃委員會，他指責委員會規劃辦法「不恰當」，辦事「無能」。[109]毛澤東的批評反映出，他不只不滿規劃執行流程仿效蘇聯，也不滿黨的整個官僚體系。

在八月初的北戴河年度領導幹部暑休，國家計劃委員會再度遭到嚴厲抨擊。毛澤東在委員會的代理人，副主任陳伯達，斥責委員會「工作方式拖拉散漫」。[110]陳伯達附和毛澤東，指責委員會模仿蘇聯的「管理制度，助長了修正主義」。[111]毛澤東接著命令，要將陳伯達的觀點傳達到所有的地方黨委員會，並且列入十月即將舉辦的中央工作會議的議程中。毛澤東也訓責委員會，意圖一覽無遺。他聲明，「規劃工作的方式必須在接下來的兩年內改變，如果他們不改，最好就廢除計劃委員會，用別的組織取代」。[112]在那個月月底，毛澤東甚至訓斥國家計劃委員會沒有「回報工作」，而且「封鎖」他和劉少奇。[113]由於國家計劃委員會裡好幾位領導成員也是中央書記處的成員，所以毛澤東說的話根本是假的，不過這確實反映出他不滿黨的前線領導階層。

八月中旬，建設第三線的行動加速，毛澤東對總參謀部在一九六四年四月寫的報告加以評論，這份報告說明沿海省分人口、公共建設和工業高度集中，在戰爭中容易遭到攻擊。*毛澤東的評論讓後續編成了一組領導小組，由李富春領頭，督導擬定建設第三線的計畫。從更廣的層面來說，毛澤東也開始要求經濟決策分權。貝瑞．諾頓（Barry Naughton）研究這個時期的中國經濟，推斷經濟分權和第三線建設是「互補」的。[114]一九六四年九月，中央授權地方政府，管控

---

* 許多學者認為，這份報告是毛澤東在五月想要建設第三線時的根據，但是，毛澤東到八月才讀這份報告。此外，這份報告指出中國沿岸地區的經濟弱點，沒有提到第三線的概念。

小工廠的產量，以及聘雇臨時工，藉此讓地方「施行真正的自治工業制度」。[115]國家計劃委員會的作用受到限制，以便授權給省和跨省經濟區，鼓勵他們自食其力，負責在自己的轄區內推動經濟發展。因此，建設第三線，即以曖昧的安全威脅作為理由，幫毛澤東削弱了官僚的一根核心支柱，他認為官僚跟修正主義有所牽扯。

十二月，毛澤東結束攻擊國家計劃委員會，停止讓主任李富春處理日常工作。毛澤東把余秋里從大慶油田調來，擔任國家計劃委員會的副主任和黨委書記。余秋里內戰期間擔任第一野戰軍的政治委員，一九五八年擔任石油工業部部長，負責開發黑龍江省的大慶油田。余秋里在國家計劃委員會組建一個小組，稱為「小計委」，直接向毛澤東報告，破壞黨現有的報告管道，監督擬定第三個五年計劃，以第三線建設為關鍵，經濟發展則必須配合備戰。[116]毛澤東奪回了控制權。

國外威脅？

對於毛澤東想要發展第三線，以及在一九六四年改變中國的軍事戰略，常見的解釋都強調國外威脅，尤其是美國擴大了越南的戰火。其實，雖然擔心外國威脅或許是毛澤東算計的一部分，但是用這個理由來解釋毛澤東決定干預經濟政策和軍事戰略，實在是沒有說服力，原因有幾個。

第一，中國雖然歷經一九六二年不安全性緊張提高，但是外部環境到一九六三年就穩定下來了。印度在一九六二年戰敗之後，便不敢再跟中國爭邊境的控制權。另外，一九六二年六月，進攻大陸的行動功虧一簣後，國民黨便把焦點放在小規模沿海偷襲，大多輕易被打敗。[117]往南，美國從一九六二年起就不斷加強力道，守護南越，不斷增派顧問支援。但是一九六四年春天，並沒有跡象顯示，美國打算擴大戰火，進攻北越，或者在南越部署戰鬥部隊。[118]最後，一九六二年的新疆伊塔事件暴露了中國無力守護邊境、對抗蘇聯，中國終於開始修補西北虛弱的邊境防禦。[119]儘管如此，在一九六四年初，莫斯科還沒開始在中國北方邊境增派軍隊，一九六五年底才會開始。[120]此外，一九六四年整個上半年，北京和莫斯科進行多次協商，討論邊境爭議，最後對於如何劃定東部界線，達成了共識。[121]中蘇雖然關係交惡，但是不至於馬上爆發武裝衝突。中國軍事策劃人員研究了如何提升邊境安全，但主要目的是改善一九五〇年代完全沒有防禦的問題，而非準備抵禦重大攻擊。[122]最後，毛澤東要求建設第三線時，中國正處於緊要關頭，即將在十月試爆第一顆原子彈，這項發展應該減輕了對於國外威脅增強的擔憂。

第二，毛澤東要求建設第三線，拒絕採用現行軍事戰略，三個月後，也就是一九六四年八月初才發生北部灣事件（Gulf of Tonkin Incident），因此，美國擴大越南的戰火無法解釋毛澤東為何改變經濟政策或軍事戰略。[123]毛澤東在六月拒絕採用現行戰略的一個星期前，還不認為美國的攻擊近在眼前，說「我們又不是美國的參謀長，我們不知道他什麼時候要打」。[124]即便八月初爆發北部灣事件，也沒有改變毛澤東的評估，他依舊認為不可能跟美國爆發衝突。比方說，八月十三日跟越南領導人黎筍會面，毛澤東評論北部灣事件之後美國轟炸北越時說，「美國還沒派陸軍」。他推斷，「看來美國人不想打，你們不想打，我們也不想打」。[125]

第三，毛澤東駁斥美國與中國最可能爆發衝突的方式。在六月的演說中，他輕忽美國可能會攻擊南部的中越邊境，說「就算敵人從廣西和廣東進來又怎樣？他們可以打進去雲南、貴州和四川，但是他們什麼都得不到」。[126]在這次演說與一九六五年十一月的談話中，美國已經擴大南越的戰火，毛澤東都繼續強調美國可能會攻擊沿岸不同的地點。換句話說，他沒有提議修改中國的戰略，應變最可能發生的情況，反而繼續強調敵人的攻擊方向不明。國外威脅無法解釋毛澤東這方面的思維，但是國內威脅和修正主義可以。把焦點放在廣大的沿岸可能遭到攻擊，讓毛澤東可以誇大中國面對的威脅，名正言順建設第三線，以及把戰略改為誘敵深入。

第四，毛澤東在一九六四年五月和六月討論國外威脅時，說得模糊不清，而且一點都不緊急。他似乎不認為中國會立即遭到攻擊，只有一九六五年春天的一小段時間例外，這點下文會討論。[127]毛澤東在一九六四年五月申明要防備偷襲，幾乎是一字不差地重述一九五五年的一次類似談話，[128]這兩次發言反映出來的，都是中美兩國持續存在的敵意，而不是迫在眉睫的威脅。一九六四年七月初，劉少奇總結毛澤東在中央工作會議所說的話，並沒有傳達任何迫切感。劉少奇說，「帝國主義者打算什麼時候攻擊，我們還沒看到徵兆，但是我們必須準備，天天警戒敵人的動靜」。[129]最後，在一九六五年七月中旬，羅瑞卿就自己的理解把毛澤東的戰略評論總結為：「想事情，要把事情想得比較難，要把所有可能出現的困難都要考慮進去」。[130]

第五，一九六四年秋天開發第三線的計畫，並沒有反映出擔憂國外威脅日增的迫切感。此時，第三線計畫的重點是工業發展以及特定的國防工業和備戰。比方說，毛澤東指定的主要建設項目是鋼鐵工廠、其他基礎工業與鐵路網路，這些項目是資本密集的工程，前置時間長達七到十年，凸顯出強調工業重於農業的經濟政策，以及整體缺乏迫切感。如果毛澤東推測這些項目是中國自我防衛所必要的，那麼漫長的前置時間暗示著大戰並沒有迫在眉睫，然而這些計畫卻是削弱黨中央官僚和促成地方自力更生所必要的。

美國擴大越南戰火

一九六五年越戰擴大，讓中國有機會重新思考美國的威脅。戰事可能擴大，讓毛澤東有機會重新強調他從一九六四年六月起提過的許多想法，包括全面告誡「準備因應發生最糟的情況」。但是一九六五年六月美國的威脅減弱，他還是繼續堅持推動新的經濟政策和軍事戰略，把誘敵深入的作用講得更加明確許多。毛澤東在美國的威脅消退之後強調誘敵深入，這符合他在一九六四年六月改變中國軍事戰略的國內動機。

一九六五年初，中國領導人們並沒有察覺來自美國的威脅加強了。一月九日，接受美國記者愛德加·史諾（Edgar Snow）訪問時，毛澤東聽起來相當樂觀，史諾說中美不會爆發大型戰爭，毛澤東贊同地回答說：「你說得可能對。」[131]毛澤東也提到，美國國務卿迪恩·拉斯克（Dean Rusk）說，美國不會將南越的戰爭擴大到北方，排除了中美直接爆發衝突的可能性。[132]同時，中央軍委發布指令，命令中國飛行員避免跟從美國進入中國領空的飛機直接交戰。[133]

一九六五年二月，越共攻擊南越波來古（Pleiku）的一處美軍直升機基地，美國立即對北越回擊幾波轟炸行動。美國在戰略上的反應是決定部署戰鬥部隊，從三月初開始，當時有兩個陸戰隊營在峴港登陸，一九六五年六月增加到超過八萬人。[134]美國開始部署戰鬥部隊後，北越派代表團到北京，請求中國增援。這項請求促使中國最高領導人們做出關於中國參與越戰的一系列決定，讓中國有機會檢驗，威脅大幅增強——戰爭可能會擴大到中國邊境——會如何影響軍事戰略的思考。

第一，接下來幾個月，中國答應提供越南軍事支援。雖然中國沒有提供越南所要求的飛行員，但是到了一九六五年六月，中國已經開始派遣防空、工程、後勤和其他部隊到越南，在一九六五年六月到一九六八年三月之間，中國總共派出三十二萬兵力。[135]

第二，中國決定向美國表達要阻止越戰擴大到中國邊境甚至是境內的決心，首先就是在《人民日報》之類的報章媒體，刊登「火藥味濃厚」的文章。四月初，周恩來在喀拉蚩（Karachi）的時候，請巴基斯坦總統阿尤布・汗（Ayub Khan）傳口信給華盛頓，口信的重點是，中國不會主動對美國挑起衝突，但是「如果美國對中國開戰」，中國會頑強抵抗。[136]阿尤布・汗拜訪美國的行程在四月中旬延後，中國改請駐北京的英國代辦（chargé d'affaires）傳達相同的口信，英國代辦在六月二日到華盛頓傳達口信。[137]四月八日和九日美國闖入海南島的領空後，毛澤東也同意修改交戰規則，聲明中國「絕對會攻擊」闖入中國領空的飛機。[138]四月十二日，《人民日報》刊登措辭強烈的社論，談論符合這項變更的衝突。[139]

第三，毛澤東下令中國進行國內動員。毛澤東在三月底解釋過，國內動員是要「向敵人示威，支援越南，以及宣傳我們工作的各個層面」。[140]毛澤東推論說，中國「必須準備今年、明年、後年打仗」，[141]反映出他比較贊同規劃應變最壞的情況。即便威脅程度升高，而且無法確定美國是否會擴大戰事，毛澤東說動員有益於「我們工作的各個層面」，也表明了國內必須支持他更改戰略的作法。四月十二日，政治局召開全體會議討論動員，在會議中，鄧小平論道，「戰爭範圍可能會擴大到中越邊境的中國領土，甚至可能跟美國爆發規模比較大的有限戰爭」。[142]四月初的這段時間，可能是中國最擔心美國擴大戰事的時候，儘管如此，中國仍舊還沒動員解放軍部隊或地方，防備美國可能發動的攻擊，不像一九六二年五月和六月全面備戰，防備國民黨的攻擊。

四月十二日，中央委員會發布指令，加強備戰。指令公文載明，倘若美國擴大越南戰事，「將會直接威脅我國安全」，因此中國「必須做好準備，以防美國將戰火帶到我國國土」。指令公文還指出，中國「必須防備爆發小型、中型、甚至是大型戰爭」，反映出鄧小平所提出的戰爭未來不確定性。公文還強調，中國難以防範空襲，以及必須保護主要軍事設施、工業基地、運輸樞紐、要地和城市。[143]諷刺的是，公文重提一年前毛澤東要求發展第三線的許多理由，當時根本沒有美國可能擴大戰爭的迫切威脅。

第四，解放軍舉辦了一場全軍作戰會議，持續大約六個星期。一九六〇年代初期，每年春天，在三月或四月，解放軍都會這樣的全軍作戰會議。[144]這場會議的目的是，先討論毛澤東一九六四年六月發表「統一思想」演說之後所下達的諸多軍事戰略指令，接著擬定全軍作戰和戰備計畫。[145]羅瑞卿回憶道：「這場作戰會議具體討論如何執行主席所指示的戰略方針。」[146]雖然擔憂美國擴大越戰，無疑影響了討論，但是召開這場會議，並非為了這個原因，而且如何應變這個情況，也不是會議主要聚焦的問題。例如，會議中發了一份文件，指出美國可能會從毗鄰越南的廣西省攻擊中國，羅瑞卿斥責這抵觸了毛澤東在一九六四年六月的論述，毛澤東當時說敵人可能會攻擊的地區並不明確，不一定會從這個方向。[147]這場會議也申明，雖然解放軍應該根據最壞的情況來備戰，但是中國的處境還不至於「岌岌可危不可終日」。[148]

四月底，高階軍官向毛澤東匯報全軍作戰會議的結果，毛澤東在回答中強調他早在一九六四年就已經提出的議題。一方面，他同意建造三層防禦，不讓「敵人」「長驅直入」，像德國那樣「長驅直入」入侵俄國。另一方面，他也強調絕對不能據守領土「太久」。對毛澤東而言，固定防禦的唯一目的就是爭取時間動員。然後，他說，「讓敵人進來，誘敵深入，然後殲滅敵人」。毛澤東也指出，他不認為中國正面對來自美國的立即威脅。他說美國是「投機主義分子」，「不會那麼冒險」；他論及在第一次與第二次世界大戰，美國都是等其他國家快打完才參戰。[149]這明顯暗示毛澤東不相信美國即將攻擊中國。

黨領導階層給與全軍作戰會議的指示，也符合毛澤東的戰略觀點。五月十九日，黨最高領導人們參加作戰會議，包括劉少奇、周恩來、朱德、林彪和鄧小平，他們下達的指令全都沒有反映出擔心爆發立即威脅。領導人們指出，中國應該「防備戰爭提早爆發，防備爆發大規模戰爭，以及準備在各個方向對抗敵人」。這樣的準備被視為拖延甚至是防止戰爭的關鍵，因為「只要我們準備充分，敵人就不會輕易引發衝突」。儘管如此，領導人們還是小心避免大幅增加軍隊數量，指出「如果我們花太多資源與太多心力在軍事上，國家經濟發展會受到影響」。[150]

鞏固誘敵深入

六月七日，駐北京英國代辦告知外交部，已經把中國的警告轉達美國國務卿迪恩．拉斯克。加上美國聲明會把作戰行動局限在南越，越戰擴大的威脅已經削減，儘管如此，毛澤東還是繼續著重他一年前推動的軍事戰略改變，強調誘敵深入的作用勝於固定前進防禦。

一九六五年六月十六日，黨領導人們在杭州開會，就在討論東岸軍隊應該如何部署時，毛澤東說話了。這次意見交流顯示出，儘管毛澤東之前下達了指示，提出了評論，但解放軍對於中國的軍事戰略還是沒有「統一思想」。南京軍區司令員許世友主張「澈底對抗敵人」：在沿岸打敗敵人，別讓敵人「進來」。[151]許世友支持前進防禦戰略，他從一九五〇年代中期就一直採用這個戰略來備戰，戍守軍區。[152]毛澤東則據理回應支持誘敵深入，說「如果你不給敵人一點點優勢，不給他嘗一下勝利的滋味，那就沒戲唱了，因為這樣他就不會進來。你得讓他嘗一下勝利的滋味，他才會進來」。他接著建議，中國要「準備把上海、蘇州、南京、黃石和武漢奉送給敵人，這樣我們的軍隊就能擺開來打勝仗」。[153]

毛澤東的話可看出端倪。首先，最重要的一點，到六月中旬，與美國在中越邊境上爆發衝突的威脅減弱；英國把周恩來的警告轉達美國，消除了中國的恐懼。[154]美國表示不會把戰爭擴大到北越或更北方，與美國爆發衝突的威脅都已經減弱，然而毛澤東仍舊強調誘敵深入。再者，一九六五年整個下半年度，毛澤東繼續推動誘敵深入戰略，這符合前面所說明的政治邏輯，但卻不符合中國評估自己在越南面對的局勢。同樣地，毛澤東六月在杭州的談話完全沒有提及越南的局勢，幾個星期後羅瑞卿總結毛澤東的軍事戰略想法時也沒有論及。[155]

第二，毛澤東強調誘敵深入，揭露了他渴望明確澈底地戰勝美國。毛澤東強調誘敵深入，不是因為這個戰略保衛中國的效果比較好；他偏好誘敵深入，是因為這是中國打「殲滅戰」的唯一辦法，殲滅戰才能獲得明確的勝利，而明確的勝利想必能提高毛澤東在國內和社會主義陣營裡的聲望。這樣的戰略也跟分散決策權、削弱黨中央官僚的措施相輔相成。毛澤東相信，在中國打持久戰，能創造有利的條件，取得明確的勝利；相較之下，採用比較局限的作戰，阻止美國奪取領土，就無法達成這樣的結果。他指出，「我實在擔心敵人不進來，只在邊境打一下子而已……唯有引誘敵人深入我國領土，才能澈底打敗敵人」。[156]後來毛澤東說得更加明確，說「沒餌就抓不了魚」。[157]不過他也有點自相矛盾，提出如果中國備戰充分，敵人就不會來襲。儘管如此，他還是主張準備在中國領土打持久戰，這樣才可能獲得明確的勝利；他反對採取局限的作戰去阻止敵人占領任何領土。

第三，毛澤東偏好誘敵深入，是因為有利於國內政治，能對抗修正主義，繼續階級鬥爭。對毛澤東而言，「要是敵人真的不來，那其實是壞事」。他認為，要是敵人不入侵，百姓就沒辦法獲取任何經驗，社會上的「壞」分子就不會被「分化」，像是地主、富農和反革命分子。此外，「敵人也不會被揭露」——暗指毛澤東在國內的敵人，不是中國的外敵。[158]

誘敵深入戰略有益於國內政治，這說明了為什麼戰略退卻比阻止敵人更重要。因為準備誘敵深入，能促使中央將行政權分散到地方，全體備戰有利於達成毛澤東的目標，也就是打擊修正主義和推動地方自力更生。分權能削弱像是劉少奇和鄧小平等第一線領導，一年後毛澤東發動文化大革命，直接攻擊了這兩個人。此外，比方說毛澤東要求把「四類壞分子」加入所有備戰宣傳中，再次顯示，他思考軍事戰略時，心繫國內階級鬥爭和修正主義。

一九六五年六月底，戰略改變完成了。六月二十三日，中央書記處請羅瑞卿演講，總結毛澤東過去一年對戰略的評論和指示。[159]雖然不得而知出席這場演講的人有誰，但是請羅瑞卿進行這次演講的是書記處，由此看來，聽眾最可能是黨領導人們，而非軍事領導。[160]因此，這讓人不禁認為，此舉是想要向黨內，而非解放軍，傳達毛澤東對於軍事戰略的想法，並且整合他過去一年對戰略問題所提出的迥異言論。竟然需要進行這樣的演講，這凸顯出這次改變戰略的方式確實打破了常規。

羅瑞卿從毛澤東一九六四年六月在明十三陵發表的演說作為起頭，最後講到一九六五年六月毛澤東和許世友的談話。羅瑞卿提出自己的注解，強調毛澤東要求聚焦於準備「大打」，「快打」，打原子彈。[161]羅瑞卿為了喚醒革命精神，也強調內戰期間解放軍的作戰原則，像是人民戰爭和集結優勢軍力打殲滅戰。羅瑞卿指出，「必須繼續沿用過去用起來有效的方針、政策和原則」。然而，羅瑞卿也認為準備的焦點在於要「準備兩手」（即為最好與最壞的情境作打算）。[162]

八月十一日，政治局常務委員會開會討論新的戰略方針，羅瑞卿報告林彪的指示，說明如何執行「毛澤東的誘敵深入戰略方針」。[163]在這場會議中，毛澤東重申「我們必須誘敵深入」。毛澤東的論據是，「誰能誘敵深入，就能殲滅敵人」。再者，如果敵人一開始打贏幾場仗，就會「開心」，比較容易被引誘深入。毛澤東重述自己的觀點，說必須給敵人「嘗一下」勝利的滋味；否則敵人不會進來。他接著要求總參謀部研究，用什麼辦法可以引誘敵人進來。[164]

不久後，一九六五年十月初，毛澤東把發展第三線和修正主義扯在一起，特別聚焦於沿海省分的「迷你」第三線。在一次跟黨領導人們討論第三個五年計劃和第三線時，毛澤東警告說，「如果黨中央出現修正主義，應該會有人造反」。再者，如果黨中央犯下大錯——「如果像赫魯雪夫一樣的人出現」——他強調，「迷你第三線有利於遏止造反」。[165]打擊修正主義和地方自力更生之間的關聯，尤其是在軍事事務上，再清楚不過了。

一九六五年十一月，毛澤東重彈許多老調。他說，如果戰爭真的爆發，「省不能靠中央，必須靠自己」。此外，省必須「抵抗敵人三個月，然後讓敵人進來，嘗嘗甜頭。誘敵深入，加以殲滅。先殲滅一個營，接著一個團，再來一個師」。[166]翌日，他重申自己的觀點，說「誘敵深入是殲滅敵人的上上之策」。他接著說明美國可能會從不同方向攻擊，包括從東北、天津、青島、連雲港和長江。[167]

一九六六年一月，總參謀部在北京召開小規模作戰會議，目的是要研究如何執行毛澤東的戰略指示，以及修改調整五年計劃，加強設防。[168]總參謀部規劃了兩層來引誘敵人進入，第一層包括天津、濟南、徐州以及上海附近的地區，第二層包含北京、石家莊、鄭州、大別山北麓以及南京以東的地區。目標是在中國北部與中部的平原「殲滅大量敵軍」，這不禁讓人聯想到在一九四七年和一九四八年中國內戰的作戰行動。[169]

蘇聯威脅和文化大革命

蘇聯威脅加劇是中國安全環境的一大關鍵改變。從一九六六年開始，中蘇關係惡化，蘇聯開始增加部署在邊境與蒙古境內的部隊。一九六九年三月二日，在烏蘇里江上有爭議的珍寶島，解放軍部隊伏擊一支蘇聯巡邏隊，那個月爆發三次衝突，這是第一次。後來，蘇聯軍隊開始試探中蘇邊境的不同地區，包括一次明顯地入侵新疆，接著在八月洩漏了計畫，走漏的消息指出蘇聯考慮先發制人，襲擊中國草創的核子部隊。中國推斷這些舉動是入侵的前兆，鑑於莫斯科一九六八年干預捷克斯洛伐克，而且奉行布列茲涅夫主義（Brezhnev doctrine），大肆干預社會主義國家的事務，中國更加相信蘇聯會入侵。[170]

可能與蘇聯爆發戰爭，變成了緊迫的新威脅，危及中國的安全。一九六九年三月，毛澤東說中國「必須備戰」，而這個重大議題，在下個月召開的中國共產黨第九次全國代表大會上進行了討論。[171]一九七〇年，毛澤東告訴北韓領導金日成，說蘇聯意圖占領中國黃河以北的領土，那可是中國很大的一部分。[172]然而，新出現的蘇聯威脅並沒有促使中國改變軍事戰略，中國反而從一九六四年起更加賣力執行誘敵深入戰略。一九六九年四月，毛澤東說，要是跟蘇聯大戰，中國應該「採用誘敵深入的戰法」。與早先的觀點一致，毛澤東再次強調，「我主張棄守一些地方」。[173] 一九六九年八月以前，中國就開始重新調整防禦規劃，焦點是固守毗鄰蘇聯的地區，也就是「三北」。這些初期行動包含一九六九年秋天將關鍵人員撤離北京。[174]

中國對蘇聯威脅有兩個主要反應。第一，大幅擴大解放軍的規模。一九六九年期間，解放軍增加到六百三十一萬官兵，規模超過韓戰高峰期。陸軍新增三個軍部，並且編成或重新編組三十個師。空軍新增兩個軍部、八個航空兵師，以及兩個防空炮兵師。[175] 此外，海軍和特種部隊也增加了軍力。第二，從北越邊境附近的中國南部，挑選菁英部隊，重新部署到中國中央，加強戰略後備部隊，防備蘇聯攻擊，總共調動了五個軍和四個師的技術部隊。[176] 例如，一九六九年十一月，原本駐守廣西省的第四十三軍，就被調到了河南省。[177]

然而，就算中國想要採用不同的戰略，來對抗蘇聯的威脅，但是文化大革命愈演愈烈，社會陷入動亂，加上黨領導階層分裂，癱瘓了解放軍。雖然本書沒有詳談文化大革命期間的解放軍，但還是能總結黨內不團結對解放軍造成的一些主要影響，包括軍隊組織和作戰準備。[178]

第一，許多在一九六五年擔任領導職的資深司令員，在文化大革命爆發後，遭到迫害、肅清或排擠，這些人任職於中央軍委、總部、軍區、地方軍區和主力部隊；解放軍有六十一名軍官，在一九五六年中國共產黨第八次全國代表大會中，獲選為中央委員會的委員或代理人，其中的三十七人遭到「陷害或迫害」。[179] 一九六七年美國中央情報局採用保守的方法進行研究，推斷百分之二十五到三十的解放軍領導階層被剷除，在軍區和總部的比例又高了許多。[180]

第二，不同派系的人馬加入，導致中央軍委變得臃腫。例如，一九六九年四月選出來的中央軍委，有四十二名委員，導致無法執行監督軍事事務的任務。這麼大的中央軍委運作十分不便，起不了作用。在這段時期，中央軍委裡的執行組織也被推翻過幾次。

第三，毛澤東決定在文化大革命期間動用解放軍處理國內事務。他一開始在一九六七年初要求解放軍「支援左派」，經常造成解放軍地方部隊與一個以上的叛亂團體爆發衝突，並徒讓爆發的暴力衝突火上加油。暴力衝突在一九六七年中旬達到巔峰，毛澤東竟然決定動用解放軍，實行軍管制度；而軍事管制委員會或團體的成立，並任命解放軍軍官擔任革命委員會的關鍵職務，目的是為了要管理省與地方，並經常支配了這些政府機關。解放軍亦掌管基層機關，管理地方事務，像是穀物儲存、公共安全和宣傳。此外，解放軍部隊也參與工業和農業生產，因為生產被持續的動亂打斷了，一九六七年到一九七二年間，總共有超過兩百八十萬官兵投入各式各類的國內任務，而非傳統軍事職責，[181]這對作戰準備的影響顯而易見。一項研究推斷，在這段期間，超過百分之七十三的戰鬥部隊，「從事於對軍事鮮少或完全沒有益處的活動」。[182]

第四，軍事教育和訓練大幅停止。文化大革命開始之初，林彪強調「特別重視政治」，成了解放軍訓練的首要原則。根據記述，在十二個月裡，只有一、兩個月用於戰術軍事訓練，其餘時間都投入政治訓練，以及生產或訓練民兵之類的地方活動。[183]一份官方歷史結論道，「軍事訓練停頓三年」。[184]蘇聯的威脅加劇後，中國只有恢復部分訓練。一九六九年下半年，軍隊聚焦於反戰車戰術；一九七〇年，毛澤東指示解放軍進行「野營訓練」，將長達一千公里的行軍，與基礎技術戰術訓練結合。[185]儘管如此，中國卻沒有舉行大規模野戰演習，同樣地導致解放軍無法提高戰備，防備中國面對的外國威脅。

結論

採用一九六四年戰略方針，雖然是戰略改變的異常例子，但卻引人入勝；這次可以說是顛倒或逆行的改變，摒棄現行的戰略，改採以前的戰略——這裡指的就是「誘敵深入」的戰略，或稱戰略退卻。這也是唯一一次不是由高階軍官發動的戰略改變，這次是由黨最高領導毛澤東所發動。雖然我的論述無法解釋改變的方向或機制，但是這個例子說明了，黨不團結，領導階層分裂，會如何扭曲戰略決策。一九六四年要求採用誘敵深入戰略，不是為了提升中國的安全，而是為了攻擊毛澤東視為修正主義分子、威脅到中國革命的那些黨領導人們——這些舉動最後會導致他在兩年後發動文化大革命。由於文化大革命造成黨不團結，中國因而一直採用誘敵深入戰略到一九八〇年，不顧一九六九年就出現的蘇聯入侵威脅。

第五章
一九八〇年戰略：「積極防禦」

一九八〇年九月，總參謀部召開長達一個月的高階軍官會議，討論如何反制蘇聯的攻擊。這場會議的目的是，確定一旦中蘇爆發戰爭，初期階段應該採用什麼原則來指導解放軍作戰。會議結束時，中央軍委贊同採取簡單稱為「積極防禦」的新戰略方針。現行的戰略方針強調誘敵深入，新戰略則恰恰相反——要求解放軍抵抗蘇聯入侵，採用前進防禦，以陣地戰為根基，阻止蘇聯突破。

中國軍事戰略有三次重大改變，採用一九八〇年戰略方針是第二次，不過這次改變著實令人費解。中國明確面對來自蘇聯的軍事威脅超過十年，一九六六年，蘇聯與蒙古簽署防禦協議，開始增加部署在中國北境的軍隊；一九六九年三月中蘇軍隊在珍寶島爆發衝突後，蘇聯的威脅持續加劇，到一九七九年，共有五十個師向著中國。然而，儘管這股威脅存在，中國卻一直到一九八〇年才採用新的軍事戰略。中國並沒有因為蘇聯軍事威脅出現，就改變軍事戰略。

除了蘇聯的威脅以外，還有兩個因素至關重要，可以理解一九八〇年中國何時、為何與如何改變軍事戰略。第一，其中一個重要的動機是，中國推估，蘇聯入侵時，戰爭指揮發生轉變，會採取截然不同的作戰方式。這個推估是根據觀察一九七三年的以阿戰爭，在這場戰爭中，美國與蘇聯分別支援的這兩個交戰國家，運用先進武器，採用新的打法。解放軍的戰略專家，像是粟裕和宋時輪等人，認為戰爭指揮出現了重大改變，如果跟蘇聯爆發衝突，中國會處於更加不利的處境。一九八〇年戰略方針的要旨是全力對抗蘇聯威脅，防備蘇聯採用新的作戰方式入侵。

第二，中共最高層分裂，導致解放軍無法應變蘇聯的威脅。整個文化大革命期間，中共菁英皆呈現分裂，各個團體爭奪權力。一九七六年毛澤東過世後，黨對於權威結構沒有清楚的共識。毛澤東逝去的前幾個月，指派華國鋒接班，在黨、政、軍擔任最高職位。一九七七年鄧小平復職後，花了幾年取代華國鋒，鞏固自己的地位，成為中國最高領導人。黨恢復團結後，解放軍終於能夠進行重大的戰略改變。

採用一九八〇年戰略方針之所以發人省思，原因有幾個。以前，西方分析家經常說，中國在這個時期的戰略是「現代條件下的人民戰爭」，意味著延續毛派思想。[1]然而雖然有些高官會在演說中使用「人民戰爭」這個詞，但是人民戰爭並非制定新戰略的元素。其實，人民戰爭只是反映出這樣的觀點：一旦在中國領土上跟蘇聯打仗，就得打持久戰，因為中蘇實力相差懸殊。人民戰爭一詞並沒有闡明要如何發動這樣的戰爭，或者必須動用哪些軍隊。毛澤東過世後，一提到人民戰爭，也可能是在維持意識形態的表面延續，儘管新方已大幅改變作戰策略，摒棄了毛澤東的誘敵深入。

檢討一九八〇年戰略方針，也是釐清中國軍事戰略和軍隊建設「戰略轉型」之間的關係，中國在一九八五年宣布軍隊建設的「戰略轉型」，並且裁減一百萬兵力。然而戰略轉型並不表示採用新的軍事戰略，相反的，這指明了鄧小平的判斷，認為中國一、二十年內不會遭遇全面開戰，因此可以從「戰備狀態」改變成和平時期軍事現代化。再者，一九八五年軍隊縮減，其實是延續一九八〇年和一九八二年的縮編，根據一九八〇年戰略，提升軍隊的品質與戰力。戰略轉型沒有說明解放軍應該準備打哪種戰爭，或者應該如何準備。

本章分成七個部分。第一節說明，一九八〇年採用的戰略方針，是中國軍事戰略的一大改變。第二節說明高階軍官察覺戰爭指揮出現重大轉變，這一點和蘇聯的威脅，都是刺激中國採用新戰略的國外因素。然而，第三節說明，一直到毛澤東死後，鄧小平在一九七九年和一九八〇年鞏固政權，政治恢復團結，解放軍的最高指揮中心才能夠推動戰爭指揮改變。接下來兩節則檢討新戰略的採用與施行，最後兩節評論一九八五年縮編與一九八八年戰略方針的採用。

「積極防禦」

一九八〇年九月高階官員開會決定採用的戰略方針，是一九四九年起中國軍事戰略的第二次大改變。一九八〇年方針，簡單稱為「積極防禦」，旨在對抗蘇聯侵略，防止戰略突破。這套戰略明確摒棄了一九六〇年代中期開始施行、以誘敵深入與戰略退卻為根基的現行戰略。反而，一九八〇年戰略方針相似於一九五六年戰略，預想採用前進防禦，以陣地戰為根本，輔以小規模運動戰。根據這套戰略，解放軍必須發展執行合成兵種作戰的能力，指揮戰車、火炮與步兵等部隊協同作戰，部署於分層固定陣地防禦網絡。

一九八〇年戰略概要

在一九八〇年戰略方針中，「軍事鬥爭準備基點」是蘇聯偷襲；首要戰略方向是中國北方邊境，又稱為「三北」，也就是東邊黑龍江省與西邊新疆之間的地區。[2] 一九六九年與蘇聯在珍寶島爆發衝突後，中國北境的局勢便惡化，有可能與莫斯科爆發大戰。[3] 雖然中國領導人們在一九六九年秋天所擔心的蘇聯大舉進攻並沒有發生，但是十年來蘇聯的軍事威脅不斷加劇。到了一九七九年，蘇聯部署於中國北境的軍隊，從三十一個師增加到四十個。[4] 莫斯科一九七八年十一月與越南簽署數個防禦協議，一九七九年十二月入侵阿富汗，在在令中國更加擔憂蘇聯圖謀不軌。中國戰略專家相信，蘇聯倘若攻擊，會出動戰車部隊，快速深入進攻，同時在後方發動空中作戰，試圖速戰速決，獲取勝利。[5]

一九八〇年戰略是有關戰略防禦的戰略，載明一旦蘇聯入侵，中國該如何反應。一九八〇年戰略的核心是在中國北境採取前進防禦，尤其是在可能從張家口或嘉峪關入侵的路線上，防止任何戰略突破，爭取時間動員全國。接下來，根據這套戰略，中國必須結合戰略內線的防禦與外線的攻擊和作戰行動，製造僵局。最後，倘若侵略軍隊的有效戰力大幅減弱，解放軍就改採戰略反攻。[6]雖然這套新戰略改變了中國應變入侵的方法，但是依舊以跟蘇聯打持久戰為根本。在中蘇衝突中，被視為致勝關鍵的，是前進防禦，不是撤退。

一九八〇年戰略不考慮先發制人，反制蘇聯的攻擊。解放軍沒有任何可靠的辦法，能在境外發動攻擊。中國遵守「後發制人」的原則，蘇聯開始入侵之後，中國才會動武。在初期階段，攻擊行動會局限於從固定陣地發動小規模運動戰的角色，尤其是蘇聯軍隊的側翼。一旦出現戰略相持，進攻作戰將扮演中心角色，用以驅逐入侵軍隊。中國現所擁有的核子武器，也限於防禦使用。儘管核子武器或許能當作一種「入侵保險」（invasion insurance）來使用，但是中國的戰略載明，核子武器只能用於反制對中國的核子攻擊，包括蘇聯使用戰術核子武器。雖然中國在一九八〇年代初期研究中子彈（neutron bomb），但是最後並沒有決定要發展與部署這種武器，也沒有改變一九八〇年戰略方針所訂定的核子武器使用原則。[7]

作戰準則

確認解放軍未來應該準備執行的「作戰形式」，是任何戰略方針的關鍵要素。誘敵深入的核心是運動戰與游擊戰，相較之下，一九八〇年戰略則以陣地戰為解放軍的主要作戰形式，或稱為「堅守防禦的陣地戰」。[8]高階軍官不再以誘敵深入作為中國戰略的基礎，淡化了運動戰在戰略層面的作用。反而，一九八〇年方針預計建造一個分層深入防禦陣地網絡，入侵者必須摧毀層層防禦陣地，方能進入。

「作戰基本指導思想」則是結合陣地戰、運動戰和游擊戰的辦法。在戰爭初期階段，陣地戰會發生在前方地區（forward area），也就是中國人口密集地區和國際邊界之間。新的戰略方針把運動戰的作用限制在中小型攻擊行動，範圍在解放軍試圖防守的防禦陣地附近。儘管如此，這套戰略的主要目標是抵抗蘇聯攻擊，全力拖延，製造僵局，爭取時間來動員軍隊。[9]游擊戰限於中國在戰爭初期階段無法防守的地區，像是新疆的部分地區。

陣地戰若要成功，就必須發展合成兵種防禦與攻擊作戰能力。雖然一九五六年戰略方針計劃發展這樣的能力，但是這個目標卻始終沒有達成，因為毛澤東決定採用誘敵深入，強調軍隊分散，獨立作戰。中國一九七九年入侵越南，暴露了解放軍沒辦法執行合成兵種作戰，即使這場戰爭本身並非中國採用新戰略的主要因素。[10]為了發展這種能力，解放軍在一九八二年開始擬定「第三代」戰鬥條令，在一九八七年完成。[11]同樣地，中國在一九八〇年代初期，重新開始擬定《戰役學綱要》，這是解放軍第一本關於戰爭作戰層面的書籍，在一九八七年出版，與此同時期的還有第一版的《戰略學》。[12]

軍隊編組

根據一九八〇年戰略方針，中國必須發展更靈活、更有戰力的軍隊。採用這套戰略時，解放軍有約莫六百萬兵力，早在一九七五年，鄧小平擔任總參謀長，就曾批評，解放軍因為一九六〇年代後期軍官與非戰鬥部隊快速增加而「膨脹」。採用一九八〇年戰略方針後，軍隊進行三次大縮編，以提升軍隊的指揮靈活度與整體戰力，同時減輕國防對國家經濟造成的壓力，國家經濟現在聚焦於改革開放。前兩次縮編在一九八〇年與一九八二年進行，一共裁減了大約兩百萬兵力。一九八四年初開始規劃第三次縮編一百萬兵力，於一九八五年六月宣布，一九八七年完成，軍隊的總兵力縮減到三百二十萬。[13]一九八五年縮編是軍隊大規模重新編組行動的一環，包括把十一個軍區合併成七個；把三十五個軍改編成二十四個合成兵種集團軍；以及總部和指揮部門縮編精簡。[14]

進行軍隊編組改變，也是為了提升解放軍執行合成兵種作戰的能力。在一九八〇年採用新戰略方針的研討會中，其中一個討論議題是，必須建立能夠執行合成兵種作戰的「合成軍隊」。解放軍決定進行實驗，把軍改編成合成兵種集團軍，由步兵、炮兵、戰車、火箭和防空炮部隊組成，這些將作為機動預備隊，部署於蘇聯來襲的方向，防止被突破。一九八一年初，中央軍委決定編成兩支部隊，進行試驗，[15]試驗部隊在一九八三年編成，到一九八五年，全部的「軍」都已經改編成合成兵種集團軍，這是一九八五年軍隊縮編的其中一個環節。

訓練

遵循一九八〇年戰略方針，關於教育和訓練的所有層面都改變了。一九八〇年十月，總部頒布一項全面計畫，重新開放與振興軍事院校；因為軍事院校在文化大革命期間完全停止運作，而且不適合訓練軍人執行新戰略所要求的複雜軍事作戰。[16]一九八〇年十一月，解放軍舉行全軍訓練會議，決定以「協同作戰」——基本上就是合成兵種作戰——為軍隊未來訓練的焦點。[17]一九八一年二月，總參謀部頒布一項新的訓練計畫，為訓練的各種層面提供新架構，著重合成兵種作戰。[18]

不只改變教育，解放軍也增加了軍事演習的範圍和速度。一九八一年九月，北京軍區舉辦了一場演習，象徵重新重視演習和訓練。這場演習的代號叫「八〇二」會議，是解放軍自一九四九年以來規模最大的演習，動員來自八個師的超過十一萬兵力，目的是要探究蘇聯入侵初期階段的防禦作戰，藉以「具體擬定戰略方針」。[19]之後，其他軍區和軍種也開始舉行規模較大、較為逼真的演習；而這與一九七〇年代天差地別，當時就算有舉行演習，也是零星的小規模演習，這反映出一九八〇年代軍隊的專業素質提高了許多。

一九七三年以阿戰爭和戰爭指揮

整個一九七〇年代，中國都面對明確而且不斷加劇的蘇聯威脅，但是誘敵深入的軍事戰略過了十年仍舊不改。然而，到了一九七〇年代中期，解放軍高階軍官開始重新思考中國反制蘇聯威脅的策略，主張改變中國的軍事戰略。評估的根據是，中國認為蘇聯會改變戰爭指揮方式，尤其現代軍事作戰動用了裝甲部隊和空中部隊，速度與殺傷力都大增。

粟裕批評誘敵深入

從一九五〇年代就擔任總參謀長的粟裕，是最早、也是最重要主張改變中國戰略的人。一九七二年，林彪過世後，粟裕回到國務院工作，負責處理政府事務，擔任軍事科學院的政委和黨委書記。粟裕憂心忡忡，他認為，文化大革命期間，解放軍沒有研究未來該如何打仗，忽視了會影響作戰的外國技術發展；反而「搞得好像人民戰爭的抽象口號能夠解決一切問題」，粟裕的傳記裡這樣記載。[20]粟裕向黨與軍隊的領導人們提出一系列的報告，評論中國的軍事戰略，批評戰略聚焦於誘敵深入。

粟裕花了幾乎一年的時間撰寫最初的報告，說明中國未來應該如何打仗。寫這份報告很難，因為他的許多觀點，「顯然不同於黨內與軍隊內的主流觀點」。[21]一九七三年二月，粟裕把這份題為《未來反侵略戰爭中作戰指導》的報告，呈交毛澤東、周恩來和葉劍英。[22]第二份報告，《關於未來反侵略戰爭的幾個問題》，則在一九七四年十二月底先呈交給黨最高領導人們和中央軍委，一九七五年一月再發給北京政治局的所有成員。[23]因為撰寫人是粟裕這樣在戰略上極具聲望與權威的高階軍官，這兩份報告提交給了黨內與解放軍的最高層，提出戰爭指揮轉變的洞見。

一九七三年的報告中記述著一些基本概念，粟裕會將這些概念一直發展到這個年代結束。其中清楚暗示解放軍現行的戰略不適合因應中國面對的蘇聯威脅，因為蘇聯不只擁有龐大的裝甲部隊，火力與機動力都是史無前例，還有空中戰力。雖然粟裕把解放軍當前的缺點怪到林彪頭上，其實他真正批判的是林彪所施行、毛澤東的一九六四年戰略方針。[24]粟裕認為，中國的軍隊過於分散，減弱了執行機動作戰的效力、實力與能力，置中國於被動的位置。[25]更具爭議的是，他質疑是否該把運動戰擺第一，暗示有些城市與要點「必須頑強堅守」，有些甚至「必須死守」。[26]粟裕強調，「應該充分了解」必須採取陣地防禦作戰，而陣地防禦作戰仰賴固定防禦工事，來削弱敵人的攻勢。[27]他也質疑誘敵深入，強調必須在開闊的平原上與運輸樞紐附近作戰，不能一味撤退到山區。他明確建議，採用這種作戰，軍隊必須縱深配置，並且建造反戰車障礙，加強運用火炮，消滅入侵的裝甲部隊。他也強調，必須加強中國的空中防禦，防止蘇聯取得制空權。

到了一九七五年，粟裕相信戰爭指揮出現重大改變。在有關反戰車戰（anti-tank）的一場演講中，粟裕提出「未來的戰爭將不同於」過去打日本、國民黨或美國。[28]他強調，解放軍用傳統打法，「挖眼」（把手榴彈丟進觀察窗）和「割耳」（爬到戰車上破壞天線），沒辦法摧毀蘇聯的先進武器，尤其是戰車和裝甲車。[29]雖然粟裕並非每次都明確言明，但是他其實不只擔心蘇聯的意圖，更擔心蘇聯的先進武器和新作戰方式。

對全球的軍事專家而言，一九七三年的以阿戰爭是現代軍事作戰的轉捩點。關鍵問題是，這場衝突是否影響了中國評估來自蘇聯的軍事威脅，顯然埃及和敘利亞的軍隊都是使用蘇聯的武器和戰術。一九七三年以阿戰爭爆發時，解放軍的研究機構才剛開始恢復正常運作，[30]這個時期留下的文件十分有限。儘管如此，根據找得到的原始文獻，這場戰爭確實改變了中國對蘇聯威脅的評估。

一九七四年一月，總參謀部派代表團到埃及和敘利亞研究這場衝突。這七人代表團由工程兵副司令員馬蘇政帶領，在埃及與敘利亞的軍隊作客，並在當地待了兩個星期。代表團於二月返國後，馬蘇政向總部的領導階層簡報，並且寫了一份關於這場戰爭的報告。他指出，反戰車和防空作戰是「這場衝突的主要特色」，而且「雙方的戰術基本上反映出了蘇聯和美國的作戰思維」。[31]重點是，他強調，「十月戰爭的經驗與教訓，有益於我軍備戰，防範外國侵略」。[32]馬蘇政的報告，以及埃及和敘利亞提供的以阿戰爭資料，獲准在解放軍內廣發，「吸引各個層級的領導注意」。[33]

馬蘇政的報告與相關資料，幾乎是為粟裕提供了分析所需的資訊，粟裕的報告符合這場衝突的特色，尤其是聚焦於裝甲部隊攻擊的速度和殺傷力、反戰車武器的角色、以及我軍取得或阻止敵軍取得空中優勢的重要性。一九七五年《解放軍報》有一篇文章，同樣強調一九七三年戰爭的這些特色，同時也建議，解放軍應該廣泛討論這場戰爭的教訓。這篇文章指出，這場戰爭的特色包含了採用多重進攻達成正面突破、大量戰車在這些進攻中扮演要角、反戰車武器的效用、爭奪空中優勢與埃及空中防禦的成功、使用美國與蘇聯的武器以及裝備快速消耗殆盡。[34]

一九七七年戰略方針

儘管粟裕提出了那樣的報告，中國還是沒有改變軍事戰略。其實，一九七七年十二月，中央軍委罕見地舉辦全體會議，在會議中反而確定正式採用毛澤東從一九六〇年代中期開始採用的戰略，稱之為「積極防禦，誘敵深入」。毛澤東死後，四人幫被捕，一九七七年八月在第十一次中共全代會選出新的中央軍委之後，這次全體會議是解放軍高層指揮中心的第一次開會。在會議中，負責日常事務的中央軍委副主席葉劍英，要求「貫徹毛主席戰略思想，做好作戰準備」。葉劍英重申毛澤東的基本戰略信條，申明「根本的辦法是在運動中殲滅敵人」，戰略方針是「積極防禦，誘敵深入」，並且「立足於早打、大打，甚至打核戰爭」。[35]

然而，確實有些高階軍官要求改變戰略。在一九七七年的全體會議中，軍事科學院院長宋時輪主張，應該停止採用誘敵深入作為中國戰略方針的一部分，說那樣「不明智」。[36]一九七八年一月，粟裕呈交報告給中央軍委戰略委員會主任徐向前，他在報告中也反對以誘敵深入為根本的戰略，並說明前進防禦的戰略。[37]粟裕強調，必須構築防禦工事，使用戰略儲備來進行反攻，並且增加陣地戰的重要性。他的報告，當時給中央軍委的每位副主席，包括鄧小平，以及總參謀部內部傳閱，下文會更加詳細地討論。

一九七七年的全體會議，很可能是把誘敵深入保留作為臨時對策。高階軍官們明白，軍隊遭到文化大革命重創，必須重建。雖然毛澤東在一九六四年把中國的戰略改為誘敵深入，但是解放軍卻始終沒有正式採用。因此，誠如葉劍英在全體會議所言，文化大革命之後，解放軍的當務之急在於「統一作戰思想」，這是鞏固與重建全體軍隊的必要條件。[38]而葉劍英藉由尊崇毛澤東和現行戰略，搬出解放軍裡的所有人都能夠支持的領導，把解放軍的缺失都歸咎於林彪和四人幫。[39]同樣地，鄧小平在會議上說，「沒有清楚的戰略方針，許多事都沒辦法處理好」。[40]基於這些理由，一位將軍回憶道，一九七七年戰略方針「扮演重要角色，在粉碎四人幫後，推動了軍隊建設和戰爭準備」。[41]倘若在毛澤東過世後不久，就質疑是否該改變軍事戰略，將會引發大家更廣泛重新檢討他留下來的影響，而黨和解放軍都還沒準備好這樣做，尤其正因黨最高領導人們為了權威結構而四分五裂。此外，在文化大革命期間從軍的解放軍基層中，毛澤東也仍舊備受景仰。

最高指揮中心達成改變的共識

一九七八年初，粟裕繼續質疑誘敵深入。他在一九七八年呈交報告給徐向前，如同前述，題目叫做《對戰爭初期戰略戰術的幾點意見》。[42]粟裕說，「研究戰爭初期作戰問題，要盡可能地預見和照顧到以後作戰階段的發展變化」。[43]他接著強調，必須確定防守要點，以及增加中國中原地區的預備隊數量。他再次質疑現行戰略，相信「未來戰爭初期，同過去歷次戰爭相比有所不同」。[44]比方說，「陣地守備的比重要增加，必須提高我軍陣地作戰的能力」，以抵擋數波裝甲和火炮攻擊。[45]粟裕要求步兵、裝甲、工程和空軍等部隊，以及民兵，建立「緊密的反戰車火網」，必須具備長、中、短攻擊距離，這是聚焦於合成兵種的前兆。[46]

一九七八年四月，粟裕在軍事科學院的演說中重述類似的主題。[47]根據蘇聯重型武器的速度與射程，粟裕推斷，「我們作戰的辦法、方式和手段必須改變，甚至必須轉型」。[48]解放軍必須在防禦戰中動用更多部隊；而在戰爭之初，運動戰只限於支援防禦戰；且避免與敵人決戰，因為裝備落後的解放軍部隊將損失慘重。粟裕說，在內戰中，「我們通常採用運動防禦」，但是採用這個打法必須逐步撤退，意味著現在必須棄守他認為應該死守的城市；而那些城市之所以重要，是因為中國能動員城裡的居民打持久戰。粟裕的論述是以戰爭指揮轉變為依歸，反覆論及「現代科學與技術發展迅速，廣泛運用於軍事」。對粟裕而言，這「必然會導致作戰方式改變，甚至是轉型，引發一連串新的戰爭準備問題」。[49]

粟裕質疑中國現行戰略，在一九七九年一月的曝光度大幅增加，當時他獲邀到中國人民解放軍軍事學院和中共中央黨校演講。他探討如何「解決現代條件下的作戰問題」，也就是如何根據戰爭指揮轉變來應付蘇聯威脅。[50]重點是，他發表演講不久後，中國在下個月就入侵越南。雖然中國在這場衝突中打得很糟，或許增強了刺激軍事改革的力道，但是粟裕早就認為戰爭指揮改變是更改戰略的理由，遠在中國入侵越南、在戰場上學到教訓之前。[51]

他一開始談論科學與技術進步，預示發展武器、裝備和作戰方式進入了新階段。根據粟裕的說法，「這些改變挑戰我軍的一些傳統作戰藝術，我軍必須趕緊發展我們的戰略與戰術」，否則，「一旦敵人發動大規模侵略戰爭，我們可能會無法適應戰爭環境的條件，甚至可能會付出極高的代價」。[52]蘇聯和美國的軍隊主要使用重型武器，「有裝甲保護，威力強大，射程遠」。基於這個原因，粟裕認為，「現代常規武器的破壞力和殺傷力是以前無法比擬的」，將在戰爭中扮演關鍵角色，尤其是跟北方鄰國的戰爭。[53]他還妙語嘲諷，「就算你用子彈和手榴彈打戰車打得震天價響，還是沒辦法摧毀戰車」。[54]

對中國而言，跟蘇聯打仗的主要難題在於反制突襲。蘇聯的軍事理論認為，戰爭的初始階段就是決勝階段，將決定是否能快速取勝。[55]蘇聯有武器優勢，能快速進攻中國的戰略、政治、經濟和軍事中心，癱瘓中國的「防禦系統」，破壞中國的抵抗能力。關鍵問題是，如何「抵擋敵人的前幾波戰略突襲」，同時維持解放軍的有效戰力，避免集中兵力決戰。[56]

粟裕的答案跟先前著述一致，與現行戰略抵觸，強調陣地戰重於運動戰。粟裕說，「不同於以前的一個重要差異是，陣地防禦戰的重要性明顯增加」。[57]運動戰應該局限於固定陣地附近，而中型戰鬥應該局限於前線後方準備好的陣地。「在現代戰爭的條件下，」他說，「戰爭之初，作戰形式的主要特色將是陣地的作戰，以及離這些陣地不遠的作戰」。[58]雖然運動戰在韓戰中是解放軍攻擊行動的中流砥柱，但是他說，運動戰著重機動性，不考慮後方，然而，現在後方是動員國家的關鍵。粟裕說，「在過去，打得贏就打，打不贏就走；但是現在不論會贏或是會輸，都還有一個問題，那就是能不能跑得了」，因此，「如果我們仿效革命時的那種打法，會不實用」。[59]反而，「未來反侵略戰爭的情況是不一樣的」，因為中國必須防守重點設防地區與守備地區，包括關鍵城市、島嶼和沿海地區以及其他戰略地區。[60]雖然有些地區可以棄守，但是有些地區解放軍卻必須「死守」。對粟裕而言，有些城市不只必須守住，還可以如史達林格勒（Stalingrad，即現今伏爾加格勒〔Volgograd〕）的歷史性戰略地位，削弱敵人的機會。

粟裕的演說廣為宣傳，有一名新華社的記者參加這場會議後，向更廣大的群眾介紹會議的基本概念。[61]總參謀部安排參謀人員去聽這場演講的錄音，到了三月，總參謀部有百分之七十的幹部聽過演講。[62]這場演講在一九七九年三月刊載於軍事科學院內部期刊《兵法》（*Military Arts*），接著一九七九年五月十五日又刊於廣為傳閱的《解放軍報》，引發熱烈辯論與討論。[63]中央軍委也指示，將粟裕的演講稿發下去，要求軍中的所有高階幹部都必須讀，這表示高層認同他的演講內容。[64]

那年夏秋，許多高官公開贊同粟裕的想法，要求制定新戰略。比方說，一九七九年十月，解放軍十大元帥之一的徐向前，在中央委員會發行的刊物《紅旗》發表長篇論文，談論防禦現代化，把戰爭指揮改變跟戰略問題連結起來。徐向前指出，把新技術應用到軍事事務，如何「促成武器和裝備大幅改變」，此外，「這些改變必然會導致作戰方式出現對應的改變」。對徐向前而言，「現代戰爭跟以前的任何戰爭都截然不同」。例如，跟蘇聯打仗，「攻擊目標、戰爭規模，甚至是作戰方式，都是我們以前沒有遭遇過的。我們必須根據這些新的條件，來研究與解決一些新的問題」。徐向前反駁毛派的想法，說「如果我們用一九三〇年代和一九四〇年代的舊觀點來看待與指揮現代戰爭，未來打仗勢必會慘敗，吃盡苦頭」。[65]徐向前的話清楚意味著中國需要新的戰略。

隔年一整年，《兵法》不斷刊登文章，支持粟裕的立場，包括許多高官寫的文章。[66]例如，一九七九年十一月，楊得志認同粟裕的想法，認為防禦作戰與陣地戰很重要。一九八〇年三月，楊得志取代鄧小平的總參謀長職務，楊得志說，中央軍委已經決定中國的戰略方針，但也承認，關於「如何加強了解與實行方針」，問題仍舊懸而未解——這說得算是相當明白，意思就是說方針應該修改。更加直言不諱的，例如他說核心問題是，到底要「阻止敵人戰略突破」，或是要「執行誘敵深入」。[67]楊得志接著主張，成功的關鍵在於著重陣地戰，以及加強各軍種與各戰鬥兵種之間的協調作戰。[68]

許多人評論《兵法》上的粟裕演講，都引用一九七三年的以阿戰爭作為重要的例子。例如，一九八〇年一月，宋時輪在軍事科學院演講，說明現代戰爭的特色時，反覆提到一九七三年戰爭，像是武器消耗量高與戰略突襲十分重要。[69]同樣地，一九八〇年八月，宋時輪談論如何修改《戰役學》的草稿時，指示軍事科學院的研究員應該「適度借用外國軍隊的戰役作戰經驗，尤其是第四次中東戰爭的作戰經驗」。[70]《戰役學》作為指導如何指揮戰役的指南，因此應該「全力反映現代條件下的作戰特色」。[71]

一九七三年的以阿戰爭也變成訓練的重要參考依據。例如，一九七八年底，瀋陽軍區的一份報告指出，這場戰爭被當作反戰車作戰的主要研究戰例。[72]一九七九年，這場戰爭在北京軍區成為反戰車訓練的要角。[73]一九八一年，南京軍區裡其中一個軍成立了一個研究小組，研究戰爭開始階段的偷襲。研究小組使用三本書，其中一本書名叫做《第四次中東戰爭》。[74]其他軍區很可能也有成立類似的研究小組。同樣地，一九八五年，軍事科學院出版日本歷次研究以阿戰爭的研究報告中文譯本，軍事科學院所寫的序言聲明，「在截至今日的戰爭史中，第四次中東戰爭是顯著反映出現代特色的唯一一場戰爭」。[75]

鄧、華權力鬥爭與恢復黨團結

雖然解放軍高官在一九七八年以前就認定必須改變軍事戰略，但卻到一九八〇年十月才採用新的戰略方針，主要的阻礙是黨最高層不團結，肇因於文化大革命的政治鬥爭，甚至在一九七六年毛澤東死後仍舊繼續延燒。黨要恢復團結，黨內必須對權力和威權結構重新達成共識。鄧小平在鬥爭中打敗華國鋒，成為中國最高領導人，達成了這個目標。

頂層分裂

毛澤東一九七六年九月去世時，有四個菁英團體或派系在互相鬥爭。「左派」是毛澤東所釋放出來的激進派，目的是要根除他認為已經在黨內生根的修正主義。左派掌控宣傳與教育等領域，這個團體最有名的成員就是人稱的「四人幫」，不過他們在文化大革命中並非總是統一行動。[76]「受益派」是在文化大革命的動亂中飛黃騰達的黨菁英，高階領導遭到迫害後，受益派的權位反倒高升。資深「倖存派」包括躲過多數肅清行動的老黨員，可能因為他們受到毛澤東或周恩來的保護，也可能因為成功熬過當時千變萬化的政治局勢。然而，蓄勢待發的是第四個團體：「受害派」，也就是老衛兵成員，他們在一九六六年以前位居高職，後來遭到迫害。這些人在文化大革命之前經常支持比較務實、較不激進的政策，在黨、政、軍內擔綱要職。受害派很可能怨恨受益派，因為受益派經常占據了他們退下來的職位。受害派也具備官僚技能，在黨內擁有廣大的人脈，能在文化大革命結束後重建國家。[77]

文化大革命在黨、政、軍造成了不同程度的分裂。周恩來死時，國務院總理的職位自一九四九年以來首次空缺，是由毛澤東任命受益派的華國鋒頂替周恩來，因為左派絕對不會獲得其他高階領導人們的支持。鄧小平一九七五年整年都擔任第一副總理，理當是周恩來的繼承人，然而，鄧小平在一九七五年底失寵於毛澤東，一九七六年四月再度被革職。華國鋒接任總理時，他也被任命為中共第一副主席，表示他變成了毛澤東欽定的接班人。[78]

一九七六年九月毛澤東去世時，黨主席和中央軍委主席的職位空了下來，葉劍英領頭的資深倖存派和華國鋒等受益派結盟。毛澤東死後，四人幫立刻採取一系列舉動，鞏固權力；而領頭的倖存派和受益派遂同意逮捕「四人幫」及其關鍵支持者，拒斥黨未來走激進路線，因此消除了一個爭奪權力的團體。[79]政治局任命華國鋒同時擔任中共與中央軍委的主席，華國鋒因而成為自一九四九年起同時在黨、政、軍擔綱最高職位的第一個政治領導人。

然而，華國鋒的正式職銜超過了他在黨裡的正式職權與地位。逮捕四人幫之後，政治局常務委員會只剩兩名委員：主席華國鋒和副主席葉劍英。因此必須成立新的政治局常務委員會，而這需要召開中共全國代表大會。一九七七年八月終於舉辦中國共產黨第十一次全國代表大會（簡稱：中共十一大），新的領導組織成立，但卻反映出受益派、倖存派和受害派之間的平衡不穩定。華國鋒續任中共主席，也因而續任政治局常務委員會主席。汪東興是另一位受益派，協助逮捕四人幫，被任命為副黨主席，並且執掌掌控大權的中共中央辦公廳。有兩名倖存派加入新的政治局常務委員會：負責解放軍日常事務的葉劍英，和周恩來的經濟顧問李先念。最後一位委員，鄧小平，是諸多受害派的寄望。

受益派和資深倖存派可是仔細協商之後，才讓鄧小平在一九七七年復出。汪東興和另一位受益派北京市長吳德，反對鄧小平復出。不過有許多人支持，尤其因為必須解決軍隊公認存在著問題。一九七七年五月，鄧小平寫了一封虛偽的信，說他接受由華國鋒來領導黨。[80]一九七七年七月，鄧小平復任一九七五年所擔任的所有職位——副黨主席、中央軍委副主席、副總理和總參謀長。重返三大權力支柱的職位後，鄧小平也清楚地成為華國鋒的威脅。黨最高層的不團結，反映在政治局成員的官階上：受益派的華國鋒官階最高，倖存派葉劍英第二，受害派鄧小平第三。[81]

雖然黨最高層依舊分裂，但是中共十一大之後所成立的新中央軍委，相較於對其他領導人們而言，對鄧小平是最有利的。華國鋒續任主席，葉劍英、鄧小平、劉伯承、徐向前和聶榮臻擔任副主席，除了華國鋒，其他人都是軍事專家，從一九五〇年代起就參與推動解放軍現代化。新中央軍委的核心是常委，共有八名，是中央軍委的首要決策組織。常委裡只有汪東興跟華國鋒關係穩固。[82]新的中央軍委還有另外四十三名委員，包括三個總部、各軍種、各兵種、各軍區以及中央軍委統轄的其他單位的領導階層。因此，中央軍委跟解放軍本身一樣，臃腫又破碎，無法迅速或果決地做出決定。

鄧小平鞏固權力

從一九七七年八月開始，鄧小平在黨裡穩紮穩打地發動戰爭，鞏固權力。四人幫被捕後，權力鬥爭主要發生在華國鋒為首的受益派和以鄧小平為首的復出受害派之間。除此之外，在黨與軍的比較低層裡，仍舊存留許多受益派與左派，黨最高領導人們可以動員他們，這凸顯出黨最高層的脆弱。在這場鬥爭中，華國鋒有兩個優勢。他在三個權力支柱機構裡擔任最高職位，同時還是毛澤東合法欽定的主席繼承人。[83]然而，華國鋒是毛澤東欽定的繼承人，也把他跟文化大革命的一切重新評價都扯上關係，人人都在檢討毛澤東應該對發生的事負什麼責任。[84]鄧小平在黨、政、軍系統裡位階較低，不過還是在每個系統中位居高職，而且自中華人民共和國建國以來，在最高層擁有多年的決策經驗，這是華國鋒所缺乏的。鄧小平在解放軍裡權力特別大，不只因為他跟中央軍委的許多最高領導人們有歷史淵源，還因為他擔任中央軍委副主席和總參謀長。鄧小平是軍隊內外許多人的寄望，他們都被左派迫害過，痛恨受益派。

關於中國菁英政治的新研究，證實了鄧小平與華國鋒之間的鬥爭，並沒有反映出對於政策和意識形態的根本歧異。鄧小平和華國鋒出人意表地一致認同許多政策議題，尤其是經濟議題。[85]他們可能會產生意見分歧的，則是包括黨的未來、重新評價文化大革命，還有最重要的，黨最高層的權力結構。[86]華國鋒和鄧小平之間的鬥爭，這裡就不詳述了。[87]就解釋中國軍事戰略的重大改變來看，這場鬥爭最重要的就是結果——最高領導鄧小平統領黨，鞏固權力，恢復黨內團結。

鄧小平在接下來的一年半內鞏固權力，粗略可以分為兩個階段。在第一個階段（這個階段結束於一九七八年十二月中共十一大第三次全體會議），華國鋒和其他受益派被大幅削弱。喬瑟夫．托利金（Joseph Torigian）在振奮人心的新研究中指出，鄧小平利用華國鋒的政治弱點，也就是華國鋒是毛澤東的繼承人，宣傳「實踐是檢驗真理的唯一標準」這套思辨，質疑以「兩個凡是」為口號的毛派思想是否有效。[*] 托利金結論道：「鄧小平刻意製造意識形態辯論，好轉變為政治辯論」。[88] 到了一九七八年秋天，大部分的省和關鍵軍事部隊都表示支持鄧小平「追求真理」的立場。[89]

華國鋒變弱的轉捩點出現在一九七八年十一月舉行的中央工作會議，這場會議的目的是討論下個月第三次全體會議將通過的經濟政策。然而，幾乎在會議一開始時，與會者就馬上更改議程，討論起要幫文化大革命受害者與在一九七六年四月五日「四五天安門事件」受到牽連的人翻案，華國鋒此時仍拒絕幫「天安門事件」翻案。[90] 陳雲在會議剛開始就提出這些議題，他不是第一個大膽說出來的黨員，不過是最資深的。他要求幫遭到批判的老黨員（包括他自己）恢復名譽。

陳雲堅持必須先幫受害者翻案，才能討論經濟等政策議題。最後，華國鋒答應陳雲等人提出的要求，幫受害人翻案，並且在政治局加入受害的革命派。[91] 許多華國鋒的支持者，像是汪東興、吳德、陳錫聯和紀登奎，對於幫參與文化大革命的「左派」保住官職，進行自我批判。十二月中旬舉辦第三次全體會議，確定幫受害者翻案，讓更多鄧小平的支持者加入政治局。汪東興被解除副黨主席和中共中央辦公廳主任的職位，陳雲接替汪東興擔任副黨主席，並且加入政治局常務委員會。

此時，鄧小平已經開始行使最高領導人的權力。鄧小平更改了政治局和政治局常務委員會的工作任務，這個職權通常是留給黨主席來行使的，也就是華國鋒。[92]早在工作會議開始之前，鄧小平就監督著跟美國外交關係正常化的談判，並且要求在一九七九年二月攻擊越南，以懲罰河內與莫斯科結盟，入侵柬埔寨。[93]以前，只有毛澤東（或周恩來獲得毛澤東批准時）才會處理高層外交談判，或關於動武的決定。華國鋒在這些決定中扮演微不足道的角色，甚至毫無作用。

第三次全體會議之後，鄧小平繼續鞏固在黨、政、軍的權力。一九七九年十一月，中央委員會同意中央軍委設立「辦公會議」，負責處理日常事務，[94]這個執行組織裡全是鄧小平的支持者。[95]一九八〇年一月，又有效忠鄧小平的人加入中央軍委常務委員會。[96]一九八〇年一月到四月之間，有幾個軍區的領導階層改組，在十一個軍區中，只有兩個司令員沒有被換掉。在許多案例中，會進行改組，是因為現任司令員獲得晉升。[97]然而，這次調換司令員，跟解放軍軍區裡的其他領導階層重大變動一樣，可能也是為了防止司令員在同一個軍區任職太久，而出現「山頭」或派系。改組讓比較年輕的司令員能夠獲得晉升——這是鄧小平長久以來的目標。許多獲得晉升的人也在文化大革命期間遭到迫害，而且他們全都跟華國鋒沒有緊密的關係。最後，能夠執行改組，也表示鄧小平鞏固了在解放軍裡的權力，[98]沒有證據顯示華國鋒有參與這些變動。

---

* 兩個凡是就是：「凡是毛主席作出的決策，我們都堅決維護；凡是毛主席的指示，我們都始終不渝地遵循。」

鄧小平鞏固在軍隊裡的權力，預示著他即將在黨、政的官僚體系中對付華國鋒。在一九八〇年二月的第五次全體會議中，有四名親近華國鋒的政治局常務委員會委員被解職，而趙紫陽和胡耀邦加入*，現在常務委員會剩下的成員有利於鄧小平。胡耀邦被任命為中共總書記，負責管理黨務。趙紫陽則負責國務院的日常事務，並且在八月正式取代華國鋒擔任總理。[99]雖然華國鋒繼續擔任幾個月的黨主席和中央軍委主席，但是其實他已經被踢出黨、政的官僚體系。十二月，在政治局的一系列會議中，華國鋒交出最後這兩個職位，這個決定在一九八一年六月的第六次全體會議中正式定案。[100]

採用一九八〇年戰略方針

這次黨恢復團結，製造了讓中國能夠改變軍事戰略的有利條件。一九七九年結束之前，黨就出現共識，認為必須採用前進防禦來抵抗蘇聯入侵，不應該採用戰略退卻。現在，解放軍的領導階層可以根據這個共識來採取行動了。一九八〇年春天和夏天，中國決定制定新的戰略方針，一九八〇年十月採用新戰略。採用新戰略的決定，證明了戰略改變的過程是由高階軍官引領。

改變戰略的決定

改變戰略的行動開始於一九八〇年初，當時鄧小平決定辭去總參謀長，專心處理經濟問題和黨務。昆明軍區司令員楊得志接替鄧小平；楊得志曾在一九七九年率領中國軍隊，從昆明前線入侵越南。到此時，中央軍委的大部分委員和三個總部的領導階層，可以說都是「現代化者」，專注於軍事事務，而非政治。在總參謀部裡，楊得志的副手是楊勇、張震、伍修權、何正文、劉華清和遲浩田。

楊得志擔任總參謀長的第一個任務是，發展精簡整編軍隊的計畫，這個議題在一九七五年的中央軍委擴大會議中就提出了，但是後來只有些微進展，因為一九七六年鄧小平被解職，黨內與解放軍裡持續分裂。雖然到一九七六年底，減掉了八十萬兵力，大多是陸軍，但是一九七〇年代末期，解放軍的規模再度擴大，一九七九年增加到六百零二萬四千人。[101]精簡整編變成了一九八〇年三月中央軍委舉辦擴大會議的焦點，下文會詳細討論。

楊得志的第二個任務是，建立對於中國軍事戰略的共識，尤其是解放軍與蘇聯交戰的初始階段「作戰指導思想」。第一次縮編必須進行通盤研究，了解應該如何整編解放軍，以及解放軍必須執行什麼樣的作戰行動。更重要的是，一九七九年粟裕的演說公開出版後，形成的共識和現行戰略方針「積極防禦，誘敵深入」之間，出現了隔閡。粟裕強調陣地戰，抵觸現行戰略的戰略退卻概念；如果解放軍要著重陣地戰，中央軍委就得修改戰略方針。粟裕在一九七九年演講之後，他的想法快速被最高指揮中心接受，但是他的想法卻與現行方針有隔閡，這表示必須在戰略與作

---

* 就是一九七八年底進行自我批判的那四個人：汪東興、吳德、陳錫聯和紀登奎。

戰上面「統一思想」。

即便戰略方針還沒改變，有幾個軍區已經開始實行粟裕的想法。例如，一九七九年十月，瀋陽軍區舉行核子條件師級陣地防禦作戰演習，符合初始攻擊之後加強著重防守固定陣地。[102]一九八〇年三月，瀋陽軍區舉行訓練講習，用粟裕的演說作為依據，評鑑軍區的目標與訓練計畫。[103]一九八〇年三月，總參謀部和武漢軍區指示第一二七師，進行飛行員訓練，提升協同作戰能力，加強陣地防禦，對抗來襲的敵人——這種作戰方式，正是粟裕呼籲解放軍重視的。[104]

頂替鄧小平不久後，楊得志就主持幾場會議，討論國際局勢和解放軍與蘇聯交戰的作戰指導思想。根據這些討論，楊得志在五月三日向中央軍委提議，總參謀部召開研究班，讓高官討論「反侵略」戰爭的初期作戰。[105]他後來說，為頂層官員召開這種研究班，實在是史無前例。[106]這場會議的目的是，提升高階官員的「戰略意識」，以及討論應該採取什麼戰略，來應對蘇聯的攻擊。[107]更廣大的目標是改變戰略方針，因為解放軍沒有說明中國應該採用哪種軍事戰略，就沒辦法回答應該如何應對蘇聯的攻擊。為了保密，這次研究班取代號叫作「八〇一」會議。[108]

中央軍委贊同楊得志的提案，命他負責指揮一組領導小組，籌辦這次研究班。張震擔任小組辦公室的副組長，負責處理每日規劃。楊得志和副手們一致贊同，首先要決定的議題是「正確表示」戰略方針，「以統一全軍思想」。[109]研究班的目的是，討論如何改變中國軍事戰略，以因應與蘇聯的戰爭。比方說，張震在說明領導小組的工作時，數次提到改變方針。[110]

在六月初，楊得志和第一副總參謀長楊勇，花了一個月視察內蒙古、河西走廊和賀蘭山，這些都是跟蘇聯交戰時的前線地區。這趟行程的目的是視察作戰準備訓練、防禦工事和蘇聯可能會入侵的地形，北京和蘭州軍區的領導陪同他們兩人，凸顯這趟行程的重要性。[111]楊得志幾個月之後說，「我們發現許多問題。」[112]如地圖5-1所示，一九七〇年代初期發現，蘇聯可能會走三條路線入侵，[113]從二連浩特（Erenhot）經過張家口到北京這條路線是最短的，也是威脅性最大的。

六月中旬，張震開始準備一系列演講，這些演講成為研究班的核心，來自十五個單位與部門的領導人參與這些講習，研究如何在戰爭初期階段運用各個軍種與兵種。主題包括戰役突破如何演變成戰略突破、軍種與兵種協同、指揮自動化、電子反制空中防禦，以及戰時動員等等。講習內容也涵蓋第二次世界大戰的作戰特色，以及「世界最近爆發的幾場戰爭」，想必包含一九七三年以阿戰爭。[114]為了避免「空談」，每個演講人都必須進行試講，由領導小組指導。[115]

到八月中旬，研究班準備完成。在這個過程中的某一刻，領導小組決定應該改變戰略方針，新方針的其中一部分處方或表示，就是換掉「誘敵深入」。比方說，張震記得自己跟楊得志和楊勇討論，最後三人對於如何改變方針達成共識，不過他沒有說到底是什麼時候進行這些討論。[116]領導小組向中央軍委戰略委員會和「有關領導幹部」，徵詢關於改變戰略方針的意見。[117]根據張震的說法，「每個人都傾向於局部調整戰略方針」。[118]

從八月中旬到九月十七日研究班開始，領導小組向老元帥們和中央軍委副主席們請益，希望他們贊成改變戰略。聶榮臻、葉劍英和徐向前一致贊同修改方針的提議，現在就差中央軍委點頭了。[119]九月三十日，領導小組向鄧小平簡報，鄧小平「顯然認同我們的看法」，說他想要到研究

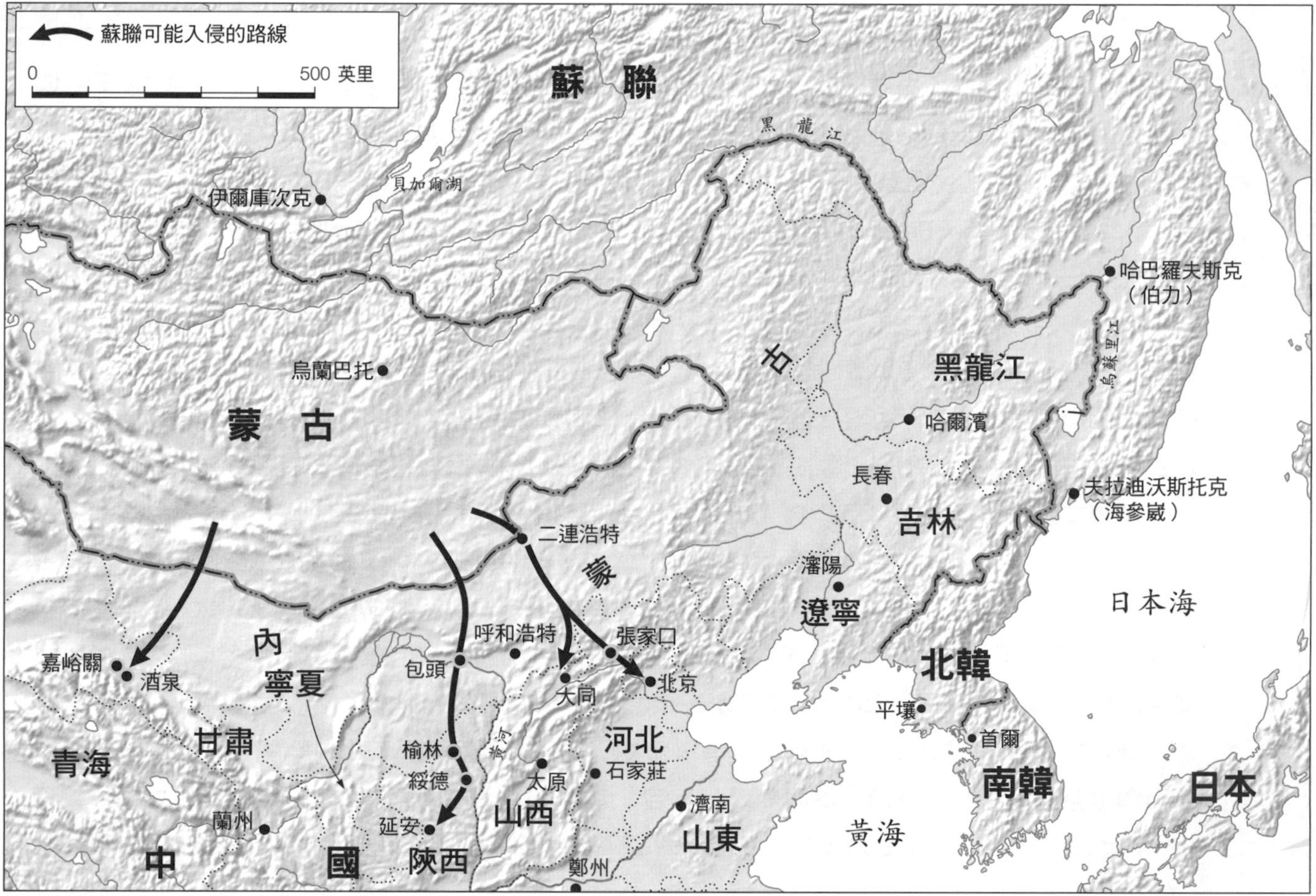

地圖 5-1　一九八〇年戰略的北部戰略方向

班講話。[120]在舉行研究班期間，中央軍委批准改變方針。[121]

九月九日，軍事科學院院長宋時輪寄了一封信，給中央軍委的其中一位副主席葉劍英，宋時輪強力爭論應該剔除戰略方針中的誘敵深入，因為「那樣的戰略方針無法統一整個戰局」。反之，那「只能在某一段時間，在某些戰略或戰役方向，在某些條件下，作為作戰方法」。[122]宋時輪的信和領導小組的商議有什麼關係，這並不清楚。[123]無論如何，老元帥們幫宋時輪的信背書，認同領導小組的提議，認為應該把誘敵深入從中國的戰略方針剔除。[124]

「八〇一」會議

全軍高階幹部防禦作戰研究班，或稱「八〇一」會議，在九月十七日開始，持續一個月。超過一百名高階幹部齊聚北京京西賓館，來自中央軍委、總部、軍區、各軍種、各兵種和其他部門；[125]演講人包括中央軍委秘書長耿飈、楊得志、總參謀部領導階層、中央軍委顧問。這次會議的目的聚焦於全球戰略趨勢、評估外國入侵、戰略方針、作戰指導思想，以及解放軍在戰爭初期的戰略任務。[126]

楊得志在開場白中承認，黨不團結阻礙了軍事戰略發展。「關於作戰思想，」他說，「不能低估林彪和四人幫阻撓所造成的破壞。因此，長久以來，我們的環境都不適合統一作戰思想。」[127]楊得志概略說明會議的目標，就是「研究與探討反侵略戰爭初期的作戰議題，加強了解中央軍委的戰略方針，統一作戰思想，進一步施行所有戰備工作」。[128]後來在研究班中，楊得志又發表一次演講，說明陣地戰應該在中國對付蘇聯入侵的新戰略和作戰中，扮演核心角色。[129]

當時，公開批判毛澤東，尤其是在軍事事務上，仍舊相當敏感。舉辦研究班時，黨還沒正式批評毛澤東；要直到一九八一年六月的黨史決議才會。接近尾聲時，軍事科學院在宋時輪的指示下，試圖彙整毛澤東關於誘敵深入的所有論述。宋時輪結論道，就算是毛澤東使用這個詞的時候，大多是在談論戰役和戰術，不是戰略層面。除了一九六〇年代中期以外，唯一一次用來談論戰略層面，是在一九三〇年代紅軍時期。[130]因此，宋時輪等人主張，在戰略中刪掉誘敵深入的概念，並沒有抵觸毛澤東的大部分論述，藉此創造意識形態空間，推翻以毛澤東的其中一個基本構想為根本的現行戰略。再者，宋時輪機靈地辯稱，積極防禦的概念在作戰層面包含誘敵深入的想法。[131]這些意識形態的巧妙操作，支持摒棄戰略退卻，採用陣地戰。

研究班落幕時，鄧小平和葉劍英對與會者講話，申明贊成改變戰略。鄧小平用一貫直截了當風格說：「我們未來的反侵略戰爭，究竟採取什麼方針？我贊成就是『積極防禦』四個字。」[132]葉劍英也認同：「這次討論，大家都主張改為『積極防禦』，……我同意大家的意見。」[133]楊得志總結這次會議所獲得的成果。對他而言，成果就是「基本上統一了大家對中央軍委戰略方針的了解，進一步闡明未來戰爭初期的戰略指導思想和戰略任務，加強了解各軍種和各兵種的情況，加強合成作戰的概念」。[134]換句話說，就是改變了中國的軍事戰略。

戰爭指揮改變，在研究班的討論是十分重要的議題，根據一份記述，與會者的結論是，「今日的戰爭與昨日的戰爭截然不同。」[135]此外，「未來戰爭中的敵人正在改變，武器、裝備和戰爭方式也在改變，令人目瞪口呆」。[136]

葉劍英在研究班的落幕致詞中，強調戰爭指揮改變的作用。他告訴與會者，「我們的軍事思想，一定要隨著戰爭的變化而發展。」，特別是，「就是打常規戰爭，也與過去不一樣了。」葉劍英認為，「將來打起仗來，敵人可能從天上、地上、海上，齊來，前方和後方差別就很小了。這將是一場規模空前的立體戰、合同戰、總體戰。」他接著援引一九七三年的以阿戰爭，說明戰爭指揮如何改變，以及中國現在面對的挑戰：

> 埃及打以色列的中東戰爭，除了對空作戰以外，主要是打坦克，坦克反坦克。地面還要對付敵空降、機降。這同我們過去打仗是不一樣了。就我們自己來說，許多方面與過去也不同了，特種兵多了，重裝備增加了，這同過去小米加步槍不一樣了。部隊越現代化，越依靠後勤，後勤組織也擴大了。敵我雙方這些變化，必然給未來戰爭帶來新的問題、新的特點。[137]

從作戰觀點來看，戰爭指揮的這些改變，顯示蘇聯能夠發動快速深入的攻擊。倘若中國不想辦法阻止、拖延或減慢這些攻擊，後果將不堪設想。例如，北京距離中國與蒙古的交界只有大約三百八十英里；再說，戰略退卻可能必須不戰就棄守這些城市地區。頂層幹部都認同，在這些條件下放棄抵抗蘇聯的攻擊，後果將不堪設想；蘇聯倘若沒有遭遇抵抗，可能會快速獲勝；或者戰爭擴大，蘇聯將能攻占城市和其他工業區，如此一來，中國不僅會全國士氣大減，動員反攻的作戰潛力與能力也會削弱。宋時輪說得更加激進，直言誘敵深入不符合第二次世界大戰起的戰爭類型發展。宋時輪認為，現代戰爭類型包括攻占部分領土的有限戰爭、代理人戰爭、以及速打速決戰爭。宋時輪寫道，「誘敵深入不適用於所有類型的戰爭」，因為在有限戰爭中，採用戰略退卻，絕對會讓敵人不用打仗或付出任何代價，就能達成戰爭目標。[138]

一九八〇年戰略方針也跟中國海軍戰略從「近岸防禦」（或稱海岸防禦）改為「近海防禦」（或稱離岸防禦）有關。在近岸防禦中，解放軍海軍聚焦於遏止或防止兩棲攻擊，保護中國海岸。近海防禦的目的則比較廣——還要守護中國鄰近的水域。鄧小平在一九七九年四月提出希望進行這樣的改變；當時在一次與解放軍海軍司令員葉飛開會時，鄧小平特別強調「近海作戰」。[139]一九七九年七月，鄧小平告訴解放軍海軍黨委員會，「我們的戰略是近海作戰。」鄧小平最擔心的是對抗霸權國家的「強大海軍」，指的大概就是蘇聯。[140]這樣改變，擴大解放軍海軍的作戰區域，就能配合採用陸地邊境前進防禦。討論把解放軍海軍精簡整編列入一九八二年縮編（下文會討論）時，中央軍委申明，應該根據「近海防禦」所需的條件來整編解放軍海軍，這或許描述新戰略的這個詞第一次被使用。[141]

一九八二年八月，時任副總參謀長的劉華清，取代葉飛，擔任解放軍海軍司令員。從一九八三年起，劉華清開始以近海防禦作為解放軍海軍的服役戰略，充實其內容。近海是指與中國海岸相連的海域，包括黃海、東海、南海，以及台灣以東的海域。一九八六年一月，解放軍海軍黨委員會採用以「積極防禦，近海防禦」為口號的海軍戰略，證明與一九八〇年戰略有清楚的連結。[142]下一個月，劉華清和解放軍海軍政委呈交報告給中央軍委，請求准許採用近海防禦作為海軍戰略。[143]劉華清認為，近海防禦著重於實現統一台灣，捍衛領土主權和海上權益，以及遏阻海上攻擊。戰時關鍵任務是協同陸軍與空軍，守衛中國，抵禦海上攻擊，保護海上交通線。要執行這些任務，必須能夠奪取制海權，並且維持一段時間，以控制與近海相連的海上路線，甚至要能夠在鄰海作戰。[144]博納．柯爾（Bernard Cole）曾經說過，雖然劉華清當時許多言論都抱負遠大，但是直到一九九〇年代與二〇〇〇年代，中國的總軍事戰略從總體戰改為局部戰，他留下來的藍圖才發揮重要的作用。[145]

是因為一九七九年表現差勁才改變戰略嗎？

採用一九八〇年戰略，是一九七九年二月解放軍入侵越南表現差勁所致嗎？中國入侵越南，是為了懲罰河內一九七八年十一月與蘇聯簽訂防禦協議，接著越南在一九七八年十二月入侵柬埔寨。中國也想要展現對抗蘇聯的決心，蘇聯在中國北境部署了五十個師。中國的軍事目標是攻奪幾個省會和交通樞紐，尤其是諒山，目的是要證明中國有能力占領河內。後來，中國撤退了。[146]

這次侵略在一九七九年二月十七日展開，中國動員三十三萬到四十萬之間的兵力，來自九個軍，對抗五萬到十五萬的越南軍隊。[147]中國在三月四日攻占諒山，達成了軍事目標，接著旋即宣布打算撤軍，在三月十六日完成撤軍。儘管擁有大幅數量優勢，中國仍舊付出巨大的代價，僅取得有限的斬獲，七千九百一十五人死亡，兩萬三千兩百九十八人受傷。[148]此外，中國軍隊推進速度比預期慢了許多，諒山離邊境只有十五到二十公里，但卻花了十六天才攻占下來。因此，相較於上一次在韓戰發動大型進攻作戰，對抗更強大的敵人，這次入侵越南，暴露了解放軍的戰鬥力有重大的缺點。[149]解放軍表現差勁的原因在別的地方說明過了，原因包括大量新進的士兵和幹部，軍事訓練缺乏，甚至全無；加上擴大部隊造成編制膨脹，在短時間內就把部隊擴大到滿編，導致戰術層面的領導與協同亂無章法。[150]更廣泛來說，解放軍的差勁表現，反映出文化大革命期間準備與訓練減少，因為當時解放軍專注於駐防任務、地方治理和協助生產，這些上一章有說明。

然而，中國在這場戰爭中的差勁表現，並非一九八〇年十月決定採用新軍事戰略的首要因素。第一，雖然解放軍的最高指揮中心或許希望絕對的數量優勢，能夠在一九七九年快速取勝，但是他們對解放軍的諸多問題也是一清二楚。一九七五年六月，鄧小平曾說解放軍「腫、散、驕、奢、惰」。[151]一九七七年十二月，中央軍委確定採用毛澤東的「積極防禦，誘敵深入」，在文化大革命的餘波中穩定軍隊內部，同時重新開始軍事訓練。還有，解放軍領導階層進行視察後，揭露重大缺點，把入侵行動延後一個月。[152]中國軍隊的西線指揮官楊得志，一年後晉升為總參謀長，頂替鄧小平。儘管如此，軍隊或許還是表現得比高階軍官預期得還要差，也因此，這場戰爭可能進一步凸顯了提升軍隊素質的重要性，而提升軍隊素質正是一九八〇年戰略的一環，尤其是著重軍事訓練。

第二，早在一九七九年二月入侵之前，高階軍官就主張中國要改變軍事戰略。前面提過，一九七七年十二月的中央軍委會議重申採用誘敵深入，在這場會議期間與之後，粟裕和宋時輪都極力催促應該改變中國的戰略。一九七九年一月初，入侵越南的一個月前，粟裕發表了現在名聲響亮的那場演說，探討如何應對蘇聯入侵。粟裕的演說內容清楚直接地影響了一九八〇年戰略，影響力勝過任何其他單一事件。這場演說總結了過去五年發展出來的論述和想法，而非回應解放軍在即將發動的攻擊中可能會表現得如何。

第三，在攸關採用一九八〇年戰略的可得原始文獻中，鮮少提及解放軍在一九七九年表現差勁。一九八〇年九月與十月的高階幹部研究班，聚焦於中國應該如何對抗最大的威脅（蘇聯的攻擊）、蘇聯會如何攻擊、中國應該如何因應，以及誘敵深入是否仍是最佳戰略；一九七九年的那場戰爭或許也有討論，但是似乎不重要。在找得到的原始資料中，一九八〇年五月到八月策劃準備這場會議期間，也都沒有提及那場戰爭。解放軍沒有進行吹毛求疵地自我檢討戰爭表現，似乎聚焦於戰術熟練與政治工作上。[153]

最後，一九七九年入侵的那種衝突，不太可能會促使解放軍重新考慮如何抵禦強大許多的敵人入侵。從中國的觀點來看，一九七九年入侵是局部戰爭，目的只是要「教訓」越南。執行大規模攻擊作戰的必要條件，把解放軍在這場戰爭遭遇的許多挑戰變得更加困難，解放軍已經數十年未曾執行攻擊作戰。然而，新戰略的目標是拖慢或阻止敵人入侵；若非得要說這場戰爭有什麼影響，越南對抗中國入侵的防禦，或許讓解放軍在思考蘇聯的威脅時，多了些啟發。

新戰略的實行

解放軍幾乎馬上就開始實行新戰略，擬定新戰鬥條令和戰役綱要，裁減三百萬部隊，整編軍隊，重振軍事教育和訓練。一九八〇年戰略方針的實行，不僅強調這是中國軍事戰略的重大改變，也強調為了實行戰略所進行的組織改變，符合一開始促成戰略改變的因素——也就是戰爭指揮出現重大改變，最重要的是憂心蘇聯的威脅。

作戰準則

配合戰略的重大改變，解放軍開始大幅修改作戰準則。一九八二年，解放軍開始擬定「第三代」戰鬥條令，上一代的戰鬥條令在一九七五年到一九七九年之間頒布，僅作為試用，由於文化大革命，撰寫花了差不多十年。一位中國軍事學者這樣說：「第二代戰鬥條令的內容『著重政治』。」[154]所以，擬定第三代戰鬥條令變成「恢復期」，因為文化大革命期間缺乏作戰準則。[155]為了加強作戰準則的標準化，中央軍委編成一組審查小組，由副總參謀長韓懷智帶領，審查合成兵種和步兵作戰的條令，以及軍事科學院所擬定的《戰役學綱要》。[156]

頒布超過三十部條令，作為第三代戰鬥條令的一部分，包括一般條令，以及十六部陸軍條令、十部海軍條令、五部空軍條令，以及四部火箭部隊條令。這是第一次條令上有中央軍委主席的簽名，象徵頒布這些條令的重要性。[157]《解放軍報》說，新條令「正確地實踐了中央軍委的積極防禦戰略方針」，並且「從近來世界上的局部戰爭以及我國自我防衛反抗越南汲取經驗」。[158]在戰略指導層面，有一本頗具權威的教科書指出，這些條令反映出戰略從誘敵深入改為積極防禦，也就是一九八〇年戰略方針。[159]

重要的是，從一九七三年以阿戰爭吸取教訓後，這些新戰鬥條令也是最先強調戰爭作戰層面的。中國擬定了陸軍與相關兵種以及各軍種的合成兵種作戰新條令，一九八五年頒布步兵條令，一九八七年頒布合成兵種條令。在戰鬥條令中，中央軍委也核准頒布解放軍首部戰役層面的文件，《戰役學綱要》。[160]一份原始文獻指出，這份綱要「帶有法規性」，效力等同於戰鬥條令。[161]一九六〇年代初，宋時輪開始在軍事科學院擬定這份文件，作為一九五六年戰略方針的一部分，但是被文化大革命反覆延誤。雖然宋時輪在一九七六年重新開始撰寫，但似乎在第三次全體會議之後，把那份草稿丟了，認為文化大革命的政治影響那份草稿太過嚴重。[162]一九八〇年八月，宋時輪再度開始重新改寫，特別聚焦於基本戰役原則，尤其是合成兵種作戰。[163]一九八一年十一月他完成了初稿，發到各個部隊和軍事院校，徵求評論。中央軍委在一九八六年批准這份戰役綱要，一九八七年八月總參謀部分發給各單位。[164]

最後，解放軍出版第一本《戰略學》，這本書是最早全面記載中國軍事戰略，並且詳述中國打算如何對抗蘇聯入侵。[165]雖然這本書到一九八七年才出版，但是一九八二年就開始寫了，再次由宋時輪在軍事科學院督導。[166]這本書遵循積極防禦概念的總體精神，把與蘇聯交戰分為三個階段，這仍舊反映出毛澤東的總體戰構想。第一階段是戰略防禦，敵人發動開戰偷襲，中國出手反制，採用結合攻擊與防禦的作戰，削弱攻擊力道。陣地戰是這個階段的關鍵。第二階段是戰略反攻，一旦拖住敵人的攻勢，立刻發動攻擊作戰。第三階段也是最後階段，削弱敵人，創造出有利條件之後，發動戰略進攻，展開決戰，結束戰爭。[167]

軍隊編組

實行這套新戰略，必須大幅縮減軍隊規模。縮減解放軍規模是一九七五年六月中央軍委擴大會議的重要議題；這象徵文化大革命結束前，鄧小平就開始重新掌權。[168]但是，由於黨持續分裂，一九七五年縮編遠遠落後原本的目標，只裁減掉軍隊的百分之十三，而非原本規劃的百分之二十六。[169]從鄧華權力鬥爭到一九七九年中國入侵越南，軍隊規模又擴大了，到了一九八〇年，解放軍增加到超過六百萬兵力，澈底抹滅之前縮編的成果。[170]幾乎有半數的士兵不屬於戰鬥部隊，任職於總部或後勤與支援部隊，軍官也過剩。[171]

為了建設新戰略所預想的現代部隊，提高戰力，解放軍進行三次軍隊縮編，稱為「精簡整編」，分別在一九八〇年、一九八二年和一九八五年。到了一九八七年，解放軍規模減為一半，約莫三百二十萬兵力。一九八五年縮編，是因為鄧小平推斷爆發大戰的可能性大減，軍隊能夠進行「戰略轉型」，從備戰狀態轉變為和平時期現代化，這點我會分開討論。然而，這代表一九八〇年開始的軍隊整編措施，延續到一九八五年便結束。

雖然新戰略是決定縮減軍隊的關鍵元素，但是還有其他因素影響了這個決定。鄧小平的改革開放政策要求減輕預算裡的國防負擔，一九七九年，國防經費占政府支出的百分之十七點四，[172]倘若不同時減少國防支出，從計劃經濟轉變為市場經濟的經濟改革將無法成功。

一九八〇年縮編，最早是在一九八〇年三月的中央軍委常務委員會會議中提出來。鄧小平說：「我們存在的一個最大問題，就是軍隊很臃腫。」臃腫的軍隊不僅對國家預算造成極大的壓力，也妨礙指揮的靈活度，降低戰力，例如，一九七九年第九十三團有五名副司令員，七、八個副參謀長。[173]鄧小平結論道，「軍隊要提高戰鬥力，提高工作效率，不『消腫』不行。」[174]中央軍委認同，說「現行的軍隊體制編制不符合現代作戰的要求」，[175]因此，「必須進行改革」。[176]

雖然正式批准一九八〇年戰略方針之前，一九八〇年縮編就開始計劃，但是目標符合改變戰略的根本理由。主要的理由是要建設戰力更強大的現代軍隊，依據的觀點是，中國現行的軍隊與指揮結構不適合打比較強大的敵人，因為強敵發動攻擊，能快速深入中國領土。[177]一九八〇年七月，中央軍委核准總參謀部在八月頒布的計畫，要求裁減一百五十萬兵力，「精簡管理，減少員額，裁減支援與非戰鬥人員」。[178]中央軍委指示總參謀部在一九八〇年第四季開始縮編，在一九八一年年底以前基本完成。非戰鬥人員包括內部安全部隊、鐵道和工程部隊、後勤和支援單位、通訊單位，以及三大總部裡面和中央軍委直轄的單位。戰鬥單位也被鎖定，步兵師被分為滿編和縮編單位，縮編單位在戰時可以擴編。減少幹部數量不只是為了加強現代化，也為了拔擢有才幹而且比較年輕的軍官。[179]

一九八〇年縮編並沒有達成目標，但是確實在短時間內大幅裁員，軍隊總共裁減了八十三萬兵員，減到五百一十八萬九千人。[180]在三大總部和中央軍委所屬的其他單位，裁減了四萬五千兩百人，占原來員額的百分之十三點八；這包含大幅裁減總參謀部（百分之四十六點四五）、總政治部（百分之十四點八六）和總後方勤務部（百分之二十五），以及軍事科學院和中央軍委辦公廳等單位。[181]陸軍縮減百分之十七點六，海軍和空軍分別裁減百分之八點五和六點四。[182]最後，鐵道部隊和工程部隊裁減百分之四十八（二十萬人）和百分之三十（十五萬六千人）。[183]解放軍占國家預算的比例，從一九七九年的百分之十七點四減少到一九八一年的十四點八。

一九八一年年底，中國展開規劃第三回合改革，反映出黨政官僚的體制改革，目標是增加組織的效率與效力，以及動員資金，推動「四個現代化」和經濟發展。一九八一年十一月，總參謀部請求中央軍委批准成立「體制改革、縮減與重組」領導小組，領導小組旋即在一九八二年二月成立，組員包含來自三大總部的領導人。[184]中央軍委要求總參謀部自己發展計畫，改造三大總部，「破壞寺廟、移除佛像和裁減人員」。[185]這一回合的縮編聚焦於戰鬥部隊的組織，目的是要提升合成兵種作戰和作戰效能，像是三軍的士兵比例、陸軍的師數量、設置省級與副省級軍區、學校的規模、以及工程部隊的建置等主題。[186]

一九八二年九月十六日，中央軍委宣布新的軍隊縮編計畫，主要原則是「改造結構與組織，加強集中統一的指揮，減少數量，增加質量，提高戰鬥力」。[187]一九八三年年底完成時，解放軍減少了差不多一百萬兵員，變成四百二十三萬八千人，聚焦於三個地方。[188]第一，整編各兵種。裝甲、火炮、工程這三種部隊在一九五〇年代初期編成時，直屬於中央軍委，而非總參謀部，促進它們發展成新兵種。然而，這樣的結構阻礙了軍隊的整合和合成兵種作戰的發展，因此，裝甲、火炮和工程部隊的領導階層辦公室便縮編成總參謀部管轄的部門；各軍區裡的對應單位則縮編放置於軍區總部內，由軍統領。[189]第二，三大總部也大幅縮減，主要是刪減或合併局處部門。總參謀部再次縮減百分之十九點六，總政治部和總後方勤務部也分別進一步裁減百分之二十點四和十九點二。[190]第三，剩餘的鐵道部隊轉移到鐵道部，基礎工程部隊則調到地方政府，將部分軍隊轉為民政單位。[191]縮編總共裁減了五個軍區級部隊、二十一個軍級部隊、二十八個師級部隊，以及八個兵團級部門、四個軍級部門和一百六十一個師級部門。[192]在每個軍區，總部、政治部門和後勤部門裡的單位合併。[193]軍隊占國家預算的比例到一九八四年下降到百分之十點六。

此時軍隊編組還出現另外兩項重要改變。第一，中央軍委決定重新在解放軍採用一九六五年廢止的軍銜制，雖然到一九八七年才完成，但是此舉跟一九八二年縮編的規劃有關。[194]第二，解放軍開始把中國的陸軍從軍改組為合成兵種集團軍；中央軍委最早在一九八〇年討論編成這樣的部隊。一九八一年三月，鄧小平批准編成兩個試驗合成集團軍，北京和瀋陽軍區各一個。[195]下文即將討論的一九八一年九月「八〇二」會議中，鄧小平再度表示支持改編成合成兵種部隊，要求解放軍「全力提升在現代條件下的戰鬥兵種協同作戰能力」。[196]一九八二年九月，北京和瀋陽軍區開始計劃編成這些試驗部隊，一九八三年開始編組，[197]雀屏中選的兩個部隊是北京軍區的第三十八軍和瀋陽軍區的第三十九軍。

除此之外，在這段期間進行的討論，還提出其他潛在的廣泛改革，雖然最後沒有推動，但還是反映出聚焦於透過整編解放軍，來提升效率與戰力。第一項是創立聯勤系統，第二項是創建獨立的陸軍部門。[198]解放軍最後分別在二〇〇七年與二〇一六年採用這兩項改革。

教育和訓練

在「八〇一」戰略會議確立新戰略方針後，解放軍立即開始改革軍事教育和訓練。

軍事教育

副總參謀長張震負責訓練事務，統領總參謀部裡的訓練工作，全面檢討訓練。一九八〇年五月視察南京軍區後，張震結論道，「我國軍事院校的狀況完全不符合國防現代化與未來反侵略戰爭的需求」。[199]文化大革命期間被破壞得最嚴重的其中一個方面是教育和訓練，優勢政治路線的改變，很容易影響課程內容和政治教育時數。一九五〇年代的反教條主義運動後，許多官員都不想跟軍校扯上關係，到一九六九年，大多數的軍校關閉了，澈底停止專業軍事訓練。雖然軍校在一九七〇年代中期到末期漸漸重新開學，但是教育卻著重於政治課程，而非軍事課程。

採用一九八〇年戰略方針之後，解放軍展開三項重要的訓練改革。首先，從一九八〇年十月二十日到十一月七日，解放軍召開軍事院校全軍會議。上一次舉行這類會議是在十六年前，一九六四年，就在文化大革命前不久。超過四百五十名高階官員參加，包括各軍區、各兵種與中央軍委下屬其他單位的副司令員和副政委，以及全部一百八十八所解放軍軍事院校的校長和政委。[200]

這場會議的目的是檢討如何調整訓練任務，與如何調整軍事教育制度，以提升解放軍打現代戰的能力。會議批准七份文件，接著三大總部把七份文件聯合頒發到全軍，這些文件成為全面改革的藍圖，被稱為「備戰的戰略步驟」。[201]為了強調中央軍委現在重視解放軍裡的軍事教育，軍事院校的教育正式併入所有幹部的晉升制度。[202]

除此之外，一九八〇年十一月，解放軍舉辦訓練全軍會議，會議在河南省洛陽舉行，武漢軍區第四十三軍的總部所在地。一九八〇年三月，總參謀部命令張萬年統率的第一二七師，執行試驗計畫，測試協同作戰的辦法與訓練。[203]會議的目的就是要檢討這次試驗計畫的結果，提升解放軍部隊執行協同作戰的能力。雖然解放軍擁有現代軍隊的所有主要戰鬥兵種，像是戰車和火炮部隊，但卻缺乏有效協同各兵種作戰的能力。一九七九年入侵越南證明了，協同正是「弱鏈」。[204]誠如張震在會議中所言，「高階協同作戰能力是現代戰爭的客觀要求」。此外，必須具備這種能力，「我軍才能提升戰鬥力，符合未來反侵略戰爭的要求」。[205]張震感嘆，「有些同志」不知道如何部署或利用部隊與裝備。[206]會議討論如何透過年度訓練計畫，來提升協同訓練。

最後，解放軍頒布新的訓練計畫，總參謀部在一九八〇年七月開始擬定，一九八一年二月向全軍頒布，[207]目標是要增強解放軍「在現代條件下的作戰能力」。再者，擬定這項計畫是「根據中央軍委的戰略方針與作戰指導思想，從未來反侵略戰爭的必要條件開始著手」。[208]張震建議，根據計畫，軍事事務占訓練的百分之七十，政治教育和文化則分別占百分之二十和十，反映出他想要淡化政治。[209]一九八〇年十一月全軍訓練會議之後，新的訓練計畫強調戰役和戰術層級的合成兵種作戰，張震強調，合成兵種作戰反映出現代戰爭的本質，而解放軍在越南的表現證明了解放軍的缺點就是在這個方面。[210]

然而，這些舉動只是依據新戰略推動教育改革的開始，一九八三年再度舉辦軍事院校全軍會議，「目的是要進一步提升現代戰爭條件下的自我防衛能力」。[211]一九八五年四月，中央軍委決定將軍事學院、政治學院和後勤學院合併，成立中國人民解放軍國防大學，這可以說是最重要的改變。為了強調這件事的重要性，中央軍委指派張震來創辦這所學校，一九八六年國防大學開學時，他擔任第一任校長。林彪一九六九年創立軍事政治大學，目的是要削弱中國的專業軍事訓練；一九八六年國防大學開學則不一樣，反映出軍方想要提升中國高階幹部的教育品質。國防大學在解放軍裡的地位大概等同於中國共產黨中央委員會黨校，是高階幹部的最高層級培訓機構。[212]

「八〇二」會議

軍事戰略改變後，總參謀部決定舉行幾次大規模軍事演習，這些演習聚焦於蘇聯入侵的不同方向，包括華北、西北和渤海灣。第一場演習在華北舉行，這是最有可能的攻擊方向，目的是要探討如何組織與執行防禦作戰。[213]演習代號稱為「八〇二」會議，反映出這場演習跟「八〇二」會議所催生出來的新戰略有關聯。張震，時任負責訓練的副總參謀長，回憶說那場演習「解決了『積極防禦』戰略方針具體化的問題」。[214]

這場演習所挑選的地點是北京西北方的重要運輸樞紐張家口。「華北大演習」在一九八一年九月舉行，變成解放軍自一九四九年起最大的野戰演習，超過十一萬兵員參與，包括一千三百輛戰車和裝甲車、一千五百門火炮和兩百八十五架飛機。[215]這場演習持續五天，以戰役層級的陣地防禦戰作為假定，這個假定在去年確立為新戰略的核心。主要元素包括裝甲與空降攻擊，以及陣地防禦反空降演習和戰役層級反攻。[216]這場演習包含陸軍的每個兵種、傘兵部隊（當時隸屬於解放軍空軍）和解放軍空軍的部隊，「反映出現代戰爭的特色」。[217]

九月舉辦華北演習之前，組辦了兩次集訓活動，總共有兩百四十七名高階幹部參與，來自全部十一個軍區以及各個軍種和兵種。集訓內容包括詳盡的戰役理論講習，聚焦於陣地防禦戰役；還有長達一個星期的劇本規劃練習，與會者分成兩組，必須「依據中央軍委的戰略方針與八〇一會議闡明的任務」，發展出應變計畫。[218]葉劍英說，「『八〇一』會議去年統一了軍隊的戰略思想，確定以『積極防禦』作為戰略方針。今年的『八〇二』會議將解決戰略方針具體化的問題」。[219]

這場野戰演習在一九八一年九月十四日展開，吸引高階領導人們高度注目，大部分政治局的委員，就連華國鋒，都到場觀看演習。出席人員還有來自黨和政府各單位的約莫三萬兩千人，以及來自所有省分、城市、自治區與當地地區的「負責人員」。[220]鄧小平親自到場觀看全部五天的演習。[221]後來，鄧小平說，這場演習「把現代戰爭的特色呈現得相當好，探討了各個軍種與兵種的協同作戰，提升了……軍隊的實戰程度」。[222]

演習的最後部分是一場會議，總結過去幾個星期所學到的。張震回憶道，集訓和野戰演習有助於建立執行新戰略方針的共識。最重要的是，與會者一致認同，應該堅守原則，「在關鍵要點加強構築防禦工事與駐防軍隊，並且建造強大的縱深防禦系統」，以因應蘇聯的各種攻擊。[223]

這場演習本身顯然比任何事都更能大展抱負，參與演習的軍隊至少舉行兩次預演，第一次在八月中旬，第二次在九月初。[224]張震說，各部隊之間的組織與協調，以及地面與空中部隊之間的溝通，「沒有做得非常好」。[225]儘管如此，這次演習樹立了典範，供一九八〇年代前半段舉行的規模比較小的演習參考。

「八〇二」會議之後，戰役層級的演習加快步調。一九八二年八月，新疆的蘭州軍區籌辦「三戰」演習，包括運動戰、游擊戰與陣地防禦戰。[226]鑑於新疆距離北京遙遠，地理環境特殊，前進部署軍隊有限，中央軍委認為新疆必須執行「獨立作戰」，加強倚賴運動戰與游擊戰。一九八三年，第二炮兵舉行第一次戰役層級演習，模擬核子反擊（第六章會詳細討論）。[227]一九八四年八月，蘭州軍區在甘肅嘉峪關（萬里長城終點所在地）舉行實兵實彈演習，由一個加強師執行陣地防禦戰。[228]

一九八五年縮編和「戰略轉型」

中央軍委評估後，認定總體戰的威脅減小，解放軍可以改為和平時期現代化；一九八五年六月批准了一項計畫，軍隊再裁減一百萬兵員。一九八五年縮編是之前精簡整編行動的終點，本身並非軍事戰略改變。

縮編的決定

一九八四年初，中國開始規劃與執行下一回合的軍隊縮減，決定再裁減一百萬軍隊的決定，便是這項工作的成果。一九八二年三月鄧小平評審一九八二年縮編計畫，說「對這項計畫不是相當滿意」。鄧小平認為這項計畫只是第一步，申明「完成後，可以研究進一步的計畫」。[229]楊得志回憶道，「鄧主席讀完一九八二年計畫後，覺得不滿意」。[230]負責縮編的副總參謀長何正文說，鄧小平的評論令他「感到巨大的壓力」。[231]一九八四年二月，一九八二年縮編完成之後，楊得志指示精簡整編領導小組發展計畫，進行進一步縮編。一九八四年四月，中央軍委擴大會議核准總參謀部擬定的整編方案，並且指示進一步發展該計畫。總參謀部在九月底前完成更加詳細的初步計畫，包含裁軍三十萬、五十萬或七十萬這三個選項。[232]

十月，中央軍委召開論壇，討論縮編計畫的目標。在這個月稍早，鄧小平評審總參謀部的計畫，聲明這三個選項都「太少」，應該裁減一百萬。[233]楊得志在論壇開始的時候說，「最近，鄧主席決定裁軍一百萬。」[234]十一月一日，鄧小平解釋這項決定。鄧小平重述之前的評估，推斷至少十年不可能會爆發戰爭，無論是美國與蘇聯之間的戰爭（雙方互相嚇阻對方發動攻擊），以及牽扯到中國的戰爭；現在中國正推動鄧小平的新「獨立自主和平外交政策」。[235]因此，鄧小平結論道，「我們現在能夠和平發展，可以把焦點轉移到發展工作上」。[236]就算可能爆發戰爭，鄧小平說，「我們也必須消腫。」解放軍的高階領導組織極度臃腫，「根本無法指揮」。省下來的人事成本可以用於「提升武器和裝備，還有更重要的，提升部隊素質」。[237]精簡總部、各軍種與兵種，以及各軍區，鄧小平說，「這些機構的效率一定會增加」。[238]

雖然這場論壇達成了共識，將目標訂為裁軍一百萬，但是領導小組必須解決的難題是如何達成這個目標。要達成這個目標，必須解散內戰期間成立的戰鬥部隊，裁除幾乎半數的軍區，過程中會有人贏，也會有人輸。為了制定最後的計畫，總參謀部召開了四十二場黨委員會會議，還有十四場專門會議，包括一場三大總部領導會議，和一場軍區和軍種領導會議。[239]一九八五年三月，中央軍委常務會議批准了一份修訂過的計畫。

從一九八五年五月二十三日到六月六日，中央軍委舉行擴大會議，審核這份計畫。會議一開始，楊得志就說明縮編計畫，計畫最後獲准了。[240]這場會議也批准「軍隊建設指導思想戰略轉型」。明確來說，此舉「改變了軍事工作，原本是依據早打、大打、打核戰爭的原則，準備因應即將爆發的戰爭，現在變成走和平建設的路線」。[241]解放軍現在充分利用和平環境，來推動現代化，不會對經濟改革造成任何負擔；[242]軍隊建設聚焦於開發新的武器和裝備，以及提升人員素質。[243]

會議結束時，鄧小平提出更廣泛的解釋，說明中央軍委的決定是對的。他重述一九八四年十一月演說中的一些相同論述，聚焦於中國對國際環境的評估，以及中國的新「獨立自主」外交政策。他聲明，「我們改變觀點了，不再認為戰爭一觸即發」。世界大戰不可能會爆發，因為美國和蘇聯都擁有巨量的常規和核子武器，互相嚇阻對方發動攻擊，所以雙方都不「敢先動手」。[244]更廣泛而言，國際競爭的中心已經變成經濟，科技扮演關鍵角色。鄧小平的評估也是依據「我們周邊環境的分析」，這證明了他也認為不再可能會跟蘇聯爆發大戰。基於這個原因，中國外交政策從聯合美國對抗蘇聯的「一條線」，變成在與兩大超級強國共組的三角形中採取「獨立自主的立場」。因此，鄧小平說，「我們可以大膽全心推動四個現代化。」[245]經濟成長比國防還要重要，他要求解放軍有耐心，說「唯有擁有穩固的經濟基礎，我們才有可能將軍隊的裝備現代化」。

一九八五年七月十一日，中央軍委協同國務院和中央委員會頒布這項名為《軍隊體制改革、精簡整編方案》的計畫，目標是要藉由裁減人數，減少官僚層數，縮編部隊，關閉部分設施，來強化軍隊，精簡管理，提高指揮靈活度，增強戰鬥力。[246]一九八七年縮編完成，裁減超過一百萬兵員，大約是軍隊的百分之二十五。解放軍的總人數現在是三百二十三萬五千，到一九九〇年減為三百一十九萬九千。[247]到了一九八八年，國防支出只占國家預算的百分之八點八，三回合縮編展開之前，在一九七九年是十七點四。

一九八五年縮編分為兩個階段。第一階段聚焦於三大總部、國防科學技術工業委員會、各軍種與兵種、各軍區、各省級軍區。總部的人員減少百分之四十六點五，包括總參謀部（百分之六十）、總政治部（百分之三十點四）、總後方勤務部（百分之五十二）。[248]十一個軍區合併成七個，下屬處室部門的人數裁減百分之五十三。[249]在各軍種中，陸軍裁減百分之二十三點二，其中軍級部隊裁減百分之十三點一。三十五個軍整編成二十四個合成兵種集團軍，裁撤了十一個軍部和三十六個師。步兵部隊分為北方機械化步兵師和摩托化步兵師、南方摩托化步兵師、山區輕摩托化步兵師和步兵旅。[250]同樣地，海軍裁減百分之十四點七，裁減總部與水面艦隊；空軍則裁減百分之十九點六。

第二階段聚焦於軍事院校以及支援、後勤等部隊。軍事院校的整編在一九八六年六月開始，解放軍的軍事學院、政治學院和後勤學院合併成國防大學。各軍區都有多餘的機關被裁撤，軍事院校的數量從一百一十七減到一百零三，定額內的人員從三十三萬減到二十二萬四千。[251]

新戰略？

一九八五年縮編改變了軍隊建設的基本指導思想，稱之為「戰略轉型」，因此被認為是中國的軍事戰略改變。雖然它跟戰略有重要的關係，但是並不算是戰略方針的改變，解放軍內部不認為這是戰略改變。

第一，如前述，一九八五年縮編的其中一個動機是，提升軍事效能和指揮靈活度，這是一九八〇年戰略就確立的目標，推動了一九八〇年和一九八二年軍隊縮減整編。然而，這兩次縮編並沒有公開宣布。一九八五年縮編被宣傳為中國新外交政策的一部分，新的「獨立自主」外交政策主張避免與美國或蘇聯結盟。不過一九八五年縮編也是一九八〇年起整編解放軍行動的終點。

第二，首要的判斷依據是，中國不再需要準備應變總體戰，可以解除備戰狀態。因此，由於這個推論，在一九八〇年戰略的蘇聯威脅強度檢討中，中國改變了對安全環境的評估，尤其是在一九七九年和一九八〇年，縱使一九八九年正常化之前，蘇聯始終是中國的主要敵人。就這樣，戰略方針的一個主要元素改變了。儘管如此，一九八五年會議並沒有發現任何新威脅，迫使中國調整軍事戰略；一位解放軍的學者說，這場會議倒是引發了「激烈爭論」，辯論中國面對的威脅以及可能需要打的戰爭。[252]一九八五年會議只排除一種衝突，那就是總體戰或中國遭到入侵，但是沒有發現新的衝突。直到一九八八年十二月，一九八五年會議過了超過三年，中國才認定「局部戰爭」是中國應該備戰應變的主要衝突類型。若非要說一九八五年會議達成什麼成果，應該就是促成一段戰略漂移與探索時期。

第三，中央軍委會議並沒有改變戰略方針的其他元素，包括「作戰形式」或「作戰基本指導思想」。當然，原因就是中央軍委聚焦於核准裁減一百萬兵員與整編軍隊，而非戰略方針。然而，儘管一九八五年會議包含一項關鍵評估，推斷可能會聚焦於局部戰爭，但是批准這樣的改變，並非會議的目的。可得的原始文獻指出，一九八五年並沒有討論要改變對戰爭形式或作戰基本指導思想的評估。

第四，一九八五年會議並沒有改變軍事戰略重大改變的指標。雖然第三代戰鬥條令的擬定工作到一九八七年年底才完成，但是採用一九八〇年戰略後，一九八二年擬定工作就展開了。還有，同樣在一九八七年出版的《戰役學綱要》和《戰略學》，是在一九八〇年代初期擬定的，並沒有反映出對國際局勢的新評估。就軍隊編組而言，一九八五年縮編的內容，尤其是合成兵種集團軍的編成，反映出的是用於執行一九八〇年戰略的構想。

一九八八年戰略：「局部戰爭和武裝衝突」

一九八八年採用的戰略方針小幅改動了一九八〇年戰略，只有籠統指出解放軍應該準備因應的戰爭類型，沒有指出明確的戰爭類型和明確的敵人。然而，這套戰略並沒有說明中國應該如何準備打這類戰爭，只有指出應該以這類戰爭作為規劃焦點。

一九八八年戰略的背景

關於一九八八年戰略方針，找得到的資料少之又少，著實令人驚訝，其中一個原因是，一九八八年戰略只有小幅戰略改變。根據一位軍事科學院的學者認為，一九八八年方針反映出「一九八〇年代初期開始的軍事戰略方針調整結束了」。[253]另一個原因是，採用新方針幾個月後，就爆發天安門廣場示威。屠殺結束之後，解放軍轉向內，聚焦於內部政治教育，下一章會說明。

一九八五年中央軍委會議贊同鄧小平關於和平與發展的評估，解放軍改為和平時期現代化之後，第一個採用的戰略就是一九八八年戰略方針。如果解放軍不需要準備打遭到敵人入侵的總體戰，那麼衝突十分可能會是在中國周邊的有限或局部戰爭，因此，一九八八年方針反映出了一九八五年中國安全環境評估的中心涵義。然而，一九八五年評估唯一的差異就是，不談中國必須打什麼類型的戰爭；對於中國未來要打什麼類型的戰爭、要如何打、或解放軍應該如何編組與訓練接戰，都沒有提供指導。[254]

為了回答這些問題，解放軍的戰略家開始探索未來。從一九八六年到一九八八年，總參謀部召開了一系列講座，檢討國防現代化和發展策略（一九八六年）、局部戰爭和軍隊建設（一九八七年）、軍事鬥爭戰略指導（一九八八年）。[255]遵從張震的指示，在一九八六年和一九八八年，解放軍新創立的國防大學召開兩次大型會議，討論戰役理論和作戰指導思想。[256]最後，解放軍在不同地區舉辦軍事演習，探究不同戰略方向的局部戰爭特色。一九八七年和一九八八年，毗鄰國際邊境的所有軍區，都依據局部衝突與當地特色舉辦演習，包括濟南、瀋陽、北京、蘭州、廣州和成都軍區。[257]這些演習和講座一樣，用於探究，協助解放軍決定面對可能爆發的局部戰爭，應該採用哪種軍事戰略和戰役原則。

如同採用其他戰略方針，現在由遲浩田領導的總參謀部，在採用一九八八年戰略上，似乎扮演關鍵角色。一九八七年十二月，遲浩田聲明，「我軍處於新時期，迫切需要清楚完整的軍事戰略。」他指示總參謀部研究高層作戰指導，「探究我軍的總體戰略、總體方針、總體要求」。總參謀部黨委員會在一九八八年二月開會，擬定一份報告，題為《到本世紀末我軍戰略指導的幾個問題》。總參謀部與各軍區、各軍種、以及其他的總部商討過，這份報告總共修改了十次。[258]一九八八年十二月二十四日，總參謀部正式向中央軍委呈交建議報告，不過這份報告在中央軍委擴大會議中扮演什麼角色，就不得而知了；擴大會議在十二月二十日就結束，會中決定採用一九八八年方針。總參謀部的這份報告記載具體的建議，但是報告正本已佚失。

一九八八年戰略概要

中華人民共和國在一九八〇年代末期沒有首要戰略敵人，藉以調整軍事戰略，這是一九四九年來頭一遭。一九八六年戈巴契夫在海參崴（Vladivostok）發表演說，蘇聯承諾開始撤離部署在俄羅斯遠東地區（Russian Far East）的軍隊，中國與蘇聯漸趨友好，反映出中國面對的威脅大幅減弱。中國並沒有澈底否定可能會與蘇聯爆發衝突，但是與莫斯科關係漸趨友好，最終促成雙方關係在一九八九年五月正常化，消除了中國自一九六九年以來的頭號安全威脅。因此，一九八八年戰略方針的總體目標比較籠統，以一種戰爭作為規劃焦點，而非一個敵人。具體來說，一九八八年方針確立了，軍事鬥爭準備基點是「因應可能會爆發的局部戰爭與武裝衝突」，[259]尤其是中國尚未解決的主權與領土爭議所引發的戰事。[260]

儘管缺乏首要戰略敵人，一九八八年戰略仍舊更加重視中國南方邊境和南海，因為北方局勢穩定。一九八八年方針聚焦於一系列潛在的局部戰爭，而非遭到入侵的總體戰，著實史無前例；而且著重戰略指導思想，而非作戰基本指導思想，也是空前未有。戰略指導思想是「穩定北線，加強南線，強邊固防，經略海洋」。[261]

由於北方與蘇聯的戰略態勢穩定，中國終於有機會改善南方的戰略態勢，南方的爭端依舊存在，[262]包括中國與印度和越南的陸地邊界糾紛，以及中國在南沙群島占領幾座島礁。整個一九八〇年代，有爭議的中越邊境在多座山頭爆發一系列激烈的戰鬥，一九八四年到一九八六年尤其嚴重。一九八八年三月，中國出手占領越南也主張擁有的六座島礁，導致中國和越南的軍隊在南沙群島爆發激烈衝突。[263]一九八六年和一九八七年期間，為了中印邊界上的一座觀察哨，在桑多洛河谷（Sumdurong Chu）爆發緊張對峙，最後雙方都動員了數個師[264]，這場衝突的根源是兩國之間的領土紛爭，爭奪的面積大多了，超過十二萬五千平方公里。然而，從軍事觀點來看，不論是在青藏高原、中越邊境叢林，或是南海，在不同的領土紛爭中捍衛中國的利益，就需要運用不同的作戰能力和概念。

一九八八年十二月中央軍委舉辦擴大會議，規劃來年的軍事工作，最後決定採用新的戰略方針。這場會議也決定，以提升戰鬥力作為基本標準，來評估所有軍事工作。[265]中央軍委副主席兼秘書長楊尚昆，廣義定義戰鬥力，含括軍政素質、武器裝備、體制編制、戰略戰術、後勤支援。一旦偏離強化戰鬥力，就表示「軍隊建設必定偏離了正確方向」。[266]基本構想是想要加強中國的總體嚇阻力，相較於之前著重如何應對敵人侵略，這也是新的概念。

戰略改變指標

多項軍事改變指標顯示，一九八八年戰略方針延續了一九八〇年採用的戰略，不過是以局部戰爭作為新的背景。

根據找得到的原始文獻，一九八八年方針並沒有改變作戰基本指導思想，因此，跟解放軍作戰準則的任何改變也沒有關聯。一九八八年六月，解放軍正式頒布一九八二年開始起草、一九八七年年底擬定完成的「第三代」戰鬥條令。新條令頒布時，有人說新條令「吸取了近來全球局部戰爭與我國自我防衛反攻越南的作戰經驗」。[267]新條令聚焦於一九八〇年戰略重新強調的合成兵種作戰，因此也有人說新條令「形成了這個新時期在協同訓練與作戰上的重要基礎」。

軍隊編組的改變也微乎其微，解放軍一九八七年才完成一九八五年縮編。在一九八八年十二月的中央軍委擴大會議，楊尚昆闡述在各國的戰略主動權爭奪戰之中，軍力具有什麼樣的嚇阻作用。根據楊尚昆的說法，中國的武器裝備發展方針，旨在「維續此一原則：結合頂尖常備部隊與後備部隊；結合常規部隊與戰略核子嚇阻部隊……並且持續提升我國武裝部隊的作戰能力與整合嚇阻能力」。[268]把焦點放在「整合」，呼應了合成兵種作戰在一九八〇年方針中的作用，但是似乎不包含中國應該如何建構軍隊的新見解。

中國在一九八九年頒布了新的訓練計畫，一九九〇年實施，這是這段時期在訓練方式上的重大改變。這項計畫分成四個部分，分別用於陸軍、海軍、空軍和第二炮兵部隊。根據《解放軍報》報導，在三個試驗部隊研究三年後，發展出各個層級的新訓練方針，從個別官兵到排級部隊，一直到師級部隊，一九八八年開始擬定這項新的訓練計畫。[269]由此可知，新的訓練計畫試圖落實根據一九八〇年戰略發展出來的構想。特別是，新的訓練計畫著重合成兵種戰役和戰術、以集團軍為中心的新軍隊編組，並加強技術部隊在軍隊裡的作用。然而，同樣地，這並沒有大幅偏離解放軍過去幾年一直在推動的工作。

結論

一九八〇年採用的戰略方針是中國軍事戰略的第二次重大改變，方針的內容和實行證明了，解放軍的高階幹部意在準備跟蘇聯打新型態的戰爭。一九七三年以阿戰爭影響了解放軍幹部的想法，包括蘇聯會如何入侵，以及中國最好應該如何抵禦攻擊。然而，由於文化大革命，黨領導階層在一九七三年前後都嚴重分裂，導致解放軍無法制定新戰略，因應當前的威脅。鄧小平打敗華國鋒，恢復黨內團結後，解放軍就能夠採用新的軍事戰略。

一九八五年，中央軍委宣布裁減一百萬兵員的同時，也宣布「軍隊建設指導思想戰略轉型」為和平時期現代化。主要原因是鄧小平評估總體戰的威脅已然減弱，這番評估開啟了改變戰略方針的大門，但是此時並沒有採用新的軍事戰略。研究中國的安全環境幾年之後，中央軍委在一九八八年十二月採用新的戰略方針，軍事鬥爭準備基點是「因應局部戰爭和軍事衝突」。然而，因應局部戰爭的一九八八年戰略並沒有說明要怎麼打這類戰爭，或者需要哪些軍隊。這些問題要到（波斯灣戰爭）爆發後才會有答案，下一章將會說明。

第六章
一九九三年戰略：「高技術條件下的局部戰爭」

一九九二年十二月，解放軍的最高指揮中心召開研究班，檢討中國的軍事戰略。那個月結束前，新的戰略方針就制定好了，中央軍委在一九九三年一月初採用，主旨是「打贏現代技術特別是高技術條件下的局部戰爭」。不同於一九五六年和一九八〇年的方針，這套新戰略並非奠基於如何對抗敵人入侵中國領土；反而著重於如何針對有限的目標發動戰爭，並且採取新的作戰方式。

一九九三年一月採用的戰略方針，是中國自一九四九年以來第三次大幅改變軍事戰略。如同一九五六年和一九八〇年戰略，採用一九九三年戰略同樣令人費解。在一九九〇年代初期，中國的黨軍高階領導認為，中國的區域安全環境是一九四九年以來「最好的」，主要是因為北方的蘇聯威脅消失，以及冷戰結束了。然而，儘管對於中國國土的明確威脅不復存在，但是中央軍委卻採用迄今野心最大的軍事戰略，尋求發展執行聯合作戰的能力，以應變國家周邊發生的各式各樣突發事故。

要了解中國何時、為何、如何在一九九三年改變軍事戰略，有兩個要素是關鍵核心。第一，波斯灣戰爭揭露了戰爭指揮出現重大改變。聯軍使用精確制導彈藥之類的武器，迅速擊敗伊拉克，深深影響了中國高階軍官。雖然中國從一九八〇年代起，就一直在追蹤這些戰爭上的改變，包括一九八二年福克蘭群島戰爭（Falklands War）和一九八六年美國空襲利比亞，但是波斯灣戰爭凸顯出中國需要新的戰略，確保戰爭指揮改變後，解放軍還有辦法準備應戰。第二，民眾要政府回答是否與如何繼續推動鄧小平的改革，在鎮壓天安門廣場裡外示威抗議，政府鎮壓示威後，黨領導階層分裂，導致解放軍無法立即應變波斯灣戰爭。解放軍政治化的程度也變成文化大革命結束以來最高，直到一九九二年十月中國共產黨第十四次全國代表大會（簡稱：中共十四大），黨恢復團結，解放軍才能推動戰略改變。

在中央軍委自一九五六年採用的戰略方針中，一九九三年戰略可能是最重要的，二〇〇四年和二〇一四年調整後，依舊是今日中國的軍事戰略基礎。一九八八年戰略雖然改以局部戰爭為焦點，但是卻沒有說明要如何應戰。一九九三年戰略回答了這個問題。一九九三年戰略也確定改變陸軍的龍頭地位，強化其他軍種的角色；並且把自內戰起採用的作戰形式——像是運動戰——改為各軍種聯合作戰。

本章分為五個部分。第一節說明，一九九三年一月確立的新戰略方針是中國國家軍事戰略的重大改變。第二節說明，高階軍官認為，波斯灣戰爭證明了國際上的戰爭指揮出現重大改變；而且波斯灣戰爭變成激起軍事戰略改變的外部刺激。第三節檢討天安門事件之後，黨領導階層分裂為何日趨嚴重；以及黨在一九九二年十月中共十四大恢復團結之前，解放軍為何變得政治化。最後兩節討論新戰略的採用與初步實行。

「打贏高技術條件下的局部戰爭」

在一九九三年一月中央軍委擴大會議中採用的戰略方針，是中國軍事戰略的第三次重大改變。一九九三年戰略的主旨是「打贏現代技術特別是高技術條件下的局部戰爭」，組織中心依據是中國可能會在周邊打的各種形式局部或有限戰爭。聯合作戰取代了陣地戰、運動戰、游擊戰這三種作戰形式；解放軍自從一九二七年成軍以來，都是採用這三種作戰形式的各種組合來作戰。

一九九三年戰略概要

新戰略中的最大改變是「軍事鬥爭準備基點」。不同於一九五六年和一九八〇年方針，一九九三年方針的基礎並非對抗有優勢的強敵入侵中國。介紹這套新戰略時，擔任中央軍委主席的江澤民解釋說，解放軍「必須把未來的軍事鬥爭準備基點放在打贏局部戰爭，局部戰爭可能會在現代技術條件下爆發，特別是高技術條件下」。[1]這個判斷是以下列這個推論作為假設前提：「戰爭一旦爆發，可能會是高技術衝突」。[2]使用新技術的能力，將決定一支軍隊能否掌控戰場上的主動權。由於戰爭指揮的這些改變，如果一個國家缺乏適當的能力，「一旦戰爭爆發，將永遠處於被動」。[3]因為許多國家都在調整自己的軍事戰略，融入新技術，如果中國不改變自己的戰略，跟上戰爭指揮的改變，就會落後。

不同於過去的戰略方針，一九九三年戰略並沒有一開始就確立「首要戰略方向」。儘管如此，江澤民在演說中申明，「軍事鬥爭的焦點是防止發生重大的事變，也就是『台灣獨立』」。[4]這需要黨和政府支持推動軍隊事務，提升中國對台灣的吸引力與影響力，同時進行威嚇，防止台灣宣布獨立。江澤民要求解放軍「做好應變準備」，以因應台灣發生變故，還有香港和中國尚未解決的領土糾紛。十年過後，「東南」台灣變成了中國的主要戰略方向。[5]

江澤民的演說總結了新戰略方針的內容，戰略目標是「保衛國家領土主權和海洋權益，維護祖國統一和社會穩定，為改革開放和現代化建設提供強有力的安全保證」。[6]新方針的戰略指導思想強調如何達成這些目標：「揚長避短，靈活應變，遏制戰爭，打贏戰爭」。[7]因此，新戰略開始著重危機管理和戰略威嚇，接下來十年會繼續發展得更加成熟。江澤民也指出，中國的軍事戰略應該「服從和服務於國家發展戰略，立足打贏一場可能發生的現代技術特別是高技術條件下的局部戰爭，加速我軍質量建設，努力提高我軍應急作戰能力」。[8]

新戰略所預想的改變十分澈底，這點應該加強說明一下。一九九四年，中央軍委副主席劉華清說明了高技術戰爭到來，如何促成中國軍事戰略改變。劉華清強調，「新的局勢逼迫我們在戰爭理論與實務上進行突破性的改變」。此外，他指出轉型範圍包含數項改變，例如「從過去應變單一大敵全面入侵，變成應變各種形式的鬥爭，對抗多個敵人；從堅守內部的持久作戰，變成在近海與邊境地區以機動作戰為基礎的速戰速決；從長期準備在預先定好的戰場上大規模作戰，變成臨時部署、迅速反應的有限作戰；從以地面戰爭為基礎的協同作戰，變成三軍聯合作戰，空軍與海軍作戰增加」。[9]

從中國的觀點來看，一九九三年方針仍舊被認定為戰略防禦的戰略，以積極防禦為基礎。然而，防衛的焦點從國內領土變成中國邊境有爭議的領土與統一台灣。相較於抵禦敵人入侵，這些目標比較有限，加強了攻擊能力的角色。就作戰層面而言，局部戰爭的每一場軍事戰役都可能會產生戰略影響，造成的壓力大於以往，不只必須先發制人，還得嚇阻戰爭爆發，或者在戰爭爆發後加以控制。就戰略層面而言，可能構成「先發」的範圍似乎在這十年間擴大了，根據二〇〇一年版的《戰略學》，「政治上和戰略上的『先發』，與戰術上的『先發』，有所不同。」特別是對於台灣事務，「一旦有人侵犯他國的主權與領土完整性，被侵犯者有權在戰術上『先發』」。[10]

作戰準則

一九九三年戰略改變了解放軍必須執行的「作戰形式」，至少到一九八〇年代初期，戰略都聚焦於如何結合陣地戰、運動戰和游擊戰這三種作戰形式，來達成軍事目標。過去的戰略都奠基於被優勢敵人攻擊之後如何戰勝，因此可以了解為何這些作戰形式格外重要。一九八〇年戰略方針著重陸軍的合成兵種作戰之後，一九九三年方針強調以各軍種聯合作戰，作為解放軍現在應該能夠執行的基本作戰形式，或許不足為奇。[11]由於陣地戰、運動戰、游擊戰立基於輕步兵戰術，因此著重聯合作戰意味，從單獨著重陸軍，變成同時著重其他軍種與陸軍的整合。

「作戰基本指導思想」說明了如何執行這些聯合作戰。一九九三年方針採用新的作戰基本指導原則，主旨為「整體作戰，重點打擊」。一九九九年，解放軍頒布新的作戰準則，把這些改變編撰成作戰形式條令。中央軍委頒布七部戰役綱要，包括第一部聯合作戰戰役綱要。中央軍委也頒布一套新的戰鬥條令，稱為「第四代」戰鬥條令，由軍事科學院於一九九五年開始擬定；一共頒布八十九部條令，比第三代條令多了大約三倍，反映出現代戰爭的複雜程度。[12]

軍隊編組

採用新戰略方針之後，軍隊編組馬上大幅改變，兩次部隊縮減幾乎促成了所有改變，目的在於增加軍隊質量，精簡指揮，加強海軍和空軍。一九九七年九月，中央軍委宣布軍隊裁減五十萬人，空軍和海軍的規模分別縮減百分之十一點四和十二點六，陸軍縮減百分之十八點六，陸軍雖然是規模最大的軍種，但是縮減比例也是最大的。撤除三個總部，裁撤十二個師，另外十四個輕步兵師調到人民武裝警察部隊（中國的準軍事部隊，當時由中央軍委和公安部共同指揮）。[13]二〇〇三年，中央軍委宣布再裁減二十萬人，焦點一樣放在陸軍。

除了這兩次裁軍，還有其他方式改變了軍隊編組。在一九九七年裁軍，大約有三十個師裁編成比較小的旅，以增加軍隊的靈活度。解放軍也強調在每個軍區創立與強化能迅速部署於全國各地的「應急機動作戰部隊」。[14]* 一九九八年總裝備部成立，加強武器設計與採購，這是四十年前一九五八年中國改變總參謀結構之後，第一次成立新的總部。

在這些改變期間，海軍和空軍獲得額外的資源，得以準備應變邊境的潛在衝突，轉型為聯合作戰，在縮編精簡行動中，並不是被裁減最多的。海空軍也獲得中國一九九〇年代向俄國購買的大量新武器系統：解放軍海軍獲得基洛級潛艦（Kilo）和現代級驅逐艦（Sovremenny），解放軍空軍獲得Su-27和Su-30多用途戰鬥機，以及S-300等先進的地對空飛彈（surface-to-air missiles）。

訓練

採用一九九三年戰略，改變了解放軍的軍事訓練方式，江澤民引用鄧小平一九七五年在演說中講的話，重述訓練「必須放在戰略位置上」。[15] 一九九五年十二月，總參謀部頒布新的全軍訓練大綱，包括陸軍、海軍、空軍、第二炮兵、國防科學技術工業委員會、人民武裝警察；[16] 除了陸軍，以前訓練大綱都是由個別軍種、兵種和戰鬥兵種自行頒布，不是由總參謀部統一頒布。

新戰略十分重視訓練，在二〇〇一年八月又頒布了第二套訓練大綱，在二〇〇二年一月實行。這套大綱在一九九八年開始擬定，當時解放軍即將完成前面所討論的戰役綱要和戰鬥條令，並且強調聯合作戰。其中一項關鍵改變是，確立訓練考核的明確標準——因此，這套大綱後來被

* 二手英文文獻經常稱之為「快速反應部隊」。

改名為「軍事訓練與考核大綱」。[17]

軍事訓練的另一個要素是野戰演習。一九九六年三月，台灣海峽危機期間，解放軍舉行了中國自稱的第一次大型聯合演習。然而，甚至在一九九六年之前，就在一九九三年採用新方針前不久，訓練步調就開始加快。[18]那十年間，訓練的範圍與複雜度都增加。例如，二〇〇一年，解放軍在福建南部沿海的東山島，舉辦一系列的演習，規模堪比一九五五年遼東半島和一九八一年張家口的演習（分別於第三章和第四章說明過）。[19]

波斯灣戰爭和戰爭指揮

中國高階軍官認為，一九九〇到九一年的波斯灣戰爭證明了戰爭指揮出現了重大改變。雖然解放軍在一九八八年就開始聚焦於局部戰爭，但是卻還沒發展出明確的戰略，確認如何打這種戰爭。然而，波斯灣戰爭激發解放軍全面重新思考未來的戰爭，對中國（以及許多其他國家）而言，波斯灣戰爭是自一九四九年以來最強烈象徵戰爭指揮改變的一場國際衝突，高階軍官開始稱之為「高技術局部戰爭」，並且以之建構一九九三年戰略的軍事鬥爭準備基點。[20]

中央軍委評價波斯灣戰爭

一九九〇年八月伊拉克入侵科威特之後，美國動員國際社會，解放被強占的科威特。接下來幾個月，聯軍國家部署差不多一百萬軍隊到該地區。一九九一年一月十七日，沙漠風暴行動展開，發動持續超過一個月的空戰，出動超過十一萬六千架次，關鍵目標包括伊拉克的主力部隊、空中防禦、指揮控制樞紐與重要公共設施。這場戰爭的地面階段在二月二十四日開始，只持續一百個小時，結果只能說是一面倒。伊拉克四十二個師被殲滅，包括三千七百輛戰車、兩千四百輛裝甲車、兩千六百門火炮。雖然有大約兩萬到三萬名伊拉克官兵陣亡，但是只有兩百九十三名美國軍人死亡。[21]

伊拉克兵敗如山倒，美國一面倒獲勝，令許多觀察者詫異。例如，一九九〇年秋冬，中國軍事分析家預測，伊拉克軍隊身經百戰，頑強難纏，聯軍將會陷入持久戰；而且空軍在戰爭中扮演的角色將微不足道。[22]一九九一年三月初，波斯灣戰爭結束數日後，中央軍委命令全軍著手全面研究這場衝突，包括戰爭指揮改變的意涵和中國應該採取的對策。雖然一九九一年一月解放軍才剛開始實行第八個五年計劃，但是高階軍官已經斷定，解放軍現行的現代化計畫必須大幅修改。根據中央軍委副主席兼最高階軍官委員劉華清上將的說法，「我們過去的考慮是對的，但是新的局勢已經出現了。」[23]

中央軍委研究波斯灣戰爭的範圍相當廣。中央軍委指派頂層單位，包括軍事科學院、總參謀部和總後方勤務部，研究明確的主題。[24]根據劉華清所述，目標是「回答與解決在國防、軍隊建設和指揮上面對的新問題」。檢討的主題涵蓋波斯灣戰爭的所有層面，包括軍事理論、戰略指揮、部隊結構與編組、軍隊部署、戰術、指揮安排、各軍種與兵種運用、後勤支援、技術與裝備。另一個目標是發展具體的提案，闡明解放軍應該如何因應改變，以免中國「未來在局部戰爭和軍事衝突中蒙受損失」。「我們應該有一套計畫。」劉華清說，「我們應該研究如何揚長避短，打未來的戰爭。」[25]

一九九一年三月到六月，解放軍領導階層舉行一系列的高層會議，研究波斯灣戰爭。擔任中央軍委主席的江澤民參加至少其中四場，凸顯出中央軍委和黨對這次活動的重視。* 江澤民在其中三場會議中演說的簡短摘要後來有公開刊登。第一場會議在一九九一年三月十二日舉行，當天總參謀部主辦座談會討論波斯灣戰爭，以籌備全軍關鍵部隊作戰部門研討會。六月初又舉辦一系列會議，全面檢討電子工業和波斯灣戰爭。

這些會議結束時，總參謀部呈交波斯灣戰爭的檢討報告給中央軍委，這份報告詳述這場衝突的特色，建議解放軍應該「學習波斯灣戰爭的經驗與教訓，加強研究軍事戰略和其他重要問題」。[26]這包括作戰辦法，中國必須用當前的裝備對抗有技術優勢的敵人，並且加強解放軍的素質。因此，採用新戰略方針的兩年前，總參謀部的領導階層就從波斯灣戰爭推斷，中國必須重新思考國家軍事戰略。

那十年的剩餘時間，解放軍都在研究波斯灣戰爭與其戰爭指揮改變的寓意。一九九二年，解放軍國防大學校長張震，要求學生「利用波斯灣戰爭來搞清楚現代戰爭會是什麼樣子的戰爭」。[27]過程中，高階軍官得到幾個初步結論，促成一九九三年戰略的採用。其中一個結論是，波斯灣戰爭所揭露的作戰方式改變，以在戰場上運用高技術為中心。一九九一年三月，江澤民視察國防科技大學時指出，「從波斯灣戰爭可以看見，現代戰爭正變成高技術戰爭，變成多次元戰爭，包括電子戰和飛彈戰。」[28]大約十天後，劉華清告訴全國人民代表大會的解放軍代表團，「波斯灣戰爭是高技術局部戰爭……證明了發展高技術是國防和經濟發展的『龍頭』。」[29]六月初與國防科學技術工業委員會的代表會面時，劉華清強調，波斯灣戰爭「是第二次世界大戰以後，技術層級最高的戰爭，使用最多種新武器」。[30]因此，「在現代條件下，軍事技術，尤其是高階的新技術，日益重要，是決定勝利的要素，新舊武器之間的效力差異，倍數擴大」。

另一個結論是，波斯灣戰爭是高技術局部戰爭，反映出中國未來面對的，可能就是那種衝突。一九九一年三月，總參謀長遲浩田說波斯灣戰爭是「現代局部戰爭的代表範例」。[31]同月，張震結論道，「波斯灣戰爭揭露了高技術常規局部戰爭的一些基本特色和作戰樣式」。[32]張震接著指名要研究的議題範圍：電子戰、空中防禦、部隊機動力、海空協同、作戰樣式、軍隊編組、後勤支援、情報。[33]

最後一個結論是，對於因應高技術局部戰爭，中國毫無準備。中國缺乏被認為能夠提升國家軍力的精密技術，因此，愈來愈容易受到攻擊。一九九一年三月，江澤民指出，「技術落後就會處於被動，遭到攻擊」。[34]檢討高技術在戰爭中的角色之後，劉華清在一九九一年六月告訴國防

* 江澤民參與這些會議，或許也讓他能夠跟解放軍打好關係。江澤民在一九八〇年代初期擔任電子工業部部長，對科技既熟悉又關心。

科學技術工業委員會的委員，「我們應該正視這個現實，絕對不能滿足於現況，沒根據就抱持樂觀態度」。[35]六月，江澤民說，「我們的武器裝備的確遠遠落後，而且在某些領域，差距還繼續擴大」。[36]

中國也欠缺在戰場上運用先進武器的作戰準則，雖然中國在一九八〇年代後期就開始著重戰爭的作戰層面，但是作戰準則卻仍舊聚焦於反制蘇聯的地面攻擊，著重防守固定陣地——伊拉克或多或少沒做到這一點。想要打勝仗，不只需要取得先進的軍事技術，還需要具備使用技術的構想與概念。一九九二年，張震在解放軍的國防大學告訴學生，「我們必須拋棄蘇聯軍隊著重地帶與梯次的陣地戰，固守固定陣地的作戰方式已經不再重要。」[37]

這三個結論顯示出軍事鬥爭準備基點澈底改變了，中國以一九八〇年戰略方針為基礎的現行戰略已然過時。解放軍持續研究這場衝突，深入了解高技術戰爭的「特色和法則」。解放軍在自己的官方史料中總結從波斯灣戰爭所學到的教訓，由軍事科學院在二〇〇〇年出版，這份報告廣泛引用美國的文件，像是五角大廈的波斯灣戰爭報告，還有中國的資料，包括軍事科學院一九九一年的波斯灣戰爭檢討報告（出版得比較早，時間更接近波斯灣戰爭）。[38]這本史書雖然是在一九九三年戰略方針頒布很久之後才出版，但仍舊闡明解放軍為何認為波斯灣戰爭證明了戰爭指揮出現重大轉變。

軍事科學院的這本史書結論道，波斯灣戰爭的爆發與結果挑戰第二次世界大戰之後所出現的傳統作戰概念，根據作者所述，「波斯灣戰爭促成了全球軍事轉型，從機械化戰爭轉變成資訊戰爭。」[39]現在戰爭目標更加局限，不是企圖占領敵人領土，或澈底殲滅敵軍，而是摧毀敵人的綜合力量。主要原因是技術在作戰中的角色，尤其是電子和資訊技術。波斯灣戰爭廣泛使用「高技術」武器，造成戰爭的進程和結果「大幅改變」，包括作戰思想、作戰樣式和方法、指揮和軍隊編組。這份研究進一步指出，在未來的戰爭中，攻擊和防禦以及前線與後方之間的差別將變得模糊，攻擊聚焦於破壞敵人的作戰系統，核心原本是部隊和裝備，現在變成火力和資訊。這樣的攻擊反映出新的作戰方式，結合精確制導武器、情報支援系統、電子戰爭系統、自動化指揮系統。就戰爭形式而言，「波斯灣戰爭的明顯特色」是整合陸、海、空、太空和電子能力，戰爭變成全面較量，競比各個軍種和武器系統的縱深多次元能力。現在，C4ISR變成了「倍增戰力」的要素，用於在現代戰爭中保持整合作戰能力，是各個軍種和武器系統的「神經中樞」；C4ISR是Command、Control、Communications、Computers、Intelligence、Surveillance、Reconnaissance的首字母縮略字，分別代表指揮、管制、通信、資訊、情報、監視、偵查。[40]

總參謀部提出一九九一年的波斯灣戰爭報告後，繼續催促重新思考中國的軍事戰略。一九九二年一月六日，總參謀部召開會議，所有的部門局處都參加，評估中國的安全局勢，遲浩田在會議中指出，這次分析「事關重大，目的是要決定正確的軍事戰略」。[41]會議結束後，總參謀部呈交附上評估的報告給中央軍委；可惜無法取得關於這份報告的任何細節。然而，儘管確認了需要改變，新戰略到一九九三年才明確提出來，黨最高層不團結，導致中央軍委無法根據總參謀部所呈交的報告採取行動。

天安門事件後黨陷入分裂與恢復團結

雖然高階軍官立即斷定，波斯灣戰爭證明了戰爭指揮出現重大改變，但是中國一直到一九九三年才採用新的軍事戰略。鎮壓天安門廣場的示威運動後，黨最高層分裂日趨嚴重，加上解放軍政治化，導致高階軍官無法推動戰略改變。

天安門事件後黨分裂

一九八九年天安門廣場裡和附近爆發示威和屠殺，造成黨最高層分裂，鄧小平仍舊堅持改革，但是遭到陳雲等經濟保守派和鄧力群等意識形態保守派阻撓，他們認為鄧小平的政策造成局勢動亂，這才引發抗議。[42]傅士卓（Joseph Fewsmith）結論道，「天安門事件造成黨分裂的嚴重程度，遠大於一九八七年一月胡耀邦被迫辭去總書記職務之時」。[43]由於嚴重分裂，導致從一九八九年到一九九一年的黨全體會議，黨始終無法在經濟政策上達成共識。

雖然鄧小平被視為黨領導階層的「核心」，但其職權、威望、地位都式微了，激起最初示威的不滿情緒指出，鄧小平的改革推動得太遠太快。接班鄧小平的總書記趙紫陽，對示威採取安撫的態度，被指控「分裂黨」，遭免除所有職務。[44]時任上海市委書記的江澤民取代趙紫陽擔任總書記，對於趙紫陽和改革的批判也意圖削弱鄧小平，因為趙紫陽是鄧小平的門徒。[45]後來，陳雲批評鄧小平在天安門事件爆發之前是「右派」（支持開明改革），爆發後卻變成「左派」（採取暴力鎮壓）——這些指控的目的是要削弱鄧小平的政治力量，把引發示威和處理亂局失當歸咎於他。[46]

在社會主義國家，可能沒有什麼政策「路線」比經濟政策還要重要，尤其是在改革時期的中國。一九八九年六月之後，保守派企圖以天安門示威「作為藉口」，停止中國的經濟改革。[47]一九八九年十一月，第五次全體會議揭露了黨對於經濟政策嚴重分裂，這次會議批評趙紫陽的經濟管理（其實就是批評鄧小平的改革政策），贊同陳雲比較保守的經濟思想，包括緊縮和平衡成長。[48]下個月，經濟保守派又打了一劑強心針，李鵬設立國務院生產委員會，加強國家計畫在經濟中的角色。[49]

經濟政策造成的分裂持續一九九〇年一整年，到第七次全體會議，分裂顯而易見；[50]這次全體會議的用意是要檢討第八個五年計劃，原本訂於一九九〇年秋天舉行，但由於黨內對經濟政策意見分歧，就一直延後到十二月才舉行。在一份計畫草案中，李鵬和另一名保守派姚依林，支持採用陳雲的想法，以「持續、穩定、協調的發展」作為經濟政策的指導原則，但是鄧小平駁回這份草案。最後舉辦全體會議時，依包瑞嘉（Richard Baum）的說法「明顯陷入僵局」。[51]最後的計畫案試圖平衡鄧小平和陳雲的立場，但卻缺乏實質內容，「欠缺具體綱要方針或倡議」，[52]最終只是揭露最高領導階層之間的分裂。[53]

為了增強支持改革的力量，一九九一年一月初，鄧小平前往上海，發表一系列談話。後來，筆名為皇甫平的上海評論家，將談話內容總結成四篇評論，發表於支持改革的地方報紙《解放日報》。鄧小平的女兒鄧楠，以及時任上海市委書記的朱鎔基，負責督導撰寫這些評論。[54]其後，廣東、天津等地，有些省級領導支持繼續改革，也寫了類似的評論。[55]

鄧小平試圖恢復改革共識，但是終究失敗了，其中一個原因是，保守派掌控黨的宣傳和組織部門。一九九一年四月，保守派雜誌《當代趨勢》登了一篇評論，批評鄧小平的談話，後來被《人民日報》摘錄。這篇評論強調必須繼續反對「資產階級自由化」；資產階級自由化與「資本主義」政策息息相關，也就是鄧小平所提倡的那些政策。[56]江澤民在七月一日中共創黨七十週年紀念日的演說，反映出鄧小平推動改革失敗，雖然有稍微談到鄧小平的想法，但是整體語調反映出保守的經濟和意識形態觀點，要求繼續將規劃權集中於中央，國營企業由中央掌控，而且必須反對「資產階級自由化」、「和平演變」、階級敵人、國內外的敵對勢力。[57]

一九九一年八月蘇聯政變失敗，導致領導階層分裂更加嚴重，保守派加強攻擊改革，批評「資產階級自由化」和「和平演變」。為了對抗保守派，九月底，鄧小平指示江澤民和楊尚昆（中華人民共和國國家主席兼中央軍委第一副主席），「堅決推動」改革和開放。[58]下個月，楊尚昆發表演說，強調黨必須支持改革和開放。對此，意識形態保守的名人鄧力群在《人民日報》刊登一篇署名的文章，痛斥如果不堅決對抗自由化，中國的「社會主義理想就會毀滅」，他甚至把改革和開放跟西方的「和平演變」扯在一起。[59]

由於鬥爭持續延燒，第八次全體會議延期了幾次，雖然最後終於在一九九一年十一月底召開，但是沒有獲得什麼成果，跟去年的第七次全體會議一樣，原因就是黨領導階層分裂。全體會議公報反映出，黨領導人們決定「延後針對最具爭議的議題採取行動」，[60]包括意識形態、經濟政策、人事變動。這份文件反而主要聚焦於農業工作的方針，這根本不是當時爭議最大的議題。雖然黨領導人們試圖避免公開決裂，但是全體會議的結果仍舊反映出意見分歧和政治僵局十分嚴重。

解放軍的政治化

天安門事件之後，黨分裂日趨嚴重，解放軍也變得更加政治化，黨開始設法加強掌控軍隊，確保軍隊「絕對忠誠」。鄧小平在鎮壓行動中，動用了每個軍區的部隊，故意讓每個高階司令員都無法逃避責難，儘管如此，這個決定在黨和軍隊裡，仍舊不得人心，引發分裂。抗議爆發之前，跟趙紫陽有關聯的知識分子就要求黨軍分離，這使得確保解放軍忠誠變得更加重要。[61]一九八九年中旬到一九九〇年初，黨開始採取措施，加強掌控軍隊。第一步是揪出鎮壓期間表現不忠的官兵，到九月底，師級以上的「領導小組」全都被調查過了，調查人員發現一百一十名軍官嚴重違反紀律，二十一名高階軍官因為抗命從而遭到軍法審判，包括拒絕領兵進入北京的第三十八集團軍軍長徐勤先將軍。[62]大約一千四百名士兵因為棄械與拒絕參與鎮壓而被判有罪。[63]

鄧小平接著在一九八九年十一月的第五次全體會議，改組中央軍委。鎮壓之後，趙紫陽在六月被免除所有黨職，中央軍委需要新的第一副主席。鄧小平之前也宣布想要讓出中央軍委主席的位子，退出政壇，為了鞏固總書記江澤民接班他，坐穩新職位，鄧小平指定江澤民擔任中央軍委主席。[64]已經擔任中華人民共和國國家主席和中央軍委執行副主席的楊尚昆，再接任第一副主席，負責解放軍日常事務。他的同父異母弟弟楊白冰，總政治部主任兼中央軍委委員，接替他擔任中央軍委秘書長，負責人事問題和掌控大權的中央軍委辦公廳。[65]楊白冰也加入中央書記處。楊氏兄弟，尤其是楊尚昆，在內戰期間還有一九六〇年代鄧小平掌管中央書記處時，都是鄧小平的親密夥伴，雖然江澤民擔任主席職位，但是中央軍委的大權卻集中於楊氏兄弟手中。[66]

第三步是推動解放軍全軍政治教育運動。雖然鎮壓不久後，黨要對軍隊進行絕對控制的宣傳就開始出現，但是到一九八九年十二月的全軍政治工作會議，才發動一項運動，加強黨的控制力。楊白冰在會議中說，「提升幹部和士兵的政治忠誠，確保拿槍桿子的是政治忠誠可靠的人，這是首要之事。」[67]會議提出一份十點文件，作為這項運動的基礎，前三點用於確保解放軍「政治上永遠合格」，強調以政治工作作為解放軍的「生命線」，保持黨對軍隊具有絕對的領導權。[68]

在第一階段，也就是到一九九〇年三月，這項運動鎖定總參謀部、各軍區和其他重要單位的領導階層，超過一萬五千名團級以上的軍官參與跟這項運動有關的課程（想必是要「教育」各自單位的其他人）。[69]一九九〇年三月之後，注意力轉移到比較低的層級，從營級到連級，焦點是軍人。[70]為了美化政治工作的白璧無瑕，黨開始加強推動一九八九年十二月開始的「學習雷鋒」運動，黨媒體機構全力宣傳。到一九九〇年十月，每個團級以上幹部都接受過可靠度調查。[71]

加強黨控制力的第四步是，提高黨委員會在解放軍裡的角色。黨委是黨用來控制解放軍的工具機構，是許多單位在和平時期的真正決策組織。[72]這是解放軍首次在連級部隊裡設置黨委，以前，連級以下的單位裡只設置黨支部，沒有組織完整的委員會。

最後一項要素是，七個軍區和其他重要單位的軍官大規模輪調和退役。推動這項改變的其中一個原因可能是要防止地方派系興起，仿效一九七三年和一九八五年類似的解放軍領導階層重新洗牌。然而，另一個原因是要獎賞支持鎮壓的人，懲罰不支持的人。七個軍區裡的其中六個，司令員和政委輪調到不同職位或退役；在軍區裡，副司令員職級以上的軍官，超過半數變動；而且特別重視政委，這讓楊白冰能夠加強掌控政治工作系統。有些領導，尤其是北京軍區的領導，對於軍事鎮壓的支持冷冷淡淡，似乎遭到了懲處。不同於之前的高層輪調，這些人，中央軍委並沒有全體開會討論，似乎由楊氏兄弟私下決定，或許有稍微與鄧小平商議。這些人事異動由楊白冰親自前往許多軍區處理，不是江澤民。然而，通常掌管高層人事異動的是中央軍委主席，不是總政治部主任。[73]

解放軍的政治化在幾個方面損害了軍事工作。教化活動需要花費許多時間與精力，會占用領導單位一年的大半時間，高達百分之五十的訓練時間用於學習政治。[74]一九九一年蘇聯的動亂，反而讓中國共產黨更加重視確保解放軍的政治可靠度，以及黨能絕對掌控軍隊。

重大的訓練演習也大多停止。一九八八年和一九八九年，許多軍區舉辦大規模演習，探討轉變成局部戰爭之後，會遭遇哪些類型的威脅，像是蘭州軍區的「西部八八」和廣州軍區的「南海八九」。「前進八九」是最後一場這類的演習，一九八九年十二月在瀋陽軍區舉行，不過很可能在天安門事件之前就規劃好了。一九九〇年很少舉辦野戰訓練演習，完全沒有舉辦一個集團軍級以上的演習。雖然一九九一年野戰訓練增加，但是軍區級軍事演習到一九九三年才重新舉行（一次演習，即「西部九三」），到一九九五年採用新戰略之後才固定舉辦。[75]

此外，現代化行動也更廣泛停滯。第八個五年計劃在一九九〇年三月開始規劃，就在教化運動如火如荼推動之際。[76]解放軍找出波斯灣戰爭之後變得更加明顯的一些缺點：軍隊臃腫、指揮結構僵硬、武器裝備過時、國防基礎虛弱、訓練不足。[77]然而，擬定新的五年計劃時，出現許多意見分歧，尤其在一九九一年一月中央軍委召開擴大會議討論計畫期間。劉華清回憶道，「高層幹部意見分歧時，非常難推動實際工作。」[78]

解放軍的第八個五年計劃的其中一個要素是整編和適度縮編。一九八五年裁減一百萬兵員之後，軍隊剩下三百二十九萬人；[79]一九九一年十二月，中央軍委決定把軍隊局限在三百萬，並且聚焦於改革高層領導團體，主要是進一步界定角色和責任，並且減少過度分工和職責重疊。[80]劉華清拐彎抹角地回憶道，在這些改革中，「有些措施沒有實行」。原因，他解釋說，是「因為每個單位的領導團體都發生相當大的改變」。此外，「受到許多因素的限制，有些可以推動的改革實際上並沒有推動」。[81]不確定劉華清說的，是不是一九九〇年領導階層異動，或是一九九二年年底和一九九三年年初中國共產黨第十四次全國代表大會（簡稱：中共十四大）之後的領導階層異動。無論如何，這證明了一九八九年之後的政治化，影響了解放軍執行軍事工作的能力。

最後，解放軍的最高指揮中心本身分裂得更加嚴重。聚焦於政治教育，進一步提升了政治工作系統和楊氏兄弟的角色，愈來愈多著重作戰的軍官開始反對楊氏兄弟的影響與兩人對解放軍的想像。一九九〇年夏天，香港媒體開始報導黨分裂，接下來兩年分裂得愈來愈嚴重。[82]許多人特別厭惡楊白冰，原因有三，第一，他沒有任何作戰經驗，就連在革命期間也沒有；第二，他象徵總政治部的地位提升到高過總參謀部和國防部；第三，他快速升官好幾級，一九八二年還只是北京軍區副政委，一九八七年升到總政治部主任，一九八八年四月加入中央軍委。[83]

解放軍支持鄧小平

鄧小平加強推動改革和開放政策，將解放軍進一步政治化。他一九九一年前往上海，並沒有促成黨內充分支持改革。一九九二年一月中旬，鄧小平又試了一遍，展開被稱為「南巡」的行動。在一個月間，他探訪中國南部的幾個城鎮，最後一站是廣東省深圳，深圳是一九八〇年代初期最早設立的經濟特區之一，是改革和開放的象徵。他沿途視察工廠，發表演說，宣揚改革憧憬。

然而，不同於一九九一年的上海之旅，鄧小平這次開始扭轉局勢。二月中旬，政治局決定向部長級以上的黨員（包括軍級以上）口頭傳達鄧小平的談話。那個月稍後，《人民日報》刊登幾篇文章，支持他的改革，不顧保守派繼續公開反對。[84]

然而，轉捩點出現在一九九二年三月初的政治局擴大會議，這場會議決定加速推動鄧小平的改革和開放政策。不久後，《人民日報》刊登報導，詳細記述鄧小平的南巡。[85]鄧小平尋求更多力量支持他的經濟政策，解放軍公開表示支持他。三月底，在全國人民代表大會，楊白冰宣布，解放軍要為鄧小平的改革和開放政策「保駕護航」。楊白冰的話傳到新華社，各大官方報紙大肆報導，像是《人民日報》和《解放軍報》。楊白冰把軍隊在黨的政治辯論中的角色，說得一清二楚，申明「解放軍會堅定不移、堅持不懈地支持、維續、參與和保護改革和開放，為改革開放和發展經濟『保駕護航』」。[86]因此，解放軍主動插手最高層的黨內政治，傅士卓寫道，「軍隊插手國內政治，清楚揭露了黨內緊張的程度。」[87]

楊白冰的話不只沒有被孤立，反而反映出解放軍領導階層，或者至少楊氏兄弟，鼎力支持鄧小平對抗經濟甚至是意識形態保守派的鬥爭。例如，中央軍委副主席楊尚昆和劉華清陪同鄧小平巡視深圳。三月底直到十月的中共十四大，「保駕護航」一詞在《解放軍報》上面出現三百零八次。例如，在一九九二年七月解放軍建軍六十五週年紀念日，楊白冰就發表了一篇長文，大談為改革保駕護航。[88]一九九二年春天，總政治部也責成四組將領，視察深圳，再次踏上那年稍早鄧小平走過的部分路線，進一步向鄧小平的政敵表明，他們缺乏軍隊支持。[89]

恢復團結

「南巡」之後，黨最高領導階層之間的分裂開始消失，鄧小平願意尋求軍隊支持，無疑促使黨最高領導階層建立了共識。[90]在一九九二年十月的中共十四大，黨擁護鄧小平的改革政策，江澤民發表工作報告時，鄧小平的改革政策變成中心議題。代表大會不只贊同他的總體政策方針，也認可創立「社會主義市場經濟」，這超乎了他在一九八〇年代初期的原本改革構想。[91]完全不同於以前的全體會議，這次工作報告反映出黨對於經濟政策恢復團結一心，對於未來有清楚的想像。

獲得意識形態勝利後，鄧小平緊接著要求黨最高層改組，在政治局常務委員會，他維持改革派和李鵬等保守派委員之間的平衡，七名委員中有四名保留職位（江澤民、李鵬、喬石、李瑞環），新增三名（朱鎔基、劉華清、胡錦濤）。然而，解放軍還出現更重大的人事變動，雖然鄧小平先是仰賴楊氏兄弟先在天安門事件之後確保解放軍忠誠，接著又仰賴他們支持加強改革政策，但是他卻斬斷了他們與解放軍的關係。當時八十六歲的楊尚昆辭退所有職位；楊白冰可能以為自己能夠接替同父異母的哥哥，擔任中央軍委第一副主席，結果雖然被升到政治局，但是卻也被免除所有軍職。

除此之外，改選後的中央軍委幾乎全是新面孔；中央軍委成員大多換新，政治局常務委員會則大多續任，形成強烈對比。中央軍委唯一續任的委員是劉華清，他接替楊尚昆擔任第一副主席。時任解放軍國防大學校長的張震被任命為第二副主席。個性直爽的總參謀長遲浩田加入中央軍委，擔任國防部部長。張萬年、于永波、傅全有分別領導總參謀部、總政治部、總後方勤務部，是最後新加入的三個人，他們被視為解放軍領導階層「第三代」成員，一九九五年以後變成「核心」。總部的領導階層也出現重大替換，尤其是總政治部，在中共全國代表大會之後，只有一名副主任留任。[92]根據一份資料記載，有三百名親近楊白冰的軍官被換掉、調職或降職。[93]

鄧小平在一九九二年十月六日寫了一封密函，清楚說明這些領導階層異動的理由。鄧小平提議由江澤民領導，劉華清和張震掌管中央軍委日常工作。[94]鄧小平似乎也承認楊氏兄弟對軍隊造成的問題，強調「軍隊必須保持團結一心，絕對不能容許黨派主義或是『山頭主義』存在」。[95]他進一步呼籲，解放軍必須著重訓練和培養未來能夠領導軍隊的年輕軍官；他也說，「挑選接班人，必須由熟悉軍隊的人來挑」，意指這是專業工作，不是政治工作。[96]改組解放軍的領導階層是重要的工作，劉華清和張震會在一九九七年退休前完成。

採用一九九三年戰略方針

在一九九二年十月的中共十四大，黨恢復團結。在解放軍裡，掌控新中央軍委的，是著重作戰的司令員，而非政委，新中央軍委最初的任務之一就是採用新軍事戰略，在一九九二年十二月完成。

擬定新戰略

中央軍委迅速制定一九九三年戰略方針，新的中央軍委成立不到一個月後，就宣布軍區和其他重要單位的關鍵領導職位要進行重大改組，進行這些異動，是要把跟楊氏兄弟有關係的領導免除高階職位，拔擢「第三代」軍隊領導成員擔任更高階的職位。十一月九日，江澤民發表演說，解釋這些人事異動的理由，建議解放軍採用新的軍事戰略。江澤民認為，「國際局勢現在變化快速，我們必須密切觀察，掌握局勢的發展和改變，正確決定我們的軍事戰略方針。」[97]他進一步指示，新方針必須立基於積極防禦的概念，並且「高度重視高技術對於發展軍事事務和建設優質軍隊的影響」。[98]稍早，在一九九〇年年底的軍事事務全軍會議中，江澤民說，雖然「積極防禦」是解放軍的戰略方針，但是應該「隨著局勢改變……來改進」。[99]波斯灣戰爭和黨恢復團結之後，局勢明顯改變了。

江澤民的話可能是在暗示，黨最高領導人們，而不是軍隊最高領導人們，要求採用新的戰略方針。然而，江澤民可能是在使用一九九一年自己參與解放軍討論波斯灣戰爭，還有總參謀部一九九一年和一九九二年呈交中央軍委、談論重新思考中國軍事戰略的報告，身為中央軍委主席，幾乎能確定江澤民讀過這些報告。然而，中央軍委此時並沒有根據這些報告採取行動，其中一個可能的原因是，這樣會加強總參謀部的權力，削弱楊白冰所統領的總政治部。另一個可能的原因是，中央軍委可能無法對報告達成共識，原因可能是擔心加強總參謀部的權力，會削弱總政治部；或是因為黨領導階層為分裂所苦。儘管如此，江澤民的話，顯示出這位黨最高領導人贊同高階軍官所提議的改變。

接下來中央軍委快速地採取行動。張震擔任發展新戰略的總領導，可能是因為一九八〇年代初期他曾在總參謀部作戰科，以及一九八〇年代中期創辦解放軍國防大學的這些經驗。[100]中央軍委指示總參謀部、軍事科學院、國防大學、中央軍委辦公廳擬定文件，提出關於新方針的各個方面的想法。[101]中央軍委命令擔任總參謀長的張萬年擬定報告，提出關於新戰略的建議。張萬年成立論證小組，由作戰部以及總政治部和總後方勤務部的成員共同指揮。論證小組的關鍵成員有時任作戰科科長的徐惠滋，和來自軍事情報部門、負責評估國際局勢的熊光楷。論證小組聚焦於解答下列四個問題：「我們將會跟誰打仗？我們將會在哪裡打仗？我們將會打什麼性質的戰爭？我們將如何打仗？」[102]

中央軍委也決定在一九九二年十二月初，舉辦一場小規模軍事戰略座談會，目的是要分析「國際戰略局勢，仔細檢討區域安全環境」，這是制定新方針的關鍵要素。[103]一九九二年十二月五日座談會開始，張萬年的評估小組提出一份報告，作為討論的基礎。這場會議原本預定為「務虛會」，但是根據描述，討論「熱烈」，提出一系列的議題，包括評估國際戰略局勢和中國的區域安全環境，以及中國戰略方針的歷史發展、武器、訓練和人事。[104]

為期兩天的座談會結束時，論證小組對於新戰略的「基礎和內容」達成共識，這場會議重申鄧小平一九八五年的判斷，推斷不可能會爆發總體戰，和平與發展仍舊是「時代的趨勢」，世界正邁向多極結構，互相依賴能夠抑制戰爭爆發。然而，局部衝突無可避免，而且是解放軍最可能會遭遇的情況。軍事鬥爭準備基點應該是高技術局部戰爭，鑑於之前的波斯灣戰爭評估，這或許不令人意外。[105]

然而，聚焦於高技術局部戰爭引發了另一個問題——那就是如何在這些條件下執行「積極防禦」。與會者一致認同傳統觀念很重要，像是「後發制人」和「立足於使用較差的裝備打敗敵人」。[106]張震也強調解放軍在「新條件」下必須解決的難題，包括迅速反應、靈活度、有效制敵。為了解決這些難題，張萬年提議，中國必須創造「拳頭」和「殺手鐧」；「拳頭」就是具有強大機動作戰能力的部隊，尤其是海軍、空軍、常規飛彈部隊。張萬年認為，「一旦發生變故，這些部隊能被快速派赴戰場，控制局勢，解決問題。」「殺手鐧」是指發展先進武器，作為實際「制敵」的有效工具。[107]

會議之後，張萬年的論證小組利用十二月剩下的時間，完成報告，提出關於新戰略方針的建議。中央軍委也舉行幾場常務委員會會議，討論有關新方針的議題。[108]一九九二年十二月三十一日，關於方針的報告完成了，呈交給江澤民；中央軍委在一月舉辦擴大會議，正式採用新戰略，江澤民在會中發表的演說，便是以這份報告為基礎。

如同這份報告所建議的，軍隊最高領導人們，而不是政治最高領導人們，主導了新戰略的擬定和制定，唯一參與的黨最高領導是江澤民，但主要是因之前擔任中央軍委主席，而且只扮演間接角色。雖然江澤民沒有直接參加十二月初的座談會，但是他有審閱會議資料，包括提出建議和要求改變的演講和簡報的文字紀錄。[109]他很可能沒有參加中央軍委常務委員會會議，但是可能有審閱會議報告。

中央軍委擴大會議在一月十三日開始，持續七天。在第一天，江澤民身為中央軍委主席，提出關於新戰略方針的報告，並顯然把新戰略和波斯灣戰爭連結在一起。他說，「波斯灣戰爭的事實證明了，將高技術應用在軍事領域後，武器的精確度和作戰的強度都達到史無前例的高度，戰爭的突發、三次元、機動性、迅速、深入攻擊等特性，極度重要。」因此，「誰擁有高技術優勢，顯然就有戰場主動權」。[110]

非主流的解釋

在此另外討論幾個非主流的論述，這些無法解釋一九九三年初改變戰略方針的決定。有一種解釋是中國面對新的或更迫切的安全威脅，因此重新思考現行戰略，採用新戰略。然而，江澤民在介紹新戰略方針的演說中申明，「我們……與周遭國家的關係是建國以來最好」。[111]江澤民說的自然是中國北境的蘇聯威脅消失了，他的話也代表他推論，目前與印度和越南的領土糾紛並不嚴重。比方說，劉華清在一九九〇年推論，「不應該高估」這些議題。[112]在一九九〇年到一九九二年的其他評估中，劉華清還提到中國的安全環境有何改善。[113]由於這個時期的中國資料並沒有認為外國威脅在戰略方針中扮演重要角色，因此用外國威脅來解釋一九九三年採用新戰略的決定，實在沒有說服力。

另一個相關的解釋聚焦於中國評估來自美國的威脅日益增強。兩極對峙的局勢瓦解後，美國變成世界上僅存的超級強權，沒有國家能夠與之抗衡，因此對全世界都造成了威脅。美國對中國的威脅可能特別大，因為一九八九年天安門廣場屠殺之後，中美關係就嚴重惡化。這樣的評估在波斯灣戰爭後變得更加明確，因為波斯灣戰爭展現了美國無可匹敵的軍力。

一九九五到九六年的台灣海峽危機之後，還有尤其在一九九九年科索沃戰爭之後，美國的威脅開始在中國的國際局勢評估中扮演更加重要的角色。然而，江澤民一九九三年介紹新戰略方針的演說，完全沒有直接提及美國；間接提到的「霸權」和「權力政治」，確實可能是指美國，但是主要是基於意識形態的理由，中國認為西方企圖慫恿中國接受「和平演變」，好削弱中共。江澤民呼籲大家要警覺，強調「全球社會主義正處於低潮，國際上懷有敵意的軍隊正在增加滲透和破壞社會主義國家的活動」。[114]

儘管如此，在介紹新方針的報告中，關於國際局勢的總評估相對樂觀。第一，中國並不認為冷戰結束，意味美國的威脅會增強；反而斷定「世界現在正變得多極，國際競技場上互相制約的限制增加，維持和平的力量持續增強」。[115]此外，江澤民在報告中暗示西方沒有造成太大的脅迫，說「西方國家國內與彼此之間的衝突日益顯露，漸趨激烈，這些國家的內外難題持續增加」。[116]中國認為限制變少了，機會增多了。關於威脅，報告中強調冷戰期間遭到鎮壓的「種族、宗教和領土衝突」，以及全球在高技術領域的軍事競賽。因此，採用新戰略之時，並沒有反映出中國判斷美國對中國構成新的或迫切的威脅。

另一個可能的解釋強調解放軍擔負新的任務，必須採用新戰略才能執行那些任務。明確來說就是，兩極結構瓦解後，中國更加判定，未來最可能遭遇的戰爭類型，是在中國外圍的局部戰爭，而非中國本土的總體戰。然而，解放軍早先評估美蘇關係的趨勢和一九八〇年代中期爆發總體戰的可能性後，就提出這樣的推論。此外，解放軍把局部戰爭納入一九八八年十二月採用的戰略方針裡。一九九三年方針的根本貢獻就是，說明中國相信會打這種戰爭，一九八八年方針並沒有闡明。波斯灣戰爭清楚展示了如何打局部戰爭。

最後一個可能的非主流解釋聚焦於仿效——明確來說就是，波斯灣戰爭之後，中國採用新的軍事戰略，目的是想要仿效美國。一九九〇年代，解放軍愈來愈認真研究美國的軍事經驗和作戰準則，比如說，熱切研究波斯灣戰爭，作為高技術局部戰爭的範本。出版美國關於聯合作戰的準則，是解放軍自己處理這個議題的參照點，軍隊編組的些微改變，像是陸軍的師改編成旅，可能反映出研究美國和其他先進軍隊。

儘管如此，仿效並不足以澈底解釋為何採用一九九三年方針。首先，採用這套方針時，中國的焦點是如何使用現有的裝備在高技術條件下打仗；首要問題是如何在這些條件下打仗，不是如何打得美國一樣。因此，一九九三年方針揭露了討論在戰略中仿效美國的限度，以及擴張軍隊組織內的特定類型軍事能力或組織形式。中國在一九九〇年代密集研究美國，尤其是在接近末期時，除了想找出可以仿效的地方，也想找出能夠利用的弱點。最後，在一九九〇年代期間，解放軍也有推動自己的革新，最值得注意的莫過於發展常規彈道飛彈（conventional ballistic missiles），尤其是短程飛彈，部署於沿海地區，瞄準海峽對岸的台灣。[117]

實行新戰略

一九九三年一月中央軍委擴大會議結束不久後，解放軍就開始實行新戰略，改革訓練，擬定並公布新的作戰準則，軍隊裁減七十萬兵員。總而言之，實行一九九三年戰略方針所採取的措施，不只凸顯這是中國軍事戰略的重大改變，也凸顯新戰略所要求的組織改變，符合一開始促成方針改變的要素——波斯灣戰爭揭露了戰爭指揮出現重大改變。

一九九三年六月中央軍委作戰會議

從一九九三年六月八日到六月二十日，中央軍委舉辦作戰會議，實行新的軍事戰略。會議原始文件雖然有限，但是指出會議目的是要調整各個戰略方向的作戰任務，並且進一步闡明戰備和未來作戰的基本原則。與會者包括軍區和軍種的領導階層。[118]

在會議中，中央軍委副主席劉華清強調，進攻作戰在戰役和戰鬥中的作用，是要達成戰略防禦目標。劉華清先強調必須運用軍事力量威懾敵人，避免戰爭，確保中國能安全發展。接著，他強調高技術戰爭到來，挑戰解放軍的傳統防禦作戰方式。根據劉華清的看法，解放軍以前著重採用堅守防禦，對抗敵人大規模入侵；然而現在，他援引幾場局部戰爭，例如波斯灣戰爭，說「局勢再也不一樣了」。他指出爭奪主動權的關鍵「在於，你有沒有積極的進攻意識，以及你能不能組織強勁的進攻作戰」。[119]劉華清認為，伊拉克在波斯灣戰爭中戰敗的其中一個教訓是，技術劣勢的一方如果採取消極防禦，會失去主動權。像中國這種比較弱的國家「必須仰賴積極進攻作戰，奪取主動權」。[120]他推測，倘若伊拉克集中軍力，對美國發動攻擊，應該是指美軍完全部署到該地區之前，或許就能夠改變局勢。[121]他也談到中國自己在一九四九年之後的衝突，像是跟印度的邊境戰爭，申明「在戰役和戰鬥中若沒有積極進攻作戰，就無法達成戰略防禦的總目標」。[122]

中央軍委副主席張震說明作戰指導思想的改變。張震以「整體作戰，重點打擊」的概念，作為戰役作戰指導思想。一九八〇年代末期，張震在解放軍的國防大學舉行一系列關於戰役的會議，在會中首次提出這個概念，援引一部分美蘇準則的研究。張震指出，這個概念獲得了新的關注，因為它「符合現代局部戰爭發展中的趨勢」。[123]未來的戰爭將「立基於各個軍種與兵種聯合作戰，這對我軍而言是史無前例的」，強調聯合作戰將變成新戰略的主要作戰形式，以及「整體作戰」概念的關鍵。[124]他也點出，高技術戰爭的到來，挑戰毛派的傳統原則，也就是集中軍力打殲滅戰。張震認為，集中軍力必須同時聚焦於素質與數量，並且結合集中火力（不是兵力）。過去，他說，解放軍透過「預先部署」來集中軍力；然而，現在，解放軍必須運用作戰中的快速機動力來集中軍力。[125]

劉華清和張震都強調，中國的新作戰方式必須達到幾項標準。第一，軍事行動必須有利於政治目標，並且與治國的經濟和外交要素調和。第二，中國將軍隊現代化的資金有限，這表示研究作戰應該著重於，中國處於劣勢時，如何運用現有的武器和裝備打高技術戰爭。當前的任務就是革新訓練，接著改寫中國的作戰準則。這次會議也檢討與調整了不同戰略方向的作戰指導。

訓練

採用新戰略後，解放軍立刻開始革新訓練，雖然改善訓練是解放軍第八個五年計劃的關鍵要素，但是總參謀部為了配合新戰略，改變了訓練方式。一九九三年三月，中央軍委副主席張震指示「總參謀部依據新時期的軍事戰略方針，修訂幹部和部隊的訓練計畫。去年的訓練安排應該調整，進行必要的改革」。[126]因此，總參謀部呈交報告給中央軍委，說明將如何革新訓練，後來這份報告轉發到所有的部隊和軍事院校。這份報告列出了訓練的基本原則和主要任務，調整一九九二年年底頒布的一九九三年全軍訓練任務。這份報告反映新戰略，將訓練基礎從「應變全面戰爭」，改為贏得高技術局部戰爭。[127]

一九九三年六月，總參謀部啟動訓練改革，發布兩則公告，一則跟訓練有關，另一則跟軍事院校有關。總參謀長張萬年在發布公告時指示，應該強調兩個關鍵點：「高技術條件下局部戰爭的戰法和訓法」。[128]訓練改革包括訓練課程的內容和方法，以及訓練的支援和管理，每個軍種都有指定執行改革的試驗單位。[129]總而言之，「一份文件和兩份公告」構成了訓練改變的基礎，目標為符合新戰略的要求。[130]

一九九三年九月，總參謀部舉辦一場大型集訓，代號叫「九三四」，這是第一場用來探討如何連結訓練與高技術戰場特色的全軍訓練演習。[131]九三四會議本身是由濟南和廣州軍區以及解放軍海軍和解放軍空軍籌辦，目的是要探討兩棲登陸、城市、山區、空降作戰的試驗訓練綱目。[132]「這四種綱目」加起來涵蓋了中國在外圍可能會遭遇的主要事故，中國在一九九二年初就發現這一點，當時北京對於香港回歸變得更加焦慮，因為總督彭定康（Chris Patten）試圖在一九九七年移交前，推動民主改革。[133]這場會議的目的是要探討組織和指揮、作戰方法，以及這些作戰的各軍種協調。[134]

有數千人參與，包括重要單位的領導和關鍵機關和軍種的人員，中央軍委副主席劉華清和總參謀部的大部分領導階層也有參加這場會議。[135]劉華清說這場會議是「實行中央軍委的新時期軍事戰略方針的重要行動」。[136]總參謀部軍訓部部長說，這次會議「是邁向研究和了解方針的另一步，有助於確立想法，明白中國必須用現有的裝備打仗」。[137]如同劉華清和華國鋒所強調的，取得比較先進的新裝備之前，解放軍必須決定如何用現有的劣勢裝備發揮最強的戰力。納入解放軍海軍和解放軍空軍，反映出中國強調聯合協同作戰。

接下來幾年，訓練的速度加快，重點領域包括夜間作戰、空中防禦、電子戰、機動作戰、後勤支援等主題。解放軍也舉辦幾次一九四九年以後最大的野戰演習：在「神聖九四」，解放軍海軍練習如何封鎖「大型島嶼」（像是台灣）；在「空劍九四」，解放軍空軍確立了執行空襲的新指導原則。同時，瀋陽軍區舉辦一次演習，協同陸海空部隊，反制空襲。[138]這些演習全都是實驗性質的，用於探討應該如何改革訓練演習。然而，它們顯示出，新方針確立之後，以高技術作戰為焦點，是規劃與執行訓練演習的指導。[139]

一九九五年，訓練改革的焦點變成「戰法」，張萬年把戰法定義為「應該如何打仗」。[140]一九九五年三月，中央軍委批准一項三年計劃，要深入研究戰法；跟發展作戰準則也有關聯，下一節會討論。這項計畫的目標是要發展一九九三年戰略方針的「作戰系統」，討論主題包括高技術局部戰爭的作戰理論、每個戰略和戰役方向的作戰指導原則和對策、師和團的具體戰法。[141]

一九九五年十月，總參謀部在蘭州軍區舉辦一場討論戰法的大型會議，代號叫「九五一〇」，與會者包括在所有重要部隊裡主管訓練和實驗或試驗部隊的軍官，以及蘭州軍區和總參謀部的領導人們，會議目標是要檢討過去三年發展出來的高技術戰爭戰法。張萬年強調必須將科學和技術融入訓練，並且強調資訊技術是「最重要的」，能讓力量倍增。[142]他也強調必須將作戰任務和研究所有戰略方向的戰法連結在一起，強調聯合作戰的重要性。此時，如同張震在一九九五年六月所申明的，解放軍已經推斷，「各軍種聯合作戰已經變成高技術局部戰爭的基本作戰樣式」。[143]

經過這三年的研究之後，中央軍委在一九九五年十一月頒布「新一代」訓練大綱，為年度訓練指導提供全面架構。一九九五年訓練大綱反映出新戰略，「聚焦於在現代高技術條件下打贏局部戰爭」。[144]新的訓練大綱包含第一個全軍架構，供陸軍、海軍、空軍、第二炮兵、國防科學技術工業委員會、人民武裝警察使用，[145]不只要求全軍提升高技術知識和技術技能，也著重增加實戰訓練，反制高技術監視偵察系統、電子戰裝備、精確打擊武器等領域。《解放軍報》指出，新的訓練大綱「象徵我軍軍事訓練史上的另一個重大轉變」，「各軍種和兵種的訓練內容進行有系統的縱深改革」。[146]

接下來，訓練的速度加快了。台灣海峽對岸發生的事，製造了舉辦訓練演習的機會，中國在一九九五年和一九九六年舉辦一系列演習，包括一次聯合島嶼登陸演習「聯合九六」以及常規飛彈演習「神劍九五」，最後一場演習在一九九六年三月。這些演習的目標是威嚇和傳達訊息，也讓解放軍有機會練習尚未熟練的聯合作戰形式。一九九七年十二月，總參謀部召開全軍座談會，檢討一九九三年起的訓練改革。更重要的是，這場會議決定了幾項措施，進一步改善訓練，包括加強聚焦於「敵情」和新戰法。這場會議也強調必須在訓練中加強教授關於高技術的知識，提升高技術的角色，並且採用更科學的訓練方法。[147]

作戰準則

研究戰法之後，解放軍擬定並頒布了新的作戰準則。張萬年說，「作戰條令……是軍隊訓練和作戰的根基，直接關係到戰鬥力。」[148]為了擬定新的作戰條令，中央軍委成立了全軍委員會，將作戰概念和這些條令的形式標準化，以加強各軍種之間的協同。以前，每個部隊都自行擬定各自的條令，顯然沒有互相協調。[149]擔任總參謀長的張萬年負責領導這個委員會，委員會成員包括三個總部的領導人們，委員會辦公室設立於軍事科學院的戰役戰術研究部裡。

在一九九五年八月委員會首次舉辦的一場會議中，張萬年說明擬定新條令的總原則，最重要的是，他認為需要新條令，與一九九三年戰略有關。這套戰略方針，他說，「迫切需要我們擬定條令，仔細總結近年來從訓練和演習所獲得的經驗。」[150]此外，「條令必須符合現代技術特別是高技術條件下的局部戰爭需求」——換句話說，就是新戰略的軍事鬥爭準備基點。[151]張震進一步指出，條令應該立基於「作戰目標」和「未來的主要作戰方向」。[152]他也強調解放軍必須想辦法運用現有的裝備打敗有優勢的敵人：這清楚表明，中國的作戰準則不會模仿美國，必須想出對策，防範有技術優勢的敵人。一開始聚焦的領域包括登陸作戰、城鎮戰、山地作戰、空降作戰、海空封鎖、島礁作戰、夜間作戰，全都在高技術條件下。[153]

一九九九年，條令擬定完成，全軍委員會批准兩套作戰條令，由中央軍委頒布。新條令的數量和範疇都超過了解放軍以前所頒布的所有條令，第一套條令是七部戰役綱要，取代了一九八七年頒布的單一冊《戰役學綱要》。[154] 最重要的綱要是《聯合戰役綱要》，這是解放軍寫的第一本聯合作戰準則。其餘的戰役綱要涵蓋陸軍、海軍、空軍、飛彈部隊、後勤、裝備與支援。一九九七年，軍事科學院和國防大學聯合組成的研究小組擬定一份文件，列出新戰役綱要的要點，提出這樣的結論：「我軍未來要執行的戰役通常是聯合戰役。」[155]《聯合戰役綱要》符合一九九三年方針，申明這樣的評斷：解放軍必須在「廣泛使用高技術武器和裝備的條件下」打局部戰爭。[156]《聯合戰役綱要》指出，解放軍的首要戰役是島嶼封鎖、島嶼攻擊、邊境地區反擊、反空襲、反登陸戰役；並且說明執行這些戰役的基本方法。[157] 聯合戰役綱要反映這些戰役，闡明解放軍的作戰任務為「維護祖國團結，捍衛領海主權與海上權益，保衛邊區領土主權，保護重要沿岸地區，保護戰略要地領空」。[158] 聯合戰役綱要也申明，主要戰場將是沿岸和邊境地區，尤其是東南沿岸地區——或者，換句話說，就是與台灣爆發衝突。主要挑戰是對抗擁有技術優勢的敵人。[159]

一九九九年戰役綱要澈底打破毛澤東一九四七年採用的「十大軍事原則」，毛澤東的那些原則是在內戰的時空背景下構思出來，主要為輕步兵部隊提供戰術指導，著重以殲滅戰和集中優勢軍力打敗敵人。[160] 一九九九年聯合戰役綱要則奠基於張震一九九三年的提議，明訂「戰役基本指導思想」為「整體作戰，重點打擊」。[161] 這個概念就是結合所有可用的部隊，摧毀和癱瘓敵人的「作戰系統」。[162] 也就是說，解放軍將聚焦於摧毀敵人的作戰系統，癱瘓其作戰能力，並非直接消滅或殲滅敵軍。除此之外，還發展出十項新的戰役基本原則，取代毛澤東的原則，這些原則就是：知己知彼，充分準備，先發制人，集中軍力，縱深攻擊，攻其不備，聯合協同，持續作戰，全面支援，政治優勢。[163]

一九九九年頒布的第二套條令是以戰役綱要為準據的戰鬥條令，聚焦於各個軍種軍事作戰的作戰和戰術層面，頒布八十九部這類條令。最重要的文件是《合成軍隊總戰鬥原則》，取代了一九八七年頒布的同名文件，明訂以「整體合統、縱深立體、重點打擊」這個核心原則作為戰術基本思想。[164]擬定這些戰鬥條令的目的是要「奠基於新時期軍事戰略方針，強調反映現代高技術條件下局部戰爭的戰鬥特色和法則」。[165]這份關於總原則的文件，以及海軍、空軍、第二炮兵、後勤、裝備與支援的類似條令，為師、旅、團的合成兵種作戰提供了戰鬥條令架構。另外頒布八十三部用於特定軍種與兵種的條令，包括二十七部陸軍條令、二十一部海軍條令、十四部空軍條令、四部第二炮兵條令、九部後勤條令、八部裝備與支援條令。[166]

軍隊編組和第九個五年計劃

一九九三年戰略在推動第八個五年計劃期間採用，因此，必須等到一九九六年第九個五年計劃開始之後，才能推動訓練和作戰準則以外的組織改革。這個計畫的發展和執行，證明了新戰略方針如何在解放軍上上下下實行，符合推動新戰略的根本理由。規劃過程中出現兩個最重要的概念：第一是解放軍正在推動「兩個根本轉型」，特別是著重質勝於量；第二是「科技強軍」。就組織而言，這項計畫最重要的要素是，決定裁減軍隊五十萬兵員，以提升軍隊的素質和作戰效力。

一九九五年一月，中央軍委成立領導小組，擬定解放軍的「第九個五年計劃」，由總參謀長張萬年領導這個小組，受命在一九九五年九月之前將計畫呈交中央軍委常務委員會。[167]在小組的第一次會議，張萬年清楚將五年計劃的內容與新軍事戰略連結，申明計畫「必須以貫徹新時期的軍事戰略方針為中心」。[168]計畫目標包括在某些防禦技術和武器專案能有所突破，加強「軍事鬥爭」主要方向的關鍵部隊和準備，深化改革和精簡，提升軍官素質。[169]後來在一九九五年三月的會議，張萬年聲明，這項計畫必須解決兩個問題：規模和資金。這兩個難題彼此相關，因為必須縮編軍隊，才能投入更多資金發展高技術裝備。這是「軍事鬥爭準備」的「最佳」選擇。[170]

一九九五年九月領導小組擬定完計畫後，中央軍委常務委員會討論了七次。一九九五年十二月，中央軍委舉辦擴大會議，張萬年在會中介紹並總結計畫。[171]計畫核心後來被稱為「兩項根本轉變」：從準備打贏一般局部戰爭，轉變成高技術條件下的局部戰爭；以及軍隊發展從聚焦於數量和規模，轉變成質量和技術。雖然第一項轉變已經由一九九三年方針明確決定，但是第二項轉變反映出解放軍將如何達成新戰略的需求。張萬年指出，計畫的目標是要填補中國軍隊發展的缺口，被稱為「三個不適應」：與中國的國際地位不符、與軍事技術發展的主要趨勢不符、與在現代高技術條件下打贏局部戰爭的需求不符。[172]

軍隊的第九個五年計劃有幾個要素。第一，軍隊將從三百萬兵員裁減到兩百五十萬，這次縮編包括編組和軍隊編組大幅改變。第二，應急機動作戰部隊將獲得新裝備，以確保他們具備整體作戰能力。這反映出中國投入大量資源，將特定數量的部隊現代化。第三，加強國防科技研究，開發具備「強大威嚇能力」的殺手鐧。第四，加強「軍事鬥爭主要方向」的戰備，應該是東南方。這項計畫也要求改革幹部制度，以提升軍官素質；加強法規，以提升標準化；以及深化後勤支援改革。[173]

為了達成這些目標，張萬年提出「科技強軍」的想法，他認為，這是實現兩項根本轉變的關鍵。關鍵點是加強國防科學研究，改善武器裝備，提升官兵的科技素質，建立科學制度和組織，提升科學創新能力和科學管理。[174]

在同一場會議中，還有其他領導也將五年計劃的目標與新的軍事戰略方針連結，例如，江澤民指出，「如果我們不提升素質，將無法適應局勢發展，無法完成新時期軍事鬥爭準備的任務。」[175]至於武器開發，會議決定解放軍應該聚焦於能彰顯雄心的企劃，開發各種能力，像是防空、反潛作戰、長程打擊、指揮控制、通訊、情報偵察、電子戰、精確制導武器。[176]此外，劉華清在演說中指出，解放軍應該「製造一些『殺手鐧』，嚇唬敵人」，又稱為「新式」武器。[177]

縮編和整編

第九個五年計劃的其中一個主要目標是，縮減解放軍的規模，同時提升素質和戰鬥力。達成這個目標的方法，就是進一步「精簡整編」，解放軍認為，這樣做就能適應伴隨高技術戰爭到來與實行一九九三年戰略方針而出現的重大改變。

雖然第九個五年計劃在一九九六年一月就開始，但是一直到一九九七年九月中國共產黨第十五次全國代表大會才宣布決定裁軍五十萬。跟制定五年計劃時一樣，這次也組成了領導小組，負責策劃縮編行動，由現任總參謀長傅全有帶領。[178]現任中央軍委副主席張萬年和遲浩田根據領導小組的研究結果，在一九九八年一月呈交關於精簡計畫的報告給江澤民。報告載明，截至一九九七年年底，已經裁軍二十四萬，將部隊（大多是步兵師）轉移到人民武裝警察。[179]這些部隊只有輕度機動化，沒有太多下屬戰鬥兵種，像是裝甲部隊。然而，剩下的問題就是，如何找出必須裁減的其餘二十六萬兵員，改革「體制編制」。

一九九八年二月初，中央軍委舉行常務委員會會議，討論領導小組的報告。江澤民概述指導精簡整編的三個原則，稱之為「三個有益於」：一、強化集中團結的領導；二、教育、訓練、管理；三、未來戰爭。[180]中央軍委的縮編原則是：「減少數量，提升素質，結構最佳化，關係合理化。」[181]簡而言之，目標就是要裁減軍隊整體規模，同時大幅整編解放軍。

此時，解放軍領導階層的討論聚焦於三個潛在的重要革新改變，包括是否要創立獨立的陸軍部；是否要改變軍區的功能，讓軍區不再有權指揮陸軍；是否要設立總裝備部。這些選項經過幾個月的激烈討論，歷來，陸軍部隊都是由軍區指揮，而軍區則由中央軍委（透過總參謀部）指揮。因此，總參謀部裡有人主張刪減一層指揮，設立陸軍部，除去軍區指揮集團軍的功能。然而，也有人認為，如果軍區和陸軍部位階相同（應該有一些指揮職權），功能會重複。[182]

在一九九八年三月二十九日的中央軍委常務委員會會議，討論到了緊要關頭，一反常態，江澤民親自主持會議。張萬年的傳記記載，江澤民指示設立總裝備部，但是不設立陸軍部，軍區的功能維持不變。

如何建構陸軍的指揮，並非解放軍的新議題，早在一九八二年，有些軍官就建議設立陸軍司令部。[183]這項討論的斷層線並沒有十分清楚，張萬年的傳記作者說他反對澈底改變陸軍指揮結構，支持繼續以軍區作為指揮組織。其中一個令人擔心的問題是，設立一個新部門，可能會使指揮結構增加一層，破壞精簡行動。另一個令人擔心的問題是，單一個部門無法有效監督解放軍所有的集團軍，這樣其實會削弱管理，不會強化管理。張萬年也認為，軍區可用於加強執行高技術聯合作戰的能力，應該是作為聯合作戰的戰區。他的異議反映出的看法是，解放軍自內戰以來就採用軍區來指揮軍隊，成效良好；他自己在陸軍裡的軍旅生涯亦是如此。[184]儘管如此，考慮推動這種潛在的革新改變，就反映出解放軍願意依照新戰略的需求，進行根本改革。

江澤民一下達縮編精簡整體架構的命令，總參謀部的領導小組便開始擬定詳細的計畫，四月二十二日中央軍委在擴大會議中討論計畫，兩天後批准。一九九八年五月四日，中央軍委頒布縮編計畫，分為三個階段：一九九八年下半年開始精簡單位和部隊；一九九九年上半年精簡武器裝備、後勤部隊；一九九九年下半年，精簡軍事院校和訓練機關等單位。縮編背後的基本原則就是縮小軍隊規模，提升總體素質。要提升素質，進而提升效力，就要減少行政部門、整體軍隊、支援單位，並且加強關鍵單位。目標跟一九八五年一樣：「菁英、整體、效率。」[185]

在一場從未公開宣傳的演說中，江澤民將縮減整編與一九九三年戰略方針的目標連結在一起。江澤民指出，未來戰爭將是「信息化的」，重視「知識交流」，運用資訊技術，將武器系統和作戰部隊之間的連結變得模糊。因此，這些趨勢「要求軍事組織進行相對應的轉型」，因為目前的組織方式適用於工業時代，不適用於資訊時代。[186] 縮編整編應該「以實行新時期軍事戰略方針為中心」，「聚焦於打贏現代技術特別是高技術條件下的局部戰爭」。[187]

縮編成績斐然，奠基廣闊。第一，裁減高層單位領導機關所產生的冗員，提高了指揮的彈性和效率。經常有多個辦公處室負責同一件事務，許多部門有類似的功能。[188] 總部、七個軍區、各軍種的辦公處室數量減少百分之十一點五。軍級以上總共裁減一千五百個辦公處室，省級軍區和省級以下軍分區裁減得更多，人數裁減百分之二十。[189]

第二，除了精簡指揮功能，軍隊編組也最佳化，目標是減少陸軍的數量，讓部隊變得更小、更輕、更多元。陸軍的規模總共減少百分之十八點六，集團軍裁減掉一些師和團，改編為人民武裝警察的師。在陸軍，某些部隊經過挑選，優先配發新裝備。雖然空軍、海軍、第二炮兵的總規模也縮小了，但是裁減比例不像陸軍那麼大。各軍種汰換過時的裝備，關閉老舊的港口和機場，減少建置單位數量和指揮層數；海軍縮減百分之十一點四，空軍縮減百分之十二點六，第二炮兵只縮減百分之二點九。[190]

第三，建立全新的武器與裝備系統。成立一個新的總部——總裝備部——解決全軍的武器與裝備管理問題。這是一九五八年中國改變總參謀結構後，第一個成立的總部。雖然中國試圖依照交戰順序填補關鍵差距，向俄國購買現代裝備，但是由國內生產裝備仍舊是長程目標，隱含於一九九三年方針中。根據報導，這個新部門是以法國軍備總局（French Directorate General of

Armaments）為範本，用途是要加強中央控制武器的研究、發展、生產。總裝備部取代了國防科學技術工業委員會，吸收了原組織的所有軍事人員及其「最有名和最有用的資產」，包括所有核子和常規武器的測試靶場、設施、研究機構。[191]

二〇〇三年，中央軍委宣布再裁減二十萬人，這次裁減的幾乎全是陸軍，總共裁減十三萬人，另外加上軍區和省級以下軍區（兩者的指揮結構主要都是陸軍）的總部單位裁減六萬人，這些被裁減的人幾乎都是軍官。二〇〇五年裁軍完畢時，陸軍縮減百分之一點五，空軍、海軍、飛彈部隊增加百分之三點八。[192] 二〇〇三年裁軍時，又有師被縮編成旅，或改編成其他類型的部隊，像是摩托化步兵部隊改編成機械化或裝甲部隊。除此之外，有些師把三個步兵團的其中一個改編成裝甲團。[193]

結論

採用一九九三年戰略方針是中國軍事戰略的第三次重大改變，方針的內容和實行證明了解放軍的高階軍官試圖為新型態的戰爭做準備：「高技術局部戰爭」。一九九一年的波斯灣戰爭讓解放軍的軍官明確相信未來會打什麼類型的戰爭。儘管如此，由於先是黨內分裂，接著鎮壓天安門廣場後軍隊也分裂，導致解放軍最高指揮中心無法立即調整中國的軍事戰略，一直到鄧小平重新建立共識，由他領導繼續推動改革，解放軍才能採用新的軍事戰略。

第七章
中國一九九三年之後的軍事戰略：「信息化」

一九九三年之後，中國調整過兩次軍事戰略，分別在二〇〇四年和二〇一四年，然而，這兩套戰略方針只是中國軍事戰略的小改變，不是大改變，儘管如此，仍舊值得進行一番討論，因為它們是中央軍委最新採用的方針。二〇〇四年方針依舊聚焦於局部戰爭，但強調「信息化」在戰爭中的角色，而且將主要作戰形式從聯合作戰改為「一體化聯合作戰」。二〇一四年方針進一步強調信息化，並且持續聚焦於一體化聯合作戰。

本章仍舊只是初步分析，不像之前的戰略方針，研究採用二〇〇四年和二〇一四年方針背後的決策，能取得的文件證據寥寥無幾。參與制定方針的高階軍官都還沒有寫回憶錄，甚至可能還在服役。這兩次調整戰略方針時，關於中央軍委高階軍官的官方收藏文件和官方年表都尚未彙整。

本章討論順序如下：第一節檢討二〇〇四年戰略方針，第二節檢討二〇一四年戰略方針，兩節均會說明採用方針的背景、方針內容、改變戰略的可能原因。

二〇〇四年戰略：「打贏信息化條件下的局部戰爭」

二〇〇四年六月，中央軍委在擴大會議中採用新的戰略方針，根據可得的原始文獻，二〇〇四年戰略方針並沒有大幅改動中國的軍事戰略，只是反映出調整一九九三年戰略，強調高技術在戰爭中的應用形式為「信息化」，也就是將信息技術應用於軍事作戰的所有層面。一份官方原始文獻記載，二〇〇四年方針「充實完善」一九九三年方針——這樣的說法表示軍事戰略調整有限，並非大幅更動。[1]

二〇〇四年戰略概要

評價二〇〇四年方針的內容，可得的資料有限，介紹這套方針的演說或文件都沒有公布。[2]跟一九九三年戰略一樣，二〇〇四年方針的假定前提仍舊是打贏中國外圍的局部戰爭，而非中國領土遭到入侵的總體戰。主要戰略方向仍舊是東南方，特別指可能為了台灣而爆發戰爭，把美國也捲進來。官方準則式原始文獻指出，解放軍依舊聚焦於前一套戰略所確立的相同主要聯合戰役，包括島嶼攻擊（台灣）、島嶼封鎖（台灣）、邊境地區反擊（印度）等戰役。[3]新方針的戰略指導思想為「抑制危機，控制戰局，打贏戰爭」，[4]因此，跟一九九三年戰略一樣，持續著重威嚇與作戰，同時進一步強調危機的預防、管理、控制。

二〇〇四年方針在二〇〇四年六月的中央軍委會議中採用，關鍵改變在於評估軍事鬥爭準備基點為，以「信息化條件」取代一九九三年方針的「高技術條件」。[5]在會議中，江澤民申明，「我們必須將軍事鬥爭準備基點明確訂為打贏信息化條件下的局部戰爭。」這個改變反映出中央軍委判斷「高技術戰爭的基本特色就是信息化戰爭，信息化戰爭將變成二十一世紀戰爭的基本型態」。[6]江澤民指示解放軍「必須順應軍事鬥爭準備基點的改變，推動深化發展具備中國特色的軍事轉型，實現戰略目標，建設信息化軍隊，打贏信息化戰爭」。[7]二〇〇四年十二月，政府只有間接向民眾宣布戰略方針改變，在二〇〇四年國防白皮書聲明，解放軍「應該扎根於打贏信息化條件下的局部戰爭」。[8]

「Informatization」是「信息化」這個中文詞彙的蹩腳翻譯，在中國，信息化是全國層面的概念，民事和軍事事務都可使用，指資訊技術的發展、傳播和應用，促成工業時代轉變為資訊時代。喬·麥克雷諾茲（Joe McReynolds）和詹姆斯·馬維農（James Mulvenon）解釋說，信息化（即資訊化）「是指提升蒐集、系統化、散布、利用資訊的過程」。[9]因此，信息化會影響與形塑社會的所有層面，包括經濟、治理和戰爭。例如，二〇〇六年中國國務院頒布《國家信息化發展戰略》，指導信息化的整體發展。[10]二〇〇八年，國務院成立工業和信息化部，督導與控管信息技術硬體和軟體的發展，以及郵政服務和電信。

在軍事領域內，信息化改變了產生軍事能力和打仗的方式，信息本身不只是新領域，也將陸海空等其他領域互相連結。「信息化條件下的」戰爭是指將信息技術應用到軍事作戰的所有層面，包括武器系統和平台、自動化指揮控制系統、非致命信息作戰（像是資訊、網路、電子、輿論、心理、法律等作戰）所使用的感應器和電子設備[11]武器「信息化」之後，會變得更加精確、更加致命；「信息化」搭配網路連線，就能統一同步指揮不同的單位與部隊。[12]指揮、管制、通信、資訊、情報、監視、偵查系統能夠彙整處理大量信息，指揮「信息化」武器、平台和部隊，提高軍隊的效率、靈活度、反應力、效力。信息化條件下的作戰速度快，範圍大，可以同時在數個領域進行，全天候都能執行。這種作戰經常被稱為「系統體系」衝突，不同於個別平台或軍種之間的傳統衝突。這些系統體系「透過整合信息流建造而成，而信息流本身則來自將信息技術應用於軍事活動的每個層面」。[13]

作戰準則

在二〇〇四年戰略方針中，解放軍改變了要執行的主要作戰形式，「一體化聯合作戰」取代了「聯合作戰」，成為主要作戰形式。最早出現這個新詞的二〇〇四年國防白皮書聲明，解放軍「應該順應一體化聯合作戰的需求」。[14]稍早，在二〇〇四年二月，總參謀部的年度訓練指導強調，訓練「必須依據一體化聯合作戰的需求」。[15]二〇〇五年十二月胡錦濤在中央軍委的擴大會議發表演說，以及解放軍國防大學出版的官方教科書二〇〇六年版《戰役學》，都有談論這個概念。[16]胡錦濤在二〇〇六年六月總結說，「信息化條件下的局部戰爭是系統體系衝突，基本作戰形式是一體化聯合作戰。」[17]

一九九三年和二〇〇四年的聯合作戰概念，主要不同之處在於各軍種的部隊在戰役中如何互動。有些分析家說，新概念是「澈底一體化」或「統一」聯合作戰，而舊概念只是「協同」聯合作戰。[18]在協同聯合作戰中，不同軍種會協同行動，以達成作戰或戰役目標，通常會指派不相關聯的角色和任務給不同的部隊；在一體化聯合作戰中，各軍種的部隊不只會協同行動，還會融合或整合在一起，這點現在信息化明顯能夠辦到。成斌（Dean Cheng）指出，「解放軍的聯合作戰概念改變了，原本是數個各別指揮的軍種，在相同的實體空間一起協同作戰，後來變成由單一指揮控制網路指揮統一作戰。」[19]

解放軍配合調整主要作戰形式，也調整了作戰基本指導思想。然而，有些不確定的因素存在於新制定的方針中，二〇〇六年解放軍國防大學的一本戰役教科書載明，「整體作戰，精打制敵」，取代一九九三年戰略的「整體作戰，重點打擊」。[20]但是二〇一二年的一本戰役教科書卻把基本指導思想記載為「信息主導，精確作戰，體系破擊，整體制勝」。[21]二〇一三年的一本聯合作戰教科書以類似的內容記述基本指導思想，以「重打要害」取代「體系破擊」。[22]二〇一三年的另一本聯合作戰教科書提出不同的構想，「一體化作戰，體系破擊，非對稱作戰，力求速決」。[23]

會形成不同的一體化聯合作戰基本指導思想，是因為解放軍始終沒有完成擬訂第五代作戰條令——二〇〇四年開始擬訂，二〇〇九年結束，有些條令在二〇一〇年發給部隊，進行試驗，但是第五代條令始終沒有正式頒布。根據負責擬定作戰條令的楊志遠將軍所述，這些條令包含信息化要素，包括信息戰和電子戰。[24]聯合作戰受到的注目大幅提升，[25]這些條令不只修改了聯合戰役綱要，更囊括關於聯合作戰各個層面的十一部綱要，以及每個軍種、武警、政治工作、反恐作戰、「三戰」（輿論戰、心理戰、法律戰）的戰役綱要。[26]擬定了八十六部條令，用於各軍種、武警、後勤支援。

軍隊編組

二〇〇四年九月，二〇〇四年方針採用僅僅幾個月後，新的中央軍委便成立，這是首次成員包含每個軍種和第二炮兵的司令員，反映出中國最高指揮中心愈來愈重視聯合作戰。以前，陸軍的軍官占據了中央軍委的大部分職位，加上長久以來採用的制度是陸軍主導的軍區指揮結構，明顯阻礙了有效執行聯合作戰。

儘管如此，二〇〇四年方針調整之後，各軍種及其下屬兵種並沒有大幅整編，但是各軍種倒是有重組資產，這個作法在海軍和空軍最明顯。比方說，海軍「新型」或現代驅逐艦和巡防艦數量二〇〇七年是二十七艘，二〇一四年增加到四十九艘；[27]同樣地，「新型」或現代潛艦數量二〇〇七年是二十一艘，二〇一四年增加到四十五艘。[28]空軍地面攻擊和支援飛機的比例增加到幾乎占空軍的百分之五十，空軍以前幾乎完全仰賴的攔截機則進一步減少，只派付有限的領土防衛任務。[29]解放軍也開始發展一體化聯合後勤系統，取代各軍種與兵種分屬的後勤部門。[30]

除此之外，解放軍也推動規模比較小的改革，提升軍隊信息化。二〇〇五年，中央軍委頒布全軍信息化建設計畫綱要，指導直到二〇二〇年的信息化工作。二〇〇六年更新的總部條令也強調必須加強信息化。早在二〇〇三年，解放軍就在總參謀部裡成立全軍信息化領導小組。[31]同樣地，自二〇〇〇年代後期起，解放軍開始部署「一體化指揮平台」，提升解放軍在作戰層面的指揮、管制、通信、資訊、情報、監視、偵查能力，據說這個平台能提供戰場實時信息，提升軍隊指揮與情報、天氣、地理空間等數據。[32]

訓練

二〇〇八年七月頒布新的軍事訓練和評鑑大綱，二〇〇九年一月實施。新大綱在二〇〇六年六月的全軍訓練會議後開始擬定，後來經過修改，以順應一體化聯合作戰和信息化條件的需求。增加投入訓練的總時間也是目標之一：夜間訓練、高強度訓練、提升一體化作戰能力的訓練。[33]新訓練大綱增加聯合訓練演習，通常是旅級，在單一個軍區內。[34]二〇〇九年，新訓練大綱頒布後，解放軍開始發展聯合戰役訓練演習，通常有不同軍區的部隊參與。[35]最值得注意的演習應該是「跨越二〇〇九」，由四個不同軍區的四個師參與。這是解放軍史上第一次跨軍區演習，不同軍區的部隊進行協同演習，不只是參與而已。同樣在二〇〇九年，中央軍委任命濟南軍區編排戰區級聯合訓練領導編組，作為試驗計畫，協調與發展軍區層級聯合訓練。[36]

採用二〇〇四年戰略方針

根據可得的資料，二〇〇四年方針雖然只是中國軍事戰略的小幅改變，但採用的原因卻符合本書的中心論述。解放軍的資料指出，中國愈來愈清楚地意識到，美國所涉及的衝突揭露出，信息在「高技術」戰爭指揮中扮演主角。軍事科學院有一本教科書這樣寫：「近年來有幾場局部戰爭，尤其是一九九九年的科索沃戰爭和二〇〇三年的伊拉克戰爭，讓我們一窺信息化條件下的局部戰爭的真實樣貌，讓我們學到許多教訓。」[37]

一九九九年科索沃戰爭

一九九九年三月二十四日，美國領頭的北大西洋公約組織軍隊為了科索沃，對南斯拉夫發動七十八天的轟炸行動。中國在聯合國抗議這場戰爭，把這場戰爭變成中國在政治上與軍事上的顯眼衝突。此外，一九九九年五月七日，五枚美國的傑達姆導彈擊中貝爾格勒的中國使館，三名中國記者死亡，二十人受傷。

即便在使館遭到轟炸之前，這場空戰就在中國引發重大的爭論，論辯鄧小平認為「和平和發展」是「當代的趨勢」的這番評斷，核心議題是，中國是否還有時間能安全地專心發展經濟，讓解放軍能在比較不受限和不急迫的條件下現代化。爭論的最後結果就是，中國重申繼續推動和平與發展，並且逐漸轉向多極化。[38]儘管如此，中國仍舊認為「霸權主義」氣焰日盛，軍事干預頻率漸增。從科索沃戰爭也能看出，美國會出手干預台灣的衝突，也就是說，中國必須準備對抗「強敵」。因此，相較於一九九五年到九六年的台灣海峽危機，科索沃空戰讓解放軍感到的威脅更加強烈。[39]

解放軍最高指揮中心仔細研究這場戰爭，這是一場非對稱衝突，對中國具有重要的寓意，中國仍舊認為自己的軍力相對虛弱。這場戰爭還沒結束，總參謀長傅全有就命令總參謀部「研究美國軍事作戰的風格和特色」。[40]一九九九年五月二十一日，總參謀部第一次召開會議討論這場戰爭，與會者來自十九個單位，接著呈交戰爭初步報告給中央軍委，強調中國必須提升空中防禦。一九九九年十月中旬，軍事科學院和中央軍委辦公廳派一組軍事專家，研究南斯拉夫如何試圖對抗北約的作戰。[41]

解放軍從科索沃戰爭學到重要的軍事教訓，影響了二〇〇四年調整一九九三年戰略方針。一九九九年七月，中央軍委副主席張萬年斷定，科索沃戰爭與波斯灣戰爭，「在我國引發了一系列重要的問題，包括國防、軍隊建設、軍事鬥爭準備」。[42]二〇〇〇年二月，傅全有預示主要作戰形式將從聯合作戰改變成一體化聯合作戰，闡述這場戰爭最重要的層面是「各軍種的一體化聯合作戰」，聚焦於陸、海、空、太空和電磁作戰。[43]

二〇〇〇年三月，解放軍國防大學撰寫報告，詳細評論這場戰爭，總參謀部的訓練部門後來將之出版。關於戰爭指揮，這份報告推斷，「在現代戰爭中，信息優勢是基本優勢，有信息優勢……就能在戰爭中取得主動權」。報告敘述北約運用先進技術，「全面打斷、壓制、破壞南斯拉夫的指揮中心和電信系統」。此外，北約擁有尖端的指揮、管制、通信、資訊、情報、監視、偵查，能夠「全面掌控戰場信息，創造打贏戰爭的條件」。[44]結合情報、電子、心理、網路與其他形式的信息戰，被認為是北約獲勝的關鍵。[45]這份報告強調的具體能力包括持續不停偵察和全頻譜干擾；[46]運用衛星、偵察機、預警機蒐集情報；[47]運用「電磁優勢」干擾南斯拉夫的通訊和雷達，如此便能執行許多「軟殺行動」。[48]

這份報告的第二個主要結論聚焦於空中打擊在現代戰爭中的致命性，以及中國必須發展適當的對策。當然，這反映出沒有動用陸軍，空中打擊是首要攻擊方法。儘管如此，國防大學的研究強調使用短程和長程空中打擊、精確打擊、匿蹤戰機。[49]由於中國認為敵人不可能會從地面入侵，因此推斷未來敵人攻擊中國領土最可能採用的方式就是空中打擊。這份研究推論，「空中打擊的特色包括空天一體化、長程攻擊、超長程攻擊、匿蹤打擊、精確攻擊、快速、控制靈活。空軍的強力攻擊和快速機動能力，能對敵人進行全面縱深『非接觸』打擊。」[50]當然，中國認為這種空中打擊，是美國這個「強敵」攻擊中國時最可能採用的方法，這場空戰的政治軍事背景，加強了中國對此事的擔憂。[51]

一九九九年科索沃戰爭後，解放軍內部加強討論信息化條件和信息化戰爭，到二〇〇〇年，共識開始出現，皆認同信息化至關重要。傅全有在二〇〇〇年九月說，「信息化戰爭逐漸變成主要戰爭形式。」[52]江澤民二〇〇〇年十二月在中央軍委擴大會議發表演說，指出「海灣戰爭以來的高技術局部戰爭表明，信息技術在現代戰爭中具有極為重要的作用。高技術戰爭，是以信息化為主要特徵的。新軍事變革，實質上是一場軍事信息化革命。信息化正在成為軍隊戰鬥力的倍增器。」。[53]

到二〇〇二年，共識似乎已然鞏固，認定信息化是局部戰爭裡高技術的核心表現形式。在二〇〇二年十二月，江澤民在中央軍委擴大會議中發表演說，強調信息化的重要性。[54]這次演說跟江澤民以中央軍委主席職位所發表的其他演說一樣，可能也是中央軍委辦公廳或總參謀部所擬的稿。江澤民申明，高技術在戰爭中的角色日益重要，被稱為是一九八〇年代開始的一場「革命」的一部分，由於科索沃和阿富汗的戰爭，進入了新階段。根據江澤民所說，「新軍事變革正在進入一個新的質變階段，很可能發展成為一場波及全球、涉及所有軍事領域的深刻的軍事革命。」[55]江澤民說信息化是這些改變的「核心」，指出四個趨勢。第一，信息化武器和裝備將決定軍隊戰鬥能力的核心。第二，防區外打擊又稱為非接觸與非線性作戰，將扮演更加重要的角色，這類打擊將用於攻擊敵人的指揮、管制、通信、資訊、情報、監視、偵查和空中防禦等系統。第三，「體系之間的對抗將變成戰場對抗的基本特徵」。第四，太空已經變成「新的戰略制高點」。[56]

江澤民在演說中闡述信息化是中國和解放軍的一大挑戰，論道「我國仍舊面對已開發國家的經濟與科學優勢所造成的壓力，信息化便是這些壓力的一項重要形式」；除了經濟和科學優勢的壓力之外，已開發國家還能夠施加政治壓力。除此之外，軍事事務的信息化可能會「進一步拉大我國同世界主要國家在軍事實力上的差距，增大對我國軍事安全的潛在威脅。」。[57]因此，江澤民的演說反映出中國自認為軍事現代化很晚，試圖趕上比較先進的軍事強權。

儘管如此，江澤民並沒有宣布改變戰略方針，只是提出幾個議題，讓最高指揮中心進一步討論；這表示領導人們雖然對信息化的重要性達成了共識，但卻未對中國應該如何調整軍事戰略達成共識。江澤民直接談論這一點，說：「我們對戰略指導思想和原則問題的研究也要進一步深化。」[58]他特別強調必須加強研究戰略嚇阻和聯合作戰，關於聯合作戰，他說：「一九九三年，我們繼續強調了協同作戰思想，現在看來還要大大加強對諸軍兵種聯合作戰問題的研究，以推動我軍聯合作戰理論和實踐的發展。」[59]

為什麼中央軍委沒有在二〇〇二年改變戰略方針呢？可能有兩個原因。第一，雖然解放軍承認信息化在戰爭指揮中漸趨重要，但是信息化到底會如何形塑未來的作戰，仍舊不清楚，因為從科索沃學到的教訓只限於空戰背景中的信息化。雖然美國在科索沃戰爭中使用的飛機有些是從亞得里亞海的航空母艦起飛，但是這場戰爭並沒有特別使用其他的海軍，像是水面或潛艦戰鬥部隊，也沒有使用任何陸軍。當時美國持續在阿富汗作戰，到二〇〇二年十二月，美國愈來愈可能入侵伊拉克，屆時中國將可從中學到更多教訓。

第二個原因，可能跟胡錦濤在二〇〇二年十月中國共產黨第十六次全國代表大會擔任中共總書記後，江澤民決定續任中央軍委主席有關。江澤民留在中央軍委，是仿效鄧小平；鄧小平在一九八七年中共十三大交出其他所有黨職，唯獨繼續擔任中央軍委主席。江澤民或許是想確保順利過渡到新一代領導，抑或是讓自己能夠繼續影響黨的政策方向。然而，擔任總書記的十三年間，他也對軍事事務產生了興趣，因此，或許他想要督導戰略方針從高技術條件正式改變成信息化條件，以鞏固自己在這個領域的遺產。

根據中國對科索沃戰爭的評價，鮮少證據指出採用二〇〇四年戰略的動機是想要仿效。主要的結論是，空中打擊的威力和破壞力比以前想像的更加強大——拜信息化與武器系統發展所賜——中國相當容易遭受這類打擊。解放軍著手研擬對策，沒有發展執行類似的空中攻擊作戰的能力。國防大學的報告結論道，解放軍「必須加強研究反空襲作戰」，[60]包含新的作戰類型「三打三防」。三打是指偵察、干擾、精確打擊；三防是指預警反偵察、機動、面對空飛彈系統。[61]更廣泛而言，信息在北約作戰中的角色證明了中國落後美國多遠。這份報告也推論，中國需要「積極發展用於信息作戰的信息系統與武器裝備，縮小與已開發國家的差距」。解放軍不只仔細研究美國在這場戰爭中的作戰，也同樣細心專注地研究塞爾維亞的反應。

二〇〇三年伊拉克戰爭

二〇〇三年三月二十日，美國和英國率領三十個國家聯合組成的三十八萬部隊入侵伊拉克，推翻海珊。到四月十四日，聯軍已經攻陷巴格達，結束戰爭的高強度階段。五月一日，美國總統布希宣布主要軍事行動結束。如果科索沃戰爭凸顯信息在戰爭中的角色，那麼入侵伊拉克則展示了廣泛應用信息的效力，在寬闊許多的戰場上應用於更大、更多元的部隊。

解放軍密切地觀察入侵伊拉克，不到九個月後，解放軍的研究機構就發表了三份戰爭評論，分析緣起、各方的作戰行動、主要特色、給予中國的啟示。第一份是解放軍國防大學的研究；[62]第二份是解放軍南昌陸軍學院的研究；[63]第三份彙整自軍事科學院和國防大學的知名戰略學家的論文，由軍事科學院發表。[64]由於缺乏可以直接揭露高階軍官觀點的資料，這些內部評論便成為代表，說明解放軍認為這場戰爭的主要特色，以及揭露的戰爭指揮改變。其中兩份報告有出版，但限制在軍內傳發，因此高官或其參謀可能有讀過。

第一，這些評論提出的結論是，伊拉克戰爭進一步證明，戰爭的趨勢是朝信息化發展，信息化能全面整合聯合作戰的軍事行動。南昌陸軍學院的研究結論是，伊拉克戰爭「是世上至今信息化程度最高的戰爭」。[65]根據軍事科學院的報告，入侵行動顯示「高技術戰爭朝信息化戰爭大幅邁進」。[66]國防大學的研究結論是，「美軍的信息化武器裝備已經讓戰爭形式漸漸朝信息化的方向發展，甚至已經開始主宰戰場」。[67]信息化提升了軍事行動的效力、致命性、速度，密切協同整合的部隊變少，達成的效果卻反而變大許多。國防大學研究報告的撰寫人認為，「美國在這場戰爭中使用的部隊數量甚至不到第一次波斯灣戰爭的一半，但卻能用更短的時間占領伊拉克」。[68]

雖然解放軍的每份研究所強調的入侵要素都略微不同，但是在討論軍事行動的執行上，可以找到幾個共同的論題。第一個論題是部署和運用信息化武器系統和平台。南昌陸軍學院的研究指出，超過百分之六十的海軍武器和系統與百分之七十的空軍武器和系統是信息化的，[69]特別聚焦於可以在視線範圍外使用的系統，使用這類系統可以執行「非接觸」作戰或防區外打擊。第二個論題是大幅擴大使用精確制導彈藥。這三份研究都指出，精確制導彈藥的使用量在一九九〇年到一九九一年波斯灣戰爭占總消耗彈藥的百分之八，在伊拉克戰爭增加到百分之六十八。[70]最後一個論題是廣泛使用指揮、管制、通信、資訊、情報、監視、偵查系統，整合不同軍種在廣大的地區控制的這些武器和彈藥。部隊彼此通訊快速簡單許多，司令員高度掌握部署這些部隊的戰鬥空間或範圍。[71]

第二，高度信息化能讓軍隊深度一體化，執行聯合作戰。因此，三份研究報告都預示著二〇〇四年戰略將強調以「一體化聯合作戰」為主要作戰形式。例如，軍事科學院的報告強調，「各軍種兵種緊密協同，渾然一體，將一體化聯合作戰提升到前所未見的層次，澈底展現總體作戰力量」。[72]報告列舉的例子包括陸軍之間以及空軍和陸軍之間的協同，尤其是推進巴格達時，精確空中打擊與地面的裝甲和特種部隊協同。[73]這樣整合的結果，南昌陸軍學院在研究中稱之為「精確打擊聯合作戰」，焦點並非使用精確制導彈藥，而是美國及其盟國執行作戰時，利用信息優勢和強大的指揮、管制、通信、資訊、情報、監視、偵查系統能達到的精確度。[74]

第三，信息在戰爭軍事行動中扮演主角，凸顯了不只必須取得空中優勢，也必須取得信息優勢。解放軍的分析人員認為，伊拉克戰爭證實了科索沃戰爭的寓意——信息優勢已經變成影響指揮與結束戰爭的關鍵要素。奪取信息優勢現在是戰爭中的「首要任務」，[75]掌控信息的一方將擁有壓倒性的優勢，無法掌控信息的一方將無法作戰。解放軍關於這場戰爭的所有研究都著重於開戰的那幾天，盟軍全力瓦解伊拉克的指揮控制系統，以限縮伊拉克進行有效防禦的能力，並且奪取信息優勢。

解放軍的這些評論報告還有兩個主題應該注意。第一，空軍被認為在這場戰爭中扮演決定性的角色，雖然這些研究都沒有單靠空軍就能取勝的意涵，但若是沒有空軍，作戰將變得極度複雜。國防大學的研究指出，「在空中戰敗，會造成陸上（或海上）戰敗。」[76]第二，解放軍的分析人員強調心理戰，像是分化伊拉克領導階層、離間伊拉克人民和領導階層、削弱伊拉克軍隊的士氣等行動。南昌陸軍學院的研究推論，「信息化戰爭到來之後，扮演的角色愈來愈重要」。[77]

解放軍的「新歷史使命」

胡錦濤取代江澤民接任中央軍委主席不久後，便在二〇〇四年十二月中央軍委擴大會議，提出解放軍「新歷史使命」的想法。這項新使命的中心是解放軍應該為黨執行的四項主要任務。*儘管如此，不應該把它視為戰略方針的改變（其實解放軍並沒有這樣看待）。第一個目標是解釋為何擴大解放軍的作用，除了作戰，還要執行所謂的「非戰爭軍事行動」，像是災難救援，以協助黨維持中國內外穩定。第二個目標是強調，解放軍將必須在新領域作戰，像是海上、外太空、電磁等領域，以捍衛中國的利益；二〇〇四年方針已經把外太空和電磁定為重要領域，在此又額外強調。

解放軍新歷史使命的前兩項任務與提升政權安全這個內部目標堅定相連，第一項任務是「提供重要強大的保證，鞏固黨的統治地位」。[78]雖然捍衛中共和政權安全是中國軍隊長久以來的目標，甚至在鄧小平改革之前就是，但是胡錦濤仍舊重新強調，因為計劃經濟加速過渡到市場經濟，黨面臨新的挑戰。中國的領導人們相信，政局不穩不只會破壞經濟成長，還會明確挑戰中共的正當性。同樣地，第二項任務是「提供強力的安全保證，保護充滿戰略機會的重要時期，推動國家發展」。[79]這是指跟其他國家的領土和邊界紛爭、台灣獨立運動、中國境內新疆和西藏等地區的分離主義運動，以及在群眾事件與民眾示威運動增加時，維持國內穩定所遭遇的困難。雖然這項任務包含了主權的內外問題，但是其實兩者都反映出，這些地區出現任何動亂，都會破壞社會穩定，為黨製造難題。

解放軍新歷史使命的第三項任務跟常規軍事戰略關係最密切，目標是「提供強大的戰略支援，保護國家利益」，特別強調捍衛中國在海上、太空、網路這三個領域的成長中利益。[80]如果前兩項任務強調中共關心的傳統問題，而且清楚暗示政權穩定；那麼第三項任務的太空和網路要素就跟信息化的核心要素重疊，並且進一步更著重於此；而信息化稍早就促成了調整二〇〇四年軍事戰略。

第四項任務也有清楚的外部導向，但是其目的並非戰鬥導向，解放軍的這項任務是「扮演重要角色，維護世界和平，促進共同發展」。[81]這反映出中國正在加強與世界其他地區整合，尤其是中國進行貿易和投資的地區；而且中國必須協助維持這些地區的穩定。

---

* 許多英文分析資料把「新歷史使命」翻譯成「new historic mission」，但是如這裡所說的，它包含了一個使命（mission）和四個附屬任務（task）。

胡錦濤提出解放軍新歷史使命的概念時，也闡述了解放軍應該具備的能力。在二〇〇五年十二月中央軍委擴大會議中，他說，「我們必須……持續提升能力，以應付多重安全威脅，確保能夠處理危機，維護和平，遏制戰爭，並且在不同類型的複雜情況下打贏戰爭。」[82]二〇〇六年會見解放軍的全國人民代表大會代表，胡錦濤同樣指示解放軍「認真工作，發展能力，以應付多種安全威脅，完成多樣化的軍事任務」。[83]

「多種安全威脅」這段話所指的目標，涵蓋於解放軍新歷史使命的四項任務以及常規軍事使命。「多樣化的軍事任務」是指，以兩種不同方式來運用中國成長中的軍事能力。第一強調二〇〇四年戰略方針所包含的常規作戰能力。然而，第二則著重非戰鬥行動，維護國內外穩定，以提升政權安全，促進經濟發展。在權威性資料裡最常討論的非戰鬥行動類型，是用於協助國家維持公共秩序，最後保護中共。[84]國內非戰鬥行動可分為三大類，第一大類是災難救援，像是二〇〇八年四川汶川大地震後解放軍所執行的行動。第二大類是維持社會穩定，包括遏制擾亂社會秩序的示威、暴動、造反、叛亂、大規模群眾事件，尤其是在中國的少數民族地區。第三大類包含反恐，主要是遏止國內恐怖行動，像是一九九〇年代新疆許多地區政府官員遭到攻擊，或是二〇〇八年奧運期間和二〇〇九年十月中華人民共和國六十週年國慶日發生恐怖攻擊的疑慮升高。[85]把這類行動和邊境安全與駐防等其他行動連結起來的是，它們都強調維持社會秩序，管控中共的內部異議，以加強政權安全。[86]

然而，中國軍隊所肩負新的非戰鬥行動並非全是國內的，最常受到討論的兩項國際非戰鬥行動是維護和平和災難救援。維護和平是唯一一項國際非戰鬥行動，在中文著作中與國內非戰鬥行動一樣備受矚目。[87]這些行動不僅能提升中國在國際社會的形象，同時扮演重要角色，維護穩定的外部環境，促進中國發展，間接加強政權安全，並且讓選拔出來的部隊能獲得遠征軍事經驗。維護和平是最吸引注目的，解放軍和武警在這項國際非戰鬥行動中累積最多經驗。

二〇一四年戰略：「打贏信息化局部戰爭」

二〇一四年夏天，解放軍的戰略方針第九度更改，可得的資料指出，二〇一四年戰略並非中國軍事戰略的重大改變，只是反映出調整二〇〇四年戰略，進一步強調信息化在戰爭中的角色，並且闡述解放軍需要進行廣泛的組織改革，以有效執行聯合作戰。

這次戰略方針改變並沒有公開宣布，然而，中國在二〇一五年五月公布二〇一五年國防白皮書，新內容指出方針改變了。白皮書指出，中國「根據戰爭形式與國家安全局勢的演化」，調整戰略。[88]白皮書裡提出兩項評估，說明戰略改變了。第一是戰爭進一步演化，解放軍必須改變軍事鬥爭準備基點，聲明「將以打贏信息化局部戰爭作為軍事鬥爭準備基點」。這樣調整只從二〇〇四年戰略刪了四個字，把「打贏信息化條件下的局部戰爭」，改成「打贏信息化局部戰爭」。一名軍事科學院的學者說，刪掉這幾個字顯示「戰略出現了質的改變」。[89]

白皮書裡關於中國國家安全局勢的內容總結出的評估就是，戰爭型態已經改變。廣義的信息現在扮演戰爭中的「主角」，不再只是戰爭的一項「重要條件」。[90]根據白皮書，「戰爭型態正加速轉型為信息化」，這些改變包含發展與使用長程、精確、智慧、無人武器裝備的「明確趨勢」。白皮書記述，太空與網路領域正變成「戰略競爭的指揮制高點」。為了因應過去十年出現的這些趨勢，中國必須改變構成戰略方針基礎的軍事鬥爭準備基點。

二〇一四年戰略也包含新的戰略指導思想，這套戰略的目標強調在保護中國權益和維持穩定之間取得平衡，「堅守國家領土主權、統一、安全」，支持中國發展。[91]為了達成此目標，新的戰略指導思想「注重深遠經略，塑造有利態勢，綜合管控危機，堅決遏止戰爭和打贏戰爭」。這個戰略指導強調從捍衛領土，轉變成保護中國的發展利益，調和軍事手段以及經濟和外交手段，創造有利於發展的環境；也強調防範危機爆發，如果爆發了，就加以控制；以及戰略威嚇在遏止戰爭中的重要性。[92]同樣，新戰略的重要元素是「有效控制重大危機，適當處理可能發生的連鎖反應」。[93]

然而，重要的是，這套戰略的主要作戰形式維持不變，也就是說，主要作戰形式仍舊是「一體化聯合作戰」，跟二〇〇四年訂定的一樣。白皮書沒有要求解放軍為一體化聯合作戰「制定新的基本作戰思想」；白皮書明確指出，作戰指導思想是「信息主導，精打要害，聯合致勝」，但這似乎與二〇〇四年戰略的指導思想相仿。解放軍尚未擬定新的作戰條令，作為這次戰略的改變。

第二項評估是，中國面臨更加迫切的國家安全威脅，尤其是在海域（maritime domain）；白皮書強調「海上軍事鬥爭」和「海上軍事鬥爭準備」的角色。之前的戰略方針雖然沒有強調特定領域，不過有隱含著地面戰優勢的寓意，顯然，其中一個要素是，中國鄰海或近海領土主權和海事管轄權的爭議愈演愈烈。白皮書結論道，「海權保衛鬥爭將長存久在」。第二個要素是，「中國國家利益持續擴大」，海外利益，像是進入市場和打開海上交通線，「已經變得重要」。這些並非中國新擔憂的問題，但是相較於以前的白皮書，這次這些問題在中國的安全環境評估中變得更加重要。

配合逐漸加強聚焦於海事領域，白皮書首次公開聲明，中國海軍的戰略概念「將從『近海防禦』逐漸改為『近海防禦』結合『遠海護衛』」。[94]近海防禦強調保護中國的立即海事利益，尤其是中國鄰海上的領土和管轄權糾紛。遠海護衛則強調保護中國正在擴展的海外利益，像是保護海上交通線和中國的海外商業；[95]前者需要採取積極態度，後者則需要準備隨時應變。[96]

白皮書沒有指明主要戰略方向，確立戰略地理焦點。儘管如此，首要戰略方向似乎一樣，聚焦於台灣和中國的東南方，不過可能已經擴展，涵蓋西太平洋，也就是退役中將王洪光所說的「台灣海峽——西太平洋」方向。[97]南海是否已經變成首要戰略方向的一部分，仍舊不明確。王洪光雖然指出這樣的連結，但是仍舊寫說，「台灣海峽是首要戰略戰役方向」和「牛鼻子」。[98]

雖然白皮書證實戰略方針已經調整，但卻沒有聲明是何時決定的。歷來，中央軍委都是在擴大會議中採用或調整戰略方針，然而，這些會議卻鮮少公開。例如，二〇〇四年中央軍委在六月舉辦的擴大會議採用戰略改變，[99]但是六個月後，二〇〇四年國防白皮書公布，才首度公開提及新戰略，那場會議本身更是始終沒有公開。同樣地，政府不會在採用新戰略方針時，公開公布關於該方針的演說，有時甚至永遠不會公開公布，例如，江澤民介紹一九九三年方針的演說一直到二〇〇六年才公開。

中央軍委極可能是在二〇一四年夏天決定調整戰略方針。「打贏信息化局部戰爭」這句話在《解放軍報》出現過九十四次，但是其中八十一次是在二〇一四年八月中旬之後（到二〇一八年九月之間）出現。這句話第一次出現在二〇一四年八月二十一日的文章中，那篇文章是在宣布總參謀部的一份新文件，談論提高實際訓練層級。[100]在同一段時間內，有三百零八篇文章出現「新形勢下軍事戰略方針」這個詞彙，這是間接提到二〇一四年戰略。這個詞彙第一次出現是在二〇一四年八月二日刊登的文章，慶祝解放軍創軍八十七週年，由此看來，戰略改變是出現在七月的某個時候。[101]這個詞以前只出現過一次，在二〇一〇年九月，而現在出現在談論習近平執政下採用的戰略的許多解放軍官方文件裡。因此，這套戰略可能是在二〇一四年七月更改的。二〇一四年七月七日，習近平在一場「重要的會議」要求高階幹部「落實軍事戰略」，「宣傳軍事戰略方針在軍隊建設、改革、軍事鬥爭準備上的要求」。[102]後來，二〇一四年十月跟新任命的軍級軍官會面時，他提到「新形勢下軍事戰略方針」，要求聽眾「必須依照新戰略方針推動軍隊上下的一切建設工作，達成戰略方針的要求」。[103]

方針可能是在二〇一四年夏天調整的，為二〇一五年十一月聲明的解放軍組織改革提供最高層級的支持和闡釋。整體而言，改革的目的是要提升聯合作戰，把指揮部隊和管理軍隊發展訓練的責任分開。為了達到這個目標，解放軍進行了史無前例的組織改造：把七個軍區變成五個戰區司令部；把四個總部改組成十五個比較小的組織，直屬於中央軍委；把第二炮兵從兵種升級為軍種；設立分立的陸軍指揮部；建立戰略支援部隊，聚焦於太空和網路；軍隊裁減三十萬兵員。[104]值得注意的是，這次改革包含解放軍過去曾經考慮的改變，像是一九八〇年代初期首次提出、一九九〇年代後期再度提出的成立陸軍指揮部。其他的目標是提升軍隊發展過程與紀律。

中國共產黨第十八次全國代表大會的第三次全體會議，同時預示了軍事戰略的調整和解放軍改革，這次會議在二〇一三年十一月召開，提出雄心勃勃的計畫，「深化改革」黨、政府、經濟的各個領域。過去，採用新戰略幾年後，解放軍才會進行整編或縮編；然而，這次政府同時宣布打算改變軍事戰略和整編解放軍。這強烈暗示，修改戰略方針的主要原因，是要提供進行改革的全面架構。

這次全體會議結束後，中央委員會頒布「決議」，說明將要進行的改革。談論國防的那一節在序言中指出，必須「完善」新時期軍事戰略，或調整中國的軍事戰略。[105]這份決議接著要求「改革軍事領導制度」。下個月，也就是二〇一三年十二月，習近平在中央軍委擴大會議中解釋，儘管過去努力改革解放軍，「但是根深柢固的矛盾仍舊未解決」，這些「從根本上限制了軍隊建設和軍事鬥爭準備」。習近平強調，解放軍的「領導和管理制度不科學」，「聯合作戰指揮系統不健全」。[106]後來他在演說中指出，「我們擁有經過廣泛探究的聯合作戰指揮系統，但是問題並沒有從根本解決。」[107]因此，改變戰略的目的似乎與進一步改革解放軍的需求緊密相關。從二〇〇四年到二〇一四年，戰爭指揮並沒有出現重大改變，促成採用新戰略；新戰略裡也沒有新的戰爭見解。儘管如此，新戰略倒是有闡明，必須改革，才能有效執行二〇〇四年提出的一體化聯合作戰。

強調海事領域也暗示了，中國對安全環境和威脅認知的改變，是二〇一四年決定採用新戰略的次要因素。海事威脅並沒有被描述成最重要的，只是「比較顯著」，因此相較於推動全體會議所提出的改革，屬於次要。再往前看，二〇一五年白皮書聚焦於海事領域，這表示假如改革成功落實，那麼威脅認知在中國未來改變戰略時，可能會扮演更加重要的角色。

結論

中國已經對一九九三年戰略方針進行過兩次調整，二〇〇四年和二〇一四年戰略都強調，將以一體化聯合作戰作為解放軍未來執行的主要作戰方式。這兩套方針都被認為豐富與改善了「前一套」，這表示解放軍認為這些戰略改變是微小的，不是重大的。然而，在二〇〇四年戰略中，改變的方向符合本書提出的論述——戰爭指揮轉變。雖然依照二〇一四年戰略進行的組織改革很廣泛，但是其實目的就是要讓解放軍能夠更有效執行聯合作戰，這個目標首次訂立於一九九三年戰略方針。

第八章 中國自一九六四年起的核戰略

強調常規作戰的中國軍事戰略經常變動，從一九四九年起改變了九次。相較之下，中國的核戰略立基於向敵人保證會進行報復，以達成威嚇效果，自從中國在一九六四年十月試爆第一枚核裝置後，核戰略就大多維持不變。中國儘管多次差點遭到美國或蘇聯入侵或率先發動核攻擊，但卻沒有試圖改變核戰略。此外，中國的常規戰略和核戰略之間，看起來並沒有明顯的關聯。雖然中國的核戰略符合「積極防禦」的總原則，但是規劃使用核子武器已經和規劃使用常規武力分開。中國宣布的戰略和作戰準則中，預想只有當要回擊核攻擊時，才會使用核子武器，而不會在常規衝突中使用。為什麼中國的核戰略始終不變，常規戰略卻會改變，甚至經常大幅改變？為什麼中國的常規戰略和核戰略沒有更加緊密整合？

本章提出幾個論點來回答這些問題。第一，不同於常規軍事戰略，黨最高領導人們從來沒有授權給高階軍官決定核戰略，核戰略被視為國家最重要的政策，只有黨最高領導人們能夠決定，講白一點，並非解放軍領導階層可以決定，無論是第二炮兵或總參謀部。黨最高領導從來沒有授權高階軍官決定中國的核戰略，包括決定如何進行軍隊編組和軍隊立場。即便在一九七〇年代後期第二炮兵開始發展成作戰兵種之後，第二炮兵主要還是扮演中國核武的監管人，由中央軍委密切監督，而後者才是黨的軍事事務決策組織。第二，因為黨最高領導人們從來沒有授權高階軍官決定核戰略，中國的黨最高領導人們，尤其是毛澤東、周恩來、鄧小平，對於核子武器的看法，影響中國的核戰略特別深遠，即便今日仍舊如此。他們認為核子武器的效能有限，支持維持確保報復的戰略，不將核戰略與常規戰略整合，也就是有限度地將核子武器用於作戰。

約翰·劉易斯（John Lewis）和薛理泰在一九八八年的指標著作《中國核彈揭秘》（*China Builds the Bomb*）提出了中國發展核子武器的論點，現在有新的資料，可以讓我們重新思考那些既有論點。[1]第一，中國認真考慮製造核彈的時間，比劉易斯和薛理泰所說的還要早。劉易斯和薛理泰強調，一九五四年到五五年的台灣海峽危機和美國改採大規模報復手段，影響了中國在一九五五年決定製造核彈。儘管如此，中國最高領導人們在更早之前就有共識，想要取得核子武器，其實是在一九五二年春天之前，直接反應韓戰期間的美國核威脅。此外，一九五五年開發核彈的政治決定，並非反應了國外威脅加強，而是中國一九五四年在廣西發現鈾之後，認為可以推動這樣的計畫。

第二，劉易斯和薛理泰用來解釋中國的核戰略，是根據技術決定論，他們認為中國的核戰略主要是以中國可以取得的技術和中國能夠開發的能力來形塑。劉易斯和薛理泰寫道，「中國沒有訂定明確的核準則，來制定初期核子武器取得和部署政策。」此外，「技術需求開始驅動軍隊的實際政策決定」。[2]同樣地，劉易斯和另一位共同作者華棣推論，「是技術，而非戰略，決定了彈道飛彈計畫的速度和主要方向，至少直到一九七〇年代後期。」[3]

然而，中國的領導人們沒有依據可能取得的技術來發展核戰略或軍隊編組，他們根據自己對核子武器效用的看法來劃定界線，採取確保報復的戰略。中國領導人們認為核子武器的作用限於防止敵人以核相逼，遏止敵人對中國發動核攻擊。要達成這些目標，只需要一支能夠發動反擊的小部隊，因為中國的領導人們沒有預想要打核戰爭，也不想使用核子武器來遏止常規威脅。中國在核計畫初期幾年所做的選擇反映出這些目標，像是聚焦於飛彈，而非重力炸彈；採取不首先使用政策（no-first-use policy）；把執行核反擊的任務單獨指派給第二炮兵。中國領導人們根據對核戰略的看法，所做出的這些初期決定，持續劃定了界線，供第二炮兵在一九七〇年代開始發展執行反擊的作戰準則。最直截而言，有一個最強而有力的證據，能夠反駁技術決定中國核戰略的這論點，那就是過去五十年來可得的技術大幅改變，但核戰略卻始終如一。

本章討論順序如下：第一節說明為何中國的核戰略自從一九六四年起，大多維持不變，聚焦於盡量利用最小的力量，遏止敵人的核脅迫或攻擊（deterring nuclear coercion or attack）。第二節檢討中國最高領導人們對於核子武器效用的看法，這些看法不只影響中國採用的核戰略，也促使中國決定讓核戰略與常規戰略脫鉤。第三節檢討中國核部隊與戰略的發展，從一開始決定製造核彈，到發展中國火箭軍的作戰準則，再到強調黨最高領導人們在這些決定中扮演的角色。最後一節討論中國核戰略和本書其他章節所討論的戰略方針有何關係。

中國的核戰略

自從一九六四年十月試爆第一個原子裝置起，中國就一直採取保證報復的核戰略。中國發展安全的後攻能力，試圖防止其他國家使用核子武器來脅迫或攻擊中國。數十年來，中國的核戰略都奠基於中國領導人們與內部教條式出版刊物的聲明。二〇〇六年，國防白皮書清楚公開中國的核戰略。

領導階層對於核戰略的看法

中國橫跨數代的黨最高領導人們都認同利用保證報復來遏止敵人的想法，也就是認為能存活下來的少量核子武器，就足以在報復攻擊中造成無法承受的傷害，藉此遏止敵人的核攻擊或脅迫。最強力主張這些想法的是，一九六〇年代的毛澤東和周恩來，以及一九七〇年代後期到一九八〇年代前期的鄧小平；其後的中國領導人們也都認同相同的核戰略。[4]

強調必須製造少量但能存活下來的核子武器，是從毛澤東開始，他所構思的中國核武力規模以及如何遏止敵人的簡單概念，傳承了數十年。在一九六〇年，毛澤東建議只需要一些核子武器，就足以威懾敵人，申明「我國未來可能會製造一些原子彈，但是我們完全不想使用原子彈，既然不想使用，為什麼要製造？我們會把原子彈當成防禦武器來用」。[5]一九六一年，周恩來贊同，說「唯有擁有飛彈和核子武器，我們才能阻止別人使用核武；如果我們沒有飛彈和核子武器，帝國主義者就會用飛彈和核子武器來攻擊我們」。[6]中國首次成功試爆核彈的幾個月後，毛澤東接受艾傑・史諾訪問時說，「我們自己不想要太多原子彈，有那麼多要幹麼？有一些就夠了。」[7]

要落實這種威懾的想法，中國只需要能夠在遭到攻擊後進行報復，不需要擁有跟敵人勢均力敵的核武。由於中國在一九六四年保證不首先使用，因此，要進行保證報復，中國的軍隊必須先熬過敵人的先攻，才能發動報復性反擊。聶榮臻元帥在回憶錄中說，中國必須發展核子武器，「我國遭到帝國主義者使用核子武器偷襲時，才能有起碼的還擊手段」。[8]一九七八年鄧小平告訴智利的外交部長，「我們也想要製造一些核子武器，但是我們沒有準備製造很多，等我們有力量還擊時，我們就不會繼續發展核子武器了。」[9]一九八三年會見加拿大總理時，鄧小平把中國領導階層對核威懾的想法說明得最完整：

> 我們有一些核子武器，法國也有一些，這些武器本身只能用於製造壓力。我們說過很多次，我們手握少量核子武器，目的就在於此！單純要讓敵人知道，他們有，我們也有。如果敵人想要攻擊我們，他們自己也會遭到一些報復。我們始終都說，我們只是想嚇阻超級大國們動用核子武器。以前，嚇阻對象是蘇聯，嚇阻俄國魯莽動用這些武器。畢竟就算只擁有一些核子武器，也是一種制約力量。[10]

鄧小平的話中之音，是只要能進行「一些報復」，就足以威懾敵人，甚至能威懾超級大國。

毛澤東、周恩來、鄧小平從來沒有公開討論中國核部隊作戰需求的任何細節。例如，一九七〇年，周恩來在國防科學技術委員會的規劃會議中申明，中國不打算使用核子武器來威嚇別人，因此不需要許多核子武器。然而，周恩來說，中國「必須製造若干數量、若干種類、有一定品質的核子武器」。[11] 一九七八年，中國正在開發第一枚洲際彈道飛彈東風五型時，鄧小平提出中國核部隊發展的總需求。鄧小平說，「我們的戰略武器應該更新，武器發展方針少而精。少表示數量少，而精實度則應該一代比一代強」。[12]

在頭兩代的中國領導裡，張愛萍將軍把中國認為的威懾需求說明得最詳盡。一九六〇年代初期，以及一九七〇年代後期到一九八〇年代初期，張愛萍都在中國的戰略武器計畫中扮演主角。[13] 一九八〇年，張愛萍說，「至於戰略武器……我們的任務是確保有一定的力量還擊。這當然不是說要跟敵人比數量，也不是先聚焦於精確度。其實，關鍵點是要有完善的核子武器，可以用於作戰。」此外，張愛萍主張，「我們必須想辦法加強這些武器的生存能力，縮短準備時間，如此一來，敵人發動核武偷襲時，我們所擁有的飛彈就能保存下來，用於進行還擊，『後發制人』。因此，武器必須是可靠的，準備時間必須縮短，解決這兩個問題後，我們就可以再思考精確度了。」[14]

張愛萍說這番話時，幾個月前中國才成功試爆東風五型，而且開發第一枚（潛艦潛艦）發射彈道飛彈巨浪一型達到最後階段。如果把他說的話看成是中國在一九八〇年代發展核武力的未來計畫要點，那麼最重要的就是可靠度和存活能力；一九八〇年代中國面對蘇聯排山倒海的常規和核威脅。只要擁有一些核子武器，就有報復能力，中國認為這樣就足以遏止敵人對中國發動核攻擊，這與鄧小平的觀點一致。

目前可取得的資料並沒有討論，為什麼中國領導階層認為只需要少數核彈頭，就足以造成無法承受的傷害，遏止潛在的敵人攻擊中國。儘管如此，中國領導始終聚焦於少量報復性核武力，這意味著他們認為要造成這種傷害的門檻很低。一九六七年，毛澤東據說告訴安德烈・馬爾羅（André Malraux），「當我有六顆原子彈時，沒人可以炸我的城市，……美國人絕對不會用原子彈來打我。」[15]鄧小平在一九八一年闡述這個觀點，說「未來，可能不會有核戰爭。我們有核子武器，因為他們也有；如果他們擁有更多，我們也會擁有更多，八成每個人都不敢用」。[16]

在後鄧小平時代，中國領導人們對於威懾的看法仍舊不變，江澤民的觀點跟前輩們十分相似，這或許不足為奇。在一九九〇年到九一年波斯灣戰爭的餘波中，江澤民說，中國會維持「必要的威懾能力」，但是會把國防開銷的焦點放在常規武力，而非核武力，這再度暗示中國只想要擁有能夠存活下來的少量核武力。[17]根據一本討論江澤民的軍事思想的權威著作，對於威懾的來源，他抱持相同的觀點：「中國開發戰略核子武器，不是用於攻擊，而是防禦。……那是一種強大的威懾力量，遏阻核子武器國家，讓他們不敢隨便亂來。」[18]二〇〇二年，他強調中國更加廣泛而且多面的「戰略威懾」概念，他說在戰略威懾中，「核子武器是核心能力」。[19]

記錄胡錦濤和習近平公開說明核戰略問題的資料，能取得的少之又少。然而，根據取得的報導，他們在這方面的說明與前幾任領導的觀點一致，聚焦於核子武器的威懾作用。在二〇〇六年第二炮兵成軍四十週年紀念日，胡錦濤說，第二炮兵「扮演極度重要的角色，遏制戰爭與危機，保護國家安全，維護世界和平」。[20]同樣地，在二〇一二年年末第十八次中共全代會討論到第二炮兵的會議中，習近平的評論附和江澤民，說第二炮兵是「中國戰略威懾的核心力量」。[21]第二炮兵的高階成員撰文談論核戰略，說胡錦濤和習近平的觀點與前幾任的領導一致。[22]

中國核部隊的作戰準則

第二炮兵的作戰準則證明了，中國始終採用立基於保證報復的核戰略。第二炮兵在一九六六年七月一日正式成立，幾個星期後毛澤東便要求「炮打司令部」，發動文化大革命。當時這個組織試圖變成中國核飛彈的作戰部隊，面臨許多挑戰。在這段期間，中國持續開發現有飛彈東風二型和東風三型的基地，但是除此之外，獲得的進展甚少。[23]文化大革命結束時，鄧小平給了第二炮兵新的領導階層和明確的指引，加速其發展，包括作戰準則。

第二炮兵成立後，起初幾年提出的聲明反映出中國採用保證報復的戰略。雖然第二炮兵到一九七〇年代後期才開始擬定作戰準則，但是它本來的使命就是發展報復力量。一九六七年七月，中央軍委頒布第二炮兵的暫時條令，申明其任務為「建立核反擊力量，實現積極防禦」。[24]至今這仍舊是中國核部隊的使命。一九七七年鄧小平的老盟友李水清受命擔任第二炮兵司令員時，李水清強調，第二炮兵的作戰原則應該「讓部隊知道如何發動反擊作戰」，再度單獨聚焦於這項任務。[25]在一九七八年的作戰會議中，李水清再度強調要把第二炮兵發展成「核反擊力量」。[26]這次會議討論如何落實「指導思想、方針和原則、戰略反擊的主要任務」。[27]一九七九年十二月，第二炮兵開會研究「作戰運用」，這次會議的最後報告強調，「第二炮兵反擊作戰的原則和方針」。[28]一九八〇年訓練大綱指出，第二炮兵的指揮幹部應該把焦點放在「防禦和反擊作戰的指揮訓練」。[29]

中國對於核戰略的態度詳述於一九八七年的《戰略學》，這是解放軍在一九四九年以後出版的第一本軍事戰略綜合教科書。這本書反映了毛澤東、周恩來、鄧小平的觀點，闡述核子武器的首要目的為遏止敵人對中國發動核攻擊。[30]第二炮兵的使命是具備「一種威懾與報復能力」，以對抗「核壟斷、核訛詐、核威脅」。[31]動用核子武器的「核反擊」是書中唯一說明的戰役：「倘若敵人率先動用核子武器，我們必須斷然展開反擊，進行核報復。」[32]一九八七年的《戰略學》也指出「使用核子武器進行威懾和報復」的「基本指導思想」，[33]四項原則為集中指揮、後發制人、嚴密防禦、重點反擊。[34]

一九九六年，第二炮兵出版第一份關於戰略的文件，《二炮戰略學》。雖然這本教科書是在闡述中國對第二炮兵的戰略是作為解放軍的獨立兵種，但內容其實十分接近中國在這本書出版時的核戰略。[35]這本書說明第二炮兵的軍種戰略，「重在威懾，有效反擊」。核子武器的用途是遏止敵人對中國發動核攻擊，並且防止常規戰爭擴大成核戰爭，與一九八七年《戰略學》的主旨一致。這本教科書說明三個重要行動。第一，戰略防禦是指確保核力量的存活能力。第二，戰略威懾是指如何遏止核攻擊，或防止常規戰爭擴大為核戰爭。最後，第三，戰略反擊是指中國遭到核子武器攻擊，將如何報復。重要的是，這本書清楚劃分常規武器和核子武器的使用。《二炮戰略學》指出，唯有先遭到核子武器攻擊，中國才會使用核子武器。書中並沒有預想在重大常規衝突中首先使用核子武器，將之作為一種「入侵保險」。

後來關於中國軍事戰略和作戰準則的出版物，繼續說明核反擊戰役是第二炮兵唯一的核戰役。國防大學二〇〇〇年和二〇〇六年版的《戰役學》、二〇〇二年的《戰役理論學習指南》、二〇〇一年和二〇一三年版的《戰略學》等書，對於這種戰役有各式各樣的說明。[36] 第二炮兵限量發行的教科書——像是一九九〇年代中期關於戰役方法和戰術的準則式教科書，以及二〇〇四年版的《二炮戰役學》——也有說明核反擊戰役是第二炮兵唯一的核戰役。[37]

中國公布的戰略

到二〇〇〇年代初期，中國政府關於核戰略的官方聲明也變得更加清楚，最早在二〇〇〇年試圖在中國的第二本國防白皮書中闡明核戰略，結果卻只是重申過去的政策。最完整的官方解釋出現在二〇〇六年的國防白皮書，史上第一次公開闡明中國的核戰略。書中申明，中國採取政府正式制定的「自衛防禦核戰略」。這套戰略的兩項原則是「自衛反擊」和「有限發展」核子武器。二〇〇六年白皮書指出，中國想要擁有「精幹有效核力量」，以發揮「戰略威懾作用」。[38] 後來的白皮書重述這個構想以及中國的不首先使用政策。例如，二〇〇八年白皮書申明中國會在什麼樣的條件下使用核子武器。在和平時期，中國的核部隊沒有鎖定任何國家；然而，當中國面對核威脅，就會命令核部隊進入警戒狀態；如果中國遭到核子武器攻擊，會以核子武器「斷然對敵人展開反擊」。[39]

領導階層對核子武器效用的看法

自一九四九年起，中國的黨最高領導人們就強調，核子武器的主要用途是防範核脅迫和遏止核攻擊。中國高階領導從來沒有把核子武器當成作戰或打贏戰爭的工具，不過也認為原子彈有其他益處，例如證明了中國是國際社會上的重要強權，而且原子彈可以令中國人感到民族驕傲。[40]然而，後面提的這些作用，比較無關乎理解為什麼中國的核戰略幾十年來始終如一。一九九六年的《二炮戰略學》明確申明，第二炮兵的戰略「立基於、甚至確立於毛澤東與鄧小平的核戰略思想」。[41]以下將說明這些觀點。

遏止核攻擊

前一節討論過，中國最高領導人們的想法是以確保報復來產生威懾作用，這反映出他們認為，核子武器最重要的作用是遏止敵人對中國發動核攻擊。儘管眾所周知，毛澤東曾批評核子武器只是「紙老虎」，但其實他還是看重核子武器，可以用來遏止美國以及後來的蘇聯使用核子武器攻擊中國。[42]毛澤東十分清楚，中國難防核攻擊，必須解決這個問題。一九五〇年，韓戰期間，他說，「如果美國用原子彈攻擊，我們沒有原子彈，只能任人攻擊，這個問題我們沒辦法解決。」[43]二十年後，一九七〇年，他指出，在美蘇這兩個超級強權的競爭中，核子武器發揮威懾的作用。會見北越代表團時，他說，「雖然強權們還是有可能會打世界大戰，但是沒有一個國家敢因為擁有核子武器，就發動這樣的戰爭。」[44]毛澤東顯然認同互相威懾的看法，這反映在一九六四年十月中國在第一次核裝置試爆後發表的聲明中。

周恩來抱持類似的觀點。一九五五年，周恩來說明，第一次世界大戰之後，持有另一種大規模毀滅性武器，化學武器，造成彼此都防不勝防的局勢，因而產生威懾作用。根據這一點，他在一九五五年推論，「現在也可能會禁止使用原子武器」，因為彼此都擁有核子武器，能遏止對方使用。後來，在一九六一年，他說得更直言不諱，認為，「如果我們沒有飛彈，帝國主義者就可以用飛彈攻擊我們。」[45]周恩來的話反映出，一九五〇年代解放軍的焦點是，準備在美國使用核子武器攻擊中國後打常規戰爭（第三章中有說明）。[46]

中國的第二代領導，尤其是鄧小平，同樣強調核子武器的威懾作用。一九七五年會見蓋亞那總理時，鄧小平暗示核子武器的威懾作用，說：「法國也製造了一些核子武器，我們了解為什麼法國要製造。英國也製造了一些，但是不多。我們想要製造一些的理由是，既然他們有，我們也要有，核子武器只有這個作用。」[47]雖然只是暗示，但其實他指的就是核子武器的威懾作用。那年稍後，他同樣告訴負責開發中國彈道飛彈的第七機械工業部（後來改為航空航天工業部）的官員，「如果他們有威懾力量，我們也得有一些。我們沒辦法做太多，不過有威懾力量是有幫助的。」[48]

最後，中國其他幾代的領導都強調核子武器的威懾作用。例如，江澤民說：「只要世界上有核子武器，就會有核威懾，我們必須維持與發展核反擊力量。」[49]江澤民在別的地方說：「要點反擊反映出在核戰爭中必須集中使用力量，我國的核力量有限，唯有集中核火力，執行要點反擊有限的目標，才能有效達成戰略目標。」[50]雖然關於胡錦濤的軍事事務態度的主要原始文件很少公開，二〇〇二年胡錦濤擔任中共總書記後，資深軍事學者寫的權威性文章仍繼續強調核子武器的這個觀點。[51]第二炮兵裝備部前部長張啟華說，「胡主席的重要指示是，將三代核心領導人們的思想發揚光大，發展我國的戰略威懾力量。」[52]習近平擔任中共總書記和中央軍委主席後出版的中國戰略權威書籍也指出，核子武器主要用於遏止核攻擊。[53]

防止核脅迫

中國的黨最高領導人們，尤其是第一代，強調核子武器的另一個作用：對抗與防止核脅迫，也就是有核子武器的國家威脅沒有核子武器的國家。[54]諷刺的是，毛澤東嘲諷原子彈是「紙老虎」的其中一個原因，可能是要作為手段——也就是激勵中國民眾不要害怕中國的敵人擁有這種毀滅性武器。[55]

毛澤東談論核子武器的評論有限，但卻從頭到尾都強調必須防止核脅迫。例如，在一九五四年國防委員會的第一次會議中，毛澤東指出，「帝國主義者（指的就是美國）認為我們只有一點核子武器，就來欺負我們，他們說：『你們有多少原子彈？』」[56]一九六四年中國第一次核試爆之前，他會見法國國會議員時說：「美國和蘇聯生產一批又一批的核子武器，經常把核子武器拿在手中揮舞，嚇唬別人。」[57]同樣地，中國核子武器計畫的其中一位關鍵角色聶榮臻元帥說：「等到中國人有這種武器，美國對世人的核訛詐就會被澈底破解。」[58]

毛以反脅迫為焦點，反映出一開始製造核子武器的決定。在一九五六年的知名演說〈論十大關係〉，毛澤東說：「我們不只要擁有更多飛機和大炮，也要更多原子彈。在今日的世界，如果我們不想被欺負，就不能沒有這個東西。」[59]在一九五八年的中央軍委會議中，他主張擁有原子彈，才能對抗強國，說「我們也要那個原子彈，我聽說必須擁有那個大傢伙，如果你沒有，別人就會說你沒分量。好，我們應該製造一些」。[60]

雖然中國關心反核脅迫，或許是在冷戰初期最明顯，但是其他幾代的中國領導也強調核子武器的這項功能。例如，一九七五年，鄧小平告訴外國參訪代表團，中國「完全不主張核武擴散，但是我們更強烈反對核壟斷」。[61]同樣地，江澤民說，中國在一九六〇年代獲得原子彈，「粉碎美蘇的核壟斷和核訛詐，讓我國成為世界上少數擁有核子武器的國家之一」。[62]

避免核作戰

中國的黨最高領導認同，核子武器沒有任何有意義的作戰效用，當然，毛澤東強調，能幫國家打贏戰爭的，只有人，不是武器。比方說，廣島和長崎遭到攻擊後，他推論，整體而言，核子武器沒辦法解決戰爭，尤其是逼日本投降。毛澤東認為，「如果只有原子彈，沒有人民的鬥爭，那麼原子彈將沒有意義。」[63]確實如此，毛澤東談論軍事事務的著作中，充斥著在戰場上人民比武器還重要的論述，這個觀點對於中共在一九四九年前後遭遇的主要戰略問題至關重要：打敗擁有武器裝備優勢的敵人。

中國早期的領導也認為核子武器是樸鈍的武器，難以在戰場上運用。例如，一九六一年葉劍英元帥在演說中討論戰術性原子武器的出現，指出「它不是任何時候、對任何目標隨便可以亂打的。」[64]葉劍英進一步指出，地形、氣候、戰鬥發展的態勢等，都會影響是否能夠運用核子武器。

毛澤東和周恩來認為打勝仗的根源是常規武器，不是核子武器。在一九六一年八月的國防工業委員會會議中，周恩來強調必須擁有核子武器，才能遏止「帝國主義者」發動核子武器攻擊。但是「面對面鬥爭時，我們仍舊必須依靠常規武器，因此必須掌握常規武器的發展」。[65]下個月，跟英國陸軍元帥蒙哥馬利（Bernard Montgomery）長談時，毛澤東說中國「不會使用核子武器；就算再製造更多，也不會打核戰爭」。他反倒強調常規武器的重要性，說「如果要打，還是需要用常規武器打」。[66]一九六五年一月，在政治局常務委員會的擴大會議中，他說「我們只會用常規武器跟他們打」，指的是「帝國主義者」和「修正主義者」。[67]

鄧小平的觀點和毛澤東、周恩來、葉劍英一樣。一九七〇年代中期之前，鄧小平就推論，美國和蘇聯不可能會打核戰爭，儘管兩國都制定了核作戰準則。一九七八年會見墨西哥國防部長時，鄧小平說「未來的戰爭主要會是常規武器戰爭，不是原子戰爭，原因是核子武器的破壞力太強大，敵人不會輕易使用」。鄧小平認為，打仗是為了掌控領土和取得資源，不是要澈底破壞他國的公共建設。因此，鄧小平論斷，「我們將主要發展常規武器。」[68]一九八一年，會見丹麥首相時，鄧小平提醒不要「忽視常規戰爭，因為就核子武器而言，如果你有，我也會有；如果你有更多，我也會有更多，八成沒人敢使用。但常規戰爭反而有可能爆發。」[69]最後，一九八五年中央軍委開會討論中國軍隊現代化的戰略轉型期間，鄧小平再度表達看法，認為核戰爭不可能會爆發：因為「美國和蘇聯現今都有許多原子彈，所以如果戰爭爆發，如果美蘇交戰，誰會發射第一顆原子彈——要做這個決定可不容易」。再者，他指出，「未來的世界大戰不一定會是核戰爭，這不只是我們的看法，美國人和蘇聯人也認為，未來很可能會打常規戰爭。」[70]

中國核戰略和部隊的發展

主導中國核戰略和部隊發展的，是中國的黨最高領導，不是高階軍官，這些領導，尤其是周恩來，決定要發展哪些種類的武器，發展多少，以及基礎模式和戰略。一九七〇年代後期，第二炮兵加速發展成解放軍的獨立兵種，中央軍委更加直接干涉其發展，不過是以黨的軍事事務領導組織的身分。

決定發展核子彈

還在打韓戰的時候，中國的黨最高領導就開始考慮發展核子武器，一九五二年年初到中旬，進行關於發展核子武器的關鍵討論，直到一九五五年一月，發現國內有鈾礦之後，中國才做政治決定，推動核計畫。[71]中國的領導人們也希望能夠召集符合資格的科學家，組成團隊，開發核子武器。

一九五一年六月，在法國的中國籍研究生楊承宗，接受愛琳・約里奧—居禮（Irene Joliot-Curie）的指導，取得巴黎大學的放射學博士學位。楊承宗準備回中國時，愛琳安排楊承宗跟她的丈夫傅雷德瑞克・約里奧—居禮（Frederick Joliot-Curie）見面，傅雷德瑞克也是法國知名的物理學家。傅雷德瑞克請他傳話給毛澤東：「如果你們要捍衛和平，對抗原子彈，你們自己就必須擁有原子彈。」還有，「原子彈沒有那麼可怕，原子彈的原理並非美國人發現的。」為了慫恿中國，傅雷德瑞克告訴楊承宗，中國自己就有科學家，像是錢三強、何澤慧、汪德昭。[72]楊承宗回到中國後，加入近代物理研究所，把傅雷德瑞克要轉達毛澤東的話告訴所長錢三強。一九五一年十月，錢三強請研究所的另一名成員丁瓚，轉達中央領導階層。[73]

不曉得毛澤東和其他領導人們是何時初次得知傅雷德瑞克的口信，但是後來他們經常談及此事。無論如何，一九五二年三月中國開始探究開發原子彈，周恩來指示兩名秘書，雷英夫和韋明，去拜訪中國知名的科學家竺可楨。[74]這次會談的目的，是要進一步了解「試生產原子彈和其他尖端武器的前提必要技術」。[75]周恩來告訴雷英夫和韋明，這項計畫的花費會遠高於開發常規武器，需要一群人才（包括受過高階技術訓練的海外中國人），仰賴進口的原料和設備。雷英夫向周恩來回報時，說竺可楨的「見解很專業」。[76]

一九五二年五月，周恩來與中央軍委成員開會，討論軍事發展的第一個五年計劃，與會者包括朱德、聶榮臻、彭德懷與粟裕。[77]他們討論核子武器的開發，但是最後決定，必須再研究，才能確定如何開發和何時開始。[78]周恩來也了解，必須確定國內能夠供應鈾，當時中國還沒發現鈾礦。一九五二年十一月，周恩來讀到一份報告，說明鞍山鋼鐵公司寄來的一塊鈾礦，他立刻將報告轉發給毛澤東和黨的其他領導人們。他也建議邀請蘇聯的專家共同探勘鈾礦，[79]並且支持設立中國科學院的近代物理研究所，近代物理研究所後來成為中國技術和理論研究的中心。[80]周恩來的另一位秘書郭英會在回憶錄中記述，一九五二年五月的會議如何討論核子武器的發展，毛澤東和周恩來「都認為，如果中國沒有原子彈和其他的尖端武器，別人就不會尊重中國」。[81]

一九五二年五月的會議之後，中國高階領導人們繼續討論中國需要獲得核子武器，並且開始尋求蘇聯協助。一九五三年三月，中國科學院的代表團參訪莫斯科，錢三強遵照周恩來的指示，請求參觀原子物理學研究機構和設施。[82]參觀莫斯科物理技術學院（Moscow Institute of Physics and Technology）時，錢三強詢問接待者，蘇聯能否協助中國建造迴旋加速器和實驗反應器（cyclotron and experimental reactor）。[83]一九五三年十一月，彭德懷表示希望中國能夠擁有美國所擁有的所有武器，包括核子武器。[84]彭德懷繼續探究製造核子武器的程序，在一九五四年八月錢三強前往莫斯科之前會見他。[85]一九五四年九月，彭德懷與中國其他高階領導人們前往莫斯科，觀看行動代號為「雪球」（Snowball）的核演習，參觀期間他再度探詢，是否能協助建設原子反應堆。[86]

一九五四年秋天，局勢改變了，中國在廣西發現鈾礦。一九五四年二月，周恩來在地質部裡設立一個處室，負責開發中國的鈾資源。[87]六月到十月進行探勘，從廣西的杉木沖取得樣本，顯示中國國內能夠為核子武器計畫供應充足的鈾。[88]領導探勘行動的是地質部副部長劉傑，他記得是八月底或九月初在廣西發現鈾礦的。[89]劉傑向周恩來報告發現鈾礦的隔天，便受命搭機前往北京。在毛澤東位於中南海的辦公室裡，劉傑呈上發現的礦石。他說毛澤東「興奮地」道：「我國擁有豐富的資源，我們必須發展原子能。」會議結束時，毛澤東說：「這事必須好好處理，這將決定我們的命運。」[90]因此，到一九五四年八月底或九月初，中國就口頭決定要製造原子彈。

發現鈾之後，毛澤東和周恩來認為，中國現在可以發展核子武器了。一九五四年十月赫魯雪夫拜訪北京，慶賀中華人民共和國建國五十週年紀念日，毛澤東親自直接提出這個問題。據說毛澤東請求赫魯雪夫「向中國透露原子彈的秘密，協助中華人民共和國開始生產原子彈」。[91]李富春負責督導與蘇聯協商合作，彭德懷請他在赫魯雪夫造訪期間，請求協助建造反應器和迴旋加速器。[92]彭德懷說：「必須盡快建造。」[93]一九五四年十月稍後，毛澤東告訴印度總理尼赫魯（Jawaharlal Nehru）：「中國現在一顆原子彈都沒有……我們正開始研究。」[94]

一九五五年一月十四日，周恩來與兩位首席科學家，李四光（也擔任地質部部長）和錢三強，還有經濟規劃員薄一波和地質部副部長劉傑，召開小型會議。他們討論發展核子武器所需要的技術，為召開中央書記處的會議做準備。例如，在會議中，周恩來認為，韓戰期間中國面對的核威脅，是必須取得原子彈的主要基本理由。為了強調中國需要擁有核子武器，周恩來引述傅雷德瑞克一九五一年給毛澤東的口信：「如果你要對抗原子彈，就必須擁有原子彈。」[95]發現鈾之後，周恩來推斷，「局勢現在改變了，……是時候考慮發展原子能了。」[96]

隔天，一月十五日，中央書記處召開擴大會議，討論是否要發展核能和製造原子彈，書記處是黨最高領導階層的決策組織，大約等同於現今的政治局常務委員會，當時，書記處的成員沒有現役軍官。[97]其他的與會者包括彭德懷、彭真、鄧小平、李富春、薄一波、劉傑，[98]在大約十個與會者中，只有彭德懷是高階軍官。換句話說，不只彭德懷贊同發展原子彈，黨最高領導人們全體都決定製造原子彈。與會者觀看近代物理研究所示範，用中國製造的蓋格計數器探測廣西的一塊鈾礦，所長錢三強說，中國「從頭開始」研究原子能，但是現在，「經過幾年努力，奠定了基礎」，包括網羅一組專家來研究這項計畫。[99]這場會議以決定發展核子武器這個「戰略決定」劃下句點。[100]

一九五五年一月的會議結束不久後，中國便採取行動，成立必要的組織，發展核子武器。所有的關鍵決策都是由黨最高領導人們來決定，尤其是周恩來，不是高階軍官。周恩來扮演主角，督導中國發展戰略武器，從一九五五年到他過世為止。中國核計畫的第一個協調組織在一九五五年七月成立，成員有副總理陳雲、聶榮臻元帥、經濟規劃員薄一波，[101]他們負責督導建立中國核工業的一切工作，向周恩來報告；薄一波負責處理日常事務。一九五五年年初，中國與蘇聯簽署幾份開採鈾礦和發展核能的協議，這些協議變成了陳聶薄協調小組的焦點。一九五五年十二月，國務院頒布發展中國核工業的十二年計劃，後來這項計畫被納入一九五六年中國科學技術發展十二年計劃，變成其中一項任務。一九五六年十一月，中國設立一個部來管理核工業的發展，取代陳聶薄小組。[102]

決定繼續發展戰略武器

一九六一年，中國的黨最高領導人們遭遇發展原子彈的關鍵決定。一九五九年和一九六〇年，蘇聯澈底中斷支持中國的核計畫，雖然蘇聯在中國戰略武器計畫中提供核協助的作用可能被誇大了，但是蘇聯顧問撤離後，中國就少了不可或缺的設備，計畫的某些部分就無法繼續進行；沒有操作手冊和技術資料，已經送到中國的設備就無法使用。[103]大躍進的經濟政策也引發災難，導致饑荒，生靈塗炭，中國經濟崩潰，就在這個時候，中國面臨關鍵決策，必須決定要如何分配資源，發展戰略武器。第四章討論過了，一九六一年一月，黨最高領導階層開始聚焦於振興經濟，推動「調整、鞏固、充實、提高」的政策。

在這些條件下，七月十八日到八月十二日，國防工業委員會在北戴河領導幹部休養所舉辦工作會議，工作會議涵蓋許多主題，像是減少國防工業部門的員工人數（配合全面減少都市人口的政策）。七月二十七日，焦點變成強調常規武器相對於「尖端」武器的優點，對於要「上馬」或「下馬」，引發了辯論——也就是要不要繼續推動核計畫。[104]負責經濟規劃的人反對繼續推動核計畫，但是大部分的高階軍官，包括聶榮臻、賀龍、陳毅，都主張要繼續推動核計畫。[105]周恩來要求繼續生產常規武器，認為生產常規武器是發展「尖端」武器的基礎；[106]周恩來的話似乎在暗示，他贊同生產常規武器優先於發展戰略武器。[107]

一九六一年八月和九月，政治局繼續討論是否要停止核計畫，多數人支持繼續。[108]八月下旬，聶榮臻甚至寫報告呈交毛澤東，主張繼續推動核計畫。[109]儘管如此，中共副主席劉少奇卻指示，應該先調查「核工業的基本條件」再決定。[110]毛澤東、陳毅、聶榮臻都贊同。後來，聶榮臻提議由張愛萍領導調查行動。[111]張愛萍不只是副總參謀長與國防科學技術委員會副主任，還擔任跟武器發展有關的其他職務。

為了進行調查，張愛萍跟關鍵科學家密切合作，包括劉西堯、劉傑、朱光亞。他全面研究核計劃和第二機械工業部的設施，第二機械工業部現在負責中國的核子武器。一九六一年十一月，張愛萍呈交報告給周恩來、鄧小平與中央軍委。張愛萍推斷，中國將能夠在一九六四年測試第一個核裝置。然而，「如果組織良好，掌握穩定，隔年將是關鍵的一年」。[112]參與核計畫的各個單位必須增進協調，才能達成這個目標；核計畫包含五十個組織，超過三千人。[113]張愛萍強調，中央部會、地方局處、各省、各市都必須「強力支持」，才能成功。[114]鄧小平將報告轉呈毛澤東、劉少奇、周恩來與彭真，[115]周恩來和彭真都表示認可張愛萍的報告，中央軍委成員更是表達贊同。[116]據信，這終結了是否要停止核計畫的爭論。[117]

儘管如此，張愛萍的建議是否被落實，仍舊不得而知。聶榮臻的秘書表示，毛澤東可能到一九六二年六月才最後贊同繼續推動核計畫。那個月收到抵禦國民黨攻擊的戰備報告後，毛澤東說：「應該繼續研究與發展尖端武器，我們不能鬆懈或下馬。」[118]不論其他黨領導人們是否在等毛澤東的最後贊同，不論大躍進後振興經濟的努力是否減慢前一年核計畫的進展，可以確定的是，核計畫一九六二年八月在北戴河休養所重新獲得領導階層關注。[119]如果中國有核子武器，外交部長陳毅在會議中說：「那我當外交部長就輕鬆多了！」[120]後來，第二機械工業部（負責中國的核工業）撰寫報告呈交毛澤東和領導階層，檢討至今達成的進展，推斷中國能在一九六四年之前，最晚在一九六五年上半年，進行第一次核試爆。[121]這份報告後來被稱為「兩年計劃」，[122]這項計畫在一九六二年十月改進，改為先從塔上測試核裝置，再進行空投測試。[123]

然而，要在兩年內試爆核彈，必須協調第二機械工業部以外的許多部門，為了達成這個目標，政治局決定設立一個特別的協調組織。十月初政治局討論核計畫時，劉少奇說：「各方合作非常重要，中央應該設立委員會，加強這個領域的領導。」[124]身為國防工業辦公室主任，羅瑞卿受命提出委員會的名單，於是他在一九六二年十月三十日呈交名單。[125]十一月初，毛澤東批准名單，要求他們「全力協調與完成這項工作」。[126]

一九六二年十一月十七日，政治局設立中央專門委員會，隸屬中共中央委員會管轄。周恩來擔任這個新委員會的主席，委員為七位副總理和七位部長級官員，反映出黨最高領導人們的角色。[127]雖然大部分的委員來自國家機器，軍方成員包括賀龍（國防工業委員會主任）、聶榮臻（國防科學技術委員會主任）、張愛萍（國防科學技術委員會副主任）、羅瑞卿（國防工業辦公室主任)。[128]一九六五年三月，中央專門委員會的責任範圍擴大，涵蓋中國彈道飛彈計畫的發展，而且新增更多成員。中央專門委員會扮演關鍵角色，讓中國能在一九六四年十月第一次試爆原子裝置，並且做出關鍵決定，確立要發展什麼類型的核部隊與如何發展。中央專門委員會在一九六二年十一月和十二月開最初幾次會議，檢討第二機械工業部的兩年計劃，以及如何在一九六五年初進行核試爆。

中國的第一次核試爆

周恩來擔任中央專門委員會主席，直接督導中國第一次核試爆的準備事宜。一九六四年四月，中央專門委員會設立指揮部，由張愛萍領導，從這一刻起，張愛萍的主要任務就是管控中國第一次試爆核裝置的準備事宜，直接向周恩來報告。[129]一九六四年八月，張愛萍和第二機械工業部副部長劉西堯，督導實際試爆要使用的所有要素進行預演。周恩來指示張愛萍，使用連接試爆地點和周恩來辦公室的電話專線，直接向他報告這次測試的結果。[130]

這些預演成功後，周恩來召開中央專門委員會的第九次會議。九月十六日和十七日，委員會討論實際試爆的時間。有一組人支持早一點試爆，在一九六四年十月，另一組人支持晚一點試爆，在一九六五年春天。[131]他向劉少奇和毛澤東報告這兩個選項，他們將做最後的決定。毛澤東支持早一點試爆，說「既然能嚇人，咱們就早一點做」。[132]原本計劃要在十月上旬試爆，但是後來日期改到十月中旬，這樣才不會跟外國貴賓來中國祝賀國慶日撞期。

從試爆的保密也可以看出黨掌控中國的核計畫，周恩來指示，只能讓政治局常務委員會的成員、兩位中央軍委副主席、彭真知道試爆時間，總共八個人。周恩來也想出用於試爆的密語，原子彈稱為「邱小姐」，試爆塔稱為「梳妝台」，插接電纜線或雷管稱為「梳辮子」。[133]為了保密，張愛萍透過自己的助手李旭閣與周恩來通訊。有一次收到氣象預報更新，顯示可能必須中斷試爆，張愛萍派李旭閣到北京通知周恩來，建議把試爆延到十月十五日到二十日之間的好天氣。周恩來同意，把報告呈交給毛澤東、劉少奇、林彪、鄧小平、彭真、賀龍、聶榮臻、羅瑞卿審閱；他們都同意改變時間。[134]試爆進行時，張愛萍直接向周恩來報告結果，使用設置於中國羅布泊試爆設施裡的專線電話。

成功試爆中國的第一個原子裝置後，黨最高領導人們繼續主導中國核子武器的發展。第一次試爆不久後，周恩來告訴張愛萍和劉西堯，說「中央」已經決定發展中國戰略武器的後續計畫：一九六五年進行空投試爆；一九六六年進行裝載核彈頭的飛彈試爆；一九六七年進行氫彈試爆。[135]

中國核政策的制訂

中國對核子武器的態度分為核政策和核戰略。中國的核政策是指一九六四年十月成功試爆後國家採取的政策立場，這些政策界定了中國的核戰略和軍隊立場，凸顯黨最高領導人們在決定核戰略所扮演的角色。中國的核戰略是指更明確的作戰問題，而且不能抵觸政策的主要宗旨，像是不首先使用核子武器。中國的黨最高領導，尤其是毛澤東和周恩來，決定了中國的核政策，影響力至今依舊存在。

成功試爆第一個核裝置後，中國發表聲明，說明中國的核政策。這份文件的標題為〈中華人民共和國政府聲明〉，反映出黨最高領導人們的主導角色。[136]自一九四九年起，使用政府聲明來宣布政策決定相當稀罕，用以強調內容的權威性。[137]關鍵語句是：「中國政府嚴正聲明，不論何時，在任何情況下，中國都不會首先使用核子武器。」這份聲明意味著中國已經發展核子武器，作為防禦之用（中國發展核子武器，是為了禦敵，以及遏止美國威脅對中國人民發動核戰爭）；中國不會用核子武器攻擊非核子武器國家，將以完全解除軍備為追求目標。

中國的核政策在幾個方面上影響了中國核戰略的發展。首先，在中國軍事科學的階級制度裡，軍事戰略被定義為用於達成更廣泛的國家政治目標。在核領域裡，中國的核政策闡述了這些政治目標，並且定義了中國核子武器的基本用途。此外，改變這些政治目標並非軍事領導人們的權限，唯有黨最高領導人們才有權處理這個問題。第二，黨為中國的核戰略制定了清楚的方針。簡而言之，不首先使用的保證，確定了中國的核部隊將採取報復立場（因為中國不會率先使用核武），所以建立的核部隊必須能夠承受敵人先發動的核攻擊，才能夠進行報復。中國的核政策不只反映出黨最高領導人們主導中國對核子武器的態度，也局限了中國核戰略和部隊的後續發展。第三，核政策解釋了為何中國核部隊發展要優先強調存活能力，反映在兩點上，第一是決定以地道和飛彈發射井作為大部分中國核部隊的基地；第二是希望增加機動元素，像是能在道路移動的飛彈系統和潛艦發射的導彈飛彈。

中國的黨最高領導人們制定了中國的核政策。一九六四年十月十一日，周恩來開始擬定中國第一次試爆後要發布的聲明，為了討論聲明的內容，他召集外交部、中央專門委員會、總參謀部的官員。十月十三日，周恩來督導擬定聲明，從旁協助的有吳冷西（《人民日報》編輯）、喬冠華（外交部副部長）與姚溱（宣傳部副部長）。周恩來說明自己希望聲明涵蓋的內容，那天稍後草稿就完成了。十月十四日，周恩來把草稿呈交給黨最高領導人們審核，包括毛澤東、劉少奇、林彪、鄧小平、彭真、賀龍。[138]

中國核政策的影響或許在一九六六年的《二炮戰略學》裡最明顯，內文總共提到十八次「不首先使用」和二十六次中國的「核政策」，這兩個詞被用來劃定第二炮兵使用核子武器的界線。例如，內文載明，「我國不首先使用核子武器的政策，確立了第二炮兵必須謹守『後發制人』的原則。」[139]再者，「唯有我國遭到擁有核子武器的敵國攻擊之後，第二炮兵才可依據中央軍事委員會的命令斷然進行核反擊。」[140]同樣地，內文載明，「第二炮兵將嚴格遵守我國不首先使用的核政策，來發展與運用核飛彈部隊。」[141]簡而言之，中國的核政策影響與局限了戰略的關鍵元素：中國何時與如何使用核子武器。

部隊結構與發展

一九六四年中國第一次進行原子裝置試爆前後，黨最高領導人們扮演關鍵角色，決定了中國應該開發的核子武器類型，以及開發方式。中國的戰略和部隊立場並非由技術主導，反倒是以擁有能夠遏止核攻擊的報復力量為目標，指導中國核部隊的發展。

甚至在中央專門委員會成立之前，黨高階領導就對軍隊編組的問題提出最高層指導。例如，一九六二年七月，國防部第五研究院（負責飛彈設計和開發）院長王秉璋呈交報告給中央委員會，說明發展飛彈的架構，包括後來被稱為東風三型的中長程飛彈。周恩來和鄧小平贊同王秉璋的報告，這份報告的焦點是，從一九六二年三月東風二型測試失敗中學到的教訓，以及從東風二型計畫所學到的其他經驗，用以發展東風三型。[142]

中央專門委員會成立後，黨最高領導人們就能藉其繼續監督這些武器系統的開發。例如，一九六三年三月核裝置的第一版設計完成後，周恩來示意，必須聚焦於將原子裝置變成真正的武器，而不只是進行初步試爆。尤其，周恩來說，中國「不只必須試爆核裝置，還必須解決武器生產的問題」。[143]核試爆本身具有的威懾效果極小，因此，中國需要能夠傳輸的核子武器，這樣才能使用。

一九六三年十二月和一九六四年一月，黨領導人們在周恩來的統領下，做出攸關發展中國核部隊的一系列重要決定。推動的力量有兩個。第一，一九六三年十一月，科學家成功測試炸彈組件和引爆器——這些都是原子裝置裡的關鍵元件。這次測試後，最後一步就是製造鈾核。[144]因此，中國獲得了重要的「突破」，對於成功試爆增加了信心。第二，一九六三年八月，美國、英國、蘇聯簽署有限禁止核試驗條約，禁止在大氣層、外太空、水下進行試爆。中國認為此舉的目的是想要阻止中國獲得核子武器，尤其因為中國已經計劃在地面上進行第一次試爆。

一九六三年十二月，中央專門委員會在第七次會議中決定中國應該開發哪一種核子武器。周恩來指示，「核子武器的研究方向應該以飛彈彈頭為優先，空投炸彈應該排第二。」[145]中國或許選擇了比較困難的道路，因為開發中程飛彈東風二型只獲得一些進展。儘管如此，知名的中國學者兼科學家孫向麗說過，飛機的存活能力差，飛行距離有限，「難以扮演戰略威懾的角色」。[146]飛彈的研發時間雖然比較長，但是相較於轟炸機，飛彈能夠提供更強大的報復性威懾作用。那個月稍後，錢學森呈交報告給國防科學技術委員會，說明發展飛彈技術的路線。聶榮臻在一九六四年一月批准那份報告時，強調中國必須擁有發展飛彈的長期計畫。[147]

一九六四年一月二十九日，周恩來以中央專門委員會的名義撰寫報告，呈交毛澤東，建議中國加速發展核子武器。周恩來想要縮短些開發時間，盡快讓部隊實際擁有作戰武器，讓中國能在第三個五年計劃的時程表內（一九六六年到七〇年）部署第一批核子武器。周恩來接著又建議，核試爆成功後，中國應該立即開始研究彈頭，加速開發東風二型，盡快讓部隊能夠擁有裝備核彈頭的飛彈。[148]

毛澤東和其他的黨最高領導人們都贊同周恩來的報告。後來，周恩來要求相關部門確定具體的發展計畫；隔年，每個部門便說明要如何達到這個目標。一九六四年七月，甚至在核試爆成功之前，周恩來就派軍事秘書周家鼎到第二機械工業部傳達指令，要求加速飛彈運載系統所需要的微型化。[149]第二機械工業部表示會先全力進行必要的研究，以測試核彈頭運載裂變彈的飛彈；下一個目標則是在一九六八年以前試爆氫彈，並且以氫彈作為中國戰略飛彈彈頭的基礎。中央專門委員會在一九六五年二月批准第二機械工業部的計畫。[150]

在一九六五年二月的同一場會議中，中央專門委員會還做了其他兩個至關重要的決定。中央專門委員會決定把東風二型的射程延長百分之二十，把中國開發洲際彈道飛彈的截止期限訂為一九七五年。就這樣，由黨最高領導人們來提出發展中國核部隊的高層指導。洲際彈道飛彈是報復能力不可或缺的元素，明顯也是中國想要達成的目標。

一九六五年三月，第七機械工業部呈交飛彈開發計畫給中央專門委員會，這項計畫後來被稱為「八年四彈」，因為它概述了一九六五年到一九七二年一系列各種射程的液體燃料飛彈的開發基準：東風二型（中程）、東風三型（中遠程）、東風四型（遠程）、東風五型（洲際）。在一九六四年周恩來提出報告之前，一九六三年就開始初步討論這項計畫，作為檢討一九六二年三月第一次試射東風二型失敗的一環。[151]鑑於中央專門委員會要求中國要在一九七五年以前開發出洲際彈道飛彈，因此一九六四年的主要問題是如何達成這個目標，特別是，中國應該先開發長程飛彈，或直接開發洲際彈道飛彈。

為了決定這個議題，二月十八日到三月七日，第七機械工業部召開會議，有超過兩千名研究人員、管理幹部、生產專家參加。[152]周恩來派一組人去參加，由中央專門委員會辦公室副主任趙爾陸領銜。[153]會議中討論了許多議題，其中最重要的就是，要開發實驗性的遠程飛彈，作為開發洲際彈道飛彈工作的一環；或是要設計一個類型的遠程飛彈，跟洲際彈道飛彈一起部署。[154]最後，與會者決定建造一個類型的遠程飛彈，東風四型，設計分為兩個階段，使用東風三型作為第一個階段。這樣做，中國不僅能夠獲得設計兩階段飛彈的經驗，讓遠程飛彈能夠開發得更快，攻擊範圍也涵蓋中程飛彈和洲際彈道飛彈之間的目標。[155]雖然技術確實是一大因素，但是決定中國選擇核戰略和部隊立場的並非技術。擁有洲際彈道飛彈是中國渴望達成的最終目標，唯一的問題是要如何達成，是要直接達成，或是要透過設計開發東風四型，先精熟相關的技術。早在一九六一年，周恩來就概述過這樣分階段來開發飛彈，從比較短的射程到比較遠的射程。[156]

一九六五年三月二十日，中央專門委員會批准發展「八年四彈」的計畫，這項計畫確立了東風二型的開發時程與延長射程，並且打算開發東風三型，時間訂於一九六四年。[157]除了東風二型以外，這項開發計畫也為中國打算製造的其他飛彈訂定了里程碑。根據這項計畫，東風四型必須在一九六九年進行第一次試飛，在一九七一年以前定型；東風五型必須在一九七一年進行第一次試飛，在一九七三年定型。[158]當然，這些目標太過樂觀，東風四型到一九八〇年才完成，東風五型進行第一次全程測試也比時程表晚了九年。[159]

成立第二炮兵

中國黨最高領導人們主導核戰略的另一個例子就是，決定創立第二炮兵，作為中央軍委統轄的獨立兵種，管控中國的核子武器。一九六五年五月三十日半夜，周恩來傳喚張愛萍召開緊急會議。周恩來說，中央委員會和中央軍委已經決定成立一個領導機關，指揮中國的導彈部隊。這時機選得很好，因為中國正準備第一次測試裝在導彈上的核彈頭。[160]周恩來要求張愛萍創立一支新的部隊。關於周恩來的要求，值得注意的是，他根本不是中央軍委委員；他是以政治局常務委員會委員和中央專門委員會主席的職位來提出要求，他擁有中國戰略武器計畫的最後決定權。

張愛萍立即遵照周恩來的要求行動。六月二日，張愛萍成立一個小組，成員有中央軍委的炮兵司令員、國防科學技術委員會副主任、總參謀部作戰和軍務部門的主管。[161]六月十五日，張愛萍先呈交初步報告給周恩來和羅瑞卿，再交給總參謀長。根據張愛萍的報告，中央軍委在一九六五年七月指示，中央軍委管轄的炮兵進行整編，聚焦於飛彈和常規火炮，接著分成兩個不同的部隊，分別聚焦於飛彈和常規火炮。[162]遵照這些指示，中央軍委管轄的炮兵部隊開始在三個總部設立新的辦公室，聚焦於飛彈。

一九六六年三月，基於跟創立第二炮兵無關的理由，中央軍委決定解散解放軍的公安部隊。當時，整編炮兵，新增飛彈部隊，進展並不像中國領導人們所期待的那麼快。[163]張愛萍認為可以藉這個機會，把公安部隊的領導階層與炮兵督管飛彈的部門合併。新組織將設置於舊公安部隊的辦公室。炮兵司令員吳克華與張愛萍商議後，呈交報告給總參謀部，建議這樣改變。張愛萍以副總參謀長的職位批准報告，轉呈中央軍委，中央軍委不久後旋即批准。[164]

在報告中，張愛萍想要用兩個不同的名稱稱呼中國的飛彈部隊，對內稱為火箭炮兵部隊，對外則稱第二炮兵。然而，周恩來建議應該用「第二炮兵」這個名稱就好。[165]周恩來說，這個名稱「既有別於美國的戰略空軍，也不同於蘇聯的戰略火箭軍。這個名稱跟火箭部隊大同小異，還能繼續保密」。[166]一九六六年六月六日，中央委員會和中央軍委決定從公安和炮兵的部隊，創立第二炮兵。一九六六年七月一日，第二炮兵正式創立。[167]雖然張愛萍在創立二炮上扮演關鍵角色，不過他只是遵照中國黨最高領導人們的直接指示去做，領導人們再審核他的提議。雖然後來在一九七〇年代後期，中央軍委在管控第二炮兵的發展上，扮演的角色重要許多，但是在創立二炮上，卻沒有扮演重要的角色，儘管二炮是中央軍委所指揮的軍事單位。

創立第二炮兵作為中央軍委直接管轄的獨立兵種，這個決定凸顯了中國想要集中指揮戰略武器。當時，還有其他的「專門」部隊也由中央軍委直接管轄，包括炮兵和裝甲兵。這些部隊使用相對較新的技術，解放軍必須熟習，因此他們的發展也需要密切監督。最後，這些兵種都降級為總參謀部管轄的部隊，最後甚至併入一九八〇年代中期編成的合成兵種集團軍。然而，第二炮兵仍舊是由中央軍委直接管轄的唯一獨立兵種——其實運作模式就像軍種。二〇一六年，中國的導彈部隊正式升級為軍種，改名為解放軍火箭軍。

第二炮兵的創立

第二炮兵創立後，中央軍委在二炮的發展上扮演更加直接的角色，這反映出指揮鏈，因為第二炮兵自創立就是由中央軍委直接管轄的部隊，這也依舊讓黨最高領導人們能夠更加直接地影響二炮，其中包括中央軍委的部分委員。

一九六七年七月十二日，中央軍委頒布第二炮兵的臨時條令，闡明二炮的使命與組織結構。

中央軍委賦予第二炮兵的首要使命，是「建造核反擊力量，實現積極防禦」。[168]此外，臨時條令強調第二炮兵隸屬於中央軍委：「二炮之發展、部署、移動，尤其是作戰，都必須由中央軍委集中指揮，二炮必須極其嚴格精確地服從中央軍委之命令。」[169]一九六七年九月十二日，中央軍委常務委員會討論第二炮兵的使命，[170]中央軍委第一次清楚闡明第二炮兵的發展目標，是「嚴密戒屯，短小精幹」。[171]嚴密戒屯是指部隊的品質和組織，短小精幹是指中國想獲得的能力。

文化大革命的混亂也席捲了第二炮兵。雖然二炮在一九六六年七月就創立，但是幾乎一年後，在一九六七年，才任命司令員和政治委員，而且委任命令並沒有宣傳，受委任的司令員向守志也沒獲得通知。一個月後，向守志受害於派系政治，遭到迫害，致使第二炮兵一直到一九六八年都沒有司令員。[172]在這段期間，二炮主要專注於建造幾個飛彈基地和相關的基礎設施，但是沒有作戰準則。第二炮兵在一九七五年十月首次詳細研議核反擊作戰，第二炮兵的新領導階層召開會議，研討作戰運用，這是第二炮兵首次討論作戰指導思想和運用原則（距離創立已經過了差不多十年），關鍵是要符合「積極防禦」，這樣部隊才知道如何執行「反擊作戰」。[173]

一九七八年十月，第二炮兵舉行作戰會議，討論部隊發展。華國鋒、鄧小平、葉劍英以及中央委員會與中央軍委的其他成員跟與會者一起開會，討論研議結果。會議中，司令員李水清說明必須把第二炮兵發展成「精幹有效的核反擊力量」。[174]李水清的演說再次強調著重反擊戰役，首次提出「精幹有效」的概念，這個概念後來成為中國發展核部隊所採用的總指導原則。這場會議也催生了第二炮兵的整體作戰原則文件。[175]一九八〇年，核反擊作戰加入解放軍的訓練大綱裡。[176]

一九八〇年九月，中央軍委訂定第二炮兵的基本作戰原則，在第五章所說明的「八〇一」戰略會議期間訂定。第二炮兵的領導階層受邀參加，時任副司令員兼參謀長的賀進恆發表演說，談論未來在戰爭中將如何運用第二炮兵。由於中國核子武器高度中央集權與保密，因此他的演說是解放軍的其他高階幹部第一次聽聞中國將如何運用核子武器。[177]中央軍委指示，第二炮兵的作戰應該奠基於兩項原則，以符合積極防禦的概念和不首先使用的政策──「嚴密防禦」和「重點反擊」。在會議中，時任總參謀長兼中央軍委成員的楊得志說：「第二炮兵必須嚴密防禦，而且依照中央軍委的命令，還必須執行要點反擊。」[178]

「八〇一」會議之後，第二炮兵的領導階層立即行動，實踐這些原則。一九八〇年十月，李水清召開第三次會議，研究第二炮兵的作戰運用，[179]與會者強調必須加強存活能力、快速反應能力、整體作戰能力。[180]一九八一年七月，第二炮兵的領導階層舉辦第四次關於作戰運用的會議，討論作戰指導思想。第二炮兵依據積極防禦的戰略方針和「八〇一」會議的「精神」，正式採用「嚴密防禦，重點反擊」，作為作戰原則。[181]這些原則至今仍舊是中國核作戰的基礎。[182]

一九八三年八月，第二炮兵透過第一次戰役級演習，將這些作戰原則和核反擊使命編撰成法典。以前，都是挑選部隊來進行飛彈發射演習，這是第一次第二炮兵以獨立兵種來進行戰役級演習。演習在一九八三年二月開始規劃，經過中央軍委核准。劇本基本上就是，「藍軍」入侵中國，企圖取得「世界霸權」，中國遭受核子武器攻擊之後，設法抵禦核攻擊，並且發動核反擊。[183]根據時任第二炮兵司令員賀進恆所述，舉辦這場演習「是為了深入了解『嚴密防禦』和

『重點反擊』這兩項作戰原則」。[184]為了強調存活能力和快速反應，這場演習著重戰爭一開始的組織、指揮以及保護與反擊作戰的協調。[185]這場演習在東北舉行，有兩個基地和兩支飛彈發射支隊參加。解放軍的領導階層，包括中央軍委成員楊尚昆和楊得志，參與演習中的實彈發射。[186]演習期間同時舉辦關於戰役方法的團體訓練活動，催生出關於戰役方法的文稿，這份文稿後來修改成第一版的《二炮戰役學》，在一九八五年出版。[187]

在這段期間，唯獨一項二炮的發展原則不是由中央軍委直接給予的，那就是發展「精幹有效」的力量這個概念。如同前述，李水清在一九七八年的作戰會議期間初次提出這四個字；賀進恆在一九八四年為內部期刊《兵法》寫了一篇文章，進一步闡述這個概念。[188]一九八四年十二月，經過一番辯論之後，第二炮兵的常務委員會採用「精幹有效」作為總發展目標。[189]儘管如此，會採用這個詞，是因為它反映出了中國黨最高領導人們對於中央軍委的這項任務的觀點，尤其是一九六七年指示發展「短小精幹」的力量，和一九七八年鄧小平指示發展「小而精」的核子武器。

擬定核戰略綱要

一九八〇年代後期，第二炮兵試圖擬定關於中國核戰略的文件，這是罕見的例子，從這裡可以觀察到中央軍委行使權力，掌控核戰略的內容；黨最高領導人們並沒有把戰略領域的權限授予高階軍官。因為這份文件在一九八九年被撤銷，所以從來沒有公布，關於這件事的資料仍舊不完整。儘管如此，這證明了，沒有中國黨最高領導人們的許可，第二炮兵沒有權限發布關於中國核戰略的文件或說明。

一九八五年三月，第二炮兵出版第一版的《二炮戰役學》，這本準則式的教科書說明了如何執行核反擊。在檢討校訂內文草稿的會議中，與會者推斷，這種戰役涉及國家與軍事戰略的問題。先後擔任基地司令員和第二炮兵總部顧問的李力競回憶道：「因為中國核戰略的合理基礎和官方解釋尚未完成，所以中國戰略火箭部隊的戰役學也無法完成。」例如，「如果與強國爆發核戰爭，中國應該攻擊哪裡，應該破壞敵人多少等量的核子武器，都還不明確。」[190]

進一步調查之後，李力競發現，沒有別的部門在研究核戰略。李力競呈交報告給二炮司令員賀進恆和副司令員李旭閣，建議成立小組，研究這個議題。賀進恆和李旭閣答應成立研究小組，李力競擔任組長，組員為二炮總部的軍事學部人員。[191]李力競建議小組，花兩、三年研究並且撰寫題為〈中國核戰略〉的權威性文件。有文獻指出，這項計畫「是一九八〇年代中期的一項全軍戰略研究所催生」，一九八五年就改為和平時期現代化。[192]根據文獻，李力競跟參與一個全軍戰略小組的一位副總參謀長討論過，總參謀部責成第二炮兵和軍事科學院合作完成這項計畫。[193]

一九八七年計劃加速推動。軍事學部部長沈克惠回憶道，第二炮兵和軍事科學院、國防大學、國防科學技術工業委員會、國家安全部，舉辦一系列研討會，討論「戰略和核戰略的學術議題」。[194]大約有五、六十人參加，來自軍隊內外的二十個不同單位；討論的主題包括國家安全和核戰略、總體戰略和核戰略、中國的核戰略、中國飛彈的發展戰略。[195]這些討論結束後，李力競的研究小組開始擬定題為《核戰略綱要》的文件，研究差不多三年後，研究小組在一九八八年年底完成初步草稿，這份綱要以「機密文件」在第二炮兵、解放軍的部分學校、總參謀部內部傳閱，尋求回饋。[196]

然而，黨最高領導嚴厲斥責傳閱草稿。時任第二炮兵司令員的李旭閣的一本傳記記載，「核戰略應該是總部負責的事，不應該由第二炮兵來執行。」[197]中央軍委得知這份文件時，反應更加激烈。副主席劉華清與當時的第二炮兵政治委員劉立封見面，轉達楊尚昆的口信；當時楊尚昆是中央軍委裡位階第三高的委員，僅低於鄧小平和中華人民共和國國家主席。[198]楊尚昆「嚴厲批評」這份文件，說「應該銷毀」。於是楊尚昆命令澈底銷毀這份文件，並且禁止討論該文件，因為它「涉及國家最高機密，事關重大」。[199]

這份戰略綱要的問題不在於內容，而是第二炮兵並沒有權限寫關於中國核戰略的文件。有一些原始資料指出，草稿中討論到，中國領導人們的一些聲明變成核戰略的基礎。例如，李力競說，這份草稿的基本思想是鄧小平的「有限報復」。[200]沈克惠也記得，這份綱要的根據是「黨和國家領導的相關演說，以及我國的核政策」。[201]問題是，第二炮兵負責監管中國核飛彈部隊，連著述談論中國核戰略的權限都沒有，更不用說是制定核戰略了。楊尚昆譴責傳閱文件時說：「第二炮兵沒有權力這樣做，這樣是不對的。」[202]

一九九六年，第二炮兵出版名為《二炮戰略學》的教科書，這個系列一共有三冊，檢討戰役方法、戰術、戰略，目的是要建立第二炮兵的「作戰理論系統」。不過，就連這一冊也不是中國國家核戰略的聲明，而是第二炮兵的服役戰略。[203]內容強調第二炮兵的戰略行動遵從國家的總體戰略。重要的是，不同於前面討論過的上一份戰略文件，中央軍委批准（可能也有指導）撰寫這一冊，作為第八個五年計劃的軍事研究計劃案。[204]

部隊立場

中國的部隊立場與核子武器的唯一用途一致，也就是進行報復反擊。由於中國遵循不首先使用的政策，因此存活能力始終是核部隊立場的首要驅動因素。中國用幾個方式來提高存活能力。第一，善用中國的幅員遼闊，中國的核部隊分散於全國各地。早在第二炮兵正式成立之前，中國就開始創立飛彈部隊，當時分散是一項關鍵原則。例如，一九六〇年代初期，中國的第一批飛彈營成立於西安、瀋陽、北京、濟南。[205]一九六〇年代中期討論開發洲際彈道飛彈的計劃時，周恩來打算將洲際彈道飛彈部署於北方山區和南方叢林。[206]現今，第二炮兵有六個基地，每個都把總部設立在不同省分。每個基地都由數個發射旅組成，負責操作特定的飛彈系統。中國的洲際彈道飛彈東風五型和東風三一A型，同樣編組成十個發射旅，由六個省的五個基地指揮。[207]

第二，大部分的基地和發射旅串連成地道網路，又稱「地下長城」。中國在韓戰中學到，用地道來保護固定的目標，是相對便宜的解決方案。由於遵循不首先使用的政策，中國必須全力確保核部隊能夠熬過第一次攻擊。一九六九年中國和蘇聯關係日趨緊繃，報導指出莫斯科考慮對中國的核部隊發動「外科手術式打擊」。周恩來讀過西方媒體的相關報導後，傳喚葉劍英來討論導彈陣地的建造。周恩來說，中國必須加速開發這些設施，以產生作戰能力。有了作戰能力之後，周恩來說「我們就不怕別人的威脅或威懾。想發動外科手術式打擊，門兒都沒有。……我們一開始就保證，不會率先使用核子武器，不過一旦遭到核攻擊，我們就有權利報復和自我防衛。」[208]

一九八〇年代中期，中國正在開發與部署第一枚真正的洲際彈道飛彈，東風五型，第二炮兵開始進行一項大規模建造計畫，建造飛彈發射旅的基地。東風五型本身非常大，只能以發射井作為基地，最初的計畫是把發射井設置於山區和叢林區，利用地形提供一些天然掩蔽，有些東風五型發射旅將朝北設置於河南省，有些將朝南設置於湖南省。鄧小平在一九七〇年代後期批准這些計畫，一九八〇年代初期開始建造，一九九五年才完成。[209]

第三，中國開發比較新的飛彈時，著重增加機動力來提升存活能力。一九七八年八月，鄧小平要求第二炮兵「用導彈打游擊戰」。[210]在陸地上，中國製造更加容易運載的飛彈，以增加機動力。這必須減輕飛彈的重量，讓運輸起豎發射車能夠運載，並且燃料從液態改為固態，以減少發射時間。第一枚固態燃料機動導彈是東風二一型，在一九八〇年代開發，在一九九一年首次部署。最早開發出來的道路機動洲際彈道飛彈是東風三一型和東風三一A型，在二〇〇六年開始部署。在海上，中國試圖開發彈道飛彈潛艦，雖然中國從一九五〇年代後期就開始追求這些目標，但是至今仍未完全達成。中國的第一艘彈道飛彈潛艦，夏級潛艦，遭遇許多技術問題，從來沒有執行過威懾巡邏。[211]中國在二〇〇〇年代後期部署了一艘新設計的彈道飛彈潛艦，〇九四型潛艦，又稱晉級潛艦。這款潛艦使用仍在開發中的巨浪二型飛彈，何時能夠開始執行威懾巡邏，仍不得而知。

軍隊編組

中國的核軍隊編組與中國核戰略特別強調核反擊戰役相一致。初期，中國的黨最高領導人們就決定成立一支多元的核力量，包含短、中、洲際彈道飛彈，能夠攻擊中國周圍甚至更遠的目標。中國到一九八〇年五月測試東風五型成功後，才擁有真正的洲際打擊能力。在那之前，中國也已經成功部署射程較短的飛彈，包括東風三型（一九七一年）和東風四型（一九八〇年）。一九八四年，中央軍委第一次命令中國核部隊進入警戒狀態，表示已經建立了基本的報復能力。[212]

從那時候起，中國繼續將部隊現代化。雖然跟一九八四年相比，儲藏的洲際彈道飛彈數量已經大幅增加，但是跟世界兩大核武強權，美國和蘇聯（俄國），相比，部隊的總體規模還是算小。到一九九一年，中國可能只有部署四枚東風五型。[213]這款飛彈的最初設計加以修改後，製造出射程更長、準確度更高的型號，也就是在一九九〇年代開始服役的東風五A型。二〇〇〇年，國防部估算中國有十八座東風五型的發射井，以及大約二十枚飛彈。[214]一九九九年慶祝中華人民共和國建國五十週年的閱兵典禮上，中國揭露東風三一型系列飛彈，這個系列的飛彈在二〇〇六年開始部署。東風五型使用液態燃料，以發射井為基地；東風三一型不一樣，是三級固態燃料機動飛彈。改良過的東風三一A射程更長，能攻擊美國本土的大部分地區。

今日，中國部隊立場的總體規模仍舊配合保證報復的戰略，僅限於遏止核脅迫和攻擊。中國有大約六十枚洲際彈道飛彈，能攻擊美國。現在半數的東風五型飛彈有裝備多目標重返大氣層載具，因此中國可以用大約八十顆彈頭攻擊美國。[215]中國還有大約六十枚射程比較短的單彈頭飛彈，包括東風二一型和東風四型。[216]根據說明，在二〇一五年閱兵中亮相的東風二六型有常規型和核彈型的「雙重能力」，不過主要角色似乎是常規反艦飛彈。[217]

展望未來，部隊的規模幾乎絕對會擴增，中國可以把其餘的東風五型都裝配上多目標重返大氣層載具。據聞，中國也在開發新的機動洲際彈道飛彈，東風四一型，這款或許能夠裝載多目標重返大氣層載具。中國最後可能會部署第二代彈道飛彈潛艦，晉級潛艦，每艘都會裝載十二枚巨浪二型飛彈。雖然，在某種程度上，這些發展代表中國想要將部隊現代化，汰除東風三型、東風四型、巨浪一型之類的舊系統，但是中國也試圖確保有能力報復，因為美國的飛彈防禦和常規反擊能力都增強了。

核戰略和戰略方針

本書從頭到尾討論的戰略方針都強調常規軍事作戰，在關於各個方針的可得文件中，核戰略和以第二炮兵作為核力量鮮少被提及。儘管如此，中國核部隊的發展和部署符合所有「積極防禦」方針的基本原則。雖然這個概念一九四九年以後，在不同時期有不同的解釋，但始終是中華人民共和國所有軍事戰略的基本編組原則，並且作為中國核戰略的總原則。

在過去的戰略方針中，核議題的重要性都不盡相同。一九五六年戰略方針所依據的假設是，解放軍必須在「核條件下」發動戰爭。雖然一九六四年戰略方針後來有時被說成是準備「早打、大打、打核戰爭」，但卻沒有包含具體指導，說明中國會如何運用核部隊。事實上，強調「誘敵深入」中國領土，有著不會使用核部隊的寓意。此外，雖然中國試爆了第一個核裝置，但卻沒有任何可靠的方法可以運送核子武器。儘管沒有可靠的運送系統，中央軍委仍在一九六七年的第二炮兵臨時條令載明，未來核作戰採用積極防禦。條令指出，「第二炮兵是重要的核打擊力量，能實現我國積極防禦的戰略任務。」[218]大約在同一段時間，中央軍委聲明，第二炮兵的任務就是「發展核反擊力量，實現積極防禦」。[219]

一直到一九八〇年方針，中國國家軍事戰略似乎才討論到核戰略。在第五章所說明的「八〇一」會議中，中國採用新的戰略方針，來應付蘇聯的威脅，強調以積極防禦作為戰略概念，停止採用誘敵深入。在會議中，中央軍委提議以「嚴密防禦」和「重點反擊」作為第二炮兵的作戰原則，以符合報復立場。一九八二年到一九八五年的第二炮兵司令員賀進恆回憶道，一九八〇年代初期發展「精幹有效」的原則，是為了落實積極防禦的戰略方針。[220]他的傳記也指出，積極防禦的概念促成一九八五年版《二炮戰役學》的撰寫，同樣地，第二炮兵在一九八三年的第一次戰役演習「使用積極防禦的戰略方針作為指導」。[221]

總體戰略方針和核戰略之間的關係，或許在一九九三年戰略方針中最為清楚。此時，第二炮兵在解放軍中的角色擴大，不只有核飛彈，還包括了常規飛彈，因此第二炮兵不只肩負核威懾和核反擊任務，也肩負遠程常規攻擊任務。採用一九九三年戰略後，第二炮兵立即召開全體高階幹部會議，「宣傳與研究中央軍委擴大會議的本意」。[222]後來，第二炮兵和解放軍的其他軍種一樣，推動一系列訓練改革，落實新戰略方針。根據第二炮兵其他高階幹部的回憶，一九九〇年代第二炮兵的發展與一九九三年戰略有關。[223]一九九八年江澤民視察第二炮兵的一個部隊時題了詞，反映出其中的關聯：「實行積極防禦的戰略方針，建立精幹有效的戰略火箭部隊」。[224]

準則式刊物也強調戰略方針和核戰略之間的關係，一九九六年的《二炮戰略學》多次提及，要以戰略方針為基礎，發展第二炮兵的戰略。例如，內文載明，第二炮兵是「戰略火箭部隊，用於落實我國的積極防禦軍事戰略」。[225]第二炮兵的軍種戰略是「強調威懾、有效反擊」，「立基於我國的核政策和我軍的積極防禦軍事戰略」。[226]再者，一九九三年戰略方針是「發展與戰略運用第二炮兵的基本指導和基礎」。[227]在戰略作戰方面，內文詳盡討論司令員應該如何「遵守軍事戰略方針的基本精神」。[228]例如，「根據我國的新時期積極防禦戰略方針和核政策，第二炮兵戰略威懾的最終目標是，遏止敵對的核國家冒險行動，進行核威脅和核攻擊」。[229]

二〇〇四年的《二炮戰役學》也有提及戰略方針，例如，內文載明，「根據我國的積極防禦戰略方針，核部隊負責執行反擊作戰」。[230]此外，該書指出，「第二炮兵戰役是局部戰爭的一部分，受限於軍事戰略方針，因此，提出第二炮兵戰役指導思想的議題，必須根據軍事戰略方針，絕對要符合軍事戰略方針的要求」。[231]

總而言之，解放軍的戰略方針著重常規作戰，大部分的方針都奠基於積極防禦這個總原則，包括「後發制人」這個概念。中國核戰略和部隊的發展在這個大前提上，與方針一致——也就是聚焦於積極防禦，發展報復能力。然而，本章通篇都有指出，中國的核戰略不曾隨著每個新的戰略方針而改變。

結論

中國的核戰略是不尋常的例外。自一九四九年起，著重常規作戰的中國戰略方針就經常改變，高階軍官要求改變中國軍事戰略，以因應全球戰爭指揮出現重大改變。相對之下，中國使用核子武器的戰略大體固定不變。中國發展核部隊，是要遏止核攻擊，防範核脅迫。中國企圖利用保證報復來達成這些目標，也就是開發報復能力，熬過首次攻擊，接著對敵人施加無法承受的破壞。中國的核戰略始終保持不變，是因為黨最高領導人們始終沒有將這方面的軍事事務授權給高階軍官處理，從一九五〇年代初期決定發展核子武器、一九六六年成立第二炮兵，直到一九七〇年代起第二炮兵的發展，黨最高領導人們始終主導著中國核戰略的決策，唯一改變的是中國落實這套戰略的方式。[232]

結論

對於幫助理解中國軍事戰略的改變進程，這項研究有四個貢獻。第一是首次完整解釋一九四九年起頒布的所有戰略方針。凡是要解釋中國戰略的改變，以及想更廣泛地了解中國防禦政策的演進，這個第一步都至關重要。以往西方或中國研究中國的防禦政策，都沒有完整檢討中華人民共和國的軍事戰略。雖然中國過去十年的軍事戰略學術研究有談論戰略方針，但頂多只有討論採用的一小部分方針，而且不一定會指明是哪些戰略。礙於規定，取得相關的中文原始文獻十分受限，大部分的西方學術研究推斷中國的戰略並非從戰略方針本身的內容，而是從中國的聲明、新聞報導與武器發展等。一九八〇年代以前的中國戰略經常單純被視為「人民戰爭」，一九八〇年代則被視為「現代條件下的人民戰爭」，而後，一九九〇年代起，被認為是各種不同型態的「局部戰爭」。一九八五年裁減一百萬人被解釋為中國戰略產生了改變，但其實並非如此。

第二，這份研究證明了，中國一九四九年起採用的其中三套戰略，是軍事戰略的重大改變。重大改變構成了新的作戰觀點，進而促成作戰準則、軍隊編組、訓練等領域的改革，以落實這項觀點。一九五六年，中國的第一次軍事戰略重大改變強調以陣地戰和堅守防禦，阻擋或削弱美國入侵。這明顯背離以運動戰為主的路線，而在內戰與韓戰中的進攻，中國大多採用運動戰。一九八〇年，解放軍再度強調使用陣地戰抵禦蘇聯入侵。這套戰略徹底背離「誘敵深入」戰略——誘敵深入在一九六四年採用，並用於整個文化大革命期間，強調讓地給入侵者、運動戰以及地方分權作戰。一九九三年，中國軍事戰略發生第三次重大改變，從抵禦中國遭到入侵，變成在中國周圍爭奪有限的目標，打贏局部戰爭，尤其是在領土和主權紛爭中。

第三，國際社會的戰爭指揮出現重大轉變時，中國的軍事戰略就會進行重大改變——但是先決條件是黨領導階層必須團結。戰爭指揮轉變時，如果這項轉變證明了一個國家目前的能力與未來戰爭的需求有落差，那麼就會強烈刺激該國採用新的軍事戰略。對於像中國這種正努力提升軍事能力的開發中國家或軍事現代化比較晚的國家，這些改變的影響特別顯著。這類國家已經處於相對劣勢，必須密切比較自己與強國的能力。在社會主義國家中，軍隊由黨而非國家所控制，黨可能會大量授權給高階軍官自主管理軍事事務，高階軍官則會因應國家安全環境的改變，調整戰略。因為高階軍官也是黨員，所以黨可以託付軍事事務的責任，不用害怕政變，或擔心軍隊採用抵觸黨政治目標的戰略。然而，唯有黨的政治領導階層團結，對黨的基本政策和黨內的權威結構有解決問題的共識，前述的狀況方有可能。

戰爭指揮的轉變和黨的團結，在一九四九年起的中國軍事戰略三次重大改變中，扮演了重要角色。採用一九五六年戰略時，中共內部空前團結，解放軍高階軍官，尤其是粟裕和彭德懷，他們根據解放軍從二戰、韓戰、核子革命吸收的經驗，開始推動戰略改變。文化大革命造成領導階層分裂，舉國動亂；鄧小平鞏固地位，成為中國最高領導人並重建黨團結後，採用了一九八〇年戰略。解放軍高階軍官，尤其是粟裕、宋時輪、楊得志與張震，根據一九七三年以阿戰爭的戰車和空中作戰，開始領頭推動戰略改變，以應變他們對於蘇聯威脅的評估。一九八九年暴力鎮壓天安門廣場示威運動的期間與之後，領導階層分裂；鄧小平恢復黨的團結之後，採用了一九九三年戰略。解放軍高階軍官，尤其是劉華清、遲浩田、張震與張萬年，在一九九〇到九一年波斯灣戰爭展示新型態的軍事作戰之後，著手推動戰略改變。

然而，一九六四年那次中國軍事戰略改變不能用這套論述來解釋，那是唯一一次黨最高領導人——也就是毛澤東——干預軍事事務，改變戰略。除此之外，中國軍事戰略的其他改變全部都是由高階軍官所發起。一九六四年戰略並沒有包含新的作戰觀點，但是要求解放軍回頭採用一九三〇年代內戰期間所熟練的作戰方式——運動戰和誘敵深入。儘管如此，這個例子證明了，當領導階層分裂，黨分裂漸趨嚴重，會扭曲或打亂戰略決策過程。毛澤東干預不是為了提升中國的安全，而是要攻擊黨領導階層裡的修正主義分子，而他的攻擊在一九六六年達到巔峰，發動文化大革命。

本書最後的一項貢獻是，解釋為何相較於常規軍事戰略，中國的核戰略在同一段時間裡始終保持不變。原因很簡單：中國的黨最高領導人們不曾把核戰略的責任授權給高階軍官。中國的核戰略受限於中國的國家核政策，決定核戰略仍舊是黨最高領導人們的權限；因為核戰略的層級低於中國的核政策，所以這個議題只有黨的最高層能夠決定。不同於常規作戰的戰略，高階軍官從來無法動手修改核戰略。

中國軍事戰略的改變與國際關係理論

對於研究國際關係，本書的研究發現有幾個方面的貢獻。第一，聚焦於以戰爭指揮的轉變作為軍事戰略改變的一項刺激因素，補充現行關於軍事準則與創新的文獻中，談論軍事改變的外部刺激來源的論述。本書指出一項新的刺激因素，說明國家為何在沒有面對迫切或立即的威脅時，也會改變軍事戰略。像中國這種開發中國家或軍事現代化比較晚的國家，必須密切監視其安全環境，節約使用稀缺的防禦資源（要增加防禦資源，可能就沒辦法繼續維持經濟成長）。當國際社會爆發戰爭時，這些國家會評估戰爭對自己國家安全的影響與意涵。相對之下，文獻中論及的其他刺激因素，像是國家軍隊展開新任務，或是能應用於作戰的新技術出現，皆相較不可能刺激這些國家改變軍事戰略。因此，聚焦於戰爭指揮大幅轉變所造成的影響，豐富且擴大了軍事戰略改變源自外部刺激的相關論述。就中國而言，即便明確的威脅存在，像是美國或蘇聯可能入侵，但威脅經常只是推動重大戰略改變的必要條件，而非充分條件。戰爭指揮轉變有助於闡明如何準備應付這些威脅。

第二，有關軍事組織的改變，是否需要文官干預其中，這個問題爭論已久，而中國提供了重要的案例，證明高階軍官就可以推動戰略改變，文官不需要干預。在中國一九四九年起採用的九個軍事戰略中，有八個是由高階軍官發起與領頭，只需黨最高領導以中央軍委主席的職權核准。這不只包括一九五六年、一九八〇年、一九九三年的三次戰略重大改變，還包括一九六〇年、一九八八年、二〇〇四年、二〇一四年的戰略微調精修，還有一次沒有改變，也就是一九七七年申明採用誘敵深入。其實，唯一一次黨內文官直接干預，促成一九六四年的戰略改變，並不是為了打擊將領們的志得意滿（其他國家曾有這樣的經驗），而是毛澤東試圖對付黨領導階層裡的修正主義。

有一次潛在的警告或例外，是與二〇一四年戰略方針有關的組織改革。這些改革發生在黨廣泛推動制度與經濟改革期間，於二〇一三年十一月的第三次全體會議提出。習近平的干預可能是推動這次軍事改革不可或缺的要素，但是他以黨最高領導的身分要求推動這些改革，解放軍最高指揮中心是否贊同，這仍舊不得而知。這些改革的目的是要提升解放軍執行聯合作戰的能力（這是解放軍二十年來的目標），推動這些改革的構想，幾乎絕對不是習近平獨自一人的想法，更有可能涉及解放軍裡想要推動改變的這些人所投入的實質影響，利用以前努力的成果，整編解放軍。

第三，更廣泛而言，解放軍能夠在沒有文官的干預下，推動中國軍事戰略的重大改變，原因就是文武關係的結構，這造成在解釋國家行為時，愈來愈著重於以文武關係作為自變數或應變數。綜觀歷史，研究文武關係總是強調把它當作應變數，焦點放在解釋軍隊是否與何時干預政治，尤其是政變。[1]然而，新研究證明，不同形式或結構的文武關係，對戰略評估[2]、軍事效力[3]、干預[4]和核戰略[5]會有不同的影響。更廣泛而言，研究領域更廣博的學術群體在主張與辯論「民主優勢」（democratic advantage）對戰爭、政權類型、衝突的影響時，經常是建立在文武關係的特定模式預設上。[6]黨軍關係讓解放軍的高階幹部能夠推動戰略改變，這樣的作用證明了，文武關係在特定類型的獨裁國家——列寧主義體制的社會主義國家——會影響最高層的軍事事務。正因為解放軍是中共掌控的政黨軍隊，不是國家軍隊，所以文官完全沒有必要干預戰略改變，因此，這些國家在改變軍事戰略的能力上或許擁有「列寧主義優勢」（Leninist advantage），儘管中央集權在這種體制中，可能會不利於當代戰爭的戰術或作戰層面。

第四，討論黨團結在促成或協助中國改變戰略上的作用，擴大了經常被稱為「新古典現實主義」（neoclassical realism）的辯論範圍，旨在於探討國內因素如何調解國際體系的結構壓力。[7]而不論被歸為哪一類，中國戰略改變的案例顯示，這樣的論述或許也能應用於社會主義國家，不限於西方民主國家。例如，黨團結反映出一種「菁英凝聚力」（elite cohesion），蘭德爾・施韋勒（Randall Schweller）認為這是其中一種導致制衡不足（underbalancing）的根源。[8]然而，在社會主義國家，關鍵菁英是黨菁英，問題不在於黨菁英是否認同外部威脅的性質，而是黨菁英是否認同黨所應採用的基本政策，以及該如何根據基本政策建構權威。當黨菁英達成共識，也就是黨團結一致時，高階軍官因應局勢需求而推動的軍事戰略改變，就會被採用。

第五，軍事組織經常被認為抗拒改變，基於這個理由，學者曾經主張，文官必須干預，才能促成戰略改變。[9]然而，在中國的案例中，解放軍已經證明自己相當樂意進行戰略改變。再者，在核戰略方面，抗拒改變（中國的不首先使用政策）的並非武官，而是文官。當然，這不代表軍方從來沒有抗拒過改變。一九五〇年代，解放軍有些人擔心過度依賴蘇聯的建議和準則，而罔顧解放軍自己的作戰經驗和傳統。即便在一九八〇年代初期，部分解放軍成員，尤其是基層的地方部隊，對於要背離文化大革命的毛派理想，心存懷疑。自從一九九〇年代初期，解放軍整編就一直裁除陸軍和區域指揮結構的人員。儘管如此，中央軍委仍舊因應外部安全環境的改變，尤其是戰爭指揮的整體趨勢，頒布新戰略，或調整舊戰略。再者，解放軍從一九四九年起，已經進行過十次軍隊縮減，其中三次從一九九七年起總共裁減一百萬人，這對任何組織而言都是重大的改變，或許對軍隊而言又格外重大。解放軍是政黨軍隊，不是國家軍隊，這樣的本質或許能夠解釋為什麼它比較不抗拒改變——也就是說，它認定自己的使命就是達成中共自身的目標。解放軍身為政黨機關，照理就應該依情勢所需而改變。

第六，在廣泛受到政治控制的軍隊中，像是社會主義國家的政黨軍隊，專業精神是可以生根的，這與薩謬爾．杭亭頓針對文武關係所進行的重大研究所提出的結論相反。解放軍是政黨軍隊，不是國家軍隊，是政治化的軍隊。根據杭亭頓的論點，這樣的政治化軍隊，受到「主觀控制」，比較不可能表現得像專業軍隊。[10]但是，在戰略層面，解放軍整體表現得極具專業精神，可能超出了杭亭頓的預期，儘管它效忠於黨，而非國家。原因可以在社會主義國家的文武關係結構中找到。儘管軍隊政治化，但是黨傾向授權給高階軍官處理軍事事務，極少監督，這也等於授予軍隊自主性（autonamy），而這即為杭亭頓透過「客觀」控制的概念專業化時，不可或缺的要件。當然，這裡的難處就在於，要創造自主性，讓解放軍像專業軍隊一樣運作，就得仰賴政黨團結。政黨團結時，專業精神就增強；政黨不團結時，專業精神也就減弱。

最後，中國軍事戰略的改變模式闡明了一個問題，那就是強權們是否能摸清彼此的意圖（intentions）。持否定論點者援引結構現實主義的論述，強調不確定性。[11]然而，中國軍事戰略的演進顯示，至少就短期到中期而言，意圖可能沒有像那些論據所指出的那麼不確定。別的不說，至少中國戰略方針的內容揭露了中國在不同時間點的總軍事目標。雖然中國沒有利用公開的外交手段來宣傳方針，但是制定方針整體而言都是遵循黨的政策和總政治目標。中國大戰略的軍事戰略和政治目標是高度整合的。單就這個原因，再加上許多其他的原始文獻，可以了解中國在軍事範疇以外的意圖，而意圖其實並非如有些學者所說的那麼高深莫測。同樣地，倘若中國的意圖改變，可能可以從中國在軍事戰略、作戰準則、軍隊編組與訓練上的改變觀察到。

中國未來的軍事戰略

當我們目光投向前方，會發現一個關鍵問題，那就是中國下次何時會改變軍事戰略。而本書所記述的重大改變歷史，或許有助於預測未來可能出現戰略改變的時間與原因。

一直到不久前，解放軍對於自身能力的自我評估從頭到尾都指出，解放軍持續在「追趕」其他軍事強權，尤其是美國。解放軍分析自身表現是相當重要的，而且已在許多方面發現缺點。[12]習近平反覆要求解放軍「能打仗、打勝仗」，可能反映出認為解放軍無法做到的觀點。基於這個原因，解放軍將持續密切監視國際體系中發生的其他戰爭，尤其是美軍或使用美國武器、戰術或程序的美國盟國所參與的戰爭。當然，如果跟美國的關係嚴重惡化，當中國認為美國對中國的安全造成更大的威脅，那麼美國的威脅在中國的軍事戰略中可能就會扮演更重要的角色，甚至可能促成採用新的戰略方針，聚焦於單一個敵人，類似於一九八八年以前的方針。二〇一八年發生的事顯示中美關係可能開始惡化了，包括瞄準中國經濟結構的貿易大戰開打；美國擔心中國在亞洲與其他地區的民主社會發動「影響力作戰」（influence operations）；在東亞海事糾紛中緊張局勢升溫（尤其是在南海）。二〇一八年美國的《國防戰略》（*National Defense Strategy*）指出，中國是「戰略競爭對手」（strategic competitor）。如果中國的領導人們推斷鄧小平的評估是對的，和平與發展不再是中國安全環境的特徵，那麼中國很可能會改變戰略——可能會大改。然而，就算中美關係沒有嚴重惡化，中國還是會聚焦於美國的軍事行動，單純因為美國擁有世界上最先進的軍隊，美軍的作戰行動可能會標誌出戰爭指揮的轉變。

中國經濟持續成長，意味軍事戰略的目標可能會比以往任何時期更加廣大。中華人民共和國頭四十年，軍事戰略都聚焦於單一挑戰，那就是抵禦敵人入侵中國領土——先是如何抵禦美國的兩棲攻擊，再來是如何擊敗蘇聯從北方地面入侵。然而，過去三十年來，解放軍不曾面對入侵的威脅，因此，中國把軍事戰略聚焦於國家周圍、針對有限目標的局部衝突。然而，隨著中國經濟成長，中國的利益擴張到東亞之外，從二〇一七年中國在吉布地（Djibouti）設立第一個海外基地就可以看出來。因此，新的海外利益，和海外利益可能為解放軍帶來的任務，可能會在中國未來的軍事戰略中扮演更加重要的角色，這一點已經彰顯在二〇一四年戰略中強調海域的重要性，但是不確定是否足以促成中國軍事戰略的重大改變。就短期到中期而言，中國過去三十年來預想會動用武力的主要議題依舊存在，像是台灣、中印邊境，以及南海的海域糾紛。這些議題只要沒解決，就可能會占據大部分的戰略規劃，成為中國軍事戰略的核心焦點。儘管如此，還是應該密切注意新任務的角色與其刺激中國軍事戰略改變的潛力。

雖然根據人均收入，中國仍舊是相對貧窮的國家，但是中國現在也具有先進的工業基地。透過二〇一五年宣布的「中國製造二〇二五」計畫，中國正積極試圖成為開發各種先進技術的領導者，其中許多技術，像是人工智慧、量子計算與機器人學，都具有軍事應用的潛力，藉由發展這些技術，可能會讓中國發展出新的作戰方式，反過頭來，可能促成軍事戰略的改變，得以運用這些新的能力。在過去，中國改變戰略，是因應他國採用的戰爭指揮發生改變，然而，在未來，中國或許能夠製造出軍事創新，讓別人對戰爭指揮改觀並進而改變戰略。

中國是否能推動重大或小幅的軍事戰略改變，將取決於中共領導階層是否繼續團結，對基本政策和威權結構擁有共識。黨什麼時候會不團結，或許難以預測，但是可以確定的是，黨不團結會造成一個嚴重的後果，那就是阻礙中國採用新的軍事戰略。習近平從二〇一二年年底擔任總書記起，就開始推動野心勃勃的計畫，改組中共，以反貪腐行動作為主要手段，整頓紀律。到目前為止，黨領導階層都保持團結，不曾出現嚴重分裂。儘管如此，有太多人在這些行動中遭到逮捕，包括一些位高權重的政黨與軍事領導，像是前政治局常務委員會委員周永康、兩位已經退位的中央軍委副主席徐才厚和郭伯雄，這顯示出黨菁英可能會分裂，進而爆發公開決裂——例如，假設經濟成長減緩的速度，比當前規劃的還要快。然而，不管觸發因素為何，若黨領導階層不團結，可能會阻礙戰略改變，即便是像中國安全環境發生巨變這樣強而有力的理由。黨的團結，依舊是解放軍推動軍事戰略改變的關鍵先決條件，無論改變是大或小。

注釋

序言

1. 有關軍事變遷與創新的文獻，請見Adam Grissom, "The Future of Military Innovation Studies," *Journal of Strategic Studies*, Vol. 29, No. 5 (2006), pp. 905–934;Theo Farrell and Terry Terriff, "The Sources of Military Change," in Theo Farrell and Terry Terriff, eds.,*The Sources of Military Change: Culture, Politics, Technology* (Boulder, CO: Lynne Rienner, 2002), pp. 3–20;Tai Ming Cheung, Thomas G. Mahnken, and Andrew L. Ross, Frameworks for Analyzing Chinese Defense and Military Innovation," in Tai Ming Cheung, ed., *Forging China's Military Might:A New Framework* (Baltimore: Johns Hopkins University Press, 2014), pp. 15–46.
2. 請見Stephen Peter Rosen, *Winning the Next War: Innovation and the Modern Military* (Ithaca, NY: Cornell University Press, 1991); Williamson Murray and Allan R. Millet, eds.,*Military Innovation in the Interwar Period* (New York: Cambridge University Press, 1996); Barry Posen, *The Sources of Military Doctrine: France, Britain, and Germany Between the World Wars* (Ithaca,NY: Cornell University Press, 1984); Harvey M. Sapolsky, Benjamin H. Friedman and Brendan Rittenhouse Green, eds., *US Military Innovation Since the Cold War: Creation Without Destruction* (New York: Routledge, 2009).
3. 有關日本的案例，請參見Leonard A. Humphreys, *The Way of the Heavenly Sword: The Japanese Army in the 1920s* (Stanford, CA: Stanford University Press, 1995).

4. 有關蘇聯的案例，請參見Kimberly Marten Zisk, *Engaging the Enemy: Organization Theory and Soviet Military Innovation, 1955–1991* (Princeton, NJ: Princeton University Press, 1993); Harriet Fast Scott and William F. Scott, *Soviet Military Doctrine: Continuity, Formulation and Dissemination* (Boulder, CO: Westview, 1988).

5. 我在這裡把解放軍有參與行動的研究和其他與安全有關的主題區分開來，尤其是檢討中國使用軍力的研究。有關中國運用武力（use of force）的研究，請參見Allen S.Whiting, "China's Use of Force, 1950–96,and Taiwan," *International Security*, Vol. 26, No. 2 (Fall 2001), pp. 103–131;M. Taylor Fravel, *Strong Borders, Secure Nation: Cooperation and Conflict in China's Territorial Disputes* (Princeton: Princeton University Press, 2008); Andrew Scobell, *China's Use of Military Force: Beyond the Great Wall and the Long March* (New York: Cambridge University Press, 2003); Thomas J. Christensen, "Windows and War: Trend Analysis and Beijing's Use of Force," in 江憶恩 (Alastair Iain Johnston) and Robert S. Ross, eds., *New Directions in the Study of China's Foreign Policy* (Stanford, CA: Stanford University Press, 2006), pp. 50–85.

6. 一些總論包括Ji You, *The Armed Forces of China* (London: I. B. Tauris, 1999); David Shambaugh, *Modernizing China's Military: Progress, Problems, and Prospects* (Berkeley, CA: University of California Press, 2002); Ellis Joffe, *The Chinese Army after Mao* (Cambridge, MA: Harvard University Press, 1987); John Gittings, *The Role of the Chinese Army* (London: Oxford University Press, 1967); Harlan W. Jencks, *From Muskets to Missiles: Politics and Professionalism in the Chinese army, 1945–1981* (Boulder, CO: Westview, 1982).

7. 高德溫的文章書籍多不勝數，無法盡數引用。請參見Paul H. B. Godwin, "From Continent to Periphery: PLA Doctrine, Strategy, and Capabilities towards 2000," *China Quarterly*, No. 146 (1996), pp. 464–487;Paul H. B. Godwin, "Chinese Military Strategy Revised: Local and Limited War," *Annals of the American Academy of Political and Social Science*,Vol. 519, No. January (1992), pp. 191–201;Paul H. B. Godwin, "Changing Concepts of Doctrine,Strategy, and Operations in the Chinese People's Liberation Army, 1978–1987," *China Quarterly*, No.112 (1987), pp. 572–590.

8. 一些部分例外包括Paul H. B. Godwin, "Change and Continuity in Chinese Military Doctrine: 1949–1999,"in Mark A. Ryan, David M. Finkelstein, and Michael A. McDevitt,eds., *Chinese Warfighting: The PLA Experience Since 1949* (Armonk, NY: M.

E. Sharpe, 2003), pp.23–55;Nan Li, "The Evolution of China's Naval Strategy and Capabilities: From 'Near Coast' and'Near Seas' to 'Far Seas,' " *Asian Security*, Vol. 5, No. 2 (2009), pp. 144–169;Ka Po Ng, *Interpreting China's Military Power* (New York: Routledge, 2005).

9. 使用這些資料的研究著作包括："The Evolution of China's Naval Strategy and Capabilities"; Nan Li, "Organizational Changes of the PLA, 1985–1997,"*China Quarterly*, No. 158 (1999), pp. 314–349; Nan Li, "The PLA's Evolving Warfighting Doctrine, Strategy, and Tactics, 1985–1995: A Chinese Perspective," *China Quarterly*, No. 146 (1996), pp. 443–463; Nan Li, "Changing Functions of the Party and Political Work System in the PLA and Civil-Military Relations in China," *Armed Forces and Society*, Vol. 19, No. 3 (1993), pp. 393–409; Ng, *Interpreting China's Military Power*.

10. David M. Finkelstein, "China's National Military Strategy: An Overview of the 'Military Strategic Guidelines'", in Andrew Scobell and Roy Kamphausen, eds., *Right Sizing the People's Liberation Army: Exploring the Contours of China's Military* (Carlisle, PA: Strategic Studies Institute,Army War College, 2007), pp. 69–104;M. Taylor Fravel, "The Evolution of China's Military Strategy: Comparing the 1987 and 1999 Editions of *Zhanlue Xue*," in David M. Finkelstein and James Mulvenon, eds., *The Revolution in Doctrinal Affairs: Emerging Trends in the Operational Art of the Chinese People's Liberation Army* (Alexandria, VA: Center for Naval Analyses, 2005), pp. 79–100.

11. 就連近期一份廣泛引用中文資料的解放軍歷史研究，也幾乎沒有提及這些戰略方針。請見Xiaobing Li, *A History of the Modern Chinese Army* (Lexington: University of Kentucky Press, 2007).

12. 粟裕，《粟裕文選》，第三卷，北京：軍事科學出版社，二〇〇四，p.61。

13. 參見葉劍英元帥在一九五九年有關軍事科學的演講。葉劍英，《葉劍英軍事文選》，北京：解放軍出版社，一九九七，p.395。

14. 請見Shambaugh, *Modernizing China's Military*, p. 60.

第一章 解釋軍事戰略的重大改變

1. 有關大戰略（grand strategy）請見*The Sources of Military Doctrine: France, Britain, and Germany Between the World Wars* (Ithaca, NY: Cornell University Press, 1984); Colin Dueck, *Reluctant Crusaders: Power, Culture, and Change in America's Grand Strategy* (Princeton, NJ: Princeton University Press, 2006); Robert J. Art, *A Grand Strategy for America* (Ithaca, NY: Cornell University Press, 2003).
2. John I. Alger, *Definitions and Doctrine of the Military Art* (Wayne, NJ: Avery, 1985); John M.Collins, *Military Strategy: Principles, Practices, and Historical Perspectives* (Dulles, VA: Potomac,2001).
3. 請參見Harvey M. Sapolsky, *The Polaris System Development: Bureaucratic and Programmatic Success in Government* (Cambridge, MA: Harvard University Press, 1972); Andrew J.Bacevich, *The Pentomic Era: The US Army between Korea and Vietnam* (Washington, DC: National Defense University Press, 1986); Stephen Peter Rosen, *Winning the Next War: Innovation and the Modern Military* (Ithaca, NY: Cornell University Press, 1991); Owen Reid Cote, "The Politics of Innovative Military Doctrine: The US Navy and Fleet Ballistic Missiles," PhD dissertation, Department of Political Science, Massachusetts Institute of Technology, 1996.
4. Posen, *The Sources of Military Doctrine*, pp. 14–15;Ariel Levite, *Offense and Defense in Israeli Military Doctrine* (Boulder, CO: Westview, 1989); Jack L. Snyder, *The Ideology of the Offensive: Military Decision Making and the Disasters of 1914* (Ithaca, NY: Cornell University Press, 1984).
5. Posen, *The Sources of Military Doctrine*, p. 13; Jack Snyder, "Civil-Military Relations and the Cult of the Offensive, 1914 and 1984," *International Security*, Vol. 9, No. 1 (Summer 1984), p. 27;Kimberly Marten Zisk, *Engaging the Enemy: Organization Theory and Soviet Military Innovation,1955–1991*(Princeton, NJ: Princeton University Press, 1993), p. 4, fn. 5.有些著作甚至沒有定義這個詞。例如請見Deborah D. Avant, *Political Institutions and Military Change:Lessons from Peripheral Wars* (Ithaca, NY: Cornell University Press, 1994); Rosen, *Winning the Next War*.

6. 請見*Department of Defense Dictionary of Military and Associated Terms*, Joint Publication 1–02(2006), p. 168.

7. 有關蘇聯準則的概念（concept of doctrine），請見Willard C. Frank and Philip S. Gillette, eds., *Soviet Military Doctrine from Lenin to Gorbachev, 1915–1991*(Westport, CT: Greenwood, 1992); Harriet Fast Scott and William F. Scott, *Soviet Military Doctrine: Continuity, Formulation and Dissemination* (Boulder, CO: Westview, 1988). 中文資料通常將美國脈絡中的「doctrine」翻譯成「作戰理論」（operational theory）。

8. Suzanne Nielsen, *An Army Transformed: The US Army's Post-Vietnam Recovery and the Dynamics of Change in Military Organizations* (Carlisle, PA: Army War College: Strategic Studies Institute, 2010), p. 14.

9. 同前，pp. 3, 19.

10. Rosen, *Winning the Next War*, p. 5; Adam Grissom, "The Future of Military Innovation Studies,"*Journal of Strategic Studies*, Vol. 29, No. 5 (2006), pp. 905–934. 另外也請見Emily O. Goldman and Leslie C. Eliason, eds., *The Diffusion of Military Technology and Ideas* (Palo Alto, CA: Stanford University Press, 2003); Williamson Murray and Allan R. Millet, eds., *Military Innovation in the Interwar Period* (New York: Cambridge University Press, 1996), pp. 1–5. 這些諸多不同的定義，來自關於創新和組織改變的廣泛學術研究。請見Everett M. Rogers, *Diffusion of Innovations*, 5th ed. (New York: Free Press, 2003); James Q. Wilson, *Bureaucracy: What Government Agencies Do and Why They Do It* (New York: Basic, 1989).

11. 創新的這個定義經常用於說明軍種兵種內的改變，像是建立新的戰鬥兵種。

12. Rosen, *Winning the Next War*, pp. 7–9.

13. Posen, *The Sources of Military Doctrine*, pp. 59–79.

14. Zisk, *Engaging the Enemy*, p. 4.

15. Gary Goertz and Paul F. Diehl, "Enduring Rivalries: Theoretical Constructs and Empirical Patterns," *International Studies Quarterly*, Vol. 37, No. 2 (June 1993), pp. 147–171;William R. Thomson,"Identifying Rivals and Rivalries in World Politics," *International Studies Quarterly*, Vol. 45, No.4 (December 2001), pp. 557–586.

16. Zisk, *Engaging the Enemy*, pp. 47–81. 然而在Zisk的說明中，比較不清楚的部分包括像國家是否對敵人戰略改變進行回應，或是敵人部署於執行現行戰略的新能力等其他因素。

17. Harvey M. Sapolsky, Benjamin H. Friedman and Brendan Rittenhouse Green, eds., *US Military Innovation Since the Cold War: Creation Without Destruction* (New York: Routledge, 2009),pp. 8–9.

18. William Reynolds Braisted, *The United States Navy in the Pacific, 1897–1909* (Austin: University of Texas Press, 1958); Rosen, *Winning the Next War*, pp. 64–67.

19. 請參見Posen, *The Sources of Military Doctrine*, pp. 179–219.

20. 同前，pp. 59–79;Rosen, *Winning the Next War*, p. 57.

21. Rosen, *Winning the Next War*, pp. 68–75.

22. Timothy Hoyt關注能開發軍事創新的區域強權，主要是透過開發新技術。見Timothy D. Hoyt, "Revolution and Counter-Revolution: The Role of the Periphery in Technological and Conceptual Innovation,"in Emily O. Goldman and Leslie C. Eliason, eds., *The Diffusion of Military Technology and Ideas* (Palo Alto, CA: Stanford University Press, 2003), pp. 179–204.

23. 例如，Posen認為，侍從國（client state）使用的新技術能夠推廣創新。見Posen, *The Sources of Military Doctrine*, p. 59.這樣的評估也可能以其他方式揭露，像是戰爭遊戲（war-gaming）與模擬（simulations）。

24. Michael Horowitz, *The Diffusion of Military Power: Causes and Consequences for International Politics* (Princeton, NJ: Princeton University Press, 2010), pp. 8, 24.霍洛維茨檢視軍事創新的擴散，尤其是武器系統，從創新技術的「首次亮相」或展示開始探討。

25. Martin Van Creveld, *Military Lessons of the Yom Kippur War: Historical Perspectives* (Beverly Hills, CA: Sage, 1975).

26. Jonathan M. House, *Combined Arms Warfare in the Twentieth Century* (Lawrence: University of Kansas Press, 2001), pp. 269–279.

27. 例如，雖然第一次世界大戰最後幾年的作戰凸顯了聯合兵種作戰的重要性，但是在兩次世界大戰之間，各國試圖以不同的方式來體現這項改變。見前注。

28. Timothy L. Thomas, John A. Tokar and Robert Tomes, "Kosovo and the Current Myth of Information Superiority," *Parameters*,

Vol. 30, No. 1 (Spring 2000), pp. 13–29.

29. 請見Posen, *The Sources of Military Doctrine*; Snyder, *The Ideology of the Offensive*.
30. Elizabeth Kier, *Imagining War: French and British Military Doctrine Between the Wars* (Princeton, NJ: Princeton University Press, 1997).
31. Austin Long, *The Soul of Armies: Counterinsurgency Doctrine and Military Culture in the US and UK* (Ithaca, NY: Cornell University Press, 2016).
32. Posen, *The Sources of Military Doctrine*, pp. 69–70.
33. 同前，pp. 210–213.
34. Avant, *Political Institutions and Military Change*.
35. Rosen, *Winning the Next War*; Zisk, *Engaging the Enemy*; Avant, *Political Institutions and Military Change*.
36. 介紹請參見John A. Nagl, *Learning to Eat Soup with a Knife: Counterinsurgency Lessons from Malaya and Vietnam* (Chicago: University of Chicago Press, 2005);Sapolsky, Friedman and Green, eds., *US Military Innovation Since the Cold War*.
37. Posen, *The Sources of Military Doctrine*, pp. 74–77.
38. 有關效益（effectiveness）的討論請見Suzanne Nielsen, "Civil-Military Relations Theory and Military Effectiveness," *Public Administration and Management*, Vol. 10. No. 2 (2003), pp. 61–84.
39. Peter Feaver, "Civil-Military Relations," *Annual Review of Political Science*, No. 2 (1999), pp. 211–241; Michael C. Desch, *Civilian Control of the Military: The Changing Security Environment* (Baltimore: Johns Hopkins University Press, 1999); Nielsen, "Civil-Military Relations Theory and Military Effectiveness."
40. 若先不論其他，請見Caitlin Talmadge, *The Dictator's Army: Battlefield Effectiveness in Authoritarian Regimes* (Ithaca, NY: Cornell University Press, 2015).
41. Posen, *The Sources of Military Doctrine*; Snyder, *The Ideology of the Offensive*.
42. Avant, *Political Institutions and Military Change*.

43. Kier, *Imagining War*.

44. Zisk, *Engaging the Enemy*.

45. Samuel P. Huntington, *The Soldier and the State: The Theory and Politics of Civil-Military Relations* (Cambridge, MA: Belknap Press of Harvard University Press, 1957).

46. James C. Mulvenon, "China: Conditional Compliance," in Muthiah Alagappa, ed., *Coercion and Governance in Asia: The Declining Political Role of the Military* (Stanford, CA: Stanford University Press, 2001), p. 317.

47. 根據近期的資料庫顯示，自一九五〇年起，並沒有任何社會主義國家發生政變。請見Jonathan Powell and Clayton Thyne, "Global Instances of Coups from 1950-Present,"*Journal of Peace Research*, Vol. 48, No. 2 (2011), pp. 249-259.

48. Roman Kolkowicz, *The Soviet Military and the Communist Party* (Princeton, NJ: Princeton University Press, 1967); Timothy J. Colton, *Commissars, Commanders, and Civilian Authority: The Structure of Soviet Military Politics* (Cambridge, MA: Harvard University Press, 1979); William Odom, "The Party-Military Connection: A Critique," in Dale R. Herspring and Ivan Volgyes, eds.,*Civil-Military Relations in Communist Systems* (Boulder, CO: Westview, 1978), pp. 27–52; Amos Perlmutter and William M. Leogrande, "The Party in Uniform: Toward a Theory of Civil-Military Relations in Communist Political Systems," *American Political Science Review*, Vol. 76, No. 4 (1982), pp. 778–789.

49. Perlmutter and Leogrande, "The Party in Uniform."

50. Odom, "The Party-Military Connection," p. 41. 我的論點包含其中一個意涵，即戰略中所反映的任何進攻偏好，應該是政黨的目標，而非軍隊自己的偏好。

51. 感謝Barry Posen建議這個詞。

52. Risa Brooks, *Shaping Strategy: The Civil-Military Politics of Strategic Assessment* (Princeton, NJ: Princeton University Press, 2008). Brooks的戰略評估概念包括將國家目標與軍隊能力整合，以及在決定是否參戰時，評估敵人的能力。

53. 與Brooks的差異是，社會主義國家的政治支配權（political dominance）能為軍隊創造自主權（autonomy）。Brooks認為，軍隊要必須擁有支配權，才能擁有自主權。

54. 這表示政黨團結是解釋社會主義國家制衡不足（underbalancing）的關鍵。有關制衡不足，請見Randall Schweller, *Unanswered Threats: Political Constraints on the Balance of Power* (Princeton, NJ: Princeton University Press, 2006).
55. Kenneth N. Waltz, *Theory of International Politics* (New York: McGraw-Hill, 1979), p. 127.
56. 根據社會學取徑和John Meyer關於制度同形化（institutional isomorphism）與跨國基準的研究，提出國家有其他的機制可以進行模仿與仿效。請參見Theo Farrell, "Transnational Norms and Military Development: Constructing Ireland's Professional Army," *European Journal of International Relations*, Vol. 7, No. 1 (2001), pp. 63–102.
57. 沃爾茲或許會回應說，開發中國家或軍事現代化比較晚的國家不屬於他所說的範圍，他的論點聚焦於「競爭國家」（contending states）或現存強權。然而，實際上，學者已經把這個論點套用於次級國家（secondary states）。請見João Resende-Santos, *Neorealism, States, and the Modern Mass Army* (New York: Cambridge University Pres, 2007).
58. 更詳盡請見同前；Barry Posen, "Nationalism, the Mass Army, and Military Power," *International Security*, Vol. 18, No. 2 (1993), pp. 80–124; Jeffrey W. Taliaferro, "State Building for Future War: Neoclassical Realism and the Resource Extractive State," *Security Studies*, Vol. 15, No. 3 (July 2006), pp. 464–495.
59. 有關國家對於軍事科技創新的各種回應，請見Horowitz, *The Diffusion of Military Power*; Goldman and Eliason, eds., *The Diffusion of Military Technology and Ideas*.
60. Stephen Biddle, *Military Power: Explaining Victory and Defeat in Modern Battle* (Princeton, NJ: Princeton University Press, 2004), pp. 28–51.
61. Resende-Santos, *Neorealism, States and the Modern Mass Army*; Posen, "Nationalism, the Mass Army, and Military Power."
62. 例如，一個國家在作戰層面發動戰爭的能力，以及試圖執行聯合兵種作戰的方式，在現代系統（modern system）的變數中變化極大。請見Robert Michael Citino, *Blitzkrieg to Desert Storm: The Evolution of Operational Warfare* (Lawrence: University Press of Kansas, 2004); House, *Combined Arms Warfare in the Twentieth Century*.
63. Resende-Santos, *Neorealism, States, and the Modern Mass Army*, p. 11.
64. Goldman and Eliason, eds., *The Diffusion of Military Technology and Ideas*; Horowitz, *The Diffusion of Military Power*.

65. Alexander L. George and Andrew Bennett, *Case Studies and Theory Development in the Social Sciences* (Cambridge, MA: MIT Press, 2005).
66. 有關過程追蹤，請見同前，pp. 205–232; Stephen Van Evera, *Guide to Methods for Students of Political Science* (Ithaca, NY: Cornell University Press, 1997), pp. 64–67; Henry E. Brady and David Collier, *Rethinking Social Inquiry: Diverse Tools, Shared Standards* (Lanham, MD.: Rowman & Littlefield, 2004), pp. 207–220; Andrew Bennett and Jeffrey T. Checkel, eds., *Process Tracing in the Social Sciences: From Metaphor to Analytic Tool* (New York: Cambridge University Press, 2014).
67. Zisk, *Engaging the Enemy*.
68. 鄧小平，《鄧小平論國防和軍隊建設》，北京：軍事科學出版社，一九九二，p.26。
69. 有關戰略方針，請見David M. Finkelstein, "China's National Military Strategy: An Overview of the 'Military Strategic Guidelines,' " in Andrew Scobell and Roy Kamphausen, eds., *Right Sizing the People's Liberation Army: Exploring the Contours of China's Military* (Carlisle, PA: Strategic Studies Institute, Army War College, 2007), pp. 69–140; M. Taylor Fravel, "The Evolution of China's Military Strategy: Comparing the 1987 and 1999 Editions of *Zhanlue Xue*," in David M. Finkelstein and James Mulvenon, eds., *The Revolution in Doctrinal Affairs: Emerging Trends in the Operational Art of the Chinese People's Liberation Army* (Alexandria, VA: Center for Naval Analyses, 2005), pp. 79–100.
70. 軍事科學院編著，《中國人民解放軍軍語》，北京：軍事科學出版社，二〇一一，p.50。
71. 美軍把戰略定義為「一個或一套審慎的想法，闡述如何協調整合地運用國家力量，以達成戰場、國家和／或跨國目標」（a prudent idea or set of ideas for employing the instruments of national power in a synchronized and integrated fashion to achieve theater, national, and/or multinational objectives.）。請見*Department of Defense Dictionary of Military and Associated Terms*, p. 518.
72. 軍事科學院編著，《中國人民解放軍軍語》，北京：軍事科學出版社，二〇〇一，p.51。
73. 王文榮編著，《戰略學》，北京：國防大學出版社，一九九九，p.136。
74. 軍事科學院編著，《中國人民解放軍軍語》，北京：軍事科學出版社，二〇〇一，p.51。

75. 王文榮主編，《戰略學》，北京：國防大學出版社，一九九九，pp.81-85；彭光謙、姚有志主編，《戰略學》，北京：軍事科學出版社，二〇〇一，pp.182-186；范震江、馬保安主編，《軍事戰略論》，北京：國防大學出版社，二〇〇七，pp.194-150。

76. 請見宋時輪，《宋時輪軍事文選（1958–1989）》，北京：軍事科學出版社，二〇〇七，頁二四二－二四五。

77. 江澤民，《江澤民文選》，第三卷，北京：人民出版社，二〇〇六，頁六〇八；《二〇〇四年中國的國防》，北京：國務院新聞辦公室，二〇〇四。

78. John L. Romjue, *From Active Defense to AirLand Battle: The Development of Army Doctrine, 1973–1982* (Fort Monroe, VA: Historical Office, US Army Training and Doctrine Command, 1984).

79. Colonel Alexander Alderson, "The Validity of British Army Counterinsurgency Doctrine After the War in Iraq 2003–2009," PhD dissertation, Cranfield University, Defence Academy College of Management and Technology, 2009, p. 93.

80. 袁偉、張卓主編，《中國軍校發展史》，北京：國防大學出版社，二〇〇一。

81. Patrick J. Garrity, *Why the Gulf War Still Matters: Foreign Perspectives on the War and the Future of International Security*, (Los Alamos: Center for National Security Studies, 1993).

82. 有關第二次世界大戰的軍事行動，請見Williamson Murray and Allan R. Millet, *A War To Be Won: Fighting the Second World War* (Cambridge, MA: Belknap Press of Harvard University Press, 2000).

83. 或許可以從反叛亂戰爭的常規作戰中發現戰爭（warfare）改變，但是可能僅限於某勤務或戰鬥兵種（limited to a service or combat arm）。

84. Biddle, *Military Power*; Citino, *Blitzkrieg to Desert Storm*; House, *Combined Arms Warfare in the Twentieth Century*; Trevor N. Dupuy, *Elusive Victory: The Arab-Israeli Wars, 1947–1974* (New York: Harper & Row, 1978); Stephen Biddle, "Victory Misunderstood: What the Gulf War Tells Us about the Future of Conflict," *International Security*, Vol. 21, No. 2 (Autumn 1996), pp. 139–179; Geoffrey Parker, ed., *The Cambridge History of Warfare* (New York: Cambridge University Press, 2005); Trevor N. Dupuy, *The Evolution of Weapons and Warfare* (Indianapolis: Bobbs-Merrill, 1980); Max Hastings and Simon Jenkins, *The*

Battle for the Falklands (New York: Norton, 1983); James F. Dunnigan, *How to Make War: A Comprehensive Guide to Modern Warfare in the Twenty-first Century*, 4th ed. (New York: William Morrow, 2003).

85. 近期關於中國派系政治的研究，請見Jing Huang, *Factionalism in Communist Chinese Politics* (New York: Cambridge University Press, 2000); Victor Shih, *Factions and Finance in China: Elite Conflict and Inflation* (Cambridge: Cambridge University Press, 2008).

86. 最高黨領導人相較於其它潛在對手或繼承人在中央委員會裡的派系大小，也可能是與不團結有關的指標。有關派系的分析，請見Victor Shih, Wei Shan, and Mingxing Liu, "Gauging the Elite Political Equilibirum in the CCP: A Quantitative Approach Using Biographical Data," *China Quarterly*, No. 201 (March 2010), pp. 29–103. 87. On the Chinese political system, see Kenneth Lieberthal, *Governing China: From Revolution Through Reform*, 2nd. ed. (New York: W. W. Norton, 2004). 88. Richard Baum, *Burying Mao: Chinese Politics in the Age of Deng Xiaoping* (Princeton, NJ: Princeton University Press, 1994); Joseph Fewsmith, *China Since Tiananmen: The Politics of Transition* (Cambridge: Cambridge University Press, 2001).

第二章　中共在一九四九年以前的軍事戰略

1. 如同Lyman Van Slyke所指出，中文「游擊」這兩個字就是結合「游移」（moving）和「打擊」（hitting）。請見Lyman P. Van Slyke, "The Battle of the Hundred Regiments: Problems of Coordination and Control during the Sino-Japanese War," *Modern Asian Studies*, Vol. 30, No. 4 (1996), p. 983.
2. 與會者包括周恩來、朱德、賀龍、聶榮臻、劉伯承等人。
3. 國防大學《戰史簡編》編寫組編，《中國人民解放軍戰史簡編》，二〇〇一修訂版，北京：解放軍出版社，二〇〇三，pp9-12。
4. 同前，p. 17.
5. 袁偉主編，《中國戰爭發展史》，北京：人民出版社，二〇〇一，pp. 842-847。
6. 請見Stephen C. Averill, *Revolution in the Highlands: China's Jinggangshan Base* (Lanham, MD: Rowman & Littlefield, 2006).

7. 國防大學《戰史簡編》編寫組編，《中國人民解放軍戰史簡編》，二〇〇一修訂版，北京：解放軍出版社，二〇〇三，pp. 58–66；袁偉主編，《中國戰爭發展史》，北京：人民出版社，二〇〇一，pp. 837–851.
8. 有關當時解放軍將領的簡要生平，請見 William W. Whitson and Zhenxia Huang, *The Chinese High Command: A History of Communist Military Politics, 1927–71* (New York: Praeger, 1973), pp. 224–74.
9. 同前。
10. 國防大學《戰史簡編》編寫組編，《中國人民解放軍戰史簡編》，二〇〇一修訂版，北京：解放軍出版社，二〇〇三，p. 58.
11. 同前。
12. 關於戰役，請見 Whitson and Huang, *The Chinese High Command*, pp. 268–279; Edward L. Dreyer, *China at War, 1901–1949* (New York: Routledge, 1995), pp. 160–162；國防大學《戰史簡編》編寫組編，《中國人民解放軍戰史簡編》，二〇〇一修訂版，北京：解放軍出版社，二〇〇三，p. 68-70。
13. Dreyer, *China at War*, pp. 162–164；國防大學《戰史簡編》編寫組編，pp. 70–73.
14. Dreyer, *China at War*, p. 164.
15. 有關戰役，請見 Whitson and Huang, *The Chinese High Command*, pp. 270–272; Dreyer, *China at War*, pp. 162–164；國防大學《戰史簡編》編寫組編，《中國人民解放軍戰史簡編》，pp. 70–73.
16. Dreyer, *China at War*, p. 165；國防大學《戰史簡編》編寫組編，《中國人民解放軍戰史簡編》，p. 74.
17. William Wei, *Counterrevolution in China: The Nationalists in Jiangxi during the Soviet Period* (Ann Arbor: University of Michigan Press, 1985), pp. 46–47.
18. 有關戰役，請見 Whitson and Huang, *The Chinese High Command*, pp. 272–274; Dreyer, *China at War*, pp. 165–168；國防大學《戰史簡編》編寫組編，《中國人民解放軍戰史簡編》，pp. 73–75.
19. 袁偉主編，《中國戰爭發展史》，北京：人民出版社，二〇〇一，p. 854.

20. Tony Saich, ed., *The Rise to Power of the Chinese Communist Party: Documents and Analysis* (New York: Routledge, 2015), p. 563.
21. 中央檔案館編，《中國中央文件選集》，第八卷，北京：中央黨校出版社，一九九一，p. 236.
22. Stuart R. Schram, ed., *Mao's Road to Power*, Vol. 4 (The Rise and Fall of the Chinese Soviet Republic, 1931–1934) (Armonk, NY: M. E. Sharpe, 1997), pp. li–lxiii.
23. 逄先知主編，《毛澤東年譜，1893–1949（上）》，北京：中央文獻出版社，二〇一三，p. 389.
24. 《毛澤東選集》，第一卷，第二版，北京：人民出版社，一九九一，p. 203.。
25. Dreyer, *China at War*, p. 187.
26. Whitson and Huang, *The Chinese High Command*, pp. 275–277; Dreyer, *China at War*, pp. 187–189；國防大學《戰史簡編》編寫組編，《中國人民解放軍戰史簡編》，pp. 101–103.
27. 進一步更詳盡的記述，請見Wei, *Counterrevolution in China*, pp. 101–125.
28. 同前，p. 106.
29. 國防大學《戰史簡編》編寫組編，《中國人民解放軍戰史簡編》，pp. 105–106.
30. Dreyer, *China at War*, p. 194.
31. 有關戰役，請見Whitson and Huang, *The Chinese High Command*, pp. 278–281; Dreyer, *China at War*, pp. 190–194；國防大學《戰史簡編》編寫組編，《中國人民解放軍戰史簡編》，pp. 104–109.
32. 近期有關長征的分析，請見Shuyun Sun, *The Long March: The True History of Communist China's Founding Myth* (New York: Anchor Books, 2008).
33. 只有毛澤東的年譜有記載他的這次演說。逄先知主編，《毛澤東年譜，1893–1949（上）》，北京：中央文獻出版社，二〇一三，p. 442。毛澤東的想法被整合進這次會議的決議。請見中央檔案館編，《中國中央文件選集》，第十卷（1934–1935），北京：中央黨校出版社，一九九一，p. 454。
34. 毛澤東，《毛澤東選集》，第一卷，pp. 170–244.

35. 同前，pp. 189, 190.
36. 同前，p. 197.
37. 同前，p. 230.
38. 同前，p. 196.
39. 同前，p. 230.
40. 毛澤東，《毛澤東軍事文選》，第一卷，北京：軍事科學出版社，一九九三，pp. 413–421.
41. 同前，p. 413.
42. 同前。
43. 到一九三六年年底，也就是一年後，中共希望把紅軍增加到二十萬人，包括把陝西的軍隊增加到五萬人。
44. 國防大學《戰史簡編》編寫組編，《中國人民解放軍戰史簡編》，p. 254.
45. 官方論述如前述；壽曉松主編，《中國人民解放軍八十年大事記》，北京：軍事科學出版社，二〇〇七。pp. 114–116.
46. 國防大學《戰史簡編》編寫組編，《中國人民解放軍戰史簡編》，p. 254；壽曉松主編，《中國人民解放軍八十年大事記》，p. 115.
47. 壽曉松主編，《中國人民解放軍八十年大事記》，p. 115. 也可參見陳福榮、曾鹿平，〈洛川會議軍事分歧探析〉，《延安大學學報（社會科學版）》，Vol.28, No. 5 (2006): 13–15.
48. 毛澤東《毛澤東軍事文選》，全六卷，北京：軍事科學出版社，一九九三，pp. 44–45, 53–54.
49. 壽曉松主編，《中國人民解放軍八十年大事記》，p. 115.
50. 毛澤東，《毛澤東文選》，第二卷，北京：人民出版社，一九九三，p. 441.
51. 這些文章包括〈抗日游擊戰爭的戰略問題〉與〈論持久戰〉。請見《毛澤東選集》，第二卷，第二版，北京：人民出版社，一九九一，pp. 404–438, 439–518.
52. 國防大學《戰史簡編》編寫組編，《中國人民解放軍戰史簡編》，p. 357.
53. Dreyer, *China at War*, p. 252.

54. 同前，p. 253.
55. Lyman P. Van Slyke, "The Chinese Communist Movement During the Sino-Japanese War, 1937–1945," *The Nationalist Era in China, 1927–1949* (Ithaca, NY: Cornell University Press, 1991), p. 189.
56. Whitson and Huang, *The Chinese High Command*, p. 68.
57. 有關更多動機的完整論述，請見Van Slyke, "The Battle of the Hundred Regiments," pp. 979–1005.
58. 之所以稱為「百團大戰」，是因為第八路軍在這次攻擊行動中出動一百零五個團。
59. 國防大學《戰史簡編》編寫組編，《中國人民解放軍戰史簡編》，p. 365.
60. Whitson and Huang, *The Chinese High Command*, p. 71; Van Slyke, "The Battle of the Hundred Regiments," p. 1000.
61. Dreyer, *China at War*, p. 253.
62. Van Slyke, "The Chinese Communist Movement During the Sino-Japanese War," p. 189.
63. 同前，p. 277.
64. 同前。
65. 國防大學《戰史簡編》編寫組編，《中國人民解放軍戰史簡編》，pp. 517–518.
66. 劉少奇，《劉少奇選集》，第一卷，北京：人民出版社，一九八一，p. 372.
67. Steven I. Levine, *Anvil of Victory: The Communist Revolution in Manchuria, 1945–1948* (New York: Columbia University Press, 1987).
68. 更詳盡的討論請見Christopher R. Lew, *The Third Chinese Revolutionary Civil War, 1945–49: An Analysis of Communist Strategy and Leadership* (New York: Routledge, 2009), pp. 20–34.
69. 國防大學《戰史簡編》編寫組編，《中國人民解放軍戰史簡編》，pp. 517–518.
70. 毛澤東，《毛澤東選集》，第四卷，第二版，北京：人民出版社，一九九一，p. 1187.
71. 同前，p. 1372.
72. 毛澤東，《毛澤東軍事文選》，第三卷，北京：軍事科學出版社，一九九三，pp. 482–485.

73. Lew, *The Third Chinese Revolutionary Civil War*, pp. 62–66.
74. 國防大學《戰史簡編》編寫組編，《中國人民解放軍戰史簡編》，pp. 558–559.
75. Dreyer, *China at War*, p. 253.
76. 中央檔案館編，《中國中央文件選集》，第十六卷（1946–1947）北京：中央黨校出版社，一九九一，p. 454，pp. 475–476.
77. 毛澤東，《毛澤東選集》，第四卷，pp. 1229–1234.
78. Odd Arne Westad, *Decisive Encounters: The Chinese Civil War, 1946–1950* (Stanford, Calif.Stanford University Press, 2003), pp. 168–172；國防大學《戰史簡編》編寫組編，《中國人民解放軍戰史簡編》，pp. 561–574; Lew, *The Third Chinese evolutionary Civil War*, pp. 75–85.
79. 國防大學《戰史簡編》編寫組編，《中國人民解放軍戰史簡編》，pp. 595–596.
80. Westad, *Decisive Encounters*, pp. 192–199；國防大學《戰史簡編》編寫組編，《中國人民解放軍戰史簡編》，pp. 596–602; Lew, *The Third Chinese Revolutionary Civil War*, pp. 108–114.
81. 國防大學《戰史簡編》編寫組編，《中國人民解放軍戰史簡編》，pp. 602–603; Lew, *The Third Chinese Revolutionary Civil War*, p. 116.
82. Westad, *Decisive Encounters*, pp. 199–211；國防大學《戰史簡編》編寫組編，《中國人民解放軍戰史簡編》，pp. 602–607; Lew, *The Third Chinese Revolutionary Civil War*, pp. 114–123.
83. 國防大學《戰史簡編》編寫組編，《中國人民解放軍戰史簡編》，pp. 607–611; Lew, *The Third Chinese Revolutionary Civil War*, pp. 123–129.
84. 一九三三年七月，周恩來說黨領導階層發來一封電報，說明中央蘇區的軍事作戰「戰略方針」。請見周恩來，《周恩來軍事文選》，第一卷，北京：人民出版社，一九九七，p. 302.
85. 中央檔案館編，《中國中央文件選集》，第十卷（1934–1935）北京：中央黨校出版社，一九九一，pp. 441–444.
86. 同前，pp. 441–442.

87. 同前，p. 460.
88. 中央檔案館編，《中國中央文件選集》，第十卷（1934–1935，p. 589.
89. 國防大學《戰史簡編》編寫組編，《中國人民解放軍戰史簡編》，p. 341. 這是「鞏固南方，決鬥東方，發展北方」。
90. 同前，p. 342.
91. 彭德懷，《彭德懷軍事文選》，北京：中央文獻出版社，一九八八，p. 587.
92. 王文榮主編，《戰略學》，北京：國防大學出版社，一九九九，pp. 136–139；高銳編，《戰略學》，北京：軍事科學出版社，一九八七，pp. 81–85；彭光謙、姚有志主編，《戰略學》，北京：軍事科學出版社，二〇〇一，pp. 182–186；范震江、馬保安主編，《軍事戰略論》，北京：國防大學出版社，二〇〇七，pp. 149–150.
93. 毛澤東，《毛澤東文集》，第一卷，北京：人民出版社，一九九三，pp. 376–382.
94. 同前，p. 379.
95. 毛澤東，《毛澤東文集》，第一卷，p. 56。雖然這句話出現在毛澤東的選集裡，但是朱德當時是軍隊指揮官，可能是他想出這個策略。請見牟蕾，〈遊擊戰爭「十六字訣」的形成與發展〉，《光明日報》，2017.12.13，p. 11。解放軍的資料將此共同歸於毛澤東與朱德，請見壽曉松主編，《中國人民解放軍的八十年（1927–2007）》，p. 27.
96. 軍事科學院主編，《中國人民解放軍軍語》，二〇〇一版，北京：軍事科學出版社，二〇〇一，p. 52.
97. 彭光謙、姚有志主編，《戰略學》，pp. 453–454.
98. 毛澤東，《毛澤東文集》，第二卷，p. 152.
99. 毛澤東，《毛澤東軍事文選》，第一卷，北京：軍事科學出版社，一九九三，p. 181.
100. 下述此分類法大致根據黃介正（Alexander Chieh-cheng Huang）的理論。Alexander Chieh-cheng Huang, "Transformation and Refinement of Chinese Military Doctrine: Reflection and Critique on the PLA's View,"in James Mulvenon and Andrew N. D. Yang, eds., *Seeking Truth From Facts: A Retrospective on Chinese Military Studies in the Post-Mao Era* (Santa Monica, CA: RAND, 2001), p. 132.
101. 毛澤東，《毛澤東選集》，第二版，第四卷，北京：人民出版社，一九九一，pp. 1038–1041.

102. 同前，pp. 12–44.
103. 同前，pp. 170–244.
104. Saich, ed., *The Rise to Power of the Chinese Communist Party*, p. 560.
105. 毛澤東，《毛澤東選集》，第二卷，p. 477.
106. 同前，p. 511.
107. 同前，p. 480.
108. 軍事科學院對於人民戰爭的近期討論摘要，請見袁德金，《毛澤東軍事思想教程》，北京：軍事科學出版社，二〇〇〇，pp. 135–158.
109. Suzanne Pepper, *Civil War in China: The Political Struggle, 1945–1949* (Lanhan, MD: Rowman & Littlefield, 1999), p. 292.
110. William Wei, "Power Grows Out of the Barrel of a Gun: Mao and Red Army," in David A. Graff and Robin Higham, eds., *A Military History of China* (Lexington: University Press of Kentucky, 2012), pp. 234–236.
111. 同前，p. 234.
112. Lin Piao, "Long Live the Victory of People's War," *Peking Review*, No. 36 (September 3 1965), pp. 9–20.
113. Ralph L. Powell, "Maoist Military Doctrines," *Asian Survey*, Vol. 8, No. 4 (April 1968), pp. 239–262.
114. 請參見Harlan W. Jencks, "People's War under Modern Conditions: Wishful Thinking, National Suicide, or Effective Deterrent?," *China Quarterly*, No. 98 (June 1984), pp. 305–319.
115. Dennis Blasko（卜思高）, "The Evolution of Core Concepts: People's War, Active Defense, and Offshore Defense," in Roy Kamphausen, David Lai and Travis Tanner, eds., *Assessing the People's Liberation Army in the Hu Jintao Era* (Carlisle, PA: Strategic Studies Institute, Army War College, 2014), pp. 81–128.
116. 軍事科學院主編，《中國人民解放軍軍語》，p. 47.
117. Dennis Blasko, "China's Evolving Approach to Strategic Deterrence," in Joe McReynolds（麥克雷諾茲）, ed., *China's Evolving Military Strategy* (Washington, DC: Jamestown Foundation, 2016), p. 349.

118. 軍事科學院主編，《中國人民解放軍軍語》，p. 8.
119. 同前，p. 5.
120. 同前。
121. 同前，p. 190.
122. 同前。
123. 有關中國的地緣政治環境，請見Andrew J. Nathan and Robert S. Ross, *The Great Wall and the Empty Fortress: China's Search for Security* (New York: W. W. Norton, 1997).
124. 有關中國的領土爭議，請見M. Taylor Fravel, *Strong Borders, Secure Nation: Cooperation and Conflict in China's Territorial Disputes* (Princeton, NJ: Princeton University Press, 2008).
125. 有關中國與台灣，見戈迪溫（Steven M. Goldstein）, *Chin and Taiwan* (Cambridge: Polity, 2015).
126. He Di, "The Last Campaign to Unify China: The CCP's Unrealized Plan to Liberate Taiwan, 1949–1950,"in Mark A. Ryan, David M. Finkelstein and Michael A. McDevitt, eds., *Chinese Warfighting: The PLA Experience Since 1949* (Armonk, NY: M. E. Sharpe, 2003), pp. 73–90.
127. 有關中國參與韓戰，請見Allen S. Whiting, *China Crosses the Yalu: The Decision to Enter the Korean War* (New York: Macmillan, 1960); Chen Jian, *China's Road to the Korean War: The Making of the Sino-American Confrontation* (New York: Columbia University Press, 1994); Thomas J. Christensen, *Worse Than a Monolith: Alliance Politics and Problems of Coercive Diplomacy in Asia* (Princeton, NJ: Princeton University Press, 2011), pp. 28–108.
128. 有關授權（delegation）請見Whitson and Huang, *The Chinese High Command*, p. 466.
129. 關於林彪時期人民解放軍在東北的發展，請見Harold M. Tanner, *Where Chiang Kai-shek Lost China: The Liao-Shen Campaign, 1948* (Bloomington: Indian University Press, 2015); Chen Li, "From Burma Road to 38th Parallel: The Chinese Forces' Adaptation in War, 1942–1953,"PhD thesis, Faculty of Asian and Middle Eastern Studies, Cambridge University, 2012.

第三章 一九五六年的戰略

1. 請參見David Shambaugh, *Modernizing China's Military: Progress, Problems, and Prospects* (Berkeley, CA: University of California Press, 2002), p. 60; Ka Po Ng, *Interpreting China's Military Power* (New York: Routledge, 2005), pp. 58–59.
2. 張震，《張震回憶錄（下）》，北京：解放軍出版社，二〇〇三，p. 364。張震從一九九二年到一九九七年擔任中央軍委副主席。
3. 彭德懷，《彭德懷軍事文選》，北京：中央文獻出版社，一九八八，p. 601.
4. 王焰主編，《彭德懷傳》，北京：當代中國出版社，一九九三，p. 537.
5. 同前，p. 538.
6. 尹啟明、程亞光，《第一任國防部長》，廣州：廣東教育出版社，一九九七，p. 46；于化民、胡哲峰，《當代中國軍事思想史》，開封：河南大學出版社，一九九九，p. 180.
7. 彭德懷，《彭德懷軍事文選》，pp. 584–601.
8. Jiang Jiantian，〈我軍戰鬥條令體系的形成〉，《解放軍報》，2000.07.16。除非另有注明，否則出自《解放軍報》的所有文章皆來自《解放軍報》的EastView資料庫。
9. 周軍、周兆和，〈人民解放軍第一代戰鬥條令形成初探〉，《軍事歷史》，No. 1 (1996): 25–27；Ren Jian（軍事科學院作戰理論和條令研究部），《作戰條令概論》，北京：軍事科學出版社，二〇一六，pp. 38–43.
10. 軍隊編組的其中一個相關要素是建立後備部隊和發展戰時動員計畫，因為彭德懷試圖縮小常備部隊，所以他想要建立足夠的後備部隊，能夠在中國遭到攻擊時動員。
11. 所有示意圖出處皆來自壽曉松主編，《中國人民解放軍的八十年（1927–2007）》，北京：軍事科學出版社，二〇〇七，p. 339.
12. 同前，p. 338.
13. 〈訓練總監部頒發新的訓練大綱〉，《解放軍報》，1958.01.16。

14. 馬曉天、趙可銘編著，《中國人民解放軍國防大學史：第二卷（1950–1985）》，北京：國防大學出版社，二〇〇七。
15. Jin Ye，〈憶遼東半島抗登陸戰役演習〉，收錄於徐惠滋編，《總參謀部：回憶史料》，北京：解放軍出版社，一九九五，pp. 456–462.
16. 壽曉松主編，《中國人民解放軍八十年大事記》，p. 345.
17. 粟裕，《粟裕文選》，第三卷，北京：軍事科學出版社，二〇〇四，p. 57.
18. 同前，p. 58.
19. 齊德學主編，《抗美援朝戰爭史》，第三卷，北京：軍事科學出版社，二〇〇〇，p. 555. 此外，亦可見Chen Li, "From Civil War Victor to Cold War Guard: Positional Warfare in Korea and the Transformation of the Chinese People's Liberation Army, 1951–1953," *Journal of Strategic Studies*, Vol. 38, No. 1–2 (2015), pp. 138–214.
20. 齊德學主編，《抗美援朝戰爭史》，第三卷，p. 555. 亦可見Li, "From Civil War Victor to Cold War Guard," pp. 183–214.
21. 這是依據估算約莫四十萬名中國兵員死亡，約莫三萬七千名美國兵員死亡。有關中國死傷數的估計，見Michael Clodfelter, *Warfare and Armed Conflicts: A Statistical Refernce to Casualty and Other Figures, 1500–2000* (Jefferson, NC: MacFarland, 2002), p. 173.
22. 齊德學主編，《抗美援朝戰爭史》，第三卷，p. 552.
23. 彭德懷，《彭德懷軍事文選》，p. 492.
24. 有關空軍的角色，請見張震，張震，《張震回憶錄（上）》，北京：解放軍出版社，二〇〇三。徐焰，《第一次較量：抗美援朝戰略的歷史回顧與分析》，北京：中國廣播電視出版社，一九九八。壽曉松主編，《中國人民解放軍八十年大事記》，pp. 306–329.
25. 齊德學主編，《抗美援朝戰爭史》，第三卷，p. 552.
26. 同前。
27. 粟裕，《粟裕文選》，第三卷，p. 151.
28. 葉劍英，《葉劍英軍事文選》，北京：解放軍出版社，一九九七，pp. 244–265；粟裕，《粟裕文選》，第三卷，pp.

164–171.

29. 有關核子革命的啟示，可參見粟裕，《粟裕文選》，第三卷，pp. 164–171.

30. Frederick C. Teiwes, "The Establishment and Consolidation of the New Regime," in Roderick MacFarquhar, ed., *The Politics of China: The Eras of Mao and Deng* (Cambridge: Cambridge University Press, 1997), p. 8.

31. 同前，pp. 45–50.

32. 除了Teiwes之外，亦可參考Avery Goldstein, *From Bandwagon to Balance-of-Power Politics: Structural Constraints and Politics in China, 1949–1978* (Stanford, CA: Stanford University Press, 1991).

33. 這個段落參考了Teiwes, "The Establishment and Consolidation of the New Regime," pp. 5–15.

34. 毛澤東，《毛澤東文集》，第五卷，北京：人民出版社，一九九六，p. 345。

35. Teiwes, "The Establishment and Consolidation of the New Regime," pp. 28–42.

36. 韓懷智、譚旌樵主編，《當代中國軍隊的軍事工作（上）》，北京：中國社會科學出版社，一九八九，pp. 276–319。

37. 有關公安武力的詳盡歷史，請見Xuezhi Guo, *China's Security State: Philosophy, Evolution, and Politics* (New York: Cambridge University Press, 2012).

38. 王焰主編，《彭德懷傳》，pp. 494–495.

39. 王焰主編，《彭德懷年譜》，北京：人民出版社，一九九八，p. 530.

40. 其他的委員為朱德、彭德懷、林彪、劉伯承、賀龍、陳毅、羅榮桓、徐向前、聶榮臻、葉劍英。有關這個時期的中央軍委，請見Nan Li, "The Central Military Commission and Military Policy in China," in James Mulvenon and Andrew N. D. Yang, eds., *The People's Liberation Army as Organization: V 1.0., Reference Volume* (Santa Monica, CA: RAND, 2002), pp. 45–94; David Shambaugh, "Building the Party-State in China, 1949–1965: Bringing the Soldier Back In," in Timothy Cheek and Tony Saich, eds., *New Perspectives on State Socialism in China* (Armonk, NY: M. E. Sharpe, 1997), pp. 125–150. 從一九四九年到一九五四年，中央軍委被稱為「中央人民政府人民革命軍事委員會」，因為裡頭有些成員並非中國共產黨黨員（大多是國民黨的前將軍）。一九五四年九月，這個組織改名為「中華人民共和國國防委員會」，屬於政府機關，

而中國共產黨中央委員會之下另創新的中央軍委，成員全都是中國共產黨黨員。

41. 王焰主編，《彭德懷年譜》，p. 577.
42. 黃克誠，〈回憶五十年代在軍委、總參工作的情況〉，收錄於徐惠滋編，《總參謀部：回憶史料》，北京：解放軍出版社，一九九五，p. 328.
43. 這是根據這段期間的中央軍委擴大會議紀錄，可取得的我都讀過了，沒有記載毛澤東曾經出席。毛澤東極有可能早從一九五二年起，就不再參加這些會議。
44. 黃克誠，〈回憶五十年代在軍委、總參工作的情況〉，p. 328.
45. 張震，《張震回憶錄（上）》，北京：解放軍出版社，二〇〇三，p. 473。張震曾任總參謀部作戰部部長。
46. 同前，p. 474.
47. 粟裕，《粟裕文選》，第三卷，pp. 71–75.
48. 同前，p. 75.
49. 同前，p. 73.
50. 朱楹主編，《粟裕傳》，北京：當代中國出版社，二〇〇〇，pp. 868–869.
51. 張震，《張震回憶錄（上）》，p. 476。這套計畫從未公開頒布。
52. 壽曉松主編，《中國人民解放軍軍史》，第四卷，北京：軍事科學出版社，二〇一一，p. 296。有關美國—國民黨的聯合攻擊，請見張震，《張震回憶錄（上）》，p. 475.
53. 壽曉松主編，《中國人民解放軍軍史》，第四卷，pp., 296, 299.
54. 同前，p. 299.
55. 張震，《張震回憶錄（上）》，p. 476.
56. 僅指步兵部隊，不含炮兵、裝甲、工程和公安部隊。韓戰啟動和談後，就在一九五一年採取最初的決定，縮減軍隊。見壽曉松主編，《中國人民解放軍軍史》，第四卷，p. 286.
57. 張震，《張震回憶錄（上）》，p. 476.

58. 壽曉松主編，《中國人民解放軍軍史》，第四卷，pp. 297–299.
59. 張震，《張震回憶錄（上）》，p. 476. 每個師由三個步兵團、一個炮兵團、一個戰車團、一個反戰車營、一個防空營組成。見壽曉松主編，《中國人民解放軍軍史》，第四卷，p. 297.
60. 張震，《張震回憶錄（上）》，pp. 476–477.
61. 尹啟明、程亞光，《第一任國防部長》，p. 140.
62. 同前，p. 141.
63. 壽曉松主編，《中國人民解放軍軍史》，第四卷，Vol. 4, p. 336.
64. 王焰主編，《彭德懷年譜》，p. 557.
65. 同前，p. 558.
66. 同前，p. 560.
67. 彭德懷，《彭德懷軍事文選》，p. 476.
68. 王焰主編，《彭德懷年譜》，p. 563. 包括黃克誠、林彪、陳毅與高崗。
69. 彭德懷，《彭德懷軍事文選》，p. 474.
70. 同前，p. 470. 彭德懷也批判「有些同志……太過急於想成功，缺乏耐心」。
71. 同前，p. 472.
72. 同前，p. 498.
73. 同前。
74. 壽曉松主編，《中國人民解放軍的八十年（1927–2007）》，p. 331.
75. 壽曉松主編，《中國人民解放軍軍史》，第五卷，北京：軍事科學出版社，二〇一一，p. 116.
76. 彭德懷，《彭德懷軍事文選》，p. 500.
77. 同前，p. 501.
78. 同前，p. 500.

79. 壽曉松主編，《中國人民解放軍軍史》，第五卷，pp. 43–60.
80. 謝國鈞主編，《軍旗飄飄——新中國50年軍事大事述實》，北京：解放軍出版社，一九九九，p. 175; Shou Xiaosong, ed., 壽曉松主編，《中國人民解放軍軍史》，第五卷，pp. 5, 10.
81. 謝國鈞主編，《軍旗飄飄——新中國50年軍事大事述實》，p. 175.
82. 同前。
83. 壽曉松主編，《中國人民解放軍的八十年（1927–2007）》，p. 338；聶榮臻，《聶榮臻軍事文選》，北京：解放軍出版社，一九九二，p. 381.
84. 壽曉松主編，《中國人民解放軍的八十年（1927–2007）》，p. 338.
85. 有關這些論點，請見葉劍英，《葉劍英軍事文選》，pp. 269–270.
86. 劉繼賢，《葉劍英年譜》，第二卷，北京：中央文獻出版社，二〇〇七，p. 818.
87. 葉劍英，《葉劍英軍事文選》，p. 268.
88. 壽曉松主編，《中國人民解放軍軍史》，第五卷，pp. 70–71.
89. 同前，p. 71.
90. Jin Ye，〈憶遼東半島抗登陸戰役演習〉，p. 453.
91. 葉劍英，《葉劍英軍事文選》，p. 271.
92. 彭德懷，《彭德懷軍事文選》，p. 528.
93. 同前，p. 531.
94. 同前，p. 530.
95. 同前。
96. 同前，p. 531.
97. 同前，p. 532.
98. 同前。

99. 同前，pp. 532-533.
100. 雖然此次為全國代表會議（conference），但不可與中國共產黨全國代表大會（簡稱：中共黨代會，party congress）及全國人民代表大會（簡稱：全國人大National People's Congress）相混淆。此次會議主要是為了討論「第一次五年計劃」、肅清高崗及饒漱石，以及產生中央監察委員會。
101. 同前。
102. 毛澤東，《建國以來毛澤東軍事文稿》，第二卷，北京：軍事科學出版社，二〇一〇，p. 265.
103. 尹啟明、程亞光，《第一任國防部長》，p. 43.
104. 王焰主編，《彭德懷傳》，p. 535. 亦可見陳浩良，〈彭德懷對於新中國積極防禦戰略方針形成的貢獻〉，《軍事歷史》No. 2 (2003) p. 44.
105. 引述自尹啟明、程亞光，《第一任國防部長》p. 43.，另可見逄先知、馮蕙編，《毛澤東年譜，1949–1976》，第二卷，北京：中央文獻出版社，二〇一三，p. 368.
106. 王亞志、沈志華、李丹慧，《彭德懷軍事參謀的回憶：1950年代中蘇軍事關係見證》，上海：復旦大學出版社，二〇〇九，p. 142.
107. 同前。
108. 同前。
109. 毛澤東，《建國以來毛澤東軍事文稿》，第二卷，p. 292.
110. 鄭文翰，《秘書日記裏的彭老總》，北京：軍事科學出版社，一九九八，pp. 69, 71, 76, 80. 粟裕的年譜由他的秘書朱楹所彙編，年譜指出，粟裕對於戰略的想法與建議，形成了這套戰略方針的基礎。見朱楹、溫鏡湖，《粟裕年譜》，北京：當代中國出版社，二〇〇六，pp. 593–594.
111. 壽曉松主編，《中國人民解放軍軍史》，第五卷，p. 106.
112. 彭德懷的報告沒有公開出版，但是在幾處原始資料中有記載與摘錄。請見王焰主編，《彭德懷傳》，pp. 536–538；尹啟明、程亞光，《第一任國防部長》，pp. 40–47；王亞志、沈志華、李丹慧，《彭德懷軍事參謀的回憶：1950年代中蘇軍事關係見證》，pp. 142–144；壽曉松主編，《中國人民解放軍軍史》，第五卷，pp. 105–113. 彭德懷在一九五七年的一場演說中，向國防委員會闡述這套戰略的精髓，談論軍隊建設。見彭德懷，《彭德懷軍事文選》，pp. 584–601. 最後，許世友針對方針的內容有詳盡的總結，見許世友，《許世友軍事文選》，北京：軍事科學出版社，二〇一三，pp. 390–420.

113. 毛澤東，《建國以來毛澤東軍事文稿》，第二卷，p. 303.
114. 尹啟明、程亞光，《第一任國防部長》，p. 45.
115. 彭德懷，《彭德懷軍事文選》，p. 587.
116. 同前。
117. 同前，pp. 587–588.
118. 有關萬隆會議（Bandung Conference），請見John W. Garver, *China's Quest: The History of the Foreign Relations of the People's Republic* (New York: Oxford University Press, 2016), pp. 92–112.
119. 引述自王焰主編，《彭德懷傳》，p. 537.
120. 彭德懷，《彭德懷軍事文選》，p. 588.
121. 引述自王焰主編，《彭德懷傳》，p. 537.
122. 引述自前注，p. 538.
123. 彭德懷，《彭德懷軍事文選》，pp. 588–589；壽曉松主編，《中國人民解放軍軍史》，第五卷，p. 108. 亦請見許世友，《許世友軍事文選》，p. 393.
124. 彭德懷，《彭德懷軍事文選》，p. 589.
125. 同前，p. 590.
126. 許世友，《許世友軍事文選》，p. 394.
127. 尹啟明、程亞光，《第一任國防部長》，p. 46.
128. 許世友，《許世友軍事文選》，p. 395.

129. 同前。
130. 同前，p. 399.
131. 引述自同前，p. 403.
132. 尹啟明、程亞光，《第一任國防部長》，pp. 46–47.
133. 許世友，《許世友軍事文選》，p. 398；壽曉松主編，《中國人民解放軍軍史》，第五卷，
134. 許世友，《許世友軍事文選》，p. 398.
135. 壽曉松主編，《中國人民解放軍軍史》，第五卷，p. 109.
136. 尹啟明、程亞光，《第一任國防部長》，p. 47.
137. 彭德懷，《彭德懷軍事文選》，p. 591.
138. 尹啟明、程亞光，《第一任國防部長》，p. 47.
139. 同前。
140. 同前。
141. 壽曉松主編，《中國人民解放軍軍史》，第五卷，p. 109.
142. 王焰主編，《彭德懷傳》，p. 538；壽曉松主編，《中國人民解放軍軍史》，第五卷，pp. 111–112；尹啟明、程亞光，《第一任國防部長》，pp. 47–48.
143. 尹啟明、程亞光，《第一任國防部長》，p. 47.
144. 彭德懷，《彭德懷軍事文選》，p. 599.
145. 尹啟明、程亞光，《第一任國防部長》，p. 48.
146. 王焰主編，《彭德懷傳》，p. 538.
147. 根據一份權威性的原始資料，「第一次用戰略概念完整闡述（中國）海軍戰略思想」，是一九八〇年代明確提出「近海防禦」。見秦天、霍小勇主編，《中華海權史論》，北京：國防大學出版社，二〇〇〇，p. 300.
148. 房功利、楊學軍、相偉，《中國人民解放軍海軍60年》，青島：青島出版社，二〇〇九，p. 106. 有關這場會議的敘

述，請見蕭勁光，《蕭勁光回憶錄（續集）》，北京：解放軍出版社，一九八九，pp. 135–145。蕭勁光曾任海軍司令員。

149. 房功利、楊學軍、相偉，《中國人民解放軍海軍60年》，p. 107.

150. 尹啟明、程亞光，《第一任國防部長》，p. 78.

151. 王亞志、沈志華、李丹慧，《彭德懷軍事參謀的回憶：1950年代中蘇軍事關係見證》，上海：復旦大學出版社，二○○九，p. 115；沈志華，《蘇聯專家在中國》，北京：中國國際廣播出版社，二○○三，pp. 407–408.

152. 王焰編，《彭德懷年譜》，p. 637.

153. 王亞志、沈志華、李丹慧，《彭德懷軍事參謀的回憶：1950年代中蘇軍事關係見證》，p. 140.

154. 尹啟明、程亞光，《第一任國防部長》，p. 82.

155. 同前。

156. 例如，一九五二年九月彭德懷造訪莫斯科，蘇聯建議中國購買以B-29設計為原型的T-4轟炸機，即便B-29曾經在韓國被蘇聯的Mig-15擊落。當時蘇聯已經開始製造Tu-16噴射推進轟炸機，但是卻拒絕販售這款轟炸機。同前，p. 87.

157. 當然，中國缺乏資源，無法執行蘇聯的戰略，尤其是核武器。然而，這證明了關於仿效論述的解釋性有所限制，或許比較適用於擁有類似物質資源的國家。

158. 有關這些會議，請見王焰主編，《彭德懷傳》，pp. 535–536；尹啟明、程亞光，《第一任國防部長》，pp. 43–44；王亞志、沈志華、李丹慧，《彭德懷軍事參謀的回憶：1950年代中蘇軍事關係見證》，pp. 130–131.

159. 劉曉，《出使蘇聯八年》，北京：中共黨史資料出版社，一九八六，p. 13.

160. 王亞志、沈志華、李丹慧，《彭德懷軍事參謀的回憶：1950年代中蘇軍事關係見證》，p. 130.

161. 同前，p. 131.

162. 同前。

163. 尹啟明、程亞光，《第一任國防部長》，p. 78.

164. 同前。

165. 王亞志、沈志華、李丹慧，《彭德懷軍事參謀的回憶：1950年代中蘇軍事關係見證》，p. 82。有關蘇聯取徑的描述，請見David M. Glantz, *The Military Strategy of the Soviet Union: A History* (London: Frank Cass, 1992).

166. Jin Ye，〈憶遼東半島抗登陸戰役演習〉。

167. 尹啟明、程亞光，《第一任國防部長》，p. 78.

168. 王亞志、沈志華、李丹慧，《彭德懷軍事參謀的回憶：1950年代中蘇軍事關係見證》，p. 125.

169. 劉伯承一九二七年在俄國的伏龍芝軍事學院（Frunze Military Academy）留學，在翻譯蘇聯軍事文件上扮演重要角色。劉伯承在國共內戰期間擔任第二野戰軍司令員，是公認的解放軍優秀將軍。有關劉伯承擔任翻譯的角色，見陳石平、成英，《軍事翻譯家劉伯承》，太原：書海出版社，一九八八。

170. 王焰編，《彭德懷年譜》，p. 628.

171. 同前，p. 637.

172. 粟裕被調到新開辦的軍事科學院。

173. 總後勤部吸收了總財務部和總軍械部，總政治部吸收了總幹部部。

174. 壽曉松主編，《中國人民解放軍的八十年（1927–2007）》，p. 336.

175. 王焰主編，《彭德懷傳》，p. 544.

176. 實際上，尤其是在比較高層的單位，雙長職務經常由同一個人擔任。彭德懷在韓國同時擔任中國軍隊的司令員與政委。

177. 尹啟明、程亞光，《第一任國防部長》，p. 93.

178. 王亞志、沈志華、李丹慧，《彭德懷軍事參謀的回憶：1950年代中蘇軍事關係見證》，p. 207.

179. 同前，p. 210.

180. 關於此次全會與彭德懷被免職，請見Frederick C. Teiwes and Warren Sun, *China's Road to Disaster: Mao, Central Politicians, and Provincial Leaders in the Unfolding of the Great Leap Forward, 1955–1959* (Armonk, NY: M. E. Sharpe, 1999), pp. 202–214; Frederick C. Teiwes, *Politics and Purges in China: Rectification and the Decline of Party Norms, 1950–1965* (Armonk, NY: M. E. Sharpe, 1979), pp. 384–411; Roderick MacFarquhar, *The Origins of the Cultural Revolution, Vol. 2* (New York: Columbia

University Press, 1983), pp. 187–254.

181. 儘管名稱是「辦公廳」，但實則是統籌的委員會。請見傅學正，〈在中央軍委辦公廳工作的日子〉，《黨史天地》，No. 1 (2006): 8–16.

182. 壽曉松主編，《中國人民解放軍軍史》，第五卷，p. 202.

183. 同前，p. 206.

184. 同前，pp. 202–204.

185. 王焰主編，《彭德懷傳》，p. 539.

186. 馬曉天、趙可銘編著，《中國人民解放軍國防大學史：第二卷（1950–1985）》，p. 241.

187. 根據林彪在香港出版的選集摘錄，以及他的秘書的回憶錄，林彪並沒有提出調整戰略的報告。這次戰略改變似乎是中央軍委會議討論的結果。見李德、舒雲，《林彪元帥文選（下）》，香港：鳳凰書品，二〇一三，p. 227。

188. 一份回憶錄指出，連羅瑞卿也不支持中國戰略的這個新口號。根據李天佑的說法，羅瑞卿批准李天佑的請求，強化海南島的防禦工事；要是照林彪的方針，這個地區是要「放開」的。請見劉天野、夏道源與樊書深，《李天佑將軍傳》，北京：解放軍出版社，一九九三，pp. 355–356.

189. 李德、舒雲，《林彪元帥文選（下）》，p. 227.

190. 李德、舒雲，《我給林彪元帥當秘書（1959–1964）》，香港：鳳凰書品，二〇一四，p. 16. 有別的原始資料指出，在一九六〇年戰略中，最初的分界點是上海北方的江蘇省連雲港。見壽曉松，《戰略學》，北京：軍事科學出版社，二〇一三，p. 45.

191. 另一個詳細描述可參見胡哲峰，〈建國以來若干軍事戰略方針探析〉，《當代中國史研究》，No. 4 (2000), p. 24.

192. 蔣楠、丁偉，〈冷戰時期中國反侵略戰爭戰略指導的演變〉，《軍事歷史》，No. 1 (2013), p. 16.

193. 李德、舒雲，《我給林彪元帥當秘書（1959–1964）》，p. 16.

194. 同前，p. 47.

195. 請見前述表格1-1。

196. 王焰編，《彭德懷年譜》，pp. 603–606.
197. 鄭文翰，《秘書日記裏的彭老總》，p. 47.
198. 尹啟明、程亞光，《第一任國防部長》，p. 187.
199. 同前。
200. 國防大學黨史黨建政治工作教研室編，《中華人民解放軍政治工作史（社會主義時期）》，北京：國防大學出版社，一九八九，pp. 162–173; Frederick C. Teiwes and Warren Sun, *The Tragedy of Lin Biao: Riding the Tiger During the Cultural Revolution* (Honolulu: University of Hawaii Press, 1996), pp. 188–191.
201. Teiwes and Sun, *The Tragedy of Lin Biao*, p. 191.
202. 李德義，〈毛澤東積極防禦戰略思想的歷史發展與思考〉，《軍事歷史》，No. 4 (2002),p. 52.
203. 彭光謙，《中國軍事戰略問題研究》，解放軍出版社，二〇〇六，p. 91.
204. 張子申編，《楊成武年譜》北京：解放軍出版社，二〇一四，pp. 353, 357；黃瑤、張明哲，《羅瑞卿傳》，北京：當代中國出版社，一九九六，pp. 849–850.
205. 劉繼賢，《葉劍英年譜》，第二卷，北京：中央文獻出版社，二〇〇七，p. 883.
206. Jiang Jiantian，〈我軍戰鬥條令體系的形成〉，《解放軍報》，2000.07.16；葉劍英，《葉劍英軍事文選》，pp. 380–385, 426–435, 446–455, 494–502；Ren Jian（軍事科學院作戰理論和條令研究部），《作戰條令概論》，北京：軍事科學出版社，二〇一六，pp. 38–43.
207. Ren Jian（軍事科學院作戰理論和條令研究部），《作戰條令概論》，p. 44.
208. 壽曉松主編，《中國人民解放軍的八十年（1927–2007）》p. 378；王焰主編，《彭德懷傳》，p. 538.
209. 壽曉松主編，《中國人民解放軍軍史》，第五卷，pp. 204–205.
210. 周均倫編，《聶榮臻年譜》，北京：人民出版社，一九九九，p. 922.
211. 壽曉松主編，《中國人民解放軍的八十年（1927–2007）》p. 379.
212. 馬曉天、趙可銘編著，《中國人民解放軍國防大學史》，p. 273.

213. 同前，p. 290.
214. 壽曉松主編，《中國人民解放軍的八十年（1927–2007）》p. 382.
215. 同前，p. 383.

第四章　一九六四年戰略

1. 中國軍事學者袁德金曾經說明，沒有現存文件可以證明這個說法，也就是毛澤東在一九六四年十月二十二日下達這樣的指示。〈毛澤東與「早打、大打、打核戰爭」思想的提出〉，《軍事歷史》，No. 5 (2010), pp. 1–6.
2. 粟裕，《粟裕文選》，第三卷，北京：軍事科學出版社，二〇〇四，pp. 404–405.
3. 壽曉松主編，《中國人民解放軍軍史》，第五卷，北京：軍事科學出版社，二〇一一，p. 201.
4. 劉繼賢，《葉劍英年譜》，第二卷，北京：中央文獻出版社，二〇〇七，pp. 437–438.
5. 壽曉松主編，《中國人民解放軍軍史》，第五卷，p. 202.
6. 同前，p. 306.
7. 周恩來，《周恩來軍事文選》，第四卷，北京：人民出版社，一九九七，p. 426.
8. 同前，p. 434.
9. 壽曉松主編，《中國人民解放軍軍史》，第五卷，p. 294.
10. "Chiang Urges Early Action," *New York Times*, March 30, 1962, p. 2.
11. Melvin Gurtov and Byong-Moo Hwang, *China Under Threat: The Politics of Strategy and Diplomacy* (Baltimore: Johns Hopkins University Press, 1980), pp. 127–128; Allen S. Whiting, *The Chinese Calculus of Deterrence: India and Indochina* (Ann Arbor: University of Michigan Press, 1975), pp. 62–72.
12. 王尚榮，〈新中國誕生後幾次重大戰事〉，收錄於朱元石編，《共和國要事口述史》，長沙：湖南人民出版社，一九九九，pp. 277–278.
13. 周恩來，《周恩來軍事文選》，第四卷，pp. 434–435.

14. M. Taylor Fravel, *Strong Borders, Secure Nation: Cooperation and Conflict in China's Territorial Disputes* (Princeton, NJ: Princeton University Press, 2008), pp. 101–105.
15. 軍事理論教研室，《中國人民解放軍（1950–1979）戰史講義》，出版地不詳：出版社不詳，一九八七，p. 60.
16. 此時中國試圖與許多鄰國解決邊境紛爭。見Fravel, *Strong Borders, Secure Nation*, pp. 70–125.
17. 壽曉松主編，《中國人民解放軍軍史》，第五卷，pp. 297–298.
18. 同前，p. 298.
19. 周恩來，《周恩來軍事文選》，第四卷，p. 426. 周恩來在這場會議中不是扮演主角，不過他的參加凸顯了這項任務的重要性，因為大躍進造成經濟危機，局限了解放軍可以取得的資源。
20. 壽曉松主編，《中國人民解放軍軍史》，第五卷，p. 299.
21. 同前，p. 298.
22. 同前，p. 301：毛澤東，《建國以來毛澤東軍事文稿》，第三卷，北京：軍事科學出版社，二〇一〇，p. 144.
23. 這個時期中國的決策過程，相關討論可見楊琪良等編著，《王尚榮將軍》，北京：當代中國出版社，二〇〇〇，pp. 484–492.
24. 壽曉松主編，《中國人民解放軍軍史》，第五卷，p. 314. 根據一份資料來源，戰鬥部隊（combat-duty units）起初部署在距離海岸幾百公里，但是後來上級命令移防，盡量靠近海岸。請見軍事理論教研室，《中國人民解放軍（1950–1979）戰史講義》，p. 61.
25. 壽曉松主編，《中國人民解放軍軍史》，第五卷，p. 316；王尚榮，〈新中國誕生後幾次重大戰事〉，收錄於朱元石編，《共和國要事口述史》，長沙：湖南人民出版社，一九九九，p. 278.
26. 軍事理論教研室，《中國人民解放軍（1950–1979）戰史講義》，p. 61.
27. 楊琪良等編著，《王尚榮將軍》，p. 486.
28. 壽曉松主編，《中國人民解放軍軍史》，第五卷，p. 316；軍事理論教研室，《中國人民解放軍（1950–1979）戰史講義》，p. 61.

29. 軍事理論教研室，《中國人民解放軍（1950–1979）戰史講義》，p. 62.
30. 王炳南，《中美會談九年回顧》，北京：世界知識出版社，一九八五，pp. 85–90.
31. 壽曉松主編，《中國人民解放軍軍史》，第五卷，p. 323.
32. 同前，pp. 323–329；張子申編，《楊成武年譜》北京：解放軍出版社，二〇一四，pp. 356, 371, 373–374；劉永治（Liu Yongzhi）編，中國人民解放軍歷史資料叢書編審委員會，《總參謀部・大事記》，北京：藍天出版社，二〇〇九，pp. 459, 481.
33. 有關中國與印度間戰爭的決策過程，請見Fravel, *Strong Borders, Secure Nation*, pp. 173–219; John W. Garver, "China's Decision for War with India in 1962," in江 憶 恩（Alastair Iain Johnston）and Robert S. Ross, eds., *New Directions in the Study of China's Foreign Policy* (Stanford, CA: Stanford University Press, 2006), pp. 86–130.
34. 壽曉松主編，《中國人民解放軍軍史》，第五卷，p. 306. 這個數字包含公安部隊以及鐵道和工程部隊。
35. 同前，姜鐵軍主編，《黨的國防軍隊改革思想研究》，北京：軍事科學出版社，二〇一五，p. 68.
36. 宋時輪，《宋時輪軍事文選（1958–1989）》，北京：軍事科學出版社，二〇〇七，p. 244.
37. 韓懷智，《韓懷智論軍事》，北京：解放軍出版社，二〇一二，pp. 202–206.
38. 壽曉松主編，《中國人民解放軍軍史》，第六卷，北京：軍事科學出版社，二〇一一，pp. 47, 114.
39. Barry Naughton, "The Third Front: Defense Industrialization in the Chinese Interior,"*China Quarterly*, No. 115 (Autumn 1988), p. 365.
40. 壽曉松主編，《中國人民解放軍軍史》，第五卷，pp. 392–393. 包含中國和西方的第三線學術研究。請參見陳東林，《三線建設：備戰時期的西部開發》，北京：中共中央黨校出版社，二〇〇四，pp. 74–93; Lorenz M. Luthi, "The Vietnam War and China's Third-Line Defense Planning before the Cultural Revolution, 1964–1966,"*Journal of Cold War Studies*, Vol. 10, No. 1 (2008), pp. 26–51.
41. 李向前，〈1964年越南戰爭升級與中國經濟政治的變動〉，收錄於章百家、牛軍主編，《冷戰與中國》，北京：世界知識出版社，二〇〇二，pp. 319–340。李向前主要聚焦於要求建設第三線的決定，而非戰略方針的改變。我也比李更加強調國內因素。

42. 有關文化大革命的起源，其餘請見Roderick MacFarquhar, *The Origins of the Cultural Revolution,* Vol. 3 (New York: Columbia University Press, 1997); Kenneth Lieberthal, "The Great Leap Forward and the Split in the Yenan Leadership," in John King Fairbank and Roderick MacFarquhar, eds., *The Cambridge History of China,* Vol. 14 (Cambridge: Cambridge University Press, 1987), pp. 293–359; Harry Harding, "The Chinese State in Crisis," in Roderick MacFarquhar and John K. Fairbank, eds., *The Cambridge History of China, Vol. 15, Part 2* (Cambridge: Cambridge University Press, 1991), pp. 107–217; Andrew G. Walder, *China Under Mao: A Revolution Derailed* (Cambridge, MA: Harvard University Press, 2015), pp. 180–199.

43. Walder, *China Under Mao*, p. 201.另外也請見Roderick MacFarquhar and Michael Schoenhals, *Mao's Last Revolution* (Cambridge, MA: Belknap Press of Harvard University Press, 2006).

44. 有關大躍進的概述，可見Walder, *China Under Mao*, pp. 152–179; Carl Riskin, *China's Political Economy: The Quest for Development since 1949* (New York: Oxford University Press, 1987), pp. 81–147; Frederick C. Teiwes and Warren Sun, *China's Road to Disaster: Mao, Central Politicians, and Provincial Leaders in the Unfolding of the Great Leap Forward, 1955–1959* (Armonk, NY: M. E. Sharpe, 1999); Lieberthal, "Great Leap Forward," pp. 293–359; Roderick Mac-Farquhar, *The Origins of the Cultural Revolution,* Vol. 2 (New York: Columbia University Press, 1983).

45. Walder, *China Under Mao*, p. 155.

46. 同前，p. 171.

47. 同前，p. 177.

48. Jisheng Yang, *Tombstone: The Great Chinese Famine, 1958–1962* (New York: Farrar, Straus & Giroux, 2013), p. 1.楊繼繩估計有三千六百萬。

49. MacFarquhar, *The Origins of the Cultural Revolution,* Vol. 3, p. 66.

50. 有關此會議更詳細的敘述，請見同前，pp. 137–181.

51. 劉少奇，《劉少奇選集》，第二卷，北京：人民出版社，一九八一，p. 421.

52. Walder, *China Under Mao*, pp. 182–183; MacFarquhar, *The Origins of the Cultural Revolution,* Vol. 3, pp. 145–158.
53. 逄先知、馮蕙編，《毛澤東年譜，1949–1976》，第四卷，北京：中央文獻出版社，二〇一三，pp. 97, 198, 352, 511.
54. Walder, *China Under Mao*, p. 184; Yang, *Tombstone*, p. 506.
55. Walder, *China Under Mao*, pp. 185–188.
56. 王光美、劉源，《你所不知道的劉少奇》，鄭州：河南人民出版社，二〇〇〇，p. 90.
57. MacFarquhar, *The Origins of the Cultural Revolution,* Vol. 3, pp. 274–283.
58. 逄先知、金沖及，《毛澤東傳（1949–1976）》，北京：中央文獻出版社，二〇〇三，p. 1259–1960.
59. 同前，p. 1260.
60. Walder, *China Under Mao*, pp. 180–199.
61. 吳冷西，《十年論戰：1956–1966中蘇關係回憶錄》，北京：中央文獻出版社，一九九九，pp. 561–562.
62. 同前。然而，這項運動卻始終沒有實現毛澤東的目標，進行階級鬥爭，反而主要聚焦於打擊地方幹部貪腐。
63. Riskin, *China's Political Economy*, p. 158.
64. Harry Harding, *Organizing China: The Problem of Bureaucracy, 1949–1976* (Stanford, CA: Stanford University Press, 1981), p. 197.
65. MacFarquhar, *The Origins of the Cultural Revolution,* Vol. 3, pp. 334–348.
66. Walder, *China Under Mao*, p. 195.
67. 同前。
68. 吳冷西，《十年論戰：1956–1966中蘇關係回憶錄》，p. 733。此外可見，先知、馮蕙編，《毛澤東年譜，1949–1976》，第五卷，：北京：中央文獻出版社，二〇一三，p. 324.有關這項論據的重要性，請見請見李向前，〈1964年越南戰爭升級與中國經濟政治的變動〉，p. 336.
69. 根據薄一波，「食」指穀物，「衣」指紡織原料、乙烯基塑料與塑膠產品，「日常必需品」指一般傢俱、鑊、烹飪器具、熱水瓶。見薄一波，《若干重大決策與事件的回顧》，北京：中國中央黨史出版社，一九九三，p. 1194.

70. 逄先知、馮蕙編，《毛澤東年譜，1949–1976》，第五卷，p. 236.
71. 薄一波，《若干重大決策與事件的回顧》，p. 1194.
72. 房維中、金沖及，《李富春傳》，北京：中央文獻出版社，二〇〇一，p. 629.
73. 薄一波，《若干重大決策與事件的回顧》，p. 1196；房維中、金沖及，《李富春傳》，p. 629.
74. 薄一波，《若干重大決策與事件的回顧》，p. 1196.
75. 金沖及主編，《周恩來傳》，第四卷，北京：中央文獻出版社，一九九八，p. 1968. 另外也請見Naughton, "The Third Front," pp. 351–386.
76. 逄先知、馮蕙編，《毛澤東年譜，1949–1976》，第五卷，pp. 348–349.
77. 陳東林，《三線建設：備戰時期的西部開發》，p. 255.
78. 逄先知、馮蕙編，《毛澤東年譜，1949–1976》，第五卷，p. 348.
79. 房維中、金沖及，《李富春傳》，p. 631.
80. 逄先知、馮蕙編，《毛澤東年譜，1949–1976》，第五卷，pp. 354–355.
81. 同前。
82. 金沖及主編，《周恩來傳》，第四卷，p. 1768.
83. 例如，毛澤東的官方年譜在這個日期之前並沒有提到第三線。
84. 陳東林，《三線建設：備戰時期的西部開發》，p. 50.
85. 無法取得這場會議的完整文字紀錄。毛澤東的談話出現在多項資料中，包括逄先知、馮蕙編，《毛澤東年譜，1949–1976》，第五卷，pp. 357–369；薄一波，《若干重大決策與事件的回顧》，北京：中國中央黨史出版社，一九九三。pp. 1199–1200；毛澤東，《建國以來毛澤東軍事文稿》，第三卷，pp. 225–226；毛澤東，〈在中央工作會議的講話〉（1964.06.06）宋永毅主編，「中國當代政治運動史數據庫（*The Database for the History of Contemporary Chinese Political Movements, 1949-*）」，Harvard University: Fairbank Center for Chinese Studies,2013. 毛澤東年譜的編撰者指出，薄一波的回憶錄錯誤記載這場會議在六月六日舉辦，而非六月八日，這或許是因一份局部文字紀錄把日期標註為六月六日，但其實根據記載，毛澤東那天並沒有參加任何會議。

86. 毛澤東，〈在中央工作會議的講話〉；另請見薄一波，《若干重大決策與事件的回顧》，pp. 1199–1200.

87. 陳東林，《三線建設：備戰時期的西部開發》，p. 53.

88. 這讓人想起了Tom Christensen的論述，他說領導人有時會誇大外部威脅，來動員支持改變大戰略的力量。在這裡，毛澤東誇大外部威脅，藉以合理化國內政策的改變。見Thomas J. Christensen, *Useful Adversaries: Grand Strategy, Domestic Mobilization, and Sino-American Conflict, 1947–1958* (Princeton, NJ: Princeton University Press, 1996).

89. 毛澤東，〈在中央工作會議的講話〉；薄一波，《若干重大決策與事件的回顧》，pp. 1199–1200.

90. 毛澤東，《建國以來毛澤東軍事文稿》，第三卷，p. 225.

91. 同前。

92. 毛澤東，〈在中央工作會議的講話〉。另也請見毛澤東，《建國以來毛澤東軍事文稿》，第三卷，pp. 225–226.

93. 毛澤東，《建國以來毛澤東軍事文稿》，第三卷，p. 225.

94. 薄一波，《若干重大決策與事件的回顧》，p. 1148；逄先知、馮蕙編，《毛澤東年譜，1949–1976》，第五卷，p. 358.

95. 逄先知、馮蕙編，《毛澤東年譜，1949–1976》，第五卷，p. 358.

96. 毛澤東，〈在中央常委上的講話〉；另也請見逄先知、馮蕙編，《毛澤東年譜，1949–1976》，第五卷，p. 359.

97. 主要根據一位中央書記處資深幹部梅行的回憶，出處自陳東林，《三線建設：備戰時期的西部開發》，p. 66.

98. 引述自黃瑤、張明哲，《羅瑞卿傳》，北京：當代中國出版社，一九九六，p. 472.

99. 林彪在七月十日和十一日聽取簡報。見黃瑤，〈1965年中央軍委作戰會議風波的來龍去脈〉，《當代中國史研究》，Vol. 22, No. 1 (2015)p. 90. 延誤向林彪報告毛澤東拒絕採用林彪所構思的戰略方針，這個要素可能被低估了，接下來那年，林彪和羅瑞卿之間的緊繃關係將加劇。雖然林彪是中國共產黨的最高軍事領導人，擔任中央軍委的第一副主席與國防部長，但是毛澤東干預改變戰略之前，卻沒有找他商議。

100. 〈毛澤東在十三陵水庫的講話〉（1964.06.16），出自「福建省檔案館」（Fujian Provincial Archive）。除非另有注明，否則這次演說的所有引言都取自這份文件。感謝Andrew Kennedy與我分享。有關Kennedy對於此次講話的研究，請見

Andrew Kennedy, *The International Ambitions of Mao and Nehru: National Efficacy Beliefs and the Making of Foreign Policy* (New York: Cambridge University Press, 2011), pp. 117–118. 毛澤東談話中有關軍事的部分摘錄自毛澤東，《建國以來毛澤東文稿》，第三卷，pp. 227–228. 有關此談話的另一個版本，請見毛澤東，〈在十三陵關於地方黨委抓軍事和培養接班人的講話〉（1964.06.16）宋永毅主編，「中國當代政治運動史數據庫（*The Database for the History of Contemporary Chinese Political Movements, 1949-*）」，Harvard University: Fairbank Center for Chinese Studies,2013.

101. 談話中有關接班人的部分，較完整版本可見毛澤東，《建國以來毛澤東文稿》，第十一卷，北京：中央文獻出版社，一九九三，p. 85–88；毛澤東，〈在十三陵關於地方黨委抓軍事和培養接班人的講話〉"。

102. 逄先知、馮蕙編，《毛澤東年譜，1949–1976》，第五卷，p. 369. 此外也可見，毛澤東，《建國以來毛澤東文稿》，第三卷，pp. 251–252. 劉少奇也強調要聚焦於「準備應付最糟的情況」。

103. 毛澤東，《建國以來毛澤東文稿》，第三卷，pp. 251–252.

104. 同前。

105. 同前，p. 251.

106. 同前。

107. 房維中、金沖及，《李富春傳》，p. 636.

108. 同前。

109. 同前。

110. 同前，p. 639.

111. 引述自陳東林，《三線建設：備戰時期的西部開發》p. 63.

112. 引述自逄先知、馮蕙編，《毛澤東年譜，1949–1976》，第五卷，p. 397.

113. 同前，p. 402.

114. Barry Naughton, "Industrial Policy During the Cultural Revolution: Military Preparation, Decentralization, and Leaps Forward," in Christine Wong, William A. Joseph, and David Zweig, eds., *New Perspectives on the Cultural Revolution* (Cambridge, MA

Harvard University Press, 1991), p. 165.

115. 同前，pp. 164–166.

116. 陳東林，《三線建設：備戰時期的西部開發》，pp. 59–73.

117. 關於沿海襲擊的敘述，請見壽曉松主編，《中國人民解放軍軍史》，第五卷，pp. 315–328.

118. Graham A. Cosmas, *MACV: The Joint Command in the Years of Escalation, 1962–1967* (Washington, DC: Center of Military History, United States Army, 2006), pp. 117–178.

119. Fravel, *Strong Borders, Secure Nation*, pp. 101–105.

120. Office of National Estimates, *The Soviet Military Buildup Along the Chinese Border*, SM-7–68 [Top Secret] (Central Intelligence Agency, 1968); Central Intelligence Agency, *Military Forces Along the Sino-Soviet Border*, SM-70–5 [Top Secret] (Central Intelligence Agency, 1970).

121. 關於這些對談，請見Fravel, *Strong Borders, Secure Nation*, pp. 119–123.

122. 黃瑤、張明哲，《羅瑞卿傳》，p. 385；張子申編，《楊成武年譜》，pp. 386–387.

123. 關於這點，請見李向前，〈1964年越南戰爭升級與中國經濟政治的變動〉，p. 324.

124. 毛澤東，〈在中央工作會議的講話〉。

125. 逄先知、馮蕙編，《毛澤東年譜，1949–1976》，第五卷，p. 385.

126. 〈毛澤東在十三陵水庫的講話〉，福建省檔案館。

127. 論及毛澤東的評估缺乏急迫性，請見李向前，〈1964年越南戰爭升級與中國經濟政治的變動〉，pp. 327, 332.

128. 毛澤東，《建國以來毛澤東軍事文稿》，第二卷，北京：軍事科學出版社，二〇一〇，p. 265。或請見第三章。

129. 劉崇文、陳紹疇主編，《劉少奇年譜（1898–1969）下》，北京：中央文獻出版社，一九九六，p. 594

130. 逄先知、馮蕙編，《毛澤東年譜，1949–1976》，第五卷，p. 375.

131. 毛澤東，《建國以來毛澤東軍事文稿》，第三卷，p. 284.

132. 同前，p. 285.

133. Qiang Zhai, *China and the Vietnam Wars, 1950–1975* (Chapel Hill: University of North Carolina Press, 2000), p. 143.
134. http://www.history.com/topics/vietnam-war/vietnam-war-history.
135. Zhai, *China and the Vietnam Wars, 1950–1975*, pp. 133–139.
136. 完整論述請見Zhai Qiang, *CWIHP Bulletin*, Issues 6–7 (Winter 1994/1996), p. 235. 關於整個事件討論，請見James G. Hershberg and Jian Chen, "Informing the Enemy: Sino-American "Signaling" in the Vietnam War, 1965," in Priscilla Roberts, ed., *Behind the Bamboo Curtain: China, Vietnam, and the World Beyond Asia* (Stanford, CA: Stanford University Press, 2006), pp. 193–258.
137. 同前，pp. 226–227, 231.
138. 毛澤東，《建國以來毛澤東軍事文稿》，第三卷，p. 306. 有些資料指出，中國攻擊美國飛機，但是中國到九月才第一次在海口附近攻擊。請見Xiaoming Zhang, "Air Combat for the People's Republic: The People's Liberation Army Air Force in Action, 1949–1969,"in Mark A. Ryan, David M. Finkelstein, and Michael A. McDevitt, eds., *Chinese Warfighting: The PLA Experience Since 1949* (Armonk, NY: M. E. Sharpe, 2003), p. 291.
139. 未注明，〈中國領空不容侵犯〉，《解放軍報》，1965.04.12。
140. 逄先知、馮蕙編，《毛澤東年譜，1949–1976》，第五卷，p. 487.
141. 同前。
142. 楊勝群、閆建琪主編，《鄧小平年譜（1904–1974）》，北京：中央文獻出版社，二〇〇九，p. 1856.
143. 中央文獻研究室選編，《建國以來重要文獻選編》，共二十卷，北京：中央文獻出版社，一九九八，pp. 141–145.
144. 一九六三年三月、一九六四年三月、一九六六年四月都有舉辦類似的全軍作戰會議，雖然一九六五年四月的作戰會議是為了討論越南，但是召集這次會議的舉動著實不尋常。見張子申編，《楊成武年譜》，pp. 274, 395, 430.
145. 同前，p. 418.
146. 引述自黃瑤，〈1965年中央軍委作戰會議風波的來龍去脈〉，《當代中國史研究》，Vol. 22, No. 1 (2015) p. 93. 另外也請見，鄧小平，《鄧小平軍事文選》，第二卷，北京：軍事科學出版社，二〇〇四，p. 345；張子申編，《楊成武年譜》，p. 418.

147. 黃瑤，〈1965年中央軍委作戰會議風波的來龍去脈〉，p. 92.另外也可參考，逄先知、馮蕙編，《毛澤東年譜，1949–1976》，第五卷，p. 538.

148. 壽曉松主編，《中國人民解放軍軍史》，第五卷，p. 394.

149. 這個段落取材自，逄先知、馮蕙編，《毛澤東年譜，1949–1976》，第五卷，p. 492.

150. 毛澤東，《建國以來毛澤東軍事文稿》，第三卷，p. 311.

151. 同前，p. 314.亦請見羅瑞卿，〈羅瑞卿傳達毛澤東指示〉(1965.06.23)，宋永毅主編，「中國當代政治運動史數據庫（*The Database for the History of Contemporary Chinese Political Movements, 1949-*）」，Harvard University: Fairbank Center for Chinese Studies,2013.

152. 許世友，《許世友軍事文選》，北京：軍事科學出版社，二〇一三，pp. 390–420.

153. 引述自羅瑞卿，〈羅瑞卿傳達毛澤東指示〉。毛澤東似乎與自己先前說要防止敵人長驅直入的說法矛盾。

154. Hershberg and Chen, "Informing the Enemy," p. 234.

155. 羅瑞卿，〈羅瑞卿傳達毛澤東指示〉。

156. 引述自同前。

157. 引述自同前。

158. 引述自同前。

159. 同前。

160. 解放軍領導階層本身從一九六四年夏天就經常開會討論毛澤東的講話，因此他們不需要聽取這次簡報。

161. 羅瑞卿說明中國必須準備打的戰爭有什麼特色，未來的戰爭規模極大，爆發得極快，而且會動用核武器（美國會使用）。這可能是第一次提到後來所稱的準備「早打，大打，打核戰爭」。

162. 羅瑞卿，〈羅瑞卿傳達毛澤東指示〉。

163. 逄先知、馮蕙編，《毛澤東年譜，1949–1976》，第五卷，p. 520.

164. 同前。

165. 同前，p. 534.

166. 同前，p. 538.

167. 同前。

168. 劉永治（Liu Yongzhi）編，《總參謀部．大事記》，p. 539. 亦可見張子申編，《楊成武年譜》，pp. 428, 429.

169. 袁德金，〈毛澤東與新中國軍事戰略方針的確立和調整及其啟示〉，《軍事歷史研究》，No. 1 (2010): p. 25.

170. 有關三月衝突及其後，請見M. Taylor Fravel, *Strong Borders, Secure Nation: Cooperation and Conflict in China's Territorial Disputes* (Princeton, NJ: Princeton University Press, 2008), pp. 201–219; John Wilson Lewis and Litai Xue, *Imagined Enemies: China Prepares for Uncertain War* (Stanford, CA: Stanford University Press, 2006), pp. 44–76.

171. 壽曉松主編，《中國人民解放軍軍史》，第六卷，北京：軍事科學出版社，二〇一一，p. 104

172. 袁德金、王建飛，〈新中國成立以來軍事戰略方針的歷史演變及啟示〉，《軍事歷史》, No. 6 (2007), p. 3.

173. 壽曉松主編，《中國人民解放軍軍史》，p. 104.

174. 劉志男，〈1969年，中國戰備與對美蘇關係的研究和調整〉，《當代中國史研究》,No. 3 (1999), pp. 41–50.

175. 壽曉松主編，《中國人民解放軍軍史》，第六卷，pp. 114–115.

176. 同前，p. 113.

177. 郭相傑編，《張萬年傳（上）》，北京：解放軍出版社，二〇一一，p. 304

178. 有關文化大革命時期的人民解放軍，請見李可、郝生章，《文化大革命中的人民解放軍》，北京：中共黨史資料出版社，一九八九；Andrew Scobell, *China's Use of Military Force: Beyond the Great Wall and the Long March* (Cambridge: Cambridge University Press, 2003),pp. 94–118.

179. 李可、郝生章，《文化大革命中的人民解放軍》，北京：中共黨史資料出版社，一九八九，p. 63.

180. Directorate of Intelligence, *The PLA and the "Cultural Revolution,"* POLO XXV, Central Intelligence Agency, October 28, 1967, p. 167.

181. 壽曉松主編，《中國人民解放軍軍史》，第六卷，p. 18.
182. Edward C. O'Dowd, *Chinese Military Strategy in the Third Indochina War: The Last Maoist War* (New York: Routledge, 2007), p. 28.
183. 李可、郝生章，《文化大革命中的人民解放軍》，北京：中共黨史資料出版社，一九八九，pp. 260–261.
184. 壽曉松主編，《中國人民解放軍軍史》，第六卷，p. 120.
185. 同前，pp. 116–117, 120–123.

第五章　一九八〇年戰略

1. 請參見Ellis Joffe, *The Chinese Army after Mao* (Cambridge, MA: Harvard University Press, 1987), pp. 70–93; Harlan W. Jencks, "People's War under Modern Conditions: Wishful Thinking, National Suicide, or Effective Deterrent?," *China Quarterly*, No. 98 (June 1984), pp. 305–319; Paul H. B. Godwin, "People's War Revised: Military Docrine, Strategy and Operations," in Charles D. Lovejoy and Bruce W. Watson, eds., *China's Military Reforms: International and Domestic Implications* (Boulder, CO: Westview, 1984), pp. 1–13; David Shambaugh, *Modernizing China's Military: Progress, Problems, and Prospects* (Berkeley, CA: University of California Press, 2002), p. 62.
2. 這個地區包含東北、華北、西北。
3. M. Taylor Fravel, *Strong Borders, Secure Nation: Cooperation and Conflict in China's Territorial Disputes* (Princeton, NJ: Princeton University Press, 2008), pp. 201–219; John Wilson Lewis and Litai Xue, *Imagined Enemies: China Prepares for Uncertain War* (Stanford, CA: Stanford University Press, 2006), pp. 44–76.
4. Fravel, *Strong Borders, Secure Nation*, p. 205.
5. 有關準則（戰略方針）的資料來源包括徐焰，《中國國防導論》，北京：國防大學出版社，二〇〇六，pp. 304–305, 351–352；軍事科學院軍事歷史研究所，《中國人民解放軍改革發展30年》，北京：軍事科學出版社，二〇〇八，pp. 20–21；張衛明，《華北大演習：中國最大軍事演習紀實》，北京：解放軍出版社，二〇〇八，pp. 18–20, 35–39；解海南、楊祖發、楊建華，《楊得志一生》，北京：中共黨史出版社，二〇一一，pp. 313–315. 壽曉松主編，《中國人民解放軍的八十年（1927–2007）》，北京：軍事科學出版社，二〇〇七，pp. 455–457。最詳盡的解釋，可見韓懷智，《韓懷智論軍事》，北京：解放軍出版社，二〇一二，pp. 293–301.

6. 徐焰，《中國國防導論》，p. 304.

7. Jonathan Ray（雷伊）, *Red China's "Capitalist Bomb": Inside the Chinese Neutron Bomb Program* (Washington, DC: Center for the Study of Chinese Military Affairs, Institute for National Strategic Studies, National Defense University, 2015).

8. 軍事科學院軍事歷史研究所，《中國人民解放軍改革發展30年》，p. 21；徐焰，《中國國防導論》，p. 304.

9. 徐焰，《中國國防導論》，pp. 304–305.

10. 一九八〇年代初期的《軍事學術》裡，有許多文章檢討越戰中的行動。見軍事學術雜誌社編，《軍事學術論文選（下）》，北京：軍事科學出版社，一九八四；軍事學術雜誌社編，《軍事學術論文選（上）》，北京：軍事科學出版社，一九八四。對於這場戰爭的詳盡論述，可見Harlan W. Jencks, "China's 'Punitive' War Against Vietnam," *Asian Survey*, Vol. 19, No. 8 (August 1979), pp. 801–815; King C. Chen, *China's War with Vietnam, 1979: Issues, Decisions, and Implications* (Stanford, CA.: Hoover Institution, 1986); Edward C. O'Dowd, *Chinese Military Strategy in the Third Indochina War: The Last Maoist War* (New York: Routledge, 2007); Xiaoming Zhang, *Deng Xiaoping's Long War: The Military Conflict between China and Vietnam, 1979–1991* (Chapel Hill: University of North Carolina Press, 2015).

11. Yang Zhiyuan.，〈我軍編修作戰條令的創新發展及啟示〉，《中國軍事科學》，No. 6 (2009): p. 113.

12. 高銳編，《戰略學》，北京：軍事科學出版社，一九八七；宋時輪，《宋時輪軍事文選（1958–1989）》，北京：軍事科學出版社，二〇〇七，pp. 558–559; Yang Zhiyuan.，〈我軍編修作戰條令的創新發展及啟示〉，《中國軍事科學》，No. 6 (2009) p. 113.

13. 徐焰，《中國國防導論》，pp. 323–324.

14. 有關兩者減少的細節，請見丁偉、魏旭，〈20世紀80年代人民解放軍體制改革、精簡整編的回顧與思考〉，《軍事歷史》，No. 6 (2014), pp. 52–57；Nan Li, "Organizational Changes of the PLA, 1985–1997," *China Quarterly*, No. 158 (1999),

pp. 314–349.

15. 鄧小平《鄧小平軍事文選》，第三卷，北京：軍事科學出版社，二〇〇四，p. 178.
16. 袁偉、張卓主編，《中國軍校發展史》，北京：國防大學出版社，二〇〇一，p. 825.
17. 張震，《張震軍事文選》，第二卷，北京：解放軍出版社，二〇〇五，p. 217；郭相傑編，《張萬年傳（下）》，北京：解放軍出版社，二〇一一，p. 399.
18. 未注明，〈總參謀部批准頒發訓練大綱〉，《解放軍報》，1981.02.08。大綱規劃可能在一九八〇就完成。請見，劉永治（Liu Yongzhi）編，中國人民解放軍歷史資料叢書編審委員會，《總參謀部・大事記》，北京：藍天出版社，二〇〇九，p. 739.
19. 張震，《張震回憶錄（下）》，北京：解放軍出版社，二〇〇三，p. 212.
20. 朱楹主編，《粟裕傳》，北京：當代中國出版社，二〇〇〇，p. 1000.
21. 同前。
22. 粟裕，《粟裕文選》，第三卷，北京：軍事科學出版社，二〇〇四，pp. 529–531.
23. 同前，pp. 563–567.
24. 粟裕經常大費周章把自己的想法和毛澤東的口號扯在一起。
25. 粟裕，《粟裕文選》，第三卷，pp. 529–531.
26. 同前，p. 529.
27. 同前。粟裕沒有完全否定運動戰。在一九七四年的一份報告中，他強調要打敗入侵的敵軍，運動戰終究是很重要的。見同前，pp. 563–567.
28. 同前，p. 568.
29. 同前，pp. 568–572.
30. 軍事科學院到一九七二年才重新展開研究活動。
31. 馬蘇政，《八十回眸》，北京：長征出版社，二〇〇八，p. 146.

32. 同前。
33. 同前。
34. Liang Ying，〈略談第四次中東戰爭的特點〉，《解放軍報》，1975.12.15。
35. 葉劍英，《葉劍英軍事文選》，北京：解放軍出版社，一九九七，pp. 681, 682。葉劍英的演說錯誤地指稱毛澤東首次在一九六二年提出誘敵深入。
36. 穆俊傑編，《宋時輪傳》，北京：軍事科學出版社，二〇〇七，p. 601.
37. 粟裕，《粟裕文選》，第三卷，pp. 626–631.
38. 葉劍英，《葉劍英軍事文選》，p. 1960.
39. 林彪自己在廬山會議中批評彭德懷採取消極防禦，不應該忽視這件事的諷刺意味。
40. 鄧小平，《鄧小平論國防和軍隊建設》，北京：軍事科學出版社，一九九二，p. 26.
41. 張震，《張震回憶錄（下）》，p. 194.
42. 粟裕，《粟裕文選》，第三卷，pp. 626–631.
43. 同前，p. 626.
44. 同前，p. 627.
45. 同前。
46. 同前，p. 629.
47. 同前，pp. 640–653.
48. 同前，p. 642.
49. 同前，p. 654. 另同前，p. 641.
50. 同前，pp. 670–695.
51. 這次攻擊的另一個動機可能是要證明中國根本對於現代戰鬥（combat）毫無準備。
52. 粟裕，《粟裕文選》，第三卷，p. 672.

53. 同前，p. 673.
54. 同前，p. 674.
55. 粟裕指的很可能是S. P. Ivanov所寫的《The Initial Period of War》，一九七四年出版。
56. 粟裕，《粟裕文選》，第三卷，p. 678.
57. 同前，p. 682.
58. 同前，p. 679.
59. 同前，p. 680.
60. 同前，p. 682.
61. 朱楹主編，《粟裕傳》，pp. 1035–1036.
62. 同前，p. 1035.
63. 同前，pp. 1035–1036.
64. 軍事科學院軍事歷史研究所，《中國人民解放軍改革發展30年》，北京：軍事科學出版社，二〇〇八，p. 19.
65. 徐向前，《徐向前軍事文選》，北京：解放軍出版社，一九九三，pp. 276, 279.
66. 撰文支持粟裕的想法的人有楊得志（昆明軍區司令員）、宋時輪（軍事科學院院長）、王必成（武漢軍區司令員）、張鳴、譚善和（工程兵司令員）、張峰（濟南軍區副司令員）、韓懷智（副總參謀長）。見軍事學術雜誌社編，《軍事學術論文選（下）》；軍事學術雜誌社編，《軍事學術論文選（上）》。
67. 楊得志，〈未來反侵略戰爭初期作戰的幾個問題〉，收錄於軍事學術雜誌社編，《軍事學術論文選（下）》，北京：軍事科學出版社，一九八四，p. 30.
68. 同前，p. 38.
69. 宋時輪，《宋時輪軍事文選（1958–1989）》，p. 191.
70. 同前，p. 240.
71. 同前，p. 233.

72. 孫學民，〈某師認真研究打坦克訓練教學法〉，《解放軍報》，1978.09.13。
73. 姚友志、趙天佑與吳義恒，〈突出打坦克訓練、爭當打坦克能手〉，《解放軍報》，1979.03.01。
74. 另外兩本著作則是《The Initial Period of War》與《戰略學》。Huang Jiansheng, and Qi Donghui.，〈南京部隊某軍舉辦戰爭初期反突襲研究班〉，《解放軍報》，1981.06.05。
75. 軍事科學院外國軍事研究部（譯），田上四郎（原著），《中東戰爭全史》，北京：軍事科學出版社，一九八五。
76. Roderick MacFarquhar and Michael Schoenhals, *Mao's Last Revolution* (Cambridge, MA: Belknap Press of Harvard University Press, 2006). 四人幫包括江青、王洪文、姚文元與張春橋。
77. 有關文化大革命之後的菁英分裂，請見Revolution, Frederick C. Teiwes and Warren Sun, *The End of the Maoist Era: Chinese Politics During the Twilight of the Cultural Revolution, 1972–1976* (Armonk, NY: M. E. Sharpe, 2007), pp. 12–14; Richard Baum, *Burying Mao: Chinese Politics in the Age of Deng Xiaoping* (Princeton, NJ: Princeton University Press, 1994), pp. 27–29; Roderick MacFarquhar, "The Succession to Mao and the End of Maoism, 1969–82,"in Roderick MacFarquhar, ed., *The Politics of China* (New York: Cambridge University Press, 1993), pp. 278–279.
78. Teiwes and Sun, *The End of the Maoist Era*, p. 489.
79. 同前，pp. 536–595.
80. Ezra F. Vogel, *Deng Xiaoping and the Transformation of China* (Cambridge, MA: Belknap Press of Harvard University Press, 2011), p. 196. 有關鄧小平回歸，可見Joseph Torigian, "Prestige, Manipulation, and Coercion: Elite Power Struggles and the Fate of Three Revolutions,"PhD dissertation, Department of Political Science, Massachusetts Institute of Technology, 2016.
81. MacFarquhar, "The Succession to Mao and the End of Maoism," p. 315.
82. 韋國清（總政治部主任）、張廷發（空軍司令員）、粟裕、羅瑞卿、李先念、陳錫聯（北京軍區）、蘇振華（解放軍海軍政委）。一九七八年年底，陳錫聯因為與華國鋒關係密切而遭到批判。
83. 然而，華國鋒並非透過黨的正常程序取得這些職位。
84. Vogel, *Deng Xiaoping and the Transformation of China*, p. 170; Teiwes and Sun, *The End of the Maoist Era*, p. 489.

85. Teiwes and Sun, *The End of the Maoist Era*.

86. Frederick C. Teiwes and Warren Sun, "China's New Economic Policy Under Hua Guofeng: Pary Consensus and Party Myths," *China Journal* No. 66 (2011), pp. 1–23; Torigian, "Prestige, Manipulation, and Coercion."

87. 出色的論述請見Torigian, "Prestige, Manipulation, and Coercion."

88. Torigian, "Prestige, Manipulation, and Coercion," p. 398.

89. 同前，pp. 282–457.

90. 天安門事件是指鎮壓發生於天安門廣場，為了紀念周恩來的自發示威運動，這場示威運動被貼上「反革命」的標籤。大家怪罪於鄧小平，毛澤東和四人幫批評他右傾。見Frederick C. Teiwes and Warren Sun, "The First Tiananmen Incident Revisited: Elite Politics and Crisis Management at the End of the Maoist Era," *Pacific Affairs*, Vol. 77, No. 2 (2004), pp. 211–235.

91. Vogel, *Deng Xiaoping and the Transformation of China*, p. 236; Torigian, "Prestige, Manipulation, and Coercion," p. 351.

92. Vogel, *Deng Xiaoping and the Transformation of China*, p. 196.

93. 有關鄧小平決定攻擊越南，請見Zhang, *Deng Xiaoping's Long War*, pp. 40–66.

94. 傅學正，〈在中央軍委辦公廳工作的日子〉，《黨史天地》，No. 1 (2006) p. 14.

95. 耿飆、韋國清、楊勇（軍委副秘書長、第一副總參謀長）、王平（總後勤部政委）、王尚榮（副總參謀長）、梁必業（總政治部第一副主任）、洪學智（國防工辦主任）與肖洪達（軍委辦公廳主任）。請見徐平，〈中央軍委三設辦公會議〉，《文史精華》，No. 2 (2005): 61–64.

96. 楊得志、許世友、韓先楚、楊勇與王平。請見徐平，〈建國後中央軍委人員構成的變化〉，《黨史博覽》，No. 9 (2002), p. 48.

97. 在昆明軍區，張銍秀取代楊得志擔任司令員，楊得志升任總參謀長。在廣州軍區，吳克華取代許世友擔任司令員，許世友加入中央軍委。在武漢軍區，張才千取代王必成擔任司令員，健康欠佳的王必成進入軍事科學院。在濟南軍區，饒守坤取代曾思玉擔任司令員，曾思玉即將退休。在蘭州軍區，杜義德取代韓先楚擔任蘭州軍區司令員，韓先楚繼續留在中央軍委。最後，出於政治理由，在北京軍區，秦基偉取代陳錫聯擔任司令員，陳錫聯由於跟華國鋒的關係而從解放軍退役。此外，瀋陽、廣東、武漢、昆明等軍區任命新的第一政委。

98. 有關變動的細節，請見T'ieh Chien, "Reshuffle of Regional Military Commanders in Communist China," *Issues and Studies*, Vol. 16, No. 3 (1980), pp. 1–4; Gerald Segal and Tony Saich, "Quarterly Chronicle and Documentation," *China Quarterly*, No. 83 (1980), p. 616; Gerald Segal and Tony Saich, "Quarterly Chronicle and Documentation," *China Quarterly*, No. 82 (June 1980), pp. 381–382. 有關變動背後理由的分析，請見Chien, "Reshuffle of Regional Military Commanders in Communist China."

99. Vogel, *Deng Xiaoping and the Transformation of China*, p. 363.

100. 華國鋒變成中國共產黨副主席，黨籍始終沒有被剝奪。見劉繼賢，《葉劍英年譜》，第二卷，北京：中央文獻出版社，二〇〇七，p. 1193. Torigian指出，華國鋒對於文化大革命期間加入共產黨或解放軍的年輕軍人，可能具有一些潛在的影響力。見Torigian, "Prestige, Manipulation, and Coercion."

101. 姜鐵軍主編，《黨的國防軍隊改革思想研究》，北京：軍事科學出版社，二〇一五，p. 58.

102. 軍事科學院軍事歷史研究所，《中國人民解放軍改革發展30年》，二〇〇八，p. 25；瀋陽軍區政治部研究室，《瀋陽軍區大事紀（1945–1985）》，出版地不詳：出版社不詳，一九八五，pp. 213–214.

103. 瀋陽軍區政治部研究室，《瀋陽軍區大事紀（1945–1985）》，p. 218.

104. 郭相傑編，《張萬年傳（上）》，北京：解放軍出版社，二〇一一，p. 399.

105. 解海南、楊祖發、楊建華，《楊得志一生》，p. 313.

106. 同前。

107. 張震，《張震回憶錄（下）》，p. 193.

108. 同前。

109. 同前，p. 194.

110. 同前，pp. 193,198.

111. 解海南、楊祖發、楊建華，《楊得志一生》，p. 312.
112. 同前，p. 314.
113. 黎原，《黎原回憶錄》，北京：解放軍出版社，二〇〇九，p. 364.
114. 張震，《張震回憶錄（下）》，p. 200.
115. 同前。：楊得志，〈新時期總參謀部的軍事工作〉，收錄於徐惠滋編，《總參謀部：回憶史料》，北京：解放軍出版社，一九九五，p. 655.
116. 張震，《張震回憶錄（下）》，p. 198.
117. 同前。
118. 同前，p. 197.
119. 同前，p. 199.
120. 同前。
121. 楊得志，〈新時期總參謀部的軍事工作〉，p. 656.
122. 宋時輪，《宋時輪軍事文選（1958–1989）》，pp. 242–245.
123. 楊得志的傳記或張震的回憶錄都沒有提到這封信。
124. 穆俊傑編，《宋時輪傳》，p. 602.
125. 張震，《張震回憶錄（下）》，p. 201：解海南、楊祖發、楊建華，《楊得志一生》，p. 314.
126. 劉永治（Liu Yongzhi）編，《總參謀部．大事記》，p. 739。
127. 解海南、楊祖發、楊建華，《楊得志一生》，p. 313.
128. 同前，p. 314.
129. 同前，p. 315.
130. 宋時輪，《宋時輪軍事文選（1958–1989）》，p. 244.；張衛明，《華北大演習：中國最大軍事演習紀實》，p. 38.
131. 宋時輪，《宋時輪軍事文選（1958–1989）》，p. 244.

132. 鄧小平《鄧小平軍事文選》，第三卷，p. 177.

133. 葉劍英，《葉劍英軍事文選》，p. 719.

134. 解海南、楊祖發、楊建華，《楊得志一生》，p. 314.

135. 張衛明，《華北大演習：中國最大軍事演習紀實》，p. 36.

136. 同前。

137. 葉劍英，《葉劍英軍事文選》，p. 422.

138. 宋時輪，《宋時輪軍事文選（1958–1989）》，p. 244. 另外，也請見張震，《張震回憶錄（下）》，pp. 197–198.

139. 石家鑄、崔常發，〈60年人民海軍建設指導思想的豐富和發展〉，《軍事歷史》，No. 3 (2009) p. 24. 有關中國一九四九年以來海軍戰略的議題，精彩的概述可見Nan Li, "The Evolution of China's Naval Strategy and Capabilities: From 'Near Coast' and 'Near Seas' to 'Far Seas,'" *Asian Security*, Vol. 5, No. 2 (2009), pp. 144–169.

140. 鄧小平，《鄧小平論國防和軍隊建設》，p. 57.

141. 吳殿卿主編，《海軍：綜述大事記》，北京：解放軍出版社，二〇〇六，p. 175.

142. 劉華清，《劉華清回憶錄》，北京：解放軍出版社，二〇〇四，p. 436. 與一九八〇戰略方針相關的部分，請見吳殿卿主編，《海軍：綜述大事記》，pp. 171, 188–189.

143. 有關這份報告的詳細總結，請見姜為民編著，《劉華清年譜》，第二卷，p. 688–692. 然而，中央軍委何時批准這份報告，不得而知。

144. 劉華清，《劉華清回憶錄》，p. 438.

145. Bernard D. Cole, "The PLA Navy and 'Active Defense,'" in Stephen J. Flanagan and Michael E. Marti, eds., *The People's Liberation Army and China in Transition* (Washington, DC: National Defense University Press, 2003), pp. 129–138.

146. O'Dowd, *Chinese Military Strategy*, pp. 45–55; Zhang, *Deng Xiaoping's Long War*, pp. 67–77.

147. 相關各種估計，請見O'Dowd, *Chinese Military Strategy*, p. 3; Chen, *China's War with Vietnam, 1979*, pp. 88, 103.

148. Zhang, *Deng Xiaoping's Long War*, p. 119.

149. 其中一項警訊是，中國把頂尖部隊持續部署於北方，防備蘇聯威脅。
150. O'Dowd, *Chinese Military Strategy*, pp. 28–30, 111–121; Zhang, *Deng Xiaoping's Long War*, pp. 134–137.
151. 鄧小平《鄧小平軍事文選》，第三卷，p. 28.
152. Zhang, *Deng Xiaoping's Long War*, p. 59.
153. 張曉明和O'Dowd所採用的資料裡有記載這些評估。
154. Yang Zhiyuan，〈我軍編修作戰條令的創新發展及啟示〉，p. 113.
155. 同前。有關此時期發展作戰條令的挑戰，請見Chen Li, "Operational Idealism: Doctrine Development of the Chinese People's Liberation Army under Soviet Threat, 1969–1989," *Journal of Strategic Studies*, Vol. 40, No. 5 (2017), pp. 663–695.
156. Yang Zhiyuan，〈我軍編修作戰條令的創新發展及啟示〉，pp. 113–114.
157. 同前，p. 113.
158. 邹寶義、劉金勝，〈新一代合成軍隊戰鬥條令開始試行〉，《解放軍報》，1988.06.07。
159. Ren Jian（軍事科學院作戰理論和條令研究部），《作戰條令概論》，北京：軍事科學出版社，二〇一六，p. 47.
160. 劉怡昕、吳翔，解文欣，《現代戰爭與陸軍》，北京：解放軍出版社，二〇〇五，p. 479.
161. Ren Jian（軍事科學院作戰理論和條令研究部），《作戰條令概論》，p. 47.
162. 穆俊傑編，《宋時輪傳》，p. 516.
163. 宋時輪，《宋時輪軍事文選（1958–1989）》，pp. 291–292.
164. 穆俊傑編，《宋時輪傳》，p. 518.
165. 高銳編，《戰略學》。
166. 宋時輪，《宋時輪軍事文選（1958–1989）》，p. 417.
167. M. Taylor Fravel, "The Evolution of China's Military Strategy: Comparing the 1987 and 1999 Editions of *Zhanlue Xue*," in David M. Finkelstein and James Mulvenon, eds., *The Revolution in Doctrinal Affairs: Emerging Trends in the Operational Art of the Chinese People's Liberation Army* (Alexandria, VA: Center for Naval Analyses, 2005) p. 89.

168. 有關鄧小平在一九七五年重獲權力，請見Teiwes and Sun, *The End of the Maoist Era*, pp. 178–304; Vogel, *Deng Xiaoping and the Transformation of China*, pp. 91–157.
169. 姜鐵軍主編，《黨的國防軍隊改革思想研究》，p. 58.
170. 同前。
171. 同前，p. 68.
172. 所有關於中國國防支出與國家預算的資料出處於China Data Online, http://www.chinadataonline.org.
173. 何其宗、任海泉、蔣乾麟，〈鄧小平與軍隊改革〉，《軍事歷史》，No. 4 (2014): p. 2.
174. 鄧小平《鄧小平軍事文選》，第三卷，p. 169.
175. 軍事科學院軍事歷史研究所，《中國人民解放軍改革發展30年》，p. 25.
176. 同前。
177. 鄧小平《鄧小平軍事文選》，第三卷，p. 168.
178. 軍事科學院軍事歷史研究所，《中國人民解放軍改革發展30年》，p. 26；楊得志，〈新時期總參謀部的軍事工作〉，p. 651；丁偉、魏旭，〈20世紀80年代人民解放軍體制改革、精簡整編的回顧與思考〉，《軍事歷史》，No. 6 (2014): p. 53.
179. 軍事科學院軍事歷史研究所，《中國人民解放軍改革發展30年》, pp. 26–27.
180. 姜鐵軍主編，《黨的國防軍隊改革思想研究》，p. 59.
181. 軍事科學院軍事歷史研究所，《中國人民解放軍改革發展30年》，p. 28；丁偉、魏旭，〈20世紀80年代人民解放軍體制改革、精簡整編的回顧與思考〉，《軍事歷史》，No. 6 (2014): p. 57.
182. 軍事科學院軍事歷史研究所，《中國人民解放軍改革發展30年》，p. 28；丁偉、魏旭，〈20世紀80年代人民解放軍體制改革、精簡整編的回顧與思考〉，《軍事歷史》，No. 6 (2014): p. 57.
183. 軍事科學院軍事歷史研究所，《中國人民解放軍改革發展30年》，pp. 34–36.
184. 楊得志，〈新時期總參謀部的軍事工作〉，p. 652.
185. 同前。

186. 同前。
187. 劉永治（Liu Yongzhi）編，《總參謀部・大事記》p. 785.
188. Hong Baoshou，〈中國人民解放軍70年來改革發展的回顧與思考〉，《中國軍事科學》，No. 3 (1999): p. 23.有資料指出，裁減一百二十萬兵員，軍隊規模縮減到略多於四百萬人。見丁偉、魏旭，〈20世紀80年代人民解放軍體制改革、精簡整編的回顧與思考〉，《軍事歷史》，No. 6 (2014): p. 54.
189. 軍事科學院軍事歷史研究所，《中國人民解放軍改革發展30年》，p. 28.；丁偉、魏旭，〈20世紀80年代人民解放軍體制改革、精簡整編的回顧與思考〉，《軍事歷史》，No. 6 (2014): p. 54.
190. 丁偉、魏旭，〈20世紀80年代人民解放軍體制改革、精簡整編的回顧與思考〉，《軍事歷史》，No. 6 (2014): p. 57.
191. 到一九八〇年，鐵道部隊有四十一萬六千兵員，編組成三個司令部，十五個師，三個獨立團，兩個院校，和一個研究機構。到了一九七〇年代末期，工程部隊有四十九萬六千兵員，編組成十個軍級司令部，三十二個師級支隊，五個師級院校。一九八一年，工程部隊減少到三十四萬人。見軍事科學院軍事歷史研究所，《中國人民解放軍改革發展30年》，pp. 34–36.
192. 丁偉、魏旭，〈20世紀80年代人民解放軍體制改革、精簡整編的回顧與思考〉，《軍事歷史》，No. 6 (2014): p. 54.
193. 軍事科學院軍事歷史研究所，《中國人民解放軍改革發展30年》，pp. 28–29.
194. 楊尚昆，《楊尚昆回憶錄》，北京：中央文獻出版社，二〇〇一，p. 360.
195. 鄧小平《鄧小平軍事文選》，第三卷，p. 186.
196. 軍事科學院軍事歷史研究所，《中國人民解放軍改革發展30年》，p. 92.
197. 同前，p. 93；陸軍第三十八集團軍軍史編審委員會，《陸軍第三十八集團軍軍史》，北京：解放軍文藝出版社，一九九三，p. 664.
198. 丁偉、魏旭，〈20世紀80年代人民解放軍體制改革、精簡整編的回顧與思考〉，《軍事歷史》，No. 6 (2014): p. 55.
199. 張震，《張震回憶錄（下）》，p. 251.
200. 袁偉、張卓主編，《中國軍校發展史》，p. 825.

201. 同前，p. 826.
202. 壽曉松主編，《中國人民解放軍的八十年（1927–2007）》p. 411.
203. 郭相傑編，《張萬年傳（上、下）》，p. 399.張萬年在一九九二年接任總參謀長，一九九五年到二〇〇二年擔任中央軍委副主席。
204. 同前。
205. 張震，《張震軍事文選》，第二卷，p. 217.
206. 同前。
207. 張震，《張震回憶錄（上）》，北京：解放軍出版社，二〇〇三，p. 244.一九七八年頒布解放軍的第二訓練計劃，然而，這套計劃的目的「主要是為了恢復正常的訓練秩序」，因為訓練秩序被文化大革命破壞了。見劉逢安，〈構建信息化條件下軍事訓練新體系〉，《解放軍報》，2008.08.01，p. 3.
208. 未注明，〈總參謀部批准頒發訓練大綱〉，《解放軍報》，1981.02.08
209. 張震，《張震軍事文選》，第二卷，p. 199.
210. 同前，p. 195.
211. 袁偉、張卓主編，《中國軍校發展史》，p. 876.
212. 李殿仁主編，《國防大學80年大事紀要》，北京：國防大學出版社，二〇〇七。
213. 張震，《張震回憶錄（下）》，p. 206.
214. 同前，p. 212.
215. 軍事科學院軍事歷史研究所，《中國人民解放軍改革發展30年》，p. 43.
216. 同前。除了「報告文學」（reportage literature）之外，更詳盡的介紹請見張衛明，《華北大演習：中國最大軍事演習紀實》，北京：解放軍出版社，二〇〇八。
217. 解海南、楊祖發、楊建華，《楊得志一生》，北京：中共黨史出版社，二〇一一，p. 322.
218. 張震，《張震回憶錄（下）》，p. 210.

219. 解海南、楊祖發、楊建華，《楊得志一生》，p. 321.
220. 張震，《張震回憶錄（下）》，p. 210.
221. 同前，p. 211.
222. 鄧小平《鄧小平軍事文選》，第三卷，p. 205.
223. 張震，《張震回憶錄（下）》，p. 212；解海南、楊祖發、楊建華，《楊得志一生》，p. 322.
224. 張震，《張震回憶錄（下）》，p. 208；解海南、楊祖發、楊建華，《楊得志一生》，p. 321.
225. 張震，《張震回憶錄（下）》，p. 213.
226. 軍事科學院軍事歷史研究所，《中國人民解放軍改革發展30年》，p. 42.
227. 同前，p. 43.
228. 張震，《張震回憶錄（下）》，p. 213；軍事科學院軍事歷史研究所，《中國人民解放軍改革發展30年》，p. 43.
229. 冷溶、汪作玲主編，《鄧小平年譜：1975–1997》，第二卷，北京：中央文獻出版社，二〇〇四，p. 802.
230. 楊得志，〈新時期總參謀部的軍事工作〉，p. 654.
231. 何正文，〈裁軍百萬及其前前後後〉，收錄於徐惠滋編，《總參謀部：回憶史料》，北京：解放軍出版社，一九九五，p. 726.
232. 宗文，〈百萬大裁軍：鄧小平的強軍之路〉，《文史博覽》，No. 10 (2015): p. 6；解海南、楊祖發、楊建華，《楊得志一生》，pp. 343–344.
233. 宗文，〈百萬大裁軍：鄧小平的強軍之路〉，p. 6.
234. 解海南、楊祖發、楊建華，《楊得志一生》，p. 344.
235. 鄧小平《鄧小平軍事文選》，第三卷，p. 265.
236. 同前，p. 266.
237. 同前。
238. 同前，p. 267.

239. 楊得志，〈新時期總參謀部的軍事工作〉，p. 653.
240. 解海南、楊祖發、楊建華，《楊得志一生》，pp. 345–346.
241. 同前，p. 346.
242. 壽曉松主編，《中國人民解放軍的八十年（1927–2007）》p. 460；軍事科學院軍事歷史研究所，《中國人民解放軍改革發展30年》，p. 43.
243. 壽曉松主編，《中國人民解放軍的八十年（1927–2007）》p. 460；軍事科學院軍事歷史研究所，《中國人民解放軍改革發展30年》，p. 43.
244. 鄧小平《鄧小平軍事文選》，第三卷，p. 273.
245. 同前，p. 274.
246. 潘宏，〈1985年百萬大裁軍〉，《百年潮》，No. 12 (2015): p. 44；丁偉、魏旭，〈20世紀80年代人民解放軍體制改革、精簡整編的回顧與思考〉，《軍事歷史》，No. 6 (2014): p. 55.
247. Hong Baoshou.，〈中國人民解放軍70年來改革發展的回顧與思考〉，《中國軍事科學》，No. 3 (1999) p. 23.
248. 丁偉、魏旭，〈20世紀80年代人民解放軍體制改革、精簡整編的回顧與思考〉，《軍事歷史》，No. 6 (2014): p. 55.
249. 同前。具體而言，烏魯木齊軍區併入蘭州軍區、昆明軍區併入成都軍區，福州軍區併入南京軍區，武漢軍區則拆分併入濟南軍區與廣州軍區，北京軍區與瀋陽軍區則維持不變。
250. 同前。
251. 同前。
252. Yao Yunzhu, "The Evolution of Military Doctrine of the Chinese PLA from 1985 to 1995," *Korean Journal of Defense Analysis*, Vol. 7, No. 2 (1995), p. 57. 相關辯論請見，Nan Li, "The PLA's Evolving Warfighting Doctrine, Strategy and Tactics, 1985–95: A Chinese Perspective," *China Quarterly*, No. 146 (1996), pp. 443–463.
253. Huang Yingxu.，〈中國積極防禦戰略發展的確立與挑戰〉，《中國軍事科學》，Vol. 15, No. 1 (2002): p. 63.
254. 知名的軍事科學院戰略學者糜振玉一九八八年在《兵法》撰文，說明一套新戰略必須解決的諸多問題。見糜振玉，

255. 《戰爭與戰略理論探研》，北京：解放軍出版社，二〇〇三，pp. 269–286. Qi Changming，〈加強戰略研究，深化軍隊改革〉，《解放軍報》，1988.05.08。郭伯良、劉國華，〈我軍戰役訓練成績顯著〉，《解放軍報》，1988.12.26。

256. 張震，《張震回憶錄（上）》，p. 332.

257. 韓懷智，《韓懷智論軍事》，pp. 636–637；郭伯良、劉國華，〈我軍戰役訓練成績顯著〉。

258. 孔凡軍主編，《遲浩田傳》，北京：解放軍出版社，二〇〇九，p. 324.

259. 陳舟，〈試論中國維護和平與發展的防禦性國防政策〉，《中國軍事科學》，Vol. 20, No. 6 (2007): p. 2；畢文波，〈論中國新時期軍事戰略思維（上）〉，《軍事歷史研究》，No. 2 (2004): p. 45.

260. Zhang Yining, Cai Renzhao, and Sun Kejia，〈改革開放三十年中國軍事戰略的創新發展〉，《學習時報》，2008.12.09, p. 7.

261. 陳舟，〈專家解讀《中國的軍事戰略》白皮書〉，《國防》，No. 6 (2015): p. 18；張陽主編，《加快推進國防和軍隊現代化》，北京：人民出版社，二〇一五；p. 93. 那年稍早，也就是一九八八年三月，中國占領南海的六個爭議島礁後，由於必須保護新占據的領土，因此提議把「規劃管理南海」納入戰略指導思想。

262. 李德義，〈毛澤東積極防禦戰略思想的歷史發展與思考〉，《軍事歷史》，No. 4 (2002): p. 52；彭光謙，《中國軍事戰略問題研究》，解放軍出版社，二〇〇六，pp. 96–97.

263. 有關這些衝突，請見Fravel, *Strong Borders, Secure Nation*, pp. 267–299; Zhang, *Deng Xiaoping's Long War*, pp. 141–168.

264. Fravel, *Strong Borders, Secure Nation*, pp. 199–201.

265. 畢文波，〈論中國新時期軍事戰略思維（上）〉，《軍事歷史研究》，No. 2 (2004): p. 45.

266. 楊尚昆，《楊尚昆回憶錄》，pp. 366–367.

267. 鄒寶義、劉金勝，〈新一代合成軍隊戰鬥條令開始試行〉，《解放軍報》，1988.06.07。

268. 楊尚昆，《楊尚昆回憶錄》，pp. 366–367.

269. 蘇若舟，〈全軍今年按新訓練大綱施訓〉，《解放軍報》，1990.02.15。

第六章　一九九三年戰略

1. 江澤民，《江澤民文選》，第一卷，北京：人民出版社，二〇〇六，p. 285.
2. 同前，p. 286.
3. 同前，p. 285.
4. 同前，p. 289.
5. Ren Jian（軍事科學院作戰理論和條令研究部），《作戰條令概論》，北京：軍事科學出版社，二〇一六，p. 47.
6. 江澤民，《江澤民文選》，第一卷，p. 290.
7. 有關戰略方針思想，請見Ren Jian（軍事科學院作戰理論和條令研究部），《作戰條令概論》，p. 49.
8. 江澤民，《江澤民文選》，第一卷，p. 290.
9. 劉華清，《劉華清回憶錄》，北京：解放軍出版社，二〇〇四，p. 645.
10. 彭光謙、姚有志主編，《戰略學》，北京：軍事科學出版社，二〇〇一；pp. 453–454.
11. 戴怡芳主編，《軍事學研究回顧與展望》，北京：軍事科學出版社，一九九五，pp. 76–83.
12. 此段主要出處自Yang Zhiyuan，〈我軍編修作戰條令的創新發展及啟示〉，《中國軍事科學》，No. 6 (2009) pp. 112–118.
13. Dennis Blasko, *The Chinese Army Today: Tradition and Transformation for the 21st Century* (New York: Routledge, 2006), p. 22.
14. 江澤民，《論國防與軍隊建設》，北京：解放軍出版社，二〇〇二，p. 424.
15. 同前，p. 78.
16. 張建、任燕軍，〈新一代軍事訓練大綱頒發〉，《解放軍報》，1995.12.12。
17. 董文久、蘇若舟，〈新的軍事訓練與考核大綱頒發〉，解放軍報，2001.08.10。
18. 有關一九九〇年代和之後的訓練，請見Blasko, *The Chinese Army Today*, pp. 144–170; David Shambaugh, *Modernizing China's Military: Progress, Problems, and Prospects* (Berkeley, CA: University of California Press, 2002), pp. 94–107.

19. Blasko, *The Chinese Army Today*, pp. 152–153.
20. 以往有關中國對於海灣戰爭觀點的分析，請見Harlan W. Jencks, "Chinese Evaluations of 'Desert Storm': Implications for PRC Security," *Journal of East Asian Affairs*, Vol. 6, No. 2 (1992), pp. 447–477; Paul H. B. Godwin, "From Continent to Periphery: PLA Doctrine, Strategy, and Capabilities towards 2000," *China Quarterly*, No. 146 (1996), pp. 464–487;Dean Cheng, "Chinese Lessons from the Gulf Wars," in Andrew Scobell, David Lai and Roy Kamphausen, eds., *Chinese Lessons from Other Peoples' Wars* (Carlisle, PA: Strategic Studies Institute, Army War College, 2011), pp. 153–200; Shambaugh, *Modernizing China's Military*, pp. 71–77.
21. "The Operation Desert Shield/Desert Storm Timeline," US Department of Defense, August 8, 2000, http://archive.defense.gov/news/newsarticle.aspx?id=45404.
22. Jencks, "Chinese Evaluations of 'Desert Storm,' " pp. 447–477.
23. 劉華清，《劉華清軍事文選》，第二卷，北京：解放軍出版社，二〇〇八，p. 127.
24. 同前，p. 129. 總參謀部已派研究員前往波斯灣進行實地評估（雖然無法得知目的地）。
25. 同前，p. 128.
26. 孔凡軍主編，《遲浩田傳》，北京：解放軍出版社，二〇〇九，p. 326.
27. 張震，《張震軍事文選》，第二卷，北京：解放軍出版社，二〇〇五，p. 521.
28. 江澤民，《論國防與軍隊建設》，p. 32.
29. 劉華清，《劉華清軍事文選》，第二卷，p. 139.
30. 劉華清，《劉華清回憶錄》，p. 610.
31. 遲浩田，《遲浩田軍事文選》，北京：解放軍出版社，二〇〇九，p. 282.
32. 張震，《張震軍事文選》，第二卷，p. 469.
33. 同前，p. 470.
34. 江澤民，《論國防與軍隊建設》，p. 32.

35. 劉華清，《劉華清回憶錄》，p. 610.
36. 江澤民，《江澤民文選》，第一卷，p. 145.
37. 張震，《張震軍事文選》，第二卷，p. 521.
38. 軍事科學院軍事歷史研究部編著，《海灣戰爭全史》，北京：軍事科學出版社，二〇〇〇。有關一九九一年的研究，請見劉義昌、王文昌、王顯臣主編，《海灣戰爭》，北京：軍事科學出版社，一九九一。
39. 軍事科學院軍事歷史研究部編著，《海灣戰爭全史》，p. 512.
40. 同前，p. 466.
41. 孔凡軍主編，《遲浩田傳》，p. 327.
42. Joseph Fewsmith, *China Since Tiananmen: The Politics of Transition* (Cambridge: Cambridge University Press, 2001), pp. 21–74.
43. 同前，p. 33.
44. 有關趙紫陽的角色以及一九八九年實施戒嚴法背後的決策過程，請見Joseph Torigian, “Prestige, Manipulation, and Coercion: Elite Power Struggles and the Fate of Three Revolutions,” PhD dissertation, Department of Political Science, Massachusetts Institute of Technology, 2016.
45. Joseph Fewsmith, “Reaction, Resurgence, and Succession: Chinese Politics Since Tiananmen,”in Roderick MacFarquhar, ed., *The Politics of China: Sixty Years of The People’s Republic of China* (New York: Cambridge University Press, 2011), p. 468.
46. Richard Baum, *Burying Mao: Chinese Politics in the Age of Deng Xiaoping* (Princeton, NJ: Princeton University Press, 1994), p. 319.
47. 同前，p. 294.
48. 同前，pp. 302–303.
49. Fewsmith, *China Since Tiananmen*, pp. 37–38.
50. 同前，pp. 38–40; Baum, *Burying Mao*, p. 322.

51. Baum, *Burying Mao*, p. 322.
52. 同前。
53. 同前。
54. Fewsmith, *China Since Tiananmen*, pp. 44–45.
55. 同前，pp. 45–46.
56. 同前，pp. 55–56.
57. 同前，pp. 57–58.
58. Baum, *Burying Mao*, p. 334; Fewsmith, *China Since Tiananmen*, p. 53.
59. Baum, *Burying Mao*, p. 334.
60. 同前，p. 338.
61. Shambaugh, *Modernizing China's Military*, pp. 26–27.
62. David Shambaugh, "The Soldier and the State in China: The Political Work System in the People's Liberation Army," *China Quarterly*, No. 127 (1991), p. 552.
63. 同前。
64. 據說楊尚昆反對這個舉動，或許是心懷野心，想要自己當主席。見Baum, *Burying Mao*, p. 301.
65. Michael D. Swaine, *The Military & Political Succession in China: Leadership, Institutions, Beliefs* (Santa Monica, CA: RAND, 1992), p. 63.
66. 擁護軍隊現代化的劉華清也被任命為副主席，增加了些許與楊氏兄弟抗衡的力量。
67. Robert F. Ash, "Quarterly Documentation," *China Quarterly*, No. 131 (September 1992), p. 900.
68. 同前，pp. 879–885.另請見壽曉松主編，《中國人民解放軍的八十年（1927–2007）》，北京：軍事科學出版社，二〇〇七，p. 482.
69. 更此更全面性的討論，請見Shambaugh, "The Soldier and the State in China," p. 559.

70. 同前，pp. 558–559.
71. 同前，p. 565.
72. Shambaugh, *Modernizing China's Military*, p. 29.
73. Swaine, *The Military & Political Succession in China*, p. 145.
74. Baum, *Burying Mao*, p. 306.
75. Dennis J. Blasko, Philip T. Klapakis and John F. Corbett, "Training Tomorrow's PLA: A Mixed Bag of Tricks," *China Quarterly*, No. 146 (1996), pp. 488–524.
76. 對於規劃「第八個五年計劃」中的軍事面向，更詳盡的敘述請見劉華清，《劉華清回憶錄》，pp. 580–590；孔凡軍主編，《遲浩田傳》，pp. 342–346.
77. 劉華清，《劉華清回憶錄》，pp. 580–589.
78. 同前，p. 589.
79. 袁德金，〈30年中國軍隊改革論略〉，《軍事歷史研究》，No. 4 (2008): p. 4.
80. 孔凡軍主編，《遲浩田傳》，pp. 342–343. 其中一項重要的改革是合併炮兵、裝甲、工程、化學防禦，設立兵種部，以及陸軍航空兵種部。
81. 劉華清，《劉華清回憶錄》，p. 589.
82. Shambaugh, "The Soldier and the State in China," p. 564.
83. 反對楊氏兄弟的資深軍人包括楊得志、陳錫聯、耿飈、伍修權、楊成武、張愛萍、洪學智等人。要求將楊白冰解職的現役領導人包括秦基偉（國防部長）、張震（國防大學校長）、遲浩田（總參謀長）。Li Feng, "Military Elders and Generals in Active Service Took Joint Action to Write a Letter to Deng Xiaoping Demanding the Ouster of the Yang Brothers from Office," *Ching Chi Jih Pao*, October 21, 1992, Foreign Broadcast Information Service (FBIS) #HK2110060592; Lo Ping, "The Inside Story of the Reduction of Yang Baibing's Military Power," *Cheng Ming*, No. 181, November 1992, pp. 6–8, FBIS #HK0411121992.

84. Fewsmith, *China Since Tiananmen*, p. 58.
85. 同前，pp. 59–60.
86. Lu Tianyi，〈軍隊要對改革開放發展經濟「保駕護航」〉，《解放軍報》，1992.03.22。
87. Fewsmith, *China Since Tiananmen*, p. 60.
88. 楊白冰，〈肩負起為國家改革和建設保駕護航的崇高使命〉，《解放軍報》，1992.07.29。
89. "Central Military Commission Organizes Visit to Shenzhen, Zhuhai for Senior Military Officers," *Ming Pao*, March 11, 1992, p. 2, in FBIS #HK1103074792.
90. 細節請見Baum, *Burying Mao*; Fewsmith, *China Since Tiananmen*.
91. Fewsmith, *China Since Tiananmen*, p. 66.
92. 于永波成為總政治部主任，周文元成為瀋陽軍區副政治委員，李繼耐成為國防科工委副政治委員。
93. Willy Wo-Lap Lam, *China after Deng Xiaoping: The Power Struggle in Beijing since Tiananmen* (Hong Kong: P A Professional Consultants, 1995), pp. 213–214.
94. 劉華清，《劉華清回憶錄》，p. 630.
95. 江澤民，《江澤民文選》，第一卷，p. 489.
96. 郭相傑編，《張萬年傳（下）》，北京：解放軍出版社，二〇一一，pp. 4–5.
97. 江澤民，《論國防與軍隊建設》，p. 74.
98. 解釋請見吳銓敘，《跨越世紀的變革——親歷軍事訓練領域貫徹新時期軍事戰略方針十二年》，北京：軍事科學出版社，二〇〇五，pp. 9–10.
99. 江澤民，《論國防與軍隊建設》，p. 21.
100. 舉辦這場研討會時，劉華清沒有參加，因為他當時跟總理李鵬在廣西進行視察。見姜為民編著，《劉華清年譜》，第二卷，北京：解放軍出版社，二〇一六，pp. 1003–1006.
101. 郭相傑編，《張萬年傳》，p. 60.

102. 同前，p. 62.
103. 張震，《張震回憶錄（上）》，北京：解放軍出版社，二〇〇三，p. 361.
104. 郭相傑編，《張萬年傳》，p. 62.
105. 同前，p. 63.
106. 張萬年，《張萬年軍事文選》，北京：解放軍出版社，二〇〇八，p. 365.
107. 同前。
108. 張震，《張震回憶錄（上）》，p. 362；姜為民編著，《劉華清年譜》，第二卷，pp. 1008–1009.
109. 張震，《張震回憶錄（上）》，p. 364.
110. 江澤民，《江澤民文選》，第一卷，p. 285.
111. 同前，p. 279.
112. 姜為民編著，《劉華清年譜》，第二卷，p. 865.
113. 同前，pp. 893, 957, 1009.
114. 江澤民，《江澤民文選》，第一卷，p. 280.
115. 同前，p. 279.
116. 同前。
117. 有關中國洲際彈道飛彈的發展，請見Christopher P. Twomey, "The People's Liberation Army's Selective Learning: Lessons of the Iran-Iraq 'War of the Cities' Missile Duels and Uses of Missiles in Other Conflicts," in Andrew Scobell, David Lai, and Roy Kamphausen, eds., *Chinese Lessons from Other Peoples' Wars* (Carlisle, PA: Army War College: Strategic Studies Institute, 2011), pp. 115–152; Michael S. Chase（蔡斯）and Andrew Erickson（艾立信）, "The Conventional Missile Capabilities of China's Second Artillery Force: Cornerstone of Deterrence and Warfighting," *Asian Security*, Vol. 8, No. 2 (2012), pp. 115–137.
118. 劉華清，《劉華清回憶錄》，p. 635.
119. 同前，p. 638.

120. 同前。
121. 同前。
122. 同前。
123. 張震，《張震軍事文選》，第二卷，p. 546.
124. 同前，p. 547.
125. 同前，p. 548.
126. 引述自吳銓敘，《跨越世紀的變革》，p. 13.
127. 同前，p. 14；郭相傑編，《張萬年傳》，p. 87.
128. 郭相傑編，《張萬年傳》，p. 89.
129. 同前，p. 88.
130. 吳銓敘，《跨越世紀的變革》，p. 17.
131. 趙學鵬，〈「四種綱目」集訓吹響訓練改革衝鋒號〉，《解放軍報》，2008.10.08，p. 21.
132. 郭相傑編，《張萬年傳》，p. 88.
133. 吳銓敘，《跨越世紀的變革》，p. 19.
134. 郭相傑編，《張萬年傳》，p. 89.
135. 同前，p. 88.
136. 引述自吳銓敘，《跨越世紀的變革》，p. 22.
137. 同前，p. 23.
138. 郭相傑編，《張萬年傳》，pp. 92–93.
139. 關於這個時期的演習，請見Blasko, Klapakis and Corbett, "Training Tomorrow's PLA."
140. 郭相傑編，《張萬年傳》，p. 95.
141. 同前，pp. 94–95.

142. 張萬年，《張萬年軍事文選》，p. 515.
143. 同前，p. 505.
144. 吳銓敘，《跨越世紀的變革》，p. 19.
145. 張建、任燕軍，〈新一代軍事訓練大綱頒發〉，《解放軍報》，1995.12.12。
146. 同前。
147. 有關會議的回顧，請見吳銓敘，《跨越世紀的變革》，pp. 61–69.
148. 張萬年，《張萬年軍事文選》，p. 506.
149. 有關人民解放軍的作戰條令，請見Yang Zhiyuan.，〈我軍編修作戰條令的創新發展及啟示〉；王安主編，《軍隊條令條例教程》，北京：軍事科學出版社，一九九九，pp. 124–138.
150. 張萬年，《張萬年軍事文選》，pp. 506–508.
151. 同前，p. 506.
152. 同前，pp. 50–507.
153. 同前，p. 507.
154. Yang Zhiyuan.，〈我軍編修作戰條令的創新發展及啟示〉，《中國軍事科學》，No. 6 (2009): pp. 112–118.
155. 王安主編，《軍隊條令條例教程》，pp. 126–127.
156. 同前，p. 130.
157. 同前，p. 127. 有關這些戰役更詳盡的敘述，請見王厚卿、張興業編，《戰役學》，北京：國防大學出版社，二〇〇〇；薛興林主編，《戰役理論學習指南》，北京：國防大學出版社，二〇〇二。英文概述請見Blasko, *The Chinese Army Today*; Roger Cliff, *China's Military Fower: Assessing Current and Future Capabilities* (New York: Cambridge University Press, 2015), pp. 17–25.
158. 王安主編，《軍隊條令條例教程》，p. 129.
159. 同前，pp. 129–130.

160. 這些原則聚焦於作戰，出自一九四七年的一次演說。見毛澤東，《毛澤東選集》，第二版，第四卷，北京：人民出版社，一九九一，pp. 1247–1248.

161. 徐國成、馮良、周振鐸主編，《聯合戰役研究》，濟南：黃河出版社，二〇〇四，p. 25. 此外請見王安主編，《軍隊條令條例教程》，p. 127.

162. 請見王厚卿、張興業編，《戰役學》，pp. 1010–114；薛興林主編，《戰役理論學習指南》，pp. 28–29. 英文文獻中有關這些原則的討論，請見Blasko, *The Chinese Army Today*, pp. 105–116.

163. Blasko, *The Chinese Army Today*, pp. 98–104. 在戰術層面上，有關這些原則的類似條例，請見郝子舟、霍高珍主編，《戰術學教程》，北京：軍事科學出版社，二〇〇〇，pp. 184–215.

164. 郝子舟、霍高珍主編，《戰術學教程》，p. 134.

165. 王安主編，《軍隊條令條例教程》，p. 136.

166. Ren Jian（軍事科學院作戰理論和條令研究部），《作戰條令概論》，p. 51. 另可參考王安主編，《軍隊條令條例教程》，p. 137；郝子舟、霍高珍主編，《戰術學教程》，pp. 134–136.

167. 這證明了解放軍制度化的程度不斷提高，擔任中央軍委副主席的劉華清負責指導撰寫解放軍的第八個五年計劃。

168. 張萬年，《張萬年軍事文選》，p. 490.

169. 同前，p. 492.

170. 郭相傑編，《張萬年傳》，p. 80.

171. 同前，p. 81.

172. 同前，p. 82.

173. 張萬年，《張萬年軍事文選》，pp. 517–522.

174. 郭相傑編，《張萬年傳》，p. 83.

175. 江澤民，《論國防與軍隊建設》，p. 194.

176. 劉華清，《劉華清軍事文選》，第二卷，pp. 448–449.

177. 同前。
178. 郭相傑編，《張萬年傳》，pp. 135–136.
179. 天安門事件之後，中央軍委決定加強人民武裝警察，讓武警成為社會失序時的第一應變單位。有關人民武裝警察的演變，請見Murray Scot Tanner, "The Institutional Lessons of Disaster: Reorganizing The People's Armed Police After Tiananmen," in James Mulvenon and Andrew N. D. Yang, eds., *The People's Liberation Army as Organization: V 1.0., Reference Volume* (Santa Monica, CA: RAND, 2002).
180. 郭相傑編，《張萬年傳》，p. 137.
181. 同前。
182. 同前，p. 138.
183. 丁偉、魏旭，〈20世紀80年代人民解放軍體制改革、精簡整編的回顧與思考〉，《軍事歷史》，No. 6 (2014): p. 55.
184. 郭相傑編，《張萬年傳》，pp. 138–140.
185. 軍事科學院軍事歷史研究所，《中國人民解放軍改革發展30年》，北京：軍事科學出版社，二〇〇八，p.207.
186. 江澤民，《論國防與軍隊建設》，北京：解放軍出版社，二〇〇二，p. 299.
187. 同前，p. 301.
188. 郭相傑編，《張萬年傳》，p. 151.
189. 軍事科學院軍事歷史研究所，《中國人民解放軍改革發展30年》，p. 211.
190. 同前。
191. Harlan W. Jencks, "The General Armament Department," in James Mulvenon and Andrew N. D. Yang, eds., *The People's Liberation Army as Organization: Reference Volume v1.0* (Santa Monica, CA: RAND, 2002), pp. 273–308.
192. 《二〇〇六年中國的國防》，北京：國務院新聞辦公室，二〇〇六。
193. Blasko, *The Chinese Army Today*, p. 22.

第七章 中國一九九三年之後的軍事戰略

1. 姜鐵軍主編，《黨的國防軍隊改革思想研究》，北京：軍事科學出版社，二〇一五，p. 129.
2. 二〇〇四年六月，江澤民在中央軍委的會議中發表演說，介紹這套新方針，但是那次演說並沒有收錄到他的文選裡。見江澤民，《江澤民文選》，第三卷，北京：人民出版社，二〇〇六，p. 608；壽曉松主編，《戰略學》，北京：軍事科學出版社，二〇一三，p. 47.
3. 李有升主編，《聯合戰役學教程》，北京：軍事科學出版社，二〇一二，pp. 201–203.
4. 溫冰，〈定準軍事鬥爭準備基點〉，《學習時報》，2015.06.01，p. A7.
5. 江澤民，《江澤民文選》，第三卷，p. 608.「信息化」有時候也會翻譯作「informationization」。
6. 同前。
7. 同前。
8. 《二〇〇四年中國的國防》，北京：國務院新聞辦公室，二〇〇四。
9. Joe McReynolds（麥克雷諾茲）and James Mulvenon, "The Role of Informatization in the People's Liberation Army under Hu Jintao," in Roy Kamphausen, David Lai, and Travis Tanner, eds., *Assessing the People's Liberation Army in the Hu Jintao Era* (Carlisle, PA: Strategic Studies Institute, Army War College, 2014), p. 211.
10. 同前，p. 230.
11. Dennis J. Blasko, "Integrating the Services and Harnessing the Military Area Commands,"*Journal of Strategic Studies*, Vol. 39, No. 5–16 (2016), p. 12. 然而，這些作戰有些在二階效應（second-order effects）可能會致命。
12. Dean Cheng, "The PLA's Wartime Structure," in Kevin Pollpeter（包克文）and Kenneth W. Allen, eds., *The PLA as Organization 2.0* (Vienna, VA: Defense Group, 2015), p. 461.
13. 同前，p. 462. 有關這個主題的詳細研究，請見 Jeff Engstrom, *Systems Confrontation and System Destruction Warfare: How the Chinese People's Liberation Army Seeks to Wage Modern Warfare* (Santa Monica, CA: RAND, 2018); Kevin McCauley,

PLA System of Systems Operations: Enabling Joint Operations (Washington, DC: Jamestown Foundation, 2017).

14. 《二〇〇四年中國的國防》，北京：國務院新聞辦公室，二〇〇四。
15. 吳建華、蘇若舟，〈總參部署全軍新年度軍事訓練工作〉，《解放軍報》，2004.02.01。
16. 總政治部編印《樹立和落實科學發展觀理論學習讀本》，北京：解放軍出版社，二〇〇六，pp. 203–214；張玉良，《戰役學》，北京：國防大學出版社，二〇〇六。
17. 胡錦濤，《胡錦濤文選》，第一卷，北京：人民出版社，二〇一六，p. 453. 關於聯合作戰中國所採取的方法／取徑，請見此深思熟慮的研究：Joel Wuthnow, "A Brave New World for Chinese Joint Operations," *Journal of Strategic Studies* Vol. 40, Nos. 1–2 (2017), pp. 169–195.
18. Dean Cheng, *Cyber Dragon: Inside China's Information Warfare and Cyber Operations* (Santa Babara, CA: Praeger, 2016), p. 85.
19. 同前，p. 79.
20. 張玉良，《戰役學》。
21. 喬傑，《戰役學教程》，北京：軍事科學出版社，二〇一二，p. 172.
22. 譚亞東主編，《聯合作戰教程》，北京：軍事科學出版社，二〇一三，p. 68.
23. 李有升主編，《聯合戰役學教程》，pp. 87–89.
24. Yang Zhiyuan.，〈我軍編修作戰條令的創新發展及啟示〉，《中國軍事科學》，No. 6 (2009): p. 113.
25. 同前，p. 115.
26. Ren Jian（軍事科學院作戰理論和條令研究部），《作戰條令概論》，北京：軍事科學出版社，二〇一六，p. 53.
27. National Institute for Defense Studies, *NIDS China Security Report 2016: The Expanding Scope of PLA Activities and the PLA Strategy* (Tokyo: National Institute for Defense Studies, 2016), p. 14.
28. 同前，p. 15.
29. 同前，p. 27.

30. Abraham Denmark, "PLA Logistics 2004–11: Lessons Learned in the Field," in Roy Kamphausen, David Lai, and Travis Tanner, eds., *Learning by Doing: The PLA Trains at Home and Abroad* (Carlise, PA: Army War College: Strategic Studies Institute, 2012), pp. 297–336; Susan Puska, "Taming the Hydra: Trends in China's Military Logistics Since 2000," in Roy Kamphausen,David Lai, and Andrew Scobell, eds., *The PLA at Home and Abroad: Assessing the Operational Capabilities of China's Military* (Carlisle, PA: Army War College, Strategic Studies Institute, 2010), pp. 553–636.
31. McReynolds（麥克雷諾茲）and Mulvenon, "The Role of Informatization in the People's Liberation Army under Hu Jintao," pp. 228–229.
32. 有關這套系統及其運用在演習上，請見Wanda Ayuso and Lonnie Henley, "Aspiring to Jointness: PLA Training, Exercises, and Doctrine, 2008–2012,"in Roy Kamphausen, David Lai, and Travis Tanner, eds., *Assessing the People's Liberation Army in the Hu Jintao Era* (Carlisle, PA: Strategic Studies Institute, Army War College, 2014), p. 183.
33. 武天敏，〈構建信息化條件下軍事訓練體系〉，《解放軍報》2008.08.01。
34. 有關這些演習的清單和描述，請見McCauley, *PLA System of Systems Operations*, pp. 50–57.
35. 關於這些演習的清單和描述，請見同前，pp. 58–65.
36. 黃超、孟斌，〈全軍首個戰區聯合訓練領導機構正式運行（為認真貫徹胡主席關於加強聯合訓練重要指示）〉，《解放軍報》，2009.02.25。
37. 喬傑，《戰役學教程》，pp. 30–31.
38. 相關爭論請見David M. Finkelstein, *China Reconsiders Its National Security: "The Great Peace and Development Debate of 1999"* (Arlington, VA: CNA, 2000).
39. 有關科索沃戰爭的影響，請見Fiona S. Cunningham, "Maximizing Leverage: Explaining China's Strategic Force Postures in Limited Wars," PhD dissertation, Department of Political Science, Massachusetts Institute of Technology, 2018.
40. 王學東，《傅全有傳（下）》，北京：解放軍出版社，二〇一五，p. 207.
41. 同前，p. 209.

42. 張萬年，《張萬年軍事文選》，北京：解放軍出版社，二〇〇八，p. 704.
43. 王學東，《傅全有傳（下）》，p. 717. 亦請見傅全有，《傅全有軍事文選》，北京：解放軍出版社，二〇一五，p. 740.
44. 黃斌編，《科索沃戰爭研究》，北京：解放軍出版社，二〇〇〇，p. 98.
45. 同前，pp. 78–89.
46. 同前，pp. 98–100.
47. 這些包含E-8C "Growler"、U-2S、RC-135、EC-130、E-2C與E-3。
48. 黃斌編，《科索沃戰爭研究》，p. 80.
49. 同前，p. 150.
50. 同前。
51. 傅全有也強調美國的「全空襲戰」。見王學東，《傅全有傳（下）》，p. 303.
52. 傅全有，《傅全有軍事文選》，p. 740.
53. 江澤民，《江澤民文選》，第三卷，p. 162.
54. 同前，pp. 576–599.
55. 同前，p. 578.
56. 同前，pp. 579–581.
57. 同前，p. 582.
58. 同前，p. 585.
59. 同前。
60. 黃斌編，《科索沃戰爭研究》，p. 150.
61. 同前，pp. 162–164；王學東，《傅全有傳（下）》，p. 303.
62. 王永明、劉小力、肖允華，《伊拉克戰爭研究》，北京：軍事科學出版社，二〇〇三。
63. 陳東祥，《評點伊拉克戰爭》，北京：軍事科學出版社，二〇〇三。

64. 荷竹，《專家評說伊拉克戰爭》，北京：軍事科學出版社，二〇〇四。
65. 陳東祥，《評點伊拉克戰爭》，p. 1.
66. 荷竹，《專家評說伊拉克戰爭》，p. 89.
67. 王永明、劉小力、肖允華，《伊拉克戰爭研究》，p. 143.
68. 同前，p. 150.
69. 陳東祥，《評點伊拉克戰爭》，p. 175.
70. 同前，荷竹，《專家評說伊拉克戰爭》，p. 83.
71. 王永明、劉小力、肖允華，《伊拉克戰爭研究》，pp. 153–154.
72. 荷竹，《專家評說伊拉克戰爭》，p. 83.
73. 陳東祥，《評點伊拉克戰爭》，p. 172.
74. 同前，pp. 319–326；王永明、劉小力、肖允華，《伊拉克戰爭研究》，pp. 153–155.
75. 陳東祥，《評點伊拉克戰爭》，p. 320.
76. 王永明、劉小力、肖允華，《伊拉克戰爭研究》，p. 167.
77. 陳東祥，《評點伊拉克戰爭》，p. 192.
78. 總政治部編印《樹立和落實科學發展觀理論學習讀本》，p. 77. 此談話亦收錄在胡錦濤，《胡錦濤文選》，第一卷，pp. 256–262.
79. 總政治部編印《樹立和落實科學發展觀理論學習讀本》，p. 78.
80. 同前，p. 79.
81. 同前，p. 80.
82. 同前，p. 196.
83. 同前，p. 253.
84. 中國對於非戰爭軍事行動（nonwar military operations）的定義包含一些分類為作戰行動（combat operations）的行動，

像是航道安全。

85. 有關中國官方資料所陳述的各項非戰爭軍事活動，評論請見M. Taylor Fravel, "Economic Growth, Regime Insecurity, and Military Strategy: Explaining the Rise of Noncombat Operations in China," *Asian Security*, Vol. 7, No. 3 (2011), p. 191.

86. 談文虎，〈多樣化軍事任務牽引軍事訓練創新〉，《解放軍報》，2008.07.01, p. 12.

87. Fravel, "Economic Growth, Regime Insecurity, and Military Strategy," p. 191.

88. 未注明，《中國的軍事戰略》，北京：國務院新聞辦公室，二〇一五。此處出自M. Taylor Fravel, "China's New Military Strategy: 'Winning Informationized Local Wars,'" *China Brief*, Vol. 15, No. 13 (2015), pp. 3–6.討論二〇一四方針的中文資料相當有限。見駱德榮，〈軍隊建設與軍事鬥爭準備的行動綱領——對新形勢下軍事戰略方針的幾點認識〉，《中國軍事科學》，No. 1 (2017):pp. 88–96；軍事科學院毛澤東軍事思想研究所，〈強國強軍戰略先行——深入學習貫徹習主席新形勢下軍事戰略方針重要論述〉，《解放軍報》，2016.09.02。

89. 郭媛丹，〈要打海上戰爭?中國應做好海上軍事鬥爭準備〉，《環球時報》，2015.05.26, http://mil.huanqiu.com/strategysituation/2015-05/6526726_2.html.（編注：原連結已失效，請參考http://news.sina.com.cn/c/2015-05-26/100831877017.shtml〔檢索日期2022.04.13〕）

90. 溫冰，〈定準軍事鬥爭準備基點〉，《學習時報》，2015.06.01, p. A7.

91. 未注明，《中國的軍事戰略》，北京：國務院新聞辦公室，二〇一五。

92. 《中國的軍事戰略》；陳舟，〈專家解讀《中國的軍事戰略》白皮書〉，《國防》，No. 6 (2015) p. 18.

93. 《中國的軍事戰略》。

94. 英文版的白皮書分別使用「offshore waters defense」和「open seas protection」這兩個翻譯。

95. 在解放軍裡，除了中國軍隊的戰略方針之外，每個軍種也都有自己的戰略概念。

96. 訪談，地點南京，二〇一七年十二月。

97. 王洪光，〈從歷史看今日中國的戰略方向〉，《同舟共進》，No. 3 (March 2015):44–50.王洪光將軍是南京軍區的前副司令員，現已退役。

98. 同前，p. 49.50.
99. 江澤民，《江澤民文選》，第三卷，pp. 576–599.
100. 梁蓬飛，「總參總政印發《〈關於提高軍事訓練實戰化水準的意見〉學習宣傳提綱》」，《解放軍報》，2014.08.21, p. 1.
101. 王士彬、羅錚，〈國防部舉行盛大招待會熱烈慶祝建軍87周年〉，《解放軍報》，2014.08.02。
102. 習近平，《習近平國防和軍隊建設重要論述選編（二）》，北京：解放軍出版社，二〇一五，pp. 62–63.
103. 同前，p. 80.
104. Blasko, "Integrating the Services and Harnessing the Military Area Commands"; Joel Wuthnow and Philip C. Saunders, *Chinese Military Reform in the Age of Xi Jinping: Drivers, Challenges, and Implications* (Washington, DC: National Defense University Press, 2017).
105. 〈中共中央關於全面深化改革若干重大問題的決定〉，2013.11.13，http://www.gov.cn/jrzg/2013-11/15/content_2528179.htm.
106. 習近平，《習近平國防和軍隊建設重要論述選編》，北京：解放軍出版社，二〇一四，p. 220.
107. 同前，p. 223.

第八章　中國自一九六四年起的核戰略

1. John Wilson Lewis and Litai Xue, *China Builds the Bomb* (Stanford, CA: Stanford University Press, 1988).
2. 同前，p. 210.
3. John Wilson Lewis and Hua Di, "China's Ballistic Missile Programs: Technologies, Strategies, Goals," *Intenational Security*, Vol. 17, No. 2 (1992), p. 20.
4. 這段出處於M. Taylor Fravel and Evan S. Medeiros, "China's Search for Assured Retaliation: The Evolution of Chinese Nuclear Strategy and Force Structure," *International Security*,Vol. 35, No. 2 (Fall 2010), pp. 48–87.
5. 毛澤東，《毛澤東外交文選》，北京：世界知識出版社，一九九四，p. 540.
6. 周恩來，《周恩來文化文選》，北京：中央文獻出版社，一九九八，p. 535.

7. 毛澤東，《毛澤東文集》，第七卷，北京：人民出版社，一九九九，p. 407.
8. 聶榮臻，《聶榮臻回憶錄》，北京：解放軍出版社，一九八六，p. 814。聶榮臻的文選和活動年譜都完全沒有記載他擔任官職時說過這句話，他似乎是在一九六一年，當時中國爭論是否要繼續推動核計劃時所說（請見下述）。
9. 冷溶、汪作玲主編，《鄧小平年譜：1975–1997》，第一卷，北京：中央文獻出版社，二〇〇四，p. 404.
10. 中央軍委辦公廳選編，《鄧小平關於新時期軍隊建設論述選編》，北京：八一出版社，一九九三，pp. 44–45.
11. 周恩來，《周恩來文化文選》，p. 661.
12. 中央軍委辦公廳選編，《鄧小平關於新時期軍隊建設論述選編》，p. 99.
13. 關於張愛萍扮演的角色，請見東方鶴，《張愛萍傳》，北京：人民出版社，二〇〇〇；陸其明、範敏若編著，《張愛萍與兩彈一星》，北京：解放軍出版社，二〇〇一；張勝，《從戰爭中走來：兩代軍人的對話》，北京：中國青年出版社，二〇〇八。張勝是張愛萍之子。
14. 張愛萍，《張愛萍軍事文選》，北京：長征出版社，一九九四，p. 392。張愛萍在一九八二至一九八八年期間擔任國防部部長。
15. Richard M. Nixon, *RN: The Memoirs of Richard Nixon* (New York: Grosset & Dunlap, 1978), p. 557.
16. 冷溶、汪作玲主編，《鄧小平年譜：1975–1997》，第一卷，pp. 779–780.
17. 江澤民，《江澤民文選》，第一卷，北京：人民出版社，二〇〇六，p. 156.
18. 對於江澤民的解釋請見覃秀法，《江澤民國防和軍隊建設思想研究》，北京：軍事科學出版社，二〇〇四，p. 342.
19. 江澤民，《江澤民文選》，第三卷，北京：人民出版社，二〇〇六，p. 585.有關中國戰略威懾的概念，請見彭光謙、姚有志主編，《戰略學》，北京：軍事科學出版社，二〇〇一，pp. 230–245.
20. 《人民日報》，2006.06.29，p. 1
21. 《人民日報》，2012.12.06，p. 1
22. 請見李体林，〈改革開放以來中國核戰略理論的發展〉，《中國軍事科學》，No. 6 (2008): pp. 37–44；靖志遠、彭小楓，〈憑潮礪劍鑄輝煌——回顧第二炮兵在改革開放中加快建設發展的光輝歷程〉，收錄於第二炮兵政治部編著，《輝煌年代：回顧在改革開放中發展前進的第二炮兵》，北京，中央文獻出版社，二〇〇八。

23. 關於這時期，請參考：吳烈，《崢嶸歲月》，北京：中央文獻出版社，一九九九，pp. 350–369；吳烈，〈二炮領導機關艱難誕生〉，收錄於第二炮兵政治部編著，《與共和國一起成長：我在戰略導彈部隊的難忘記憶》，北京：中央文獻出版社，二〇〇九，pp. 192–195；廖成美，〈風雲十年話戰備〉，收錄於第二炮兵政治部編著，《與共和國一起成長：我在戰略導彈部隊的難忘記憶》，北京：中央文獻出版社，二〇〇九，pp. 196–201.

24. 吳烈，《崢嶸歲月》，p. 358.

25. 李水清，〈改革，從這裡起步〉，收錄於第二炮兵政治部編著，《輝煌年代：回顧在改革開放中發展前進的第二炮兵》，北京，中央文獻出版社，二〇〇八，p. 29.

26. 賀進恆，〈「精幹有效」總體建設目標的確立〉，收錄於第二炮兵政治部編著，《輝煌年代：回顧在改革開放中發展前進的第二炮兵》，北京，中央文獻出版社，二〇〇八，p. 43.

27. 李水清，《從紅小鬼到火箭兵司令：李水清將軍回憶錄》，北京：解放軍出版社，二〇〇九，p. 513.

28. 李水清，〈改革，從這裡起步〉，p. 30. 這份報告的正本內容無法取得。

29. 同前，p. 25.

30. 高銳編，《戰略學》，北京：軍事科學出版社，一九八七。有關編著內容，請見宋時輪，《宋時輪軍事文選（1958–1989）》，北京：軍事科學出版社，二〇〇七，p. 352.

31. 高銳編，《戰略學》，p. 114.

32. 同前，p. 235. 亦請見同前，p. 115. 其中一段指出，目標是能在收到預警或遭到攻擊後發射。見同前，p. 136.

33. 同前，p. 115.

34. 關於這些方針原則（guiding principles）的重要性，請見江憶恩（Alastair Iain Johnston），"Comments"(prepared for RAND-CAN conference on the PLA, December 2002). 嚴密防禦也能翻譯成為「strict protection」。

35. 第二炮兵司令部編，《第二炮兵戰略學》，北京：藍天出版社，一九九六。

36. 高銳編，《戰略學》；彭光謙、姚有志主編，《戰略學》；壽曉松主編，《戰略學》，北京：軍事科學出版社，二〇一三；王厚卿、張興業編，《戰役學》，北京：國防大學出版社，二〇〇〇；張玉良，《戰役學》，北京：國防大學出版社，二〇〇六。

37. 于際訓等主編，《第二炮兵戰役學》，北京：解放軍出版社，二〇〇四；第二炮兵司令部編，《第二炮兵戰役法》，北京：藍天出版社，一九九六；第二炮兵司令部編，《第二炮兵戰術學》，北京：藍天出版社，一九九六；第二炮兵司令部編，《第二炮兵戰略學》。

38. 這段話引用自二〇〇六年白皮書的官方英文版。我也標示出了這些詞的對應中文，因為英文翻譯沒有完全捕捉到某些中文的精髓。

39. 《二〇〇八年中國的國防》，北京：國務院新聞辦公室，二〇〇八。

40. 中文著作中有關中國領導人的分析，可見孫向麗，《核時代的戰略選擇：中國核戰略問題研究》，北京：中國工程物理研究院，二〇一三。刪減的英文版本請見Xiangli Sun, "The Development of Nuclear Weapons in China," in Bin Li and Zhao Tong, eds., *Understanding Chinese Nuclear Thinking* (Washington, DC: Carnegie Endowment for International Peace, 2016), pp. 79–102.

41. 第二炮兵司令部編，《第二炮兵戰略學》，p. 9.

42. 毛澤東，《毛澤東文集》，第七卷，p. 328. 有關中國領導人對核戰略的看法，相關精準的摘要，請見Yao Yunzhu, "Chinese Nuclear Policy and the Future of Minimum Deterrence," in Christopher P. Twomey, ed., *Perspectives on Sino-American Strategic Nuclear Issues* (New York: Palgrave Macmillan, 2008), pp. 111–124. 毛澤東對於核武器的看法，請見此詳盡分析：蔡麗娟（2002），《毛澤東核戰略思想》，北京：清華大學國際問題研究所碩士論文，年。有關中國在一九四〇年代後期至一九五〇年代對於核武器的看法，請見Alice Langley Hsieh, *Communist China's Strategy in the Nuclear Era* (Englewood Cliffs, NJ: Prentice-Hall, 1962); Mark A. Ryan, *Chinese Attitudes Toward Nuclear Weapons: China and the United States During the Korean War* (Armonk, NY: M. E. Sharpe, 1989). 有關中國與更廣泛的核秩序，請見Nicola Horsburgh, *China and Global Nuclear Order: From Estrangement to Active Engagement* (New York: Oxford University Press, 2015).

43. 引述自殷雄、黃雪梅編著，《世紀回眸：世界原子彈風雲錄》，北京：新華出版社，一九九九，p. 258.

44. 《毛澤東與中國原子能事業》，北京：原子能出版社，一九九三，p. 13，引用自蔡麗娟，《毛澤東核戰略思想》，p. 18.
45. 周恩來，《周恩來軍事文選》，第四卷，北京：人民出版社，一九九七，p. 422.
46. 葉劍英，《葉劍英軍事文選》，北京：解放軍出版社，一九九七，pp. 244–251.
47. 《鄧小平軍事文選》，第三卷，北京：軍事科學出版社，二〇〇四，p. 16. 此處的「他們」是指其他的核武國家，尤其是美國和蘇聯。
48. 冷溶、汪作玲主編，《鄧小平年譜：1975–1997》，第一卷，p. 351.
49. 李体林，〈改革開放以來中國核戰略理論的發展〉，p. 41.
50. 同前，p. 42.
51. 靖志遠、彭小楓，〈憑潮礪劍鑄輝煌——回顧第二炮兵在改革開放中加快建設發展的光輝歷程〉，收錄於第二炮兵政治部編著，《輝煌年代：回顧在改革開放中發展前進的第二炮兵》，北京，中央文獻出版社，二〇〇八，pp. 1–22. 靖志遠曾為第二炮兵司令員，彭小楓則曾任第二炮兵政治委員。也可參考Zhou Kekuan，〈新時期核威懾理論與實現的新發展〉，《中國軍事科學》，No.1 (2009) pp. 16–20.
52. 張啟華，〈輝煌歲月鑄長劍〉，收錄於第二炮兵政治部編著，《輝煌年代：回顧在改革開放中發展前進的第二炮兵》，北京，中央文獻出版社，二〇〇八，p. 522.
53. 張陽主編，《加快推進國防和軍隊現代化》，北京：人民出版社，二〇一五；壽曉松主編，《戰略學》。
54. 根據毛澤東所擔心的威脅，一位知名的中國學者認為，中國的威懾用「反核威壓」來形容最恰當不過。請見李彬，〈中國核戰略辨析〉，《世界經濟與政治》，No. 9 (2006):pp. 16–22.
55. Ryan, *Chinese Attitudes Toward Nuclear Weapons*, p. 17; Ralph L. Powell, "Great Powers and Atomic Bombs Are 'Paper Tigers,'" *China Quarterly*, No. 23 (1965), pp. 55–63.
56. 毛澤東，《毛澤東軍事文選》，第六卷，北京：軍事科學出版社，一九九三，p. 359.
57. 毛澤東，《毛澤東文集》，第八卷，北京：人民出版社，一九九九，p. 370.
58. 聶榮臻，《聶榮臻軍事文選》，北京：解放軍出版社，一九九二，p. 498.

59. 毛澤東，《毛澤東文集》，第七卷，p. 27.
60. 毛澤東，《毛澤東文集》第六卷，北京：人民出版社，一九九九，p. 374.
61. 冷溶、汪作玲主編，《鄧小平年譜：1975–1997》，第一卷，p. 92.
62. 江澤民，《江澤民文選》，第二卷，北京：人民出版社，二〇〇六，p. 269.
63. 毛澤東，《毛澤東選集》，第二版，第四卷，北京：人民出版社，一九九一，pp. 1133–1134.
64. 葉劍英，《葉劍英軍事文選》，p. 490.
65. 金沖及主編，《周恩來傳》，第四卷，北京：中央文獻出版社，一九九八，p. 1745；周恩來，《周恩來文化文選》，p. 575.
66. 逄先知、馮蕙編，《毛澤東年譜，1949–1976》，第五卷，北京：中央文獻出版社，二〇一三，p. 27.
67. 同前，p. 473.
68. 冷溶、汪作玲主編，《鄧小平年譜：1975–1997》，第一卷，p. 308.
69. 中央軍委辦公廳選編，《鄧小平關於新時期軍隊建設論述選編》，p. 44.
70. 《鄧小平軍事文選》，第二卷，北京：軍事科學出版社，二〇〇四，p. 273. 另請見冷溶、汪作玲主編，《鄧小平年譜：1975–1997》，第一卷，p. 101.
71. 郭英會，〈周總理與中國的核武器〉，收錄於李琦編，《在周恩來身邊的日子：西花廳工作人員的回憶》，北京：中央文獻出版社，一九九八，p. 273.
72. 這是根據楊承宗的口述歷史。見楊承宗、邊東子，〈我為約里奧-居里傳話給毛主席〉，《百年潮》，No. 2 (2012): pp. 25–30.
73. 葛能全編著，《錢三強年譜》，濟南：山東友誼出版社，二〇〇二，p. 89.
74. 雷英夫是周恩來的軍事秘書，韋明是周恩來的文化與科學秘書。
75. 這是根據雷英夫的回憶錄，在錢三強的官方年譜中重提，以及中國科學歷史學家樊洪業的一篇文章。見葛能全編著，《錢三強年譜》，p. 95；樊洪業，〈原子彈的故事：應從1952年講起〉，中華讀書報，2004.12.15。
76. 葛能全編著，《錢三強年譜》，p. 95. 張作文指出，一九五二年五月的中央軍委會議之後才跟趙克進見面，所以可能有兩次會議。

77. 彭德懷傳記組，《彭德懷全傳》，北京：中國大百科全書出版社，二〇〇九，pp. 1073；張作文，〈周總理與導彈核武器〉，收錄於李琦編，《在周恩來身邊的日子：西花廳工作人員的回憶》，北京：中央文獻出版社，一九九八，pp. 657–658.

78. 葛能全編著，《錢三強年譜》，p. 94. 也請見郭英會，〈周總理與中國的核武器〉，p. 273.

79. 張作文，〈周總理與導彈核武器〉，pp. 657–658.

80. 郭英會，〈周總理與中國的核武器〉，p. 273.

81. 同前。

82. 張作文，〈周總理與導彈核武器〉，p. 658.

83. 葛能全編著，《錢三強年譜》，p. 102.

84. 王焰編，《彭德懷年譜》，北京：人民出版社，一九九八，p. 563.

85. 同前，p. 575.

86. 葛能全編著，《錢三強年譜》，p. 112；王焰編，《彭德懷年譜》，p. 577. 一九五五年五月再度探訪莫斯科期間，彭德懷再度提出這項請求。

87. 張作文，〈周總理與導彈核武器〉，p. 658.

88. 同前。

89. 彭繼超，〈毛澤東與中國兩彈一星〉，《神劍》，No. 3 (2013): 4–26.

90. 同前。另也請參考，Jam-dpal-rgya-mtsho（降邊嘉措），《李覺傳》，北京：中國藏學出版社，二〇〇四，p. 435.

91. 此處的毛澤東資料引述自Roland Timerbaev, "How the Soviet Union Helped China Develop the A-bomb," *Digest of Yaderny Kontrol (Nuclear Control)* No. 8 (Summer-Fall 1998), p. 44.

92. 葛能全編著，《錢三強年譜》，p. 113.

93. 同前。

94. 毛澤東，《毛澤東文集》，第六卷，北京：人民出版社，一九九六，p. 367.

95. 引用自孫向麗，《核時代的戰略選擇：中國核戰略問題研究》，p. 5.

96. 引用自同前，p. 6.

97. 中央書記處的成員包括毛澤東、周恩來、朱德、劉少奇。

98. 力平、馬芷蓀主編，熊華源等撰，中共中央文獻研究室編《周恩來年譜（1949–1976）》，第二卷，北京：中央文獻出版社，一九九七，p. 441.

99. 葛能全編著，《錢三強年譜》，p. 115.

100. 逄先知、馮蕙編，《毛澤東年譜，1949–1976》，第二卷，北京：中央文獻出版社，二〇一三，p. 338.

101. 聶榮臻是負責武器開發的資深軍官。

102. 這一節引用自中國核計畫的官方歷史。請見李覺等主編，《當代中國的核工業》，北京：當代中國出版社，一九八七。

103. 有關蘇聯的科技轉移，請見Yanqiong Liu and Jifeng Liu, "Analysis of Soviet Technology Transfer in the Development of China's Nuclear Programs," *Comparative Technology Transfer and Society*, Vol. 7, No. 1 (April 2009), pp. 66–110.

104. 張愛萍，《張愛萍軍事文選》，p. 238. 雖然這場辯論的焦點是討論是否繼續推動核計劃，但是其實討論範疇很廣，包括是否優先發展常規武器，放慢發展戰略武器的腳步。見Zhang Xianmin and Zhou Junlun, "1961 nian liangdan 'shangma' 'xiama' zhizheng" [The Dispute in 1961 over "Mounting" or "Dismounting" the Two Bombs], *Lilun shiye*, No. 12 (2016), pp. 55–58.

105. 陸其明、範敏若編著，《張愛萍與兩彈一星》，p. 66；聶榮臻，《聶榮臻回憶錄》，p. 814. 有關會議討論的詳盡概述，請見張現民、周均倫，〈1961年兩彈「上馬」、「下馬」之爭〉，《理論視野》，No. 12 (2016): 54–59.

106. 力平、馬芷蓀主編，熊華源等撰，中共中央文獻研究室編《周恩來年譜（1949–1976）》，第二卷，p. 426.

107. 周恩來，《周恩來軍事文選》，第四卷，p. 422.

108. 政治局何時討論，並不明確。根據張愛萍的傳記作者所述，是在八月或九月。見陸其明、範敏若編著，《張愛萍與兩彈一星》，pp. 66–68. 但聶榮臻的傳記並沒有提到這場政治局會議。

109. 聶榮臻，《聶榮臻軍事文選》，pp. 488–495.

110. 劉易斯和薛理泰表示在一九六一年夏季的辯論中，毛澤東站在聶榮臻這一邊，支持繼續研發核彈。然而，他們其實將毛澤東在一九六二年六月的發言，誤植為毛澤東支持一九六一年核計劃的論據。
111. 同前。
112. 張愛萍，《張愛萍軍事文選》，p. 239.
113. 報告的副本可見於同前，pp. 238–245.
114. 同前，p. 245.
115. 同前，p. 238；陸其明、範敏若編著，《張愛萍與兩彈一星》，p. 76.
116. 陸其明、範敏若編著，《張愛萍與兩彈一星》，p. 76.
117. 同前，59.
118. 張現民、周均倫，〈1961年兩彈「上馬」、「下馬」之爭〉，p. 59.
119. 逄先知、馮蕙編，《毛澤東年譜，1949–1976》，第五卷，p. 105.
120. 奚啟新，《朱光亞傳》，北京：人民出版社，二〇一五，p. 320.
121. 黃瑤、張明哲，《羅瑞卿傳》，北京：當代中國出版社，一九九六，p. 412.
122. 根據一份資料，周恩來指示第二機械工業部，必須能在這段時間內試爆核彈。見 Jam-dpal-rgya-mtsho（降邊嘉措），《李覺傳》，p. 357.
123. 黃瑤、張明哲，《羅瑞卿傳》，p. 412.
124. 同前。
125. 同前，p. 413.
126. 報告副本可見羅瑞卿，《羅瑞卿軍事文選》，北京：當代中國出版社，二〇〇六，pp. 618–620.
127. 逄先知、馮蕙編，《毛澤東年譜，1949–1976》，第五卷，p. 167.
128. 賀龍、聶榮臻、張愛萍都負責督導中國的武器計劃；羅瑞卿則擔任總參謀長，管理軍事事務。他們全都是中央軍委委員。
129. 陸其明、範敏若編著，《張愛萍與兩彈一星》，p. 121.

130. 同前，p. 179.
131. 同前，p. 186.
132. 引述自同前，p. 187.
133. 同前，p. 189.
134. 同前。
135. 同前，pp. 229–230.
136. 《人民日報》，1964.10.17, p. 1。
137. 與別的國家一起發布的政府聲明比較常見。
138. 金沖及主編，《周恩來傳》，第四卷，pp. 1758–1762；力平、馬芷蓀主編，熊華源等撰，中共中央文獻研究室編《周恩來年譜（1949–1976）》，第三卷，pp. 675–676.
139. 第二炮兵司令部編，《第二炮兵戰略學》，p. 10.
140. 同前。
141. 同前，p. 23.二〇〇四年的《二炮戰役學》也有提及中國的不首先使用（no-first-use policy）政策。見Yu Xijun, ed., *Di'er paobing zhanyi xue*, pp. 59, 60, 282, 298, 305, 356.該書雖然也建議中國改變核政策（頁二九四），但仍強調戰略政策的限制。儘管二〇〇〇年代中國辯論是否要改變不首先使用政策，最後仍舊沒有改變。見Fravel and Medeiros, "China's Search for Assured Retaliation," p. 80.
142. 東風二型是中國第一款中程彈道飛彈，射程為一千零五十公里，以蘇聯的R-5為基型。東風三型是中國自行設計的第一款中程彈道飛彈，射程為兩千六百五十公里。見Lewis and Di, "China's Ballistic Missile Programs," pp. 9–10.
143. 金沖及主編，《周恩來傳》，第四卷，p. 1753.
144. Lewis and Xue, *China Builds the Bomb*, pp. 159–160.
145. 金沖及主編，《周恩來傳》，第四卷，p. 1753；劉西堯，〈我國「兩彈」研製決策過程追記〉，《炎黃春秋》，No. 5 (1996): p. 7.

146. 孫向麗，《核時代的戰略選擇：中國核戰略問題研究》，p. 23.

147. 周均倫編，《聶榮臻年譜》，北京：人民出版社，一九九九，p. 921；張現民編，《錢學森年譜》，第一卷，北京：中央文獻出版社，二〇一五。

148. 無法取得這份報告的副本，但是周恩來的秘書張作文有總結。見張作文〈周總理與導彈核武器〉，pp. 663–664。東風二型射程不夠長，只能暫時權充，但這反映出中國渴望部署能夠發射的核武，哪怕不夠好。

149. 劉西堯，〈我國「兩彈」研製決策過程追記〉，p. 7.

150. 張作文，〈周總理與導彈核武器〉，p. 664.

151. 東風二型是中國自行嘗試設計的第一款飛彈，儘管有部分參考蘇聯提供的設計。

152. 張現民編，《錢學森年譜》，第一卷，p. 309.

153. 許雪松，〈中國陸基地地戰略導彈發展的歷史回顧與經驗啟示〉，《軍事歷史》，No. 2 (2017): p. 25；謝光主編，《當代中國的國防科技事業》，第一卷，北京：當代中國出版社，一九九二，p. 83.

154. 劉紀原主編，《中國航太事業發展的哲學思想》，北京：北京大學出版社，二〇一三，p. 33.

155. 「中國東風四號導彈研製史：加強中國的戰略核力量」，2015.05.28, http://military.china.com/history4/62/20150528/19760409_all.html（編注：原網頁已無法連結，請直接用標題搜尋）與同前。

156. 力平、馬芷蓀主編，熊華源等撰，中共中央文獻研究室編《周恩來年譜（1949–1976）》，第二卷，p. 426.

157. 劉紀原主編，《中國航太事業發展的哲學思想》，p. 30.

158. 同前，pp. 33, 35.

159. 許雪松，〈中國陸基地地戰略導彈發展的歷史回顧與經驗啟示〉，p. 27.

160. 陸其明、範敏若編著，《張愛萍與兩彈一星》，pp. 267–8；東方鶴，《張愛萍傳》，pp. 805–6.

161. 當時，中國的炮兵部隊是直屬於中央軍委的兵種。

162. 東方鶴，《張愛萍傳》，p. 812.

163. 向守志，《向守志回憶錄》，北京：解放軍出版社，二〇〇六，p. 331；東方鶴，《張愛萍傳》，p. 813.

164. 向守志，《向守志回憶錄》，p. 331；東方鶴，《張愛萍傳》，p. 812.
165. 陸其明、範敏若編著，《張愛萍與兩彈一星》，p. 273；東方鶴，《張愛萍傳》，p. 813.
166. 引述自吳烈，《崢嶸歲月》，p. 354.
167. 陸其明、範敏若編著，《張愛萍與兩彈一星》，p. 273.
168. 引述自吳烈，《崢嶸歲月》，p. 358.
169. 同前，p. 357.
170. 劉繼賢，《葉劍英年譜》，第二卷，北京：中央文獻出版社，二〇〇七，p. 970.
171. 賀進恆，〈「精幹有效」總體建設目標的確立〉，p. 43.
172. 向守志，《向守志回憶錄》，北京：解放軍出版社，二〇〇六，pp. 330–341.
173. 李水清，〈改革，從這裡起步〉，p. 31.
174. 賀進恆，〈「精幹有效」總體建設目標的確立〉，p. 43.
175. Han Chengchen，〈賀進恆〉，收錄於第二炮兵政治部編，《第二炮兵高級將領傳》，出版地不詳：第二炮兵政治部，二〇〇六，p. 359.
176. 李水清，〈改革，從這裡起步〉，p. 31.
177. 同前。
178. 引述自張愛萍主編，《中國人民解放軍（下）》，北京：當代中國出版社，一九九四，p. 121.
179. 王緩平，〈李水清〉，收錄於第二炮兵政治部編，《第二炮兵高級將領傳》，出版地不詳：第二炮兵政治部，二〇〇六，p. 240; Han Chengchen，〈賀進恆〉，p. 361.
180. 李水清，〈改革，從這裡起步〉，p. 31.
181. 張愛萍主編，《中國人民解放軍（下）》，p. 121.
182. 于際訓等主編，《第二炮兵戰役學》，p. 303；壽曉松主編，《戰略學》，p. 175.
183. 有關劇本的詳盡描述，請見楊文亭，《東風第一枝：記一次防衛作戰演習》，收錄於第二炮兵政治部編著，《與共和國一起成長：我在戰略導彈部隊的難忘記憶》，北京：中央文獻出版社，二〇〇九，pp. 107–113.

184. Han Chengchen，〈賀進恆〉，p. 365.

185. 同前。

186. 劉立封傳編寫組，〈劉立封〉，收錄於第二炮兵政治部編著，《第二炮兵高級將領傳》，出版地不詳：第二炮兵政治部，二〇〇六，p. 413.

187. 請見沈克惠，〈二炮軍事理論研究工作的探索〉，收錄於第二炮兵政治部編著，《輝煌年代：回顧在改革開放中發展前進的第二炮兵》，北京，中央文獻出版社，二〇〇八，p. 140。另一版本於二〇〇四年出版。

188. 賀進恆，〈「精幹有效」總體建設目標的確立〉，p. 45.

189. 同前。

190. 徐劍，《鳥瞰地球：中國戰略飛彈陣地工程紀實》，北京：作家出版社，一九九七，p. 363.

191. 沈克惠，〈二炮軍事理論研究工作的探索〉，p. 141.

192. 戴怡芳主編，《軍事學研究回顧與展望》，北京：軍事科學出版社，一九九五，p. 360.

193. 徐劍，《鳥瞰地球：中國戰略飛彈陣地工程紀實》，p. 363.

194. 沈克惠，〈二炮軍事理論研究工作的探索〉，p. 142.

195. 同前。

196. 徐劍，《鳥瞰地球：中國戰略飛彈陣地工程紀實》，p. 364；徐劍，〈李旭閣〉，收錄於第二炮兵政治部編，《第二炮兵高級將領傳》，出版地不詳：第二炮兵政治部，二〇〇六，p. 489.

197. 徐劍，〈李旭閣〉，p. 489.

198. 同前。劉華清的年譜記載，與劉立封見面討論「保密工作」。見姜為民編著，《劉華清年譜》，第二卷，北京：解放軍出版社，二〇一六，p. 812.

199. “Zhuan ji: Yige kangzhan laobing de zishu [Record: A War of Resistance Veteran’s Own Words],” Gushan qiaofu de boke, February 26, 2011, http://blog.sina.com.cn/s/blog_5edd0ba60100pcra.html (accessed July 2, 2015). 對於中央軍委的評論，也

可見徐劍，〈李旭閣〉，p. 489. 有關此評論的引用來源（雖然沒有直接相關但十分清楚），請見徐劍，《鳥瞰地球：中國戰略飛彈陣地工程紀實》，p. 364.

200. 徐劍，《鳥瞰地球：中國戰略飛彈陣地工程紀實》，p. 364.

201. 沈克惠，〈二炮軍事理論研究工作的探索〉，p. 141.

202. "Zhuan ji: Yige kangzhan laobing de zishu."

203. 第二炮兵司令部編，《第二炮兵戰略學》，p. 1.

204. 戴怡芳主編，《軍事學研究回顧與展望》，p. 361.

205. 李可、郝生章，《文化大革命中的人民解放軍》，北京：中共黨史資料出版社，一九八九，p. 358.

206. 徐劍，《鳥瞰地球：中國戰略飛彈陣地工程紀實》，p. 14.

207. Fiona S. Cunningham and M. Taylor Fravel, "Assuring Assured Retaliation: China's Nuclear Posture and U.S.-China Strategic Stability," *International Security* Vol. 40, No. 2 (Fall 2015), pp. 42–44.

208. 徐劍，《鳥瞰地球：中國戰略飛彈陣地工程紀實》，pp. 13–14.

209. 有關這個計劃的細節描述，請見前注。

210. 徐劍，〈李旭閣〉，p. 486.

211. Hans M. Kristensen and Robert S. Norris, "Chinese Nuclear Forces, 2015," *Bulletin of the Atomic Scientists*, Vol. 71, No. 4 (2015), p. 82.

212. 第二炮兵司令部編，《第二炮兵戰略學》，p. 3.

213. Lewis and Di, "China's Ballistic Missile Programs," p. 19.

214. Office of the Secretary of Defense, *Military Power of the People's Republic of China 2000* (Department of Defense, 2000); National Air and Space Intelligence Center, *Ballistic and Cruise Missile Threat*, (Wright-Patterson Air Force Base, 2009), p. 21.

215. Hans M. Kristensen and Robert S. Norris, "Chinese Nuclear Forces, 2018," *Bulletin of the Atomic Scientists*, Vol. 74, No. 4 (2018), p. 290. 包括東風五A型、東風五B型、東風三一型、東風三一A型的彈頭。若是能取得更多關於東風三一AG

型的資料，並且了解新的東風四一型何時部署，這個數字可能會增加。中國裝載巨浪二型的彈道飛彈潛艦是否有在執行威懾巡邏，仍舊不得而知。

216. 同前。
217. 同前，pp. 291–292. 另可見王長勤、方光明，〈我們為什麼要發展東風-26彈道導彈〉，《中國青年報》，2015.11.23，第九版。
218. 引述自吳烈，《崢嶸歲月》，p. 357.
219. 同前，p. 358.
220. 賀進恆，〈「精幹有效」總體建設目標的確立〉，pp. 44, 46.
221. 楊文亭，《東風第一枝：記一次防衛作戰演習》，p. 108.
222. 徐斌，〈二炮軍事訓練改革創新的足跡〉，收錄於第二炮兵政治部編著，《輝煌年代：回顧在改革開放中發展前進的第二炮兵》，北京，中央文獻出版社，二〇〇八，pp. 430–431.
223. 于際訓，〈新世紀新階段戰略導彈作戰理論創新發展〉，收錄於第二炮兵政治部編著，《輝煌年代：回顧在改革開放中發展前進的第二炮兵》，北京，中央文獻出版社，二〇〇八，pp. 441–446.
224. 趙秋領、張光，〈永不停步的自我超越〉，收錄於第二炮兵政治部編著，《輝煌年代：回顧在改革開放中發展前進的第二炮兵》，北京，中央文獻出版社，二〇〇八，p. 361.
225. 第二炮兵司令部編，《第二炮兵戰略學》，p. 1.
226. 同前，p. 9.
227. 同前，p. 25.
228. 同前，p. 58.
229. 同前，p. 114.
230. 于際訓等主編，《第二炮兵戰役學》，p. 93.
231. 同前，p. 122.

232. Cunningham and Fravel, "Assuring Assured Retaliation."

結論

1. 概述請見Peter Feaver, "Civil-Military Relations," *Annual Review of Political Science*, No. 2 (1999), pp. 211–241.
2. Risa Brooks, *Shaping Strategy: The Civil-Military Politics of Strategic Assessment* (Princeton, NJ: Princeton University Press, 2008).
3. Suzanne Nielsen, "Civil-Military Relations Theory and Military Effectiveness," *Public Administration and Management*, Vol. 10, No. 2 (2003); Caitlin Talmadge, *The Dictator's Army: Battlefield Effectiveness in Authoritarian Regimes* (Ithaca, NY: Cornell University Press, 2015).
4. Stefano Recchia, *Reassuring the Reluctant Warriors: US Civil-Military Relations and Multilateral Intervention* (Ithaca, NY: Cornell University Press, 2016).
5. Vipin Narang, *Nuclear Strategy in the Modern Era: Regional Powers and International Conflict* (Princeton, NJ: Princeton University Press, 2014).
6. Dan Reiter and Allan Stam, *Democracies at War* (Princeton, NJ: Princeton University Press, 2002); Risa Brooks, "Making Military Might: Why Do States Fail and Succeed?," *Intenational Security*, Vol. 28, No. 2 (2003), pp. 1491–191. 有關政權類型與表現，可參見Jessica Weeks, *Dictators at War and Peace* (Ithaca, NY: Cornell University Press, 2014).
7. Randall Schweller, "The Progressiveness of Neoclassical Realism," in Colin Elman and Miriam Fendius Elman, eds., *Progress in International Relations Theory: Appraising the Field* (Cambridge: MIT Press, 2003), pp. 311–347; Stephen E. Lobell, Norrin M. Ripsman, and Jeffrey W. Taliaferro, eds., *Neoclassical Realism, the State, and Foreign Policy* (New York: Cambridge University Press, 2009).
8. Randall Schweller, *Unanswered Threats: Political Constraints on the Balance of Power* (Princeton, NJ: Princeton University Press, 2006).

9. Barry Posen, *The Sources of Military Doctrine: France, Britain, and Germany Between the World Wars* (Ithaca, NY: Cornell University Press, 1984).
10. Samuel P. Huntington, *The Soldier and the State: The Theory and Politics of Civil-Military Relations* (Cambridge, MA: Belknap Press of Harvard University Press, 1957).
11. Sebastian Rosato, "The Inscrutable Intentions of Great Powers," *International Security*, Vol. 39, No. 3 (2014/15), pp. 48–88; John J. Mearsheimer, *The Tragedy of Great Power Politics* (New York: W. W. Norton, 2001).
12. 請見例如Michael Chase（蔡斯）, et al., *China's Incomplete Military Transformation: Assessing the Weaknesses of the People's Liberation Army (PLA)* (Santa Monica, CA: RAND, 2015).

參考書目

中文文獻

編年史、檔案與檔案彙集

《二〇〇四年中國的國防》，北京：國務院新聞辦公室，二〇〇四。
《二〇〇六年中國的國防》，北京：國務院新聞辦公室，二〇〇六。
《二〇〇八年中國的國防》，北京：國務院新聞辦公室，二〇〇八。
遲浩田，《遲浩田軍事文選》，北京：解放軍出版社，二〇〇九。
鄧小平，《鄧小平論國防和軍隊建設》，北京：軍事科學出版社，一九九二。
——，《鄧小平軍事文選》，第三輯，北京：軍事科學出版社，二〇〇四。
傅全有，《傅全有軍事文選》，北京：解放軍出版社，二〇一五。
葛能全主編，《錢三強年譜》，共兩卷，濟南：山東友誼出版社，二〇〇二。
韓懷智，《韓懷智論軍事》，北京：解放軍出版社，二〇一二。
胡錦濤，《胡錦濤文選》，共三卷，北京：人民出版社，二〇一六。
黃瑤主編，《羅榮桓年譜》，北京：人民出版社，二〇〇二。
姜為民主編，《劉華清年譜》，共三卷，北京：解放軍出版社，二〇一六。
江澤民，《論國防與軍隊建設》，北京：解放軍出版社，二〇〇二。

——，《江澤民文選》，共三卷，北京：人民出版社，二〇〇六。

冷溶、汪作玲主編，《鄧小平年譜：1975–1997》，共兩卷，北京：中央文獻出版社，二〇〇四。

李德、舒雲，《林彪元帥文選（上、下）》，香港：鳳凰書品，二〇一三。

力平、馬芷蓀主編，熊華源等撰，中共中央文獻研究室編《周恩來年譜（1949–1976）》，共三卷，北京：中央文獻出版社，一九九七。

劉崇文、陳紹疇主編，《劉少奇年譜（1898–1969）》，北京：中央文獻出版社，一九九六。

劉華清，《劉華清軍事文選》，共兩卷，北京：解放軍出版社，二〇〇八。

劉繼賢，《葉劍英年譜》，共兩卷，北京：中央文獻出版社，二〇〇七。

劉少奇，《劉少奇選集》，共兩卷，北京：人民出版社，一九八一。

劉永治（Liu Yongzhi）編，中國人民解放軍歷史資料叢書編審委員會，《總參謀部・大事記》，北京：藍天出版社，二〇〇九。

羅瑞卿，《羅瑞卿軍事文選》，北京：當代中國出版社，二〇〇六。

——，〈羅瑞卿傳達毛澤東指示〉(1965.06.23)，宋永毅主編，「中國當代政治運動史數據庫（*The Database for the History of Contemporary Chinese Political Movements, 1949-*）」，Harvard University: Fairbank Center for Chinese Studies,2013.

毛澤東，《建國以來毛澤東軍事文稿》，全三卷，北京：軍事科學出版社，二〇一〇。

——，《建國以來毛澤東文稿》，全十三卷，北京：中央文獻出版社，一九九三。

——，《毛澤東軍事文選》，全六卷，北京：軍事科學出版社，一九九三。

——，《毛澤東外交文選》，北京：世界知識出版社，一九九四。

——，《毛澤東文集》，全八卷，北京：人民出版社，一九九三。

——，《毛澤東選集》，全四卷，北京：人民出版社，一九九一。

——，〈在十三陵關於地方黨委抓軍事和培養接班人的講話〉（1964.06.16）宋永毅主編，「中國當代政治運動史數據庫（*The Database for the History of Contemporary Chinese Political Movements, 1949-*）」，Harvard University: Fairbank

Center for Chinese Studies,2013.
——，〈在中央常委上的講話〉（1964.06.08）宋永毅主編，「中國當代政治運動史數據庫（*The Database for the History of Contemporary Chinese Political Movements, 1949-*）」，Harvard University: Fairbank Center for Chinese Studies,2013.
——，〈在中央工作會議的講話〉（1964.06.06）宋永毅主編，「中國當代政治運動史數據庫（*The Database for the History of Contemporary Chinese Political Movements, 1949-*）」，Harvard University: Fairbank Center for Chinese Studies,2013.
聶榮臻，《聶榮臻軍事文選》，北京：解放軍出版社，一九九二。
逄先知主編，《毛澤東年譜，1893–1949（上、中、下）》，北京：中央文獻出版社，二〇一三。
逄先知、馮蕙編，《毛澤東年譜，1949–1976》，全六卷，北京：中央文獻出版社，二〇一三。
瀋陽軍區政治部研究室，《瀋陽軍區大事紀（1945–1985）》，出版地不詳：出版社不詳，一九八五。
壽曉松主編，《中國人民解放軍八十年大事記》，北京：軍事科學出版社，二〇〇七。
宋時輪，《宋時輪軍事文選（1958–1989）》，北京：軍事科學出版社，二〇〇七。
粟裕，《粟裕文選》，全三卷，北京：軍事科學出版社，二〇〇四。
王焰主編，《彭德懷年譜》，北京：人民出版社，一九九八。
習近平，《習近平國防和軍隊建設重要論述選編》，北京：解放軍出版社，二〇一四。
——，《習近平國防和軍隊建設重要論述選編（二）》，北京：解放軍出版社，二〇一五。
許世友，《許世友軍事文選》，北京：軍事科學出版社，二〇一三。
徐向前，《徐向前軍事文選》，北京：解放軍出版社，一九九三。
楊勝群、閆建琪主編，《鄧小平年譜（1904–1974）》，全三卷，北京：中央文獻出版社，二〇〇九。
葉劍英，《葉劍英軍事文選》，北京：解放軍出版社，一九九七。
張愛萍，《張愛萍軍事文選》，北京：長征出版社，一九九四。
張萬年，《張萬年軍事文選》，北京：解放軍出版社，二〇〇八。
張現民編，《錢學森年譜》，共兩卷，北京：中央文獻出版社，二〇一五。

張震，《張震軍事文選》，共兩卷，北京：解放軍出版社，二〇〇五。
張子中主編，《楊成武年譜》北京：解放軍出版社，二〇一四。
中央檔案館選編，《中共中央檔選集》，共十八卷，北京：中央黨校出版社，一九九一。
中央軍委辦公廳選編，《鄧小平關於新時期軍隊建設論述選編》，北京：八一出版社，一九九三。
中央文獻研究室選編，《建國以來重要文獻選編》，共二十卷，北京：中央文獻出版社，一九九八。
周恩來，《周恩來軍事文選》，共四卷，北京：人民出版社，一九九七。
——，《周恩來文化文選》，北京：中央文獻出版社，一九九八。
周均倫主編，《聶榮臻年譜》，北京：人民出版社，一九九九。
朱楹、溫鏡湖，《粟裕年譜》，北京：當代中國出版社，二〇〇六。
總政治部編印《樹立和落實科學發展觀理論學習讀本》，北京：解放軍出版社，二〇〇六。

自傳、回憶錄與回憶彙編

第二炮兵政治部編著，《輝煌年代：回顧在改革開放中發展前進的第二炮兵》，北京，中央文獻出版社，二〇〇八。
薄一波，《若干重大決策與事件的回顧》，北京：中國中央黨史出版社，一九九三。
陳石平、成英，《軍事翻譯家劉伯承》，太原：書海出版社，一九八八。
東方鶴，《張愛萍傳》，北京：人民出版社，二〇〇〇。
房維中、金沖及，《李富春傳》，北京：中央文獻出版社，二〇〇一。
郭相傑主編，《張萬年傳（上、下）》，北京：解放軍出版社，二〇一一。
郭英會，〈周總理與中國的核武器〉，收錄於李琦編，《在周恩來身邊的日子：西花廳工作人員的回憶》，北京：中央文獻出版社，一九九八。
Han Chengchen，〈賀進恆〉，收錄於第二炮兵政治部編，《第二炮兵高級將領傳》，出版地不詳：第二炮兵政治部，二〇〇六。

賀進恆，〈「精幹有效」總體建設目標的確立〉，收錄於第二炮兵政治部編著，《輝煌年代：回顧在改革開放中發展前進的第二炮兵》，北京，中央文獻出版社，二〇〇八。

何正文，〈裁軍百萬及其前前後後〉，收錄於徐惠滋編，《總參謀部：回憶史料》，北京：解放軍出版社，一九九五。

黃克誠，〈回憶五十年代在軍委、總參工作的情況〉，收錄於徐惠滋編，《總參謀部：回憶史料》，北京：解放軍出版社，一九九五。

黃瑤、張明哲，《羅瑞卿傳》，北京：當代中國出版社，一九九六。

金沖及主編，《周恩來傳》，全四卷，北京：中央文獻出版社，一九九八。

Jin Ye，〈憶遼東半島抗登陸戰役演習〉，收錄於徐惠滋主編，《總參謀部：回憶史料》，北京：解放軍出版社，一九九五。

靖志遠、彭小楓，〈憑潮礪劍鑄輝煌——回顧第二炮兵在改革開放中加快建設發展的光輝歷程〉，收錄於第二炮兵政治部編著，《輝煌年代：回顧在改革開放中發展前進的第二炮兵》，北京，中央文獻出版社，二〇〇八。

孔凡軍主編，《遲浩田傳》，北京：解放軍出版社，二〇〇九。

李德、舒雲，《我給林彪元帥當秘書（1959–1964）》，香港：鳳凰書品，二〇一四。

黎原，《黎原回憶錄》，北京：解放軍出版社，二〇〇九。

李水清，〈改革，從這裡起步〉，收錄於第二炮兵政治部編著，《輝煌年代：回顧在改革開放中發展前進的第二炮兵》，北京，中央文獻出版社，二〇〇八。

——，《從紅小鬼到火箭兵司令：李水清將軍回憶錄》，北京：解放軍出版社，二〇〇九。

廖成美，〈風雲十年話戰備〉，收錄於第二炮兵政治部編著，《與共和國一起成長：我在戰略導彈部隊的難忘記憶》，北京：中央文獻出版社，二〇〇九。

劉華清，《劉華清回憶錄》，北京：解放軍出版社，二〇〇四。

劉立封傳編寫組，〈劉立封〉，收錄於第二炮兵政治部編著，《第二炮兵高級將領傳》，出版地不詳：第二炮兵政治部，二〇〇六。

劉天野、夏道源、樊書深，《李天佑將軍傳》，北京：解放軍出版社，一九九三。
劉曉，《出使蘇聯八年》，北京：中共黨史資料出版社，一九八六。
馬蘇政，《八十回眸》，北京：長征出版社，二〇〇八。
穆俊傑編，《宋時輪傳》，北京：軍事科學出版社，二〇〇七。
聶榮臻，《聶榮臻回憶錄》，北京：解放軍出版社，一九八六。
逄先知、金沖及，《毛澤東傳（1949–1976）》，北京：中央文獻出版社，二〇〇三。
彭德懷，《彭德懷軍事文選》，北京：中央文獻出版社，一九八八。
彭德懷傳記組，《彭德懷全傳》，北京：中國大百科全書出版社，二〇〇九。
沈克惠，〈二炮軍事理論研究工作的探索〉，收錄於第二炮兵政治部編著，《輝煌年代：回顧在改革開放中發展前進的第二炮兵》，北京，中央文獻出版社，二〇〇八。
王炳南，《中美會談九年回顧》，北京：世界知識出版社，一九八五。
王緩平，〈李水清〉，收錄於第二炮兵政治部編，《第二炮兵高級將領傳》，出版地不詳：第二炮兵政治部，二〇〇六。
王尚榮，〈新中國誕生後幾次重大戰事〉，收錄於朱元石編，《共和國要事口述史》，長沙：湖南人民出版社，一九九九。
王學東，《傅全有傳（上、下）》，北京：解放軍出版社，二〇一五。
王焰主編，《彭德懷傳》，北京：當代中國出版社，一九九三。
王亞志、沈志華、李丹慧，《彭德懷軍事參謀的回憶：1950年代中蘇軍事關係見證》，上海：復旦大學出版社，二〇〇九。
吳冷西，《十年論戰：1956–1966中蘇關係回憶錄》，北京：中央文獻出版社，一九九九。
吳烈，《崢嶸歲月》，北京：中央文獻出版社，一九九九。
——，〈二炮領導機關艱難誕生〉，收錄於第二炮兵政治部編著，《與共和國一起成長：我在戰略導彈部隊的難忘記憶》，北京：中央文獻出版社，二〇〇九。
吳銓敘，《跨越世紀的變革——親歷軍事訓練領域貫徹新時期軍事戰略方針十二年》，北京：軍事科學出版社，二〇〇五。
奚啟新，《朱光亞傳》，北京：人民出版社，二〇一五。

向守志，《向守志回憶錄》，北京：解放軍出版社，二〇〇六。

蕭勁光，《蕭勁光回憶錄（續集）》，北京：解放軍出版社，一九八九。

解海南、楊祖發、楊建華，《楊得志一生》，北京：中共黨史出版社，二〇一一。

徐斌，〈二炮軍事訓練改革創新的足跡〉，收錄於第二炮兵政治部編著，《輝煌年代：回顧在改革開放中發展前進的第二炮兵》，北京，中央文獻出版社，二〇〇八。

徐劍，〈李旭閣〉，收錄於第二炮兵政治部編，《第二炮兵高級將領傳》，出版地不詳：第二炮兵政治部，二〇〇六。

楊得志，〈新時期總參謀部的軍事工作〉，收錄於徐惠滋編，《總參謀部：回憶史料》，北京：解放軍出版社，一九九五。

楊琪良等編著，《王尚榮將軍》，北京：當代中國出版社，二〇〇〇。

楊尚昆，《楊尚昆回憶錄》，北京：中央文獻出版社，二〇〇一。

楊文亭，〈東風第一枝：記一次防衛作戰演習〉，收錄於第二炮兵政治部編著，《與共和國一起成長：我在戰略導彈部隊的難忘記憶》，北京：中央文獻出版社，二〇〇九。

尹啟明、程亞光，《第一任國防部長》，廣州：廣東教育出版社，一九九七。

于際訓，〈新世紀新階段戰略導彈作戰理論創新發展〉，收錄於第二炮兵政治部編著，《輝煌年代：回顧在改革開放中發展前進的第二炮兵》，北京，中央文獻出版社，二〇〇八。

張啟華，〈輝煌歲月鑄長劍〉，收錄於第二炮兵政治部編著，《輝煌年代：回顧在改革開放中發展前進的第二炮兵》，北京，中央文獻出版社，二〇〇八。

張震，《張震回憶錄（上、下）》，北京：解放軍出版社，二〇〇三。

張作文，〈周總理與導彈核武器〉，收錄於李琦編，《在周恩來身邊的日子：西花廳工作人員的回憶》，北京：中央文獻出版社，一九九八。

趙秋領、張光，〈永不停步的自我超越〉，收錄於第二炮兵政治部編著，《輝煌年代：回顧在改革開放中發展前進的第二炮兵》，北京，中央文獻出版社，二〇〇八。

朱楹主編，《粟裕傳》，北京：當代中國出版社，二〇〇〇。

'Jam-dpal-rgya-mtsho（降邊嘉措），《李覺傳》，北京：中國藏學出版社，二〇〇四。

準則資料

第二炮兵司令部編，《第二炮兵戰略學》，北京：藍天出版社，一九九六。
——，《第二炮兵戰術學》，北京：藍天出版社，一九九六。
——，《第二炮兵戰役法》，北京：藍天出版社，一九九六。
范震江、馬保安主編，《軍事戰略論》，北京：國防大學出版社，二〇〇七。
高銳編，《戰略學》，北京：軍事科學出版社，一九八七。
郝子舟、霍高珍主編，《戰術學教程》，北京：軍事科學出版社，二〇〇〇。
軍事科學院編，《中國人民解放軍軍語》，二〇〇一版，北京：軍事科學出版社，二〇〇一。
李有升主編，《聯合戰役學教程》，北京：軍事科學出版社，二〇一二。
彭光謙、姚有志主編，《戰略學》，北京：軍事科學出版社，二〇〇一。
喬傑，《戰役學教程》，北京：軍事科學出版社，二〇一二。
壽曉松，《戰略學》，北京：軍事科學出版社，二〇一三。
譚亞東主編，《聯合作戰教程》，北京：軍事科學出版社，二〇一三。
王安主編，《軍隊條令條例教程》，北京：軍事科學出版社，二〇一三。
王厚卿、張興業編，《戰役學》，北京：國防大學出版社，二〇〇〇。
王文榮主編，《戰略學》，北京：國防大學出版社，一九九九。
徐國成、馮良、周振鐸主編，《聯合戰役研究》，濟南：黃河出版社，二〇〇四。
薛興林主編，《戰役理論學習指南》，北京：國防大學出版社，二〇〇二。
于際訓等主編，《第二炮兵戰役學》，北京：解放軍出版社，二〇〇四。

袁德金，《毛澤東軍事思想教程》，北京：軍事科學出版社，二〇〇〇。

張玉良，《戰役學》，北京：國防大學出版社，二〇〇六。

書目與文章

畢文波，〈論中國新時期軍事戰略思維（上）〉，《軍事歷史研究》，No. 2 (2004): 43–56.

陳東林，《三線建設：備戰時期的西部開發》，北京：中共中央黨校出版社，二〇〇四。

陳東祥，《評點伊拉克戰爭》，北京：軍事科學出版社，二〇〇三。

陳福榮、曾鹿平，〈洛川會議軍事分歧探析〉，《延安大學學報（社會科學版）》，Vol.28, No. 5 (2006): 13–15.

陳浩良，〈彭德懷對於新中國積極防禦戰略方針形成的貢獻〉，《軍事歷史》No. 2 (2003): 43–45.

陳舟，〈試論中國維護和平與發展的防禦性國防政策〉，《中國軍事科學》，Vol. 20, No. 6 (2007): 1–10.

———，〈專家解讀《中國的軍事戰略》白皮書〉，《國防》，No. 6 (2015): 16–20.

戴怡芳主編，《軍事學研究回顧與展望》，北京：軍事科學出版社，一九九五。

丁偉、魏旭，〈20世紀80年代人民解放軍體制改革、精簡整編的回顧與思考〉，《軍事歷史》，No. 6 (2014): 52–57.

董文久、蘇若舟，〈新的軍事訓練與考核大綱頒發〉，解放軍報，2001.08.10。

樊洪業，〈原子彈的故事：應從1952年講起〉，中華讀書報，2004.12.15。

房功利、楊學軍、相偉，《中國人民解放軍海軍60年》，青島：青島出版社，二〇〇九。

傅學正，〈在中央軍委辦公廳工作的日子〉，《黨史天地》，No. 1 (2006): 8–16.

郭伯良、劉國華，〈我軍戰役訓練成績顯著〉，《解放軍報》，1988.12.26。

國防大學黨史黨建政治工作教研室編，《中華人民解放軍政治工作史（社會主義時期）》，北京：國防大學出版社，一九八九。

國防大學《戰史簡編》編寫組編，《中國人民解放軍戰史簡編》，二〇〇一修訂版，北京：解放軍出版社，二〇〇三。

韓懷智、譚旌樵主編，《當代中國軍隊的軍事工作（上）》，北京：中國社會科學出版社，一九八九。
何其宗、任海泉、蔣乾麟，〈鄧小平與軍隊改革〉，《軍事歷史》，No. 4 (2014): 1–8.
荷竹，《專家評說伊拉克戰爭》，北京：軍事科學出版社，二〇〇四。
Hong Baoshou.，〈中國人民解放軍70年來改革發展的回顧與思考〉，《中國軍事科學》，No. 3 (1999): 22–29.
胡哲峰，〈建國以來若干軍事戰略方針探析〉，《當代中國史研究》，No. 4 (2000): 21–32.
黃斌編，《科索沃戰爭研究》，北京：解放軍出版社，二〇〇〇。
黃超、孟斌，〈全軍首個戰區聯合訓練領導機構正式運行（為認真貫徹胡主席關於加強聯合訓練重要指示）〉，《解放軍報》，2009.02.25。
黃建生、祁東輝，〈南京部隊某軍舉辦戰爭初期反突襲研究班〉，《解放軍報》，1981.07.05。
黃瑤，〈1965年中央軍委作戰會議風波的來龍去脈〉，《當代中國史研究》，Vol. 22, No. 1 (2015): 88–99.
Huang Yingxu.，〈中國積極防禦戰略發展的確立與挑戰〉，《中國軍事科學》，Vol. 22, No. 1 (2015): 88–99.
Jiang Jiantian，〈我軍戰鬥條令體系的形成〉，《解放軍報》，2000.07.16。
蔣楠、丁偉，〈冷戰時期中國反侵略戰爭戰略指導的演變〉，《軍事歷史》，No. 1 (2013): 15–18.
姜鐵軍主編，《黨的國防軍隊改革思想研究》，北京：軍事科學出版社，二〇一五。
軍事科學院軍事歷史研究所，《中國人民解放軍改革發展30年》，北京：軍事科學出版社，二〇〇八。
軍事科學院軍事歷史研究部編著，《海灣戰爭全史》，北京：軍事科學出版社，二〇〇〇。
軍事科學院毛澤東思想研究所，〈強國強軍戰略先行——深入學習貫徹習主席新形勢下軍事戰略方針重要論述〉，《解放軍報》，2016.09.02。
軍事科學院外國軍事研究部（譯）、田上四郎（原著），《中東戰爭全史》，北京：軍事科學出版社，一九八五。
軍事理論教研室，《中國人民解放軍（1950–1979）戰史講義》，出版地不詳：出版社不詳，一九八七。
軍事學術雜誌社編，《軍事學術論文選（上、下）》，北京：軍事科學出版社，一九八四。
牟蕾，〈遊擊戰爭「十六字訣」的形成與發展〉，《光明日報》，2017.12.13。

李彬，〈中國核戰略辨析〉，《世界經濟與政治》，No. 9 (2006): 16–22.
李德義，〈毛澤東積極防禦戰略思想的歷史發展與思考〉，《軍事歷史》，No. 4 (2002): 49–54.
李殿仁主編，《國防大學80年大事紀要》，北京：國防大學出版社，二〇〇七。
李覺等主編，《當代中國的核工業》，北京：當代中國出版社，一九八七。
李可、郝生章，《文化大革命中的人民解放軍》，北京：中共黨史資料出版社，一九八九。
李体林，〈改革開放以來中國核戰略理論的發展〉，《中國軍事科學》，No. 6 (2008): 37–44.
李向前，〈1964年越南戰爭升級與中國經濟政治的變動〉，收錄於章百家、牛軍主編，《冷戰與中國》，北京：世界知識出版社，二〇〇二。
梁蓬飛，「總參總政印發《〈關於提高軍事訓練實戰化水準的意見〉學習宣傳提綱》」，《解放軍報》，2014.08.21。
梁嬴，〈略談第四次中東戰爭的特點〉，《解放軍報》，1975.12.15。
劉逢安，〈構建信息化條件下軍事訓練新體系〉，《解放軍報》，2008.08.01。3.
劉紀原主編，中國航太事業發展的哲學思想，北京：北京大學出版社，二〇一三。
劉西堯，〈我國「兩彈」研製決策過程追記〉，《炎黃春秋》，No. 5(1996): 1–9.
劉義昌、王文昌、王顯臣主編，《海灣戰爭》，北京：軍事科學出版社，一九九一。
劉怡昕、吳翔、解文欣，《現代戰爭與陸軍》，北京：解放軍出版社，二〇〇五。
陸其明、範敏若編著，《張愛萍與兩彈一星》，北京：解放軍出版社，二〇〇一。
Lu Tianyi，〈軍隊要對改革開放發展經濟「保駕護航」〉，《解放軍報》，1992.03.22。
陸軍第三十八集團軍軍史編審委員會，《陸軍第三十八集團軍軍史》，北京：解放軍文藝出版社，一九九三。
駱德榮，〈軍隊建設與軍事鬥爭準備的行動綱領——對新形勢下軍事戰略方針的幾點認識〉，《中國軍事科學》，No. 1 (2017): 88–96.
馬曉天、趙可銘編著，《中國人民解放軍國防大學史：第二卷（1950–1985）》，北京：國防大學出版社，二〇〇七。
王永明、劉小力、肖允華，《伊拉克戰爭研究》，北京：軍事科學出版社，二〇〇三。

糜振玉，《戰爭與戰略理論探研》，北京：解放軍出版社，二〇〇三。
潘宏，〈1985年百萬大裁軍〉，《百年潮》，No. 12 (2015): 40–46.
彭光謙，《中國軍事戰略問題研究》，解放軍出版社，二〇〇六。
彭繼超，〈毛澤東與中國兩彈一星〉，《神劍》，No. 3 (2013): 4–26.
齊長明，〈加強戰略研究，深化軍隊改革〉，《解放軍報》，1988.05.08。
齊德學主編，《抗美援朝戰爭史》，全三卷，北京：軍事科學出版社，二〇〇〇。
秦天、霍小勇主編，《中華海權史論》，北京：國防大學出版社，二〇〇〇。
Ren Jian（軍事科學院作戰理論和條令研究部），《作戰條令概論》，北京：軍事科學出版社，二〇一六。
單秀法，《江澤民國防和軍隊建設思想研究》，北京：軍事科學出版社，二〇〇四。
沈志華，《蘇聯專家在中國》，北京：中國國際廣播出版社，二〇〇三。
石家鑄、崔常發，〈60年人民海軍建設指導思想的豐富和發展〉，《軍事歷史》，No. 3 (2009): 22–26.
壽曉松主編，《中國人民解放軍的八十年（1927–2007）》，北京：軍事科學出版社，二〇〇七。
壽曉松主編，《中國人民解放軍軍史》，全六卷，北京：軍事科學出版社，二〇一一。
蘇若舟，〈全軍今年按新訓練大綱施訓〉，《解放軍報》，1990.02.15。
孫向麗，《核時代的戰略選擇：中國核戰略問題研究》，北京：中國工程物理研究院，二〇一三。
孫學民，〈某師認真研究打坦克訓練教學法〉，《解放軍報》，1978.09.13。
談文虎，〈多樣化軍事任務牽引軍事訓練創新〉，《解放軍報》，2008.07.01
王長勤、方光明，〈我們為什麼要發展東風-26彈道導彈〉，《中國青年報》，2015.11.23，第九版。
王光美、劉源，《你所不知道的劉少奇》，鄭州：河南人民出版社，二〇〇〇。
王洪光，〈從歷史看今日中國的戰略方向〉，《同舟共進》，No. 3 (March 2015):44–50.
王士彬、羅錚，〈國防部舉行盛大招待會熱烈慶祝建軍87周年〉，《解放軍報》，2014.08.02。
溫冰，〈定準軍事鬥爭準備基點〉，《學習時報》，2015.06.01。

吳殿卿主編，《海軍：綜述大事記》，北京：解放軍出版社，二〇〇六。
吳建華、蘇若舟，〈總參部署全軍新年度軍事訓練工作〉，《解放軍報》，2004.02.01。
武天敏，〈構建信息化條件下軍事訓練體系〉，《解放軍報》2008.08.01。
謝光主編，《當代中國的國防科技事業》，卷一，北京：當代中國出版社，一九九二。
謝國鈞主編，《軍旗飄飄——新中國50年軍事大事述實》，北京：解放軍出版社，一九九九。
徐劍，《鳥瞰地球：中國戰略飛彈陣地工程紀實》，北京：作家出版社，一九九七。
徐平，〈建國後中央軍委人員構成的變化〉，《黨史博覽》，No. 9 (2002): 45–55.
——，〈中央軍委三設辦公會議〉，《文史精華》，No. 2 (2005): 61–64.
許雪松，〈中國陸基地地戰略導彈發展的歷史回顧與經驗啟示〉，《軍事歷史》，No. 2 (2017): 21–27.
徐焰，《第一次較量：抗美援朝戰略的歷史回顧與分析》，北京：中國廣播電視出版社，一九九八。
——，《中國國防導論》，北京：國防大學出版社，二〇〇六。
未標示，〈訓練總監部頒發新的訓練大綱〉，《解放軍報》，1958.01.16。
楊白冰，〈肩負起為國家改革和建設保駕護航的崇高使命〉，《解放軍報》，1992.07.29。
楊承宗、邊東子，〈我為約里奧-居里傳話給毛主席〉，《百年潮》，No. 2 (2012): 25–30.
楊得志，〈未來反侵略戰爭初期作戰的幾個問題〉，收錄於軍事學術雜誌社編，《軍事學術論文選（下）》，北京：軍事科學出版社，一九八四。
Yang Zhiyuan.，〈我軍編修作戰條令的創新發展及啟示〉，《中國軍事科學》，No. 6 (2009): 112–118.
姚友志、趙天佑與吳義恒，〈突出打坦克訓練、爭當打坦克能手〉，《解放軍報》，1979.03.01。
殷雄、黃雪梅編著，《世紀回眸：世界原子彈風雲錄》，北京：新華出版社，一九九九。
于化民、胡哲峰，《當代中國軍事思想史》，開封：河南大學出版社，一九九九。
袁德金，〈30年中國軍隊改革論略〉，《軍事歷史研究》，No. 4 (2008): 1–11.
——，〈毛澤東與「早打、大打、打核戰爭」思想的提出〉，《軍事歷史》，No. 5 (2010): 1–6.

——，〈毛澤東與新中國軍事戰略方針的確立和調整及其啟示〉，《軍事歷史研究》，No. 1 (2010): 22–27.
袁偉主編，《中國戰爭發展史》，北京：人民出版社，二〇〇一。
袁偉、張卓主編，《中國軍校發展史》，北京：國防大學出版社，二〇〇一。
張愛萍主編，《中國人民解放軍（上、下）》，北京：當代中國出版社，一九九四。
張建、任燕軍，〈新一代軍事訓練大綱頒發〉，《解放軍報》，1995.12.12。
張勝，《從戰爭中走來：兩代軍人的對話》，北京：中國青年出版社，二〇〇八。
張衛明，《華北大演習：中國最大軍事演習紀實》，北京：解放軍出版社，二〇〇八。
張現民、周均倫，〈1961年兩彈「上馬」、「下馬」之爭〉，《理論視野》，No. 12 (2016): 54–59.
張陽主編，《加快推進國防和軍隊現代化》，北京：人民出版社，二〇一五。
Zhang Yining, Cai Renzhao, and Sun Kejia，〈改革開放三十年中國軍事戰略的創新發展〉，《學習時報》，2008.12.09。
趙學鵬，〈「四種綱目」集訓吹響訓練改革衝鋒號〉，《解放軍報》，2008.10.08。
鄭文翰，《秘書日記裏的彭老總》，北京：軍事科學出版社，一九九八。
未注明，《中國的軍事戰略》，北京：國務院新聞辦公室，二〇一五。
未注明，〈中國領空不容侵犯〉，《解放軍報》，1965.04.12
周軍、周兆和，〈人民解放軍第一代戰鬥條令形成初探〉，《軍事歷史》，No. 1 (1996): 25–27.
Zhou Kekuan，〈新時期核威懾理論與實現的新發展〉，《中國軍事科學》，No.1 (2009): 16–20.
未注明，〈總參謀部批准頒發訓練大綱〉，《解放軍報》，1981.02.08
宗文，〈百萬大裁軍：鄧小平的強軍之路〉，《文史博覽》，No. 10 (2015): 5–11.
邹寶義、劉金勝，〈新一代合成軍隊戰鬥條令開始試行〉，《解放軍報》，1988.06.07。

英文參考書目

Alger, John I. *Definitions and Doctrine of the Military Art*. Wayne, NJ: Avery Publishing Group, 1985.

Art, Robert J. *A Grand Strategy for America*. Ithaca, NY: Cornell University Press, 2003.

Ash, Robert F. "Quarterly Documentation." *China Quarterly*, No. 131 (September 1992): 864–907.

Avant, Deborah D. *Political Institutions and Military Change: Lessons from Peripheral Wars*. Ithaca, NY: Cornell University Press, 1994.

Averill, Stephen C. *Revolution in the Highlands: China's Jinggangshan Base*. Lanham, MD: Rowman & Littlefield, 2006.

Ayuso, Wanda, and Lonnie Henley. "Aspiring to Jointness: PLA Training, Exercises, and Doctrine, 2008– 2012." In Roy Kamphausen, David Lai and Travis Tanner, eds., *Assessing the People's Liberation Army in the Hu Jintao Era*. Carlisle, PA: Strategic Studies Institute, , Army War College, 2014.

Bacevich, Andrew J. *The Pentomic Era: The US Army between Korea and Vietnam*. Washington, DC: National Defense University Press, 1986.

Baum, Richard. *Burying Mao: Chinese Politics in the Age of Deng Xiaoping*. Princeton, NJ: Princeton University Press, 1994.

Bennett, Andrew, and Jeffrey T. Checkel, eds. *Process Tracing in the Social Sciences: From Metaphor to Analytic Tool*. New York: Cambridge University Press, 2014.

Biddle, Stephen. "Victory Misunderstood· What the Gulf War Tells Us about the Future of Conflict." *International Security*, Vol. 21, No. 2 (Autumn 1996): 139– 179.

——. *Military Power: Explaining Victory and Defeat in Modern Battle*. Princeton, NJ: Princeton University Press, 2004.

Blasko, Dennis J. *The Chinese Army Today: Tradition and Transformation for the 21st Century*. New York: Routledge, 2006.

——. "The Evolution of Core Concepts: People's War, Active Defense, and Offshore Defense." In Roy Kamphausen, David Lai and Travis Tanner, eds., *Assessing the People's Liberation Army in the Hu Jintao Era*. Carlisle, PA: Strategic Studies Institute, Army War College, 2014.

——. "China's Evolving Approach to Strategic Deterrence." In Joe McReynolds, ed., *China's Evolving Military Strategy*. Washington, DC: Jamestown Foundation, 2016.

——. "Integrating the Services and Harnessing the Military Area Commands." *Journal of Strategic Studies*, Vol. 39, Nos. 5– 16 (2016): 685– 708.

Blasko, Dennis J., Philip T. Klapakis, and John F. Corbett. "Training Tomorrow's PLA: A Mixed Bag of Tricks." *China Quarterly*, No. 146 (1996): 488– 524.

Brady, Henry E., and David Collier. *Rethinking Social Inquiry: Diverse Tools, Shared Standards*. Lanham, MD: Rowman & Littlefield, 2004.

Braisted, William Reynolds. *The United States Navy in the Pacific, 1897– 1909*. Austin: University of Texas Press, 1958.

Brooks, Risa. "Making Military Might: Why Do States Fail and Succeed?" *International Security*, Vol. 28, No. 2 (2003): 149– 191.

——. *Shaping Strategy: The Civil Military Politics of Strategic Assessment*. Princeton, NJ: Princeton University Press, 2008.

Central Intelligence Agency. *Military Forces Along the Sino Soviet Border*, SM- 70– 5 [Top Secret]. Central Intelligence Agency, 1970.

Chase, Michael S., and Andrew Erickson. "The Conventional Missile Capabilities of China's Second Artillery Force: Cornerstone of Deterrence and Warfighting." *Asian Security*, Vol. 8, No. 2 (2012): 115– 137.

Chase, Michael S. et. al. *China's Incomplete Military Transformation: Assessing the Weaknesses of the People's Liberation Army (PLA)*. Santa Monica, CA: RAND, 2015.

Chen, Jian. *China's Road to the Korean War: The Making of the Sino American Confrontation*. New York: Columbia University Press, 1994.

Chen, King C. *China's War with Vietnam, 1979: Issues, Decisions, and Implications*. Stanford, CA: Hoover Institution Press, 1986.

Cheng, Dean. "Chinese Lessons from the Gulf Wars." In Andrew Scobell, David Lai and Roy Kamphausen, eds., *Chinese Lessons from Other Peoples' Wars*. Carlisle, PA: Strategic Studies Institute, Army War College, 2011.

——. "The PLA's Wartime Structure." In Kevin Pollpeter and Kenneth W. Allen, eds., *The PLA as Organization 2.0*. Vienna, VA: Defense Group, 2015.

——. *Cyber Dragon: Inside China's Information Warfare and Cyber Operations*. Santa Barbara, CA: Praeger, 2016.

Cheung, Tai Ming , Thomas G. Mahnken, and Andrew L. Ross. "Frameworks for Analyzing Chinese Defense and Military

Innovation." In Tai Ming Cheung, ed., *Forging China's Military Might: A New Framework*. Baltimore: Johns Hopkins University Press, 2014.

Chien, T'ieh. "Reshuffle of Regional Military Commanders in Communist China." *Issues and Studies*, Vol. 16, No. 3 (1980): 1– 4.

Christensen, Thomas J. *Useful Adversaries: Grand Strategy, Domestic Mobilization, and Sino American Conflict, 1947– 1958*. Princeton, NJ: Princeton University Press, 1996.

——. "Windows and War: Trend Analysis and Beijing's Use of Force." In Alastair Iain Johnston and Robert S. Ross, eds., *New Directions in the Study of China's Foreign Policy*. Stanford, CA: Stanford University Press, 2006.

——. *Worse Than a Monolith: Alliance Politics and Problems of Coercive Diplomacy in Asia*. Princeton, NJ: Princeton University Press, 2011.

Citino, Robert Michael. *Blitzkrieg to Desert Storm: The Evolution of Operational Warfare*. Lawrence: University Press of Kansas, 2004.

Cliff, Roger. *China's Military Power: Assessing Current and Future Capabilities*. New York: Cambridge University Press, 2015.

Clodfelter, Michael. *Warfare and Armed Conflicts: A Statistical Reference to Casualty and Other Figures, 1500– 2000*. Jefferson, NC: MacFarland, 2002.

Cole, Bernard D. "The PLA Navy and 'Active Defense.' " In Stephen J. Flanagan and Michael E.Marti, eds., *The People's Liberation Army and China in Transition*. Washington, DC: National Defense University Press, 2003.

Collins, John M. *Military Strategy: Principles, Practices, and Historical Perspectives*. Dulles, VA: Potomac, 2001.

Colton, Timothy J. *Commissars, Commanders, and Civilian Authority: The Structure of Soviet Military Politics*. Cambridge, MA: Harvard University Press, 1979.

Cosmas, Graham A. *MACV: The Joint Command in the Years of Escalation, 1962–1967* . Washington, DC: Center of Military History, United States Army, 2006.

Cote, Owen Reid. "The Politics of Innovative Military Doctrine: The U.S. Navy and Fleet Ballistic Missiles." Ph.D. dissertation, Dept. of Political Science, Massachusetts Institute of Technology, 1996.

Cunningham, Fiona S. "Maximizing Leverage: Explaining China's Strategic Force Postures in Limited Wars," Ph.D. dissertation,

Dept. of Political Science, Massachusetts Institute of Technology, 2018.

Cunningham, Fiona S., and M. Taylor Fravel. "Assuring Assured Retaliation: China's Nuclear Posture and U.S.- China Strategic Stability." *International Security*, Vol. 40, No. 2 (Fall 2015): 7– 50.

Denmark, Abraham. "PLA Logistics 2004– 11: Lessons Learned in the Field." In Roy Kamphausen, David Lai, and Travis Tanner, eds., *Learning by Doing: The PLA Trains at Home and Abroad.*

Carlisle, PA: Army War College, Strategic Studies Institute, 2012.

Department of Defense Dictionary of Military and Associated Terms. Joint Publication 1–02. 2006.

Desch, Michael C. *Civilian Control of the Military: The Changing Security Environment*. Baltimore: Johns Hopkins University Press, 1999.

Directorate of Intelligence, *The PLA and the "Cultural Revolution."* POLO XXV, Central Intelligence Agency, October 28, 1967.

Dreyer, Edward L. *China at War, 1901– 1949*. New York: Routledge, 1995.

Dueck, Colin. *Reluctant Crusaders: Power, Culture and Change in America's Grand Strategy*. Princeton, NJ: Princeton University Press, 2006.

Dunnigan, James F. *How to Make War: A Comprehensive Guide to Modern Warfare in the Twenty first Century*. New York: William Morrow, 2003.

Dupuy, Trevor N. *Elusive Victory: The Arab Israeli Wars, 1947– 1974*. New York: Harper & Row, 1978.

——. *The Evolution of Weapons and Warfare*. Indianapolis: Bobbs- Merrill, 1980.

Engstrom, Jeff. *Systems Confrontation and System Destruction Warfare: How the Chinese People's Liberation Army Seeks to Wage Modern Warfare*. Santa Monica, CA: RAND, 2018.

Farrell, Theo. "Transnational Norms and Military Development: Constructing Ireland's Professional Army." *European Journal of International Relations*, Vol. 7, No. 1 (2001): 63–102.

Farrell, Theo, and Terry Terriff. "The Sources of Military Change." In Theo Farrell and Terry Terriff, eds., *The Sources of Military Change: Culture, Politics, Technology*. Boulder, CO: Lynne Rienner, 2002.

Feaver, Peter. "Civil- Military Relations." *Annual Review of Political Science*, No. 2 (1999): 211–241.

Fewsmith, Joseph. *China since Tiananmen: The Politics of Transition*. Cambridge: Cambridge University Press, 2001.

——. "Reaction, Resurgence, and Succession: Chinese Politics Since Tiananmen." In Roderick MacFarquhar, ed., *The Politics of China: Sixty Years of The People's Republic of China*. New York: Cambridge University Press, 2011.

Finkelstein, David M. *China Reconsiders Its National Security: "The Great Peace and Development Debate of 1999."* Arlington, VA: CNA, 2000.

——. "China's National Military Strategy: An Overview of the 'Military Strategic Guidelines.' " In Andrew Scobell and Roy Kamphausen, eds., *Right Sizing the People's Liberation Army: Exploring the Contours of China's Military* Carlisle, PA: Strategic Studies Institute, Army War College, 2007.

Frank, Willard C., and Philip S. Gillette, eds. *Soviet Military Doctrine from Lenin to Gorbachev, 1915– 1991*. Westport, CT: Greenwood, 1992.

Fravel, M. Taylor. "The Evolution of China's Military Strategy: Comparing the 1987 and 1999 Editions of *Zhanlue Xue*." In David M. Finkelstein and James Mulvenon, eds., *The Revolution in Doctrinal Affairs: Emerging Trends in the Operational Art of the Chinese People's Liberation Army*. Alexandria, VA: Center for Naval Analyses, 2005.

——. *Strong Borders, Secure Nation: Cooperation and Conflict in China's Territorial Disputes*. Princeton, NJ: Princeton University Press, 2008.

——. "Economic Growth, Regime Insecurity, and Military Strategy: Explaining the Rise of Noncombat Operations in China." *Asian Security*, Vol. 7, No. 3 (2011): 177– 200.

——. "China's New Military Strategy: 'Winning Informationized Local Wars.' " *China Brief*, Vol. 15, No. 13 (2015): 3– 6.

Fravel, M. Taylor, and Evan S. Medeiros. "China's Search for Assured Retaliation: The Evolution of Chinese Nuclear Strategy and Force Structure." *International Security*, Vol. 35, No. 2 (Fall 2010): 48– 87.

Garrity, Patrick J. *Why the Gulf War Still Matters: Foreign Perspectives on the War and the Future of International Security*. Los Alamos: Center for National Security Studies, 1993.

Garver, John W. "China's Decision for War with India in 1962." In Alastair Iain Johnston and Robert S. Ross, eds., *New Directions in the Study of China's Foreign Policy*. Stanford, CA: Stanford University Press, 2006.

——. *China's Quest: The History of the Foreign Relations of the People's Republic*. New York: Oxford University Press, 2016.

George, Alexander L., and Andrew Bennett. *Case Studies and Theory Development in the Social Sciences*. Cambridge, MA: MIT Press, 2005.

Gittings, John. *The Role of the Chinese Army*. London: Oxford University Press, 1967.

Glantz, David M. *The Military Strategy of the Soviet Union: A History*. London: Frank Cass, 1992.

Godwin, Paul H. B. "People's War Revised: Military Docrine, Strategy and Operations." In Charles D. Lovejoy and Bruce W. Watson, eds., *China's Military Reforms: International and Domestic Implications*. Boulder, CO: Westview, 1984.

——. "Changing Concepts of Doctrine, Strategy, and Operations in the Chinese People's Liberation Army, 1978– 1987." *China Quarterly*, No. 112 (1987): 572– 590.

——. "Chinese Military Strategy Revised: Local and Limited War." *Annals of the American Academy of Political and Social Science*, Vol. 519, No. January (1992): 191– 201.

——. "From Continent to Periphery: PLA Doctrine, Strategy, and Capabilities towards 2000." *China Quarterly*, No. 146 (1996): 464– 487.

——. "Change and Continuity in Chinese Military Doctrine: 1949– 1999." In Mark A. Ryan, David M. Finkelstein, and Michael A. McDevitt, eds., *Chinese Warfighting: The PLA Experience since 1949*. Armonk, NY: M. E. Sharpe, 2003.

Goertz, Gary, and Paul F. Diehl. "Enduring Rivalries: Theoretical Constructs and Empirical Patterns." *International Studies Quarterly*, Vol. 37, No. 2 (June 1993): 147– 171.

Goldman, Emily O., and Leslie C. Eliason, eds. *The Diffusion of Military Technology and Ideas*. Palo Alto, CA: Stanford University Press, 2003.

Goldstein, Avery. *From Bandwagon to Balance of Power Politics: Structural Constraints and Politics in China, 1949– 1978*. Stanford, CA: Stanford University Press, 1991.

Goldstein, Steven M. *China and Taiwan*. Cambridge: Polity, 2015.

Grissom, Adam. "The Future of Military Innovation Studies." *Journal of Strategic Studies*, Vol. 29, No. 5 (2006): 905– 934.

Guo, Xuezhi. *China's Security State: Philosophy, Evolution, and Politics*. New York: Cambridge University Press, 2012.

Gurtov, Melvin, and Byong- Moo Hwang. *China under Threat: The Politics of Strategy and Diplomacy*. Baltimore: Johns Hopkins University Press, 1980.

Harding, Harry. *Organizing China: The Problem of Bureaucracy, 1949– 1976*. Stanford, CA: Stanford University Press, 1981.

——. "The Chinese State in Crisis." In Roderick MacFarquhar and John K. Fairbank, eds., *The Cambridge History of China, Vol. 15, Part 2*. Cambridge: Cambridge University Press, 1991.

Hastings, Max, and Simon Jenkins. *The Battle for the Falklands*. New York: Norton, 1983.

He, Di. "The Last Campaign to Unify China: The CCP's Unrealized Plan to Liberate Taiwan, 1949– 1950." In Mark A. Ryan, David M. Finkelstein, and Michael A. McDevitt, eds., *Chinese Warfighting: The PLA Experience Since 1949*. Armonk, NY: M. E. Sharpe, 2003.

Hershberg, James G., and Jian Chen. "Informing the Enemy: Sino- American 'Signaling' in the Vietnam War, 1965." In Priscilla Roberts, ed., *Behind the Bamboo Curtain: China, Vietnam, and the World Beyond Asia*. Stanford, CA: Stanford University Press, 2006.

Horowitz, Michael. *The Diffusion of Military Power: Causes and Consequences for International Politics*. Princeton, NJ: Princeton University Press, 2010.

Horsburgh, Nicola. *China and Global Nuclear Order: From Estrangement to Active Engagement*. New York: Oxford University Press, 2015.

House, Jonathan M. . *Combined Arms Warfare in the Twentieth Century*. Lawrence: University of Kansas Press, 2001.

Hoyt, Timothy D. "Revolution and Counter- Revolution: The Role of the Periphery in Technological and Conceptual Innovation." In Emily O. Goldman and Leslie C. Eliason, eds., *The Diffusion of Military Technology and Ideas*. Palo Alto, CA: Stanford University Press, 2003.

Hsieh, Alice Langley. *Communist China's Strategy in the Nuclear Era*. Englewood Cliffs, NJ: Prentice- Hall, 1962.

Huang, Alexander Chieh- cheng. "Transformation and Refinement of Chinese Military Doctrine: Reflection and Critique on the PLA's View." In James Mulvenon and Andrew N. D. Yang, eds., *Seeking Truth from Facts: A Retrospective on Chinese Military Studies in the Post Mao Era*. Santa Monica: RAND, 2001.

Huang, Jing. *Factionalism in Communist Chinese Politics*. New York: Cambridge University Press, 2000.

Humphreys, Leonard A. *The Way of the Heavenly Sword: The Japanese Army in the 1920's*. Stanford, CA: Stanford University Press, 1995.

Huntington, Samuel P. *The Soldier and the State: The Theory and Politics of Civil Military Relations*. Cambridge, MA: Belknap Press of Harvard University Press, 1957.

Jencks, Harlan W. "China's 'Punitive' War Against Vietnam." *Asian Survey*, Vol. 19, No. 8 (August 1979): 801– 815.

——. *From Muskets to Missiles: Politics and Professionalism in the Chinese Army, 1945– 1981*. Boulder CO: Westview, 1982.

——. "People's War under Modern Conditions: Wishful Thinking, National Suicide, or Effective Deterrent?." *China Quarterly*, No. 98 (June 1984): 305– 319.

——. "Chinese Evaluations of 'Desert Storm': Implications for PRC Security." *Journal of East Asian Affairs*, Vol. 6, No. 2 (1992): 447– 477.

——. "The General Armament Department." In James Mulvenon and Andrew N. D. Yang, eds., *The People's Liberation Army as Organization: Reference Volume v1.0*. Santa Monica: RAND, 2002.

Joffe, Ellis. *The Chinese Army after Mao*. Cambridge, MA: Harvard University Press, 1987.

Kennedy, Andrew. *The International Ambitions of Mao and Nehru: National Efficacy Beliefs and the Making of Foreign Policy*. New York: Cambridge University Press, 2011.

Kier, Elizabeth. *Imagining War: French and British Military Doctrine between the Wars*. Princeton, NJ: Princeton University Press, 1997.

Kolkowicz, Roman. *The Soviet Military and the Communist Party*. Princeton, NJ: Princeton University Press, 1967.

Kristensen, Hans M., and Robert S. Norris. "Chinese Nuclear Forces, 2015." *Bulletin of the Atomic Scientists*, Vol. 71, No. 4 (2015): 77– 84.

——. "Chinese Nuclear Forces, 2018." *Bulletin of the Atomic Scientists*, Vol. 74, No. 4 (2018): 289– 295.

Lam, Willy Wo- Lap. *China after Deng Xiaoping: The Power Struggle in Beijing since Tiananmen*. Hong Kong: P A Professional Consultants, 1995.

Levine, Steven I. *Anvil of Victory: The Communist Revolution in Manchuria, 1945– 1948*. New York: Columbia University Press, 1987.

Levite, Ariel. *Offense and Defense in Israeli Military Doctrine*. Boulder, CO: Westview, 1989.

Lew, Christopher R. *The Third Chinese Revolutionary Civil War, 1945– 49: An Analysis of Communist Strategy and Leadership*. New York: Routledge, 2009.

Lewis, John Wilson, and Hua Di. "China's Ballistic Missile Programs: Technologies, Strategies, Goals." *Intenational Security*, Vol. 17, No. 2 (1992): 5– 40.

Lewis, John Wilson, and Litai Xue. *China Builds the Bomb*. Stanford, CA: Stanford University Press, 1988.

——. *Imagined Enemies: China Prepares for Uncertain War*. Stanford, CA: Stanford University Press, 2006.

Li, Chen. "From Burma Road to 38th Parallel: The Chinese Forces' Adaptation in War, 1942– 1953," Ph.D. thesis, Faculty of Asian and Middle Eastern Studies, Cambridge University, 2012.

——. "From Civil War Victor to Cold War Guard: Positional Warfare in Korea and the Transformation of the Chinese People's Liberation Army, 1951– 1953." *Journal of Strategic Studies*, Vol. 38, No. 1– 2 (2015): 183– 214.

——. "Operational Idealism: Doctrine Development of the Chinese People's Liberation Army under Soviet Threat, 1969– 1989." *Journal of Strategic Studies*, Vol. 40, No. 5 (2017): 663– 695.

Li, Nan. "Changing Functions of the Party and Political Work System in the PLA and Civil-Military Relations in China." *Armed Forces and Society*, Vol. 19, No. 3 (1993): 393– 409.

——. "The PLA's Evolving Warfighting Doctrine, Strategy and Tactics, 1985–95: A Chinese Perspective." *China Quarterly*, No. 146 (1996): 443– 463.

——. "Organizational Changes of the PLA, 1985– 1997." *China Quarterly*, No. 158 (1999): 314– 349.

——. "The Central Military Commission and Military Policy in China." In James Mulvenon and Andrew N. D. Yang, eds., *The People's Liberation Army as Organization: V 1.0., Reference Volume*. Santa Monica, CA: RAND, 2002.

——. "The Evolution of China's Naval Strategy and Capabilities: From 'Near Coast' and 'Near Seas' to 'Far Seas.' " *Asian Security*, Vol. 5, No. 2 (2009): 144– 169.

Li, Xiaobing. *A History of the Modern Chinese Army*. Lexington: University of Kentucky Press, 2007.

Lieberthal, Kenneth. "The Great Leap Forward and the Split in the Yenan Leadership." In John King Fairbank and Roderick MacFarquhar, eds., *The Cambridge History of China, Vol. 14*. Cambridge: Cambridge University Press, 1987.

——. *Governing China: From Revolution through Reform*. New York: W. W. Norton, 2004.

Liu, Yanqiong, and Jifeng Liu. "Analysis of Soviet Technology Transfer in the Development of China's Nuclear Programs." *Comparative Technology Transfer and Society*, Vol. 7, No. 1 (April 2009): 66– 110.

Lobell, Stephen E., Norrin M. Ripsman, and Jeffrey W. Taliaferro, eds. *Neoclassical Realism, the State, and Foreign Policy*. New York: Cambridge University Press, 2009.

Long, Austin. *The Soul of Armies: Counterinsurgency Doctrine and Military Culture in the US and UK*. Ithaca: Cornell University Press, 2016.

Luthi, Lorenz M. "The Vietnam War and China's Third- Line Defense Planning before the Cultural Revolution, 1964– 1966." *Journal of Cold War Studies*, Vol. 10, No. 1 (2008): 26– 51.

MacFarquhar, Roderick. *The Origins of the Cultural Revolution, Vol. 2*. New York: Columbia University Press, 1983.

——. "The Succession to Mao and the End of Maoism, 1969– 82." In Roderick MacFarquhar, ed., *The Politics of China*. New York: Cambridge University Press, 1993.

——. *The Origins of the Cultural Revolution, Vol. 3*. New York: Columbia University Press, 1997.

MacFarquhar, Roderick, and Michael Schoenhals. *Mao's Last Revolution*. Cambridge, MA: Belknap Press of Harvard University Press, 2006.

McCauley, Kevin. *PLA System of Systems Operations: Enabling Joint Operations*. Washington, DC: Jamestown Foundation, 2017.

McReynolds, Joe, and James Mulvenon. "The Role of Informatization in the People's Liberation Army under Hu Jintao." In Roy Kamphausen, David Lai and Travis Tanner, eds., *Assessing the People's Liberation Army in the Hu Jintao Era* Carlisle, PA: Strategic Studies Institute, Army War College, 2014.

Mearsheimer, John J. *The Tragedy of Great Power Politics*. New York: W. W. Norton, 2001.

Mulvenon, James C. "China: Conditional Compliance." In Muthiah Alagappa, ed., *Coercion and Governance in Asia: The*

Declining Political Role of the Military Stanford, CA: Stanford University Press, 2001.

Murray, Williamson, and Allan R. Millet, eds. *Military Innovation in the Interwar Period*. New York: Cambridge University Press, 1996.

——. *A War To Be Won: Fighting the Second World War*. Cambridge, MA: Belknap Press of Harvard University Press, 2000.

Nagl, John A. *Learning to Eat Soup with a Knife: Counterinsurgency Lessons from Malaya and Vietnam*. Chicago: University of Chicago Press, 2005.

Narang, Vipin. *Nuclear Strategy in the Modern Era: Regional Powers and International Conflict*. Princeton, NJ: Princeton University Press, 2014.

Nathan, Andrew J., and Robert S. Ross. *The Great Wall and the Empty Fortress: China's Search for Security*. New York: W.W. Norton, 1997.

National Air and Space Intelligence Center. *Ballistic and Cruise Missile Threat*. Wright- Patternson Air Force Base, 2009.

National Institute for Defense Studies. *NIDS China Security Report 2016: The Expanding Scope of PLA Activities and the PLA Strategy*. Tokyo: National Institute for Defense Studies, 2016.

Naughton, Barry. "The Third Front: Defense Industrialization in the Chinese Interior." *China Quarterly*, No. 115 (Autumn 1988): 351– 386.

——. "Industrial Policy During the Cultural Revolution: Military Preparation, Decentralization, and Leaps Forward." In Christine Wong, William A. Joseph. and David Zweig, eds., *New Perspectives on the Cultural Revolution* Cambridge, MA: Harvard University Press, 1991.

Ng, Ka Po. *Interpreting China's Military Power*. New York: Routledge, 2005.

Nielsen, Suzanne. "Civil- Military Relations Theory and Military Effectiveness." *Public Administration and Management*, Vol. 10, No. 2 (2003): 61– 84.

——. *An Army Transformed: The U.S. Army's Post Vietnam Recovery and the Dynamics of Change in Military Organizations*. Carlisle, PA: Army War College, Strategic Studies Institute, 2010.

Nixon, Richard M. *RN: The Memoirs of Richard Nixon*. New York: Grosset & Dunlap, 1978.

O'Dowd, Edward C. *Chinese Military Strategy in the Third Indochina War: The Last Maoist War*. New York: Routledge, 2007.

Odom, William. "The Party- Military Connection: A Critique." In Dale R. Herspring and Ivan Volgyes, eds., *Civil Military Relations in Communist Systems*. Boulder, CO: Westview, 1978.

Office of National Estimates. *The Soviet Military Buildup Along the Chinese Border*, SM- 7– 68 [Top Secret]. Central Intelligence Agency, 1968.

Office of the Secretary of Defense. *Military Power of the People's Republic of China 2000*. Department of Defense, 2000.

Parker, Geoffrey, ed. *The Cambridge History of Warfare*. New York: Cambridge University Press, 2005.

Pepper, Suzanne. *Civil War in China: The Political Struggle, 1945–1949* . Lanham, MD: Rowman & Littlefield, 1999.

Perlmutter, Amos, and William M. Leogrande. "The Party in Uniform: Toward a Theory of Civil- Military Relations in Communist Political Systems." *American Political Science Review*, Vol. 76, No. 4 (1982): 778– 789.

Piao, Lin. "Long Live the Victory of People's War." *Peking Review*, No. 36 (September 3, 1965): 9– 20.

Posen, Barry. *The Sources of Military Doctrine: France, Britain, and Germany between the World Wars*. Ithaca: Cornell University Press, 1984.

——. "Nationalism, the Mass Army and Military Power." *International Security*, Vol. 18, No. 2 (1993): 80– 124.

Powell, Jonathan, and Clayton Thyne. "Global Instances of Coups from 1950-Present." *Journal of Peace Research*, Vol. 48, No. 2 (2011): 249–259.

Powell, Ralph L. "Great Powers and Atomic Bombs Are 'Paper Tigers.' " *China Quarterly*, No. 23 (1965): 55– 63.

——. "Maoist Military Doctrines." *Asian Survey*, Vol. 8, No. 4 (April 1968): 239– 262.

Puska, Susan. "Taming the Hydra: Trends in China's Military Logistics Since 2000." In Roy Kamphausen, David Lai, and Andrew Scobell, eds., *The PLA at Home and Abroad: Assessing the Operational Capabilities of China's Military*. Carlisle, PA: Army War College, Strategic Studies Institute, 2010.

Ray, Jonathan. *Red China's "Capitalist Bomb": Inside the Chinese Neutron Bomb Program*. Washington, DC: Center for the Study of Chinese Military Affairs, Institute for National Strategic Studies, National Defense University, 2015.

Recchia, Stefano. *Reassuring the Reluctant Warriors: U.S. Civil Military Relations and Multilateral Intervention*. Ithaca: Cornell

University Press, 2016.

Reiter, Dan, and Allan Stam. *Democracies at War*. Princeton, NJ: Princeton University Press, 2002.

Resende- Santos, Joao. *Neorealism, States and the Modern Mass Army*. New York: Cambridge University Pres, 2007.

Riskin, Carl. *China's Political Economy: The Quest for Development since 1949*. New York: Oxford University Press, 1987.

Rogers, Everett M. *Diffusion of Innovations*. New York: Free Press, 2003.

Romjue, John L. *From Active Defense to AirLand Battle: The Development of Army Doctrine, 1973– 1982*. Fort Monroe, VA: Historical Office, US Army Training and Doctrine Command, 1984.

Rosato, Sebastian. "The Inscrutable Intentions of Great Powers." *International Security*, Vol. 39, No. 3 (2014/15): 48– 88.

Rosen, Stephen Peter. *Winning the Next War: Innovation and the Modern Military*. Ithaca, NY: Cornell University Press, 1991.

Ryan, Mark A. *Chinese Attitudes toward Nuclear Weapons: China and the United States During the Korean War.* Armonk, NY: M. E. Sharpe, 1989.

Saich, Tony, ed. *The Rise to Power of the Chinese Communist Party: Documents and Analysis*. New York: Routledge, 2015.

Sapolsky, Harvey M. *The Polaris System Development: Bureaucratic and Programmatic Success in Government*. Cambridge, MA: Harvard University Press, 1972.

Sapolsky, Harvey M., Benjamin H. Friedman, and Brendan Rittenhouse Green, eds. *US Military Innovation since the Cold War: Creation without Destruction.* New York: Routledge, 2009.

Schram, Stuart R., ed. *Mao's Road to Power, Vol. 4 (The Rise and Fall of the Chinese Soviet Republic, 1931– 1934).* Armonk, NY: M. E. Sharpe, 1997.

——. ed. *Mao's Road to Power, Vol. 5 (Toward the Second United Front, January 1935 July 1937).* Armonk, NY: M. E. Sharpe, 1997.

Schweller, Randall. "The Progressiveness of Neoclassical Realism." In Colin Elman and Miriam Fendius Elman, eds., *Progress in International Relations Theory: Appraising the Field.* Cambridge, MA: MIT Press, 2003.

——. *Unanswered Threats: Political Constraints on the Balance of Power*. Princeton, NJ: Princeton University Press, 2006.

Scobell, Andrew. *China's Use of Military Force: Beyond the Great Wall and the Long March.* New York: Cambridge University Press, 2003.

Scott, Harriet Fast, and William F. Scott. *Soviet Military Doctrine: Continuity, Formulation and Dissemination.* Boulder, CO: Westview, 1988.

Segal, Gerald, and Tony Saich. "Quarterly Chronicle and Documentation." *China Quarterly*, No. 82 (June 1980): 369– 394.

——. "Quarterly Chronicle and Documentation." *China Quarterly*, No. 83 (1980): 598– 637.

Shambaugh, David. "The Soldier and the State in China: The Political Work System in the People's Liberation Army." *China Quarterly*, No. 127 (1991): 527– 568.

——. "Building the Party- State in China, 1949–1965: Bringing the Soldier Back In." In Timothy Cheek and Tony Saich, eds., *New Perspectives on State Socialism in China*. Armonk, NY.: M. E. Sharpe, 1997.

——. *Modernizing China's Military: Progress, Problems, and Prospects*. Berkeley, CA: University of California Press, 2002.

Shih, Victor. *Factions and Finance in China: Elite Conflict and Inflation*. Cambridge: Cambridge University Press, 2008.

Shih, Victor, Wei Shan, and Mingxing Liu. "Guaging the Elite Political Equilibirum in the CCP: A Quantitative Approach Using Biographical Data." *China Quarterly*, No. 201 (March 2010): 79– 103.

Snyder, Jack. "Civil- Military Relations and the Cult of the Offensive, 1914 and 1984." *International Security*, Vol. 9, No. 1 (Summer 1984): 108– 146.

Snyder, Jack L. *The Ideology of the Offensive: Military Decision Making and the Disasters of 1914*. Ithaca, NY: Cornell University Press, 1984.

Sun, Shuyun. *The Long March: The True History of Communist China's Founding Myth*. New York: Anchor, 2008.

Sun, Xiangli. "The Development of Nuclear Weapons in China." In Bin Li and Zhao Tong, eds., *Understanding Chinese Nuclear Thinking*. Washington, DC: Carnegie Endowment for International Peace, 2016.

Swaine, Michael D. *The Military & Political Succession in China: Leadership, Institutions, Beliefs.* Santa Monica, CA: RAND, 1992.

Taliaferro, Jeffrey W. "State Building for Future War: Neoclassical Realism and the Resource Extractive State." *Security Studies*, Vol. 15, No. 3 (July 2006): 464– 495.

Talmadge, Caitlin. *The Dictator's Army: Battlefield Effectiveness in Authoritarian Regimes*. Ithaca, NY: Cornell University Press, 2015.

Tanner, Harold M. *Where Chiang Kai shek Lost China: The Liao Shen Campaign, 1948*. Bloomington: Indiana University Press, 2015.

Tanner, Murray Scot. "The Institutional Lessons of Disaster: Reorganizing the People's Armed Police after Tiananmen." In James Mulvenon and Andrew N. D. Yang, eds., *The People's Liberation Army as Organization: V 1.0., Reference Volume*. Santa Monica, CA: RAND, 2002.

Teiwes, Frederick C. *Politics and Purges in China: Rectification and the Decline of Party Norms, 1950– 1965*. Armonk, NY: M. E. Sharpe, 1979.

——. "The Establishment and Consolidation of the New Regime." In Roderick MacFarquhar, ed., *The Politics of China: The Eras of Mao and Deng*. Cambridge: Cambridge University Press, 1997.

Teiwes, Frederick C., and Warren Sun. *The Tragedy of Lin Biao: Riding the Tiger during the Cultural Revolution*. Honolulu: University of Hawaii Press, 1996.

——. *China's Road to Disaster: Mao, Central Politicians and Provincial Leaders in the Unfolding of the Great Leap Forward, 1955– 1959*. Armonk, NY: M. E. Sharpe, 1999.

——. "The First Tiananmen Incident Revisited: Elite Politics and Crisis Management at the End of the Maoist Era." *Pacific Affairs*, Vol. 77, No. 2 (2004): 211– 235.

——. *The End of the Maoist Era: Chinese Politics during the Twilight of the Cultural Revolution, 1972– 1976*. Armonk, NY: M. E. Sharpe, 2007.

——. "China's New Economic Policy Under Hua Guofeng: Pary Consensus and Party Myths." *China Journal* No. 66 (2011): 1– 23.

Thomas, Timothy L., John A. Tokar, and Robert Tomes. "Kosovo and the Current Myth of Information Superiority." *Parameters*, Vol. 30, No. 1 (Spring 2000): 13– 29.

Thomson, William R. "Identifying Rivals and Rivalries in World Politics." *International Studies Quarterly*, Vol. 45, No. 4 (December 2001): 557– 586.

Timerbaev, Roland. "How the Soviet Union Helped China Develop the A- bomb." *Digest of Yaderny Kontrol (Nuclear Control)*, No. 8 (Summer– Fall 1998): 44– 49.

Torigian, Joseph. "Prestige, Manipulation, and Coercion: Elite Power Struggles and the Fate of Three Revolutions," PhD dissertation, Department of Political Science, Massachusetts Institute of Technology, 2016.

Twomey, Christopher P. "The People's Liberation Army's Selective Learning: Lessons of the Iran- Iraq 'War of the Cities' Missile Duels and Uses of Missiles in Other Conflicts." In Andrew Scobell, David Lai, and Roy Kamphausen, eds., *Chinese Lessons from Other Peoples' Wars*. Carlisle, PA: Army War College, Strategic Studies Institute, 2011.

Van Creveld, Martin. *Military Lessons of the Yom Kippur War: Historical Perspectives*. Beverly Hills, CA: Sage, 1975.

Van Evera, Stephen. *Guide to Methods for Students of Political Science*. Ithaca, NY: Cornell University Press, 1997.

Van Slyke, Lyman P. "The Chinese Communist Movement During the Sino- Japanese War, 1937– 1945." In *The Nationalist Era in China, 1927– 1949*. Ithaca, NY: Cornell University Press, 1991.

——. "The Battle of the Hundred Regiments: Problems of Coordination and Control during the Sino- Japanese War." *Modern Asian Studies*, Vol. 30, No. 4 (1996): 919– 1005.

Vogel, Ezra F. *Deng Xiaoping and the Transformation of China*. Cambridge, MA: Belknap Press of Harvard University Press, 2011.

Walder, Andrew G. *China Under Mao: A Revolution Derailed*. Cambridge, MA: Harvard University Press, 2015.

Waltz, Kenneth N. *Theory of International Politics*. New York: McGraw- Hill, 1979.

Weeks, Jessica. *Dictators at War and Peace*. Ithaca, NY: Cornell University Press, 2014.

Wei, William. *Counterrevolution in China: The Nationalists in Jiangxi during the Soviet Period*. Ann Arbor: University of Michigan Press, 1985.

——. "Power Grows Out of the Barrel of a Gun: Mao and Red Army." In David A. Graff and Robin Higham, eds., *A Military History of China*. Lexington: University Press of Kentucky, 2012.

Westad, Odd Arne. *Decisive Encounters: The Chinese Civil War, 1946– 1950*. Stanford, CA: Stanford University Press, 2003.

Whiting, Allen S. *China Crosses the Yalu: The Decision to Enter the Korean War*. New York: Macmillan, 1960.

——. *The Chinese Calculus of Deterrence: India and Indochina*. Ann Arbor: University of Michigan Press, 1975.

——. "China's Use of Force, 1950– 96, and Taiwan." *International Security*, Vol. 26, No. 2 (Fall 2001): 103– 131.

Whitson, William W., and Zhenxia Huang. *The Chinese High Command: A History of Communist Military Politics, 1927– 71*. New York: Praeger, 1973.

Wilson, James Q. *Bureaucracy: What Government Agencies Do and Why They Do It*. New York: Basic, 1989.

Wuthnow, Joel. "A Brave New World for Chinese Joint Operations." *Journal of Strategic Studies*, Vol. 40, Nos. 1– 2 (2017): 169–195.

Wuthnow, Joel, and Philip C. Saunders. *Chinese Military Reform in the Age of Xi Jinping: Drivers, Challenges, and Implications*. Washington, DC: National Defense University Press, 2017.

Yang, Jisheng. *Tombstone: The Great Chinese Famine, 1958–1962* . New York: Farrar, Straus & Giroux, 2013.

Yao, Yunzhu. "The Evolution of Military Doctrine of the Chinese PLA from 1985 to 1995." *Korean Journal of Defense Analysis*, Vol. 7, No. 2 (1995): 57– 80.

——. "Chinese Nuclear Policy and the Future of Minimum Deterrence." In Christopher P. Twomey, ed., *Perspectives on Sino American Strategic Nuclear Issues*. New York: Palgrave Macmillan, 2008.

You, Ji. *The Armed Forces of China*. London: I. B. Tauris, 1999.

Zhai, Qiang. *China and the Vietnam Wars, 1950–1975* . Chapel Hill: University of North Carolina Press, 2000.

Zhang, Xiaoming. "Air Combat for the People's Republic: The People's Liberation Army Air Force in Action, 1949– 1969." In Mark A. Ryan, David M. Finkelstein and Michael A. McDevitt, eds., *Chinese Warfighting: The PLA Experience since 1949*. Armonk, NY: M. E. Sharpe, 2003.

——. *Deng Xiaoping's Long War: The Military Conflict between China and Vietnam, 1979– 1991*. Chapel Hill: University of North Carolina Press, 2015.

Zisk, Kimberly Marten. *Engaging the Enemy: Organization Theory and Soviet Military Innovation, 1955– 1991*. Princeton, NJ: Princeton University Press, 1993.

國家圖書館出版品預行編目資料

積極防禦：從國際情勢、內部鬥爭，解讀1949年以來中國軍事戰略的變與不變／傅泰林（M. Taylor Fravel）作；高紫文譯. -- 初版. -- 臺北市：麥田出版：英屬蓋曼群島商家庭傳媒股份有限公司城邦分公司發行, 2022.04
面；　公分. --（麥田國際；8）
譯自：Active defense : China's military strategy since 1949.
ISBN 978-626-310-187-6（平裝）
1.CST: 軍事戰略　2.CST: 軍事史　3.CST: 中國
590.92　　111000607

麥田國際 08

積極防禦

從國際情勢、內部鬥爭，解讀1949年以來中國軍事戰略的變與不變

Active Defense: China's Military Strategy since 1949

作　　者／傅泰林（M. Taylor Fravel）
譯　　者／高紫文
責任編輯／許月苓
校　　對／魏秋綢
主　　編／林怡君

國際版權／吳玲緯
行　　銷／巫維珍　何維民　吳宇軒　陳欣岑　林欣平
業　　務／李再星　陳紫晴　陳美燕　葉晉源
編輯總監／劉麗真
總 經 理／陳逸瑛
發 行 人／凃玉雲
出　　版／麥田出版
10483臺北市民生東路二段141號5樓
電話：(886)2-2500-7696　傳真：(886)2-2500-1967
發　　行／英屬蓋曼群島商家庭傳媒股份有限公司城邦分公司
10483臺北市民生東路二段141號11樓
客服服務專線：(886) 2-2500-7718、2500-7719
24小時傳真服務：(886) 2-2500-1990、2500-1991
服務時間：週一至週五09:30-12:00・13:30-17:00
郵撥帳號：19863813　戶名：書虫股份有限公司
讀者服務信箱E-mail：service@readingclub.com.tw
麥田網址／https://www.facebook.com/RyeField.Cite/
香港發行所／城邦（香港）出版集團有限公司
香港灣仔駱克道193號東超商業中心1/F
電話：(852)2508-6231　傳真：(852)2578-9337
馬新發行所／城邦（馬新）出版集團Cite (M) Sdn Bhd.
41-3, Jalan Radin Anum, Bandar Baru Sri Petaling, 57000 Kuala Lumpur, Malaysia.
電話：(603)9056-3833　傳真：(603)9057-6622
讀者服務信箱：services@cite.my

封面設計／鄭萃文
印　　刷／前進彩藝有限公司

■2022年5月　初版一刷

定價：650元
ISBN 978-626-310-187-6
其他版本ISBN／978-626-310-188-3（EPUB）